JIXIE CHUANGXIN SHEJI YU SHIJIAN

机械创新设计与实践

主　编　曹凤红
副主编　郑才国

重庆大学出版社

内容提要

本书主要是以大学生科技创新活动训练及学科竞赛为背景，介绍了机械工程材料基础及零部件加工和选型方法，重点介绍了机械创新设计的方法与原则，同时对机电控制系统进行了简单阐述，增设了 ADAMS 和 Matlab 软件基础知识，列举了典型机械创新设计实例，为大学生科技创新训练提供一定的指导。

本书的主要特点是内容丰富、图文并茂、深浅适中、条理清晰，主要为参加大学生科技创新训练的学生及教师提供指导参考，同时也为参赛答辩与毕业设计的同学提供参考。

图书在版编目(CIP)数据

机械创新设计与实践 / 曹凤红主编. -- 重庆 : 重庆大学出版社，2017.8(2019.6 重印)

ISBN 978-7-5689-0688-3

Ⅰ. ①机… Ⅱ. ①曹… Ⅲ. ①机械设计—高等学校—教材 Ⅳ. ①TH122

中国版本图书馆 CIP 数据核字(2017)第 182346 号

机械创新设计与实践

主　编　曹凤红

副主编　郑才国

参　编　岳　萍

策划编辑：何　梅

责任编辑：李定群　方　正　　版式设计：何　梅

责任校对：邬小梅　　责任印制：张　策

*

重庆大学出版社出版发行

出版人：饶帮华

社址：重庆市沙坪坝区大学城西路 21 号

邮编：401331

电话：(023) 88617190　88617185(中小学)

传真：(023) 88617186　88617166

网址：http://www.cqup.com.cn

邮箱：fxk@cqup.com.cn (营销中心)

全国新华书店经销

POD：重庆新生代彩印技术有限公司

*

开本：787mm×1092mm　1/16　印张：19　字数：451 千

2017 年 8 月第 1 版　2019 年 6 月第 2 次印刷

ISBN 978-7-5689-0688-3　定价：49.00 元

前言

为了适应21世纪培养高素质创新、创造型机械科技人才的需要，在全国大学生机械创新设计大赛、全国大学生工程能力训练大赛以及大学生科技创新活动的基础上编写了本书。本书的编写是建立在机械原理课程的机械系统方案设计和机构创新实验的基础上，以现有的教学体系和教学内容为机械创新设计的主线，同时结合机构的组成、演化、变异和机械系统运动方案创新设计，不仅增设了在科技创新过程中材料的选择、零件的设计与选型、机械系统仿真以及 Matlab 软件等基础内容，而且还以大学生创新创业为背景增设了创业计划书的书写方法、答辩技巧及创新设计案例。

现代机械工业最大的特点是机电一体化技术的广泛应用和机电一体化产品的飞速发展。机械制造企业如果不采用机电一体化技术，那么它的产品就很难在激烈的市场竞争中得以生存与发展。机电一体化产品日益增多，如数控机床、机器人、智能量仪、家电设备等。机电一体化的产生和发展对机械系统也起到了极大的推动和促进作用，提高了机械系统的性能，完成了传统机械所不能完成的功能。如果机械创新设计课程的教学体系和教学内容仅定位于通过机械系统创新设计，仅进行运动方案设计的初步训练，固守传统的机械系统设计思维理念和方法，就不符合培养高素质创新型机械科技人才发展的需要。

本书在保留机械系统创新设计的基础上，以学科竞赛为载体，旨在引导培养大学生创新设计能力、综合设计能力与协作精神，同时加强大学生动手能力的培养和工程实践的训练，提高大学生针对实际需求进行机械创新、设计、制作的工程实践能力。因此，本书的主要特点如下：

①介绍了工程材料的基础知识和零件的选材原则以及传统制造技术与现代加工技术相结合，充分体现工程实践能力培养内容的基础性与系统性。

②介绍了机械创新的基本内容，并引入机电一体化系统设计思想，寻求机电一体化与机械创新设计的切合点和融合点，培养学生对机电一体化创新设计的思维理念，帮助学生建立机构、控制、传感器和驱动一体化的观念，并养成独立思考的习惯，提高学生进行机械创新设

计的实际能力和素质。

③选取内容较新、涉及面广的资料和实例。创造性的教育应当是诱导式的教育，应当是启发式的教育，本书中应用了大量的实例，实例不一定是最新的，但是在实践中证明是行之有效的创新做法，以此激发学生的创新意识，提高学生的创新实践能力。

④关于大学生科技创新的发展及平台建设的探讨，以期为科技创新型高素质人才的培养提供更广阔的空间。

本书可作为高等工科院校机械类和近机械类专业的工程实践（训练）教学用书，内容包括绪论、以学科竞赛为载体的实践教学的组织与管理、工程材料的基础知识与零件的选型方法、机械设计制造中材料的选择、机电一体化系统创新设计、典型机械系统部件的设计要求、机械系统仿真、机械系统电气控制线路基础、数控加工技术基础、大学生科技创新活动的发展空间及平台、机械创新设计案例。

本书由成都理工大学工程技术学院曹凤红担任主编，郑才国担任副主编。全书共 11 章，曹凤红编写第 1—6 章，第 10—11 章；郑才国编写第 5 章，第 7—9 章；电子科技大学成都学院岳萍参与了本书的编写。

全书力求内容简洁、重点突出、查问方便。由于水平有限，如有疏漏和错误之处，敬请广大读者批评指正。

编　者

2017 年 4 月

目　录

第 1 章 绪 论

1.1 创新创造发展，科技引领未来

创新能力是人类生存、发展最根本的动力。人类历史是在生产劳动中不断成长、不断进步的历史，人类每一步的发展、进步都基于一次创新实践。

自然科学揭示出客观世界的内部规律性，技术是人类观察、认知、利用、开发、保护、修复自然的工具、方法与过程，方法则是具体活动的行为方式。在科学发展与社会需求的共同推动下，技术在继承与创新中迅速壮大。科学技术已形成浩瀚的史卷，展示出缤纷的世界，推动着社会的进步，改善着人类的生活。石器的利用促进了原始社会生产率的发展，火的利用解决了人类的生产、取暖、熟食与御寒的需要，轮子的出现解决了运输能力提升的问题。蒸汽机的发明将人类推向了工业化的进程，引发了世界第一次技术革命，实现了生产过程的机械化；德国西门子发明了世界上第一台自激式直流发电机，标志着第二次技术革命的开始，人类社会进入了电气化时代；原子弹、电子计算机与空间技术的广泛应用，引发了世界第三次技术革命，人类社会进入了信息化与网络化的时代。蒸汽机、内燃机、发电机与配套的工作机械解放，延伸了人类的体力劳动；电子计算机、通信设备、网络与配套的电子器械解放，延伸了人类的脑力劳动。科学发现与技术创新为当今社会的可持续发展奠定了基础，知识经济正在改变着人们的生产、生活与思维方式、创造出更多的社会财富。

创新与实践是一个国家发展的原动力，创新才能发展，实践才出真知。当今世界，创新能力的大小已经成为决定一个国家综合国力强弱的重要因素，国际竞争越来越明显地变为科技和人才的竞争，特别是科技创新能力和创新人才的竞争。为此，世界各国都在调整经济政策、

科技政策和发展战略，对高新科技领域的创新给予高度重视。

江泽民同志曾经指出："创新是一个民族进步的灵魂，是国家兴旺发达的不竭动力。如果自主创新能力上不去，一味靠技术引进，就永远难以摆脱技术落后的局面，一个没有创新能力的民族，难以屹立于世界民族之林。"当前，国家对战略科技支撑的需求比以往任何时期都更加迫切。科技创新必须把国家重大战略需求放在首位，为国家发展和民族复兴做出卓越贡献。习近平同志指出："党中央已经确定了我国科技面向 2030 年的长远战略，决定实施一批重大科技项目和工程，要加快推进，围绕国家重大战略需求，着力攻破关键核心技术，抢占事关长远和全局的科技战略制高点。"可见，创新改变世界，科技引领未来。

创新是新思维、新发明和新描述为特征的一种概念化过程。它起源于拉丁语，原有三层含义：第一，更新；第二，创造新的东西；第三，改变。创新是人类特有的认识能力和实践能力，是人类主观能动性的最高表现形式，是推动民族进步和社会发展的不竭动力。一个民族要想走在时代前列，就一刻也不能没有理论思维，一刻也不能停止理论创新。创新对于人们来说，其价值恰恰在于"价值"的增长，学习可以使很多人"成绩"优秀，创新却是个体间差别的最佳裁判。

创新实践不仅创造出了巨大的经济效益和物质财富，而且也带来了科技产业、社会经济运行方式进而社会体制的巨大变革。近年来，由于大量创新成果的不断涌现，科学技术得到极大的发展，世界经济运行方式也发生了根本性变化。人们在通信、计算机、网络、生物、材料、电子工程等各个领域中，创造了以前根本不可能想象的新产品、新系统和新行业。

学会运用科学的方法进行创新实践，成为具有专业知识的创新型人才，在当今竞争日益激烈的现实环境中显得尤为重要。

1.2 实践启迪智慧，创新驱动成长

创新是社会进步的灵魂，而创新的实现在于具有创新精神与创新能力的人。传统学习与研究是一种尊重已有知识、遵循已有方法、高度收缩的思维活动。传统的理论和方法经过大量的实践活动已被检验和证明，用它来认识问题和解决问题比较方便、可靠。因此人们也形成一些思维定式，习惯性地按照已有的知识去思考问题。

然而，学习与研究的目的不仅是对已有知识的准确把握，更重要的是在于创新。为此，高等教育的职能应更多地重视创新教育。我国《高等教育法》规定："高等教育的任务是培养具有创新精神和实践能力的高级专门人才。"面对世界科技飞速发展的挑战，面对我国经济向高科技方向发展对创新人才的迫切需求，只有源源不断地培养出具有创新精神的人才，才能源源不断地产生新的理念、专利和发明，才能在创新的基础上，推动国家高新技术的发展和传统产业的升级，使中华民族在 21 世纪的国际竞争中拥有挑战的资格。

创新教育是一种以问题为载体，以科学的理论为指导，以类似的对象为参照，以巧妙运用适宜的方法过程的教育活动。树立"社会需求是创新的源泉，问题意识是创新的种子，知识结构是创新的基础，巧妙方法是创新的关键，搭建平台是创新的保障"的观念，是实现创新教育的根本保证。在教学实践过程中，从社会需求中提炼出机电设计的研究课题，经分析、归纳提

炼出设计的命题,通过合作与知识综合解决问题,通过制作物化研究的对象,这一过程是实现创新教育的有效途径。

1.2.1 大学生创新意识的建立

辩证唯物论告诉我们,人对客观事物的认识过程,首先是接触外界事物,产生出感觉和印象,然后通过大脑将感觉到的信息加以整理和改造,逐渐把握事物的本质和规律,从而构成对事物的判断和推理,这种认识的飞跃过程就是我们所说的思维。创新意识是一种对已知对象感到不完全满意而产生的一种思维过程。创新意识有时产生于对某一现象、事物或者问题的好奇,有时也产生于一种体验。通过对预期目标与现实之间矛盾的分析,找到一种解决问题的方法,能有效积极地促进大学生创新意识的形成与发展。

1.2.2 大学生创新能力的培养

创新能力是创新思维方法作用于已知而产生新结果的一种能力。创新思维方法包括逻辑与非逻辑的思维方法,逻辑思维方法包括分析与综合、归纳与演绎以及类比等;非逻辑思维的方法包括形象思维与直觉思维等。人的智慧不可能凭空产生出来,只能通过创新实践的锻炼,深入进行思考、归纳、借鉴、分析、感悟、升华才能逐渐变得聪明起来,逐渐变得观察力敏锐,逐渐变得处理事情更有办法。

科技创新实践的过程,就是动脑筋的过程,其中会遇到成功的经历,也会遇到失败的挫折,创新思维能力会在创新实践中得到锻炼和提高。只要善于总结、善于思考,就会使自己变得更加智慧。

创造能力的培养只能来自实践。一个人整天躺在床上想象自己成为发明家,设想着自己会创造出新理论,发明成果、新理论就会产生出来,那是不可能的。创新设想来自实践,创新思维来自实践,创新成果来自实践。一个创造性的决策过程,就是应用科技知识将自然资源转化成可以为人类所用的装置、产品和系统的过程。

引导学生参加科技创新活动的最终目的是:使其智慧得到更好的开发,使其能力得到更好的锻炼与提高,主要表现在以下几个方面。

(1)观察能力变得敏锐

日常中习以为常的现象,观察到应该进行改进、进行完善,观察到创新点。观察能力是否敏锐决定是否能够对所想所见有想法,也决定了是否有新点子、新创意,即是否能进入创新之门。

(2)想象能力的培养

创新的最大障碍是已有知识、已有概念和已有思维给人们带来的束缚。创新就是要冲出束缚,设想出从未经历过甚至未曾感知过的事物形象。

(3)思维能力得到提高

在已感知的概念、形象的基础上,进行分析、综合、归纳、判断、推理等认知活动,得出合理的创新设计。

(4)创造能力的挖掘

所有的创新构想，最终都需要体现为可以实现某种功能的作品。在完成科技创新作品的过程中，心理特质和各种能力在创造活动中得到综合锻炼与开发。

创新能力是人类普遍具有的素质，绝大多数的人都可以通过学习、训练、开发来提高自己的创新能力。创新思维是可以通过学习逐渐"领悟"的。虽然创新思维本身具有"探索"特性，但人们还是可以从大量已为实践证明是行之有效的创新做法中，总结出一些可供学习和借鉴的能够提高创新思维能力的原理，从而受到启发。

(5)虚心学习，持之以恒

创新思维的培养需要有强烈的好奇心，拥有一颗好奇的心，才能拥有一双发现新世界的眼睛，同时要有虚心求教的心态，善于运用所学知识，将新的构思和理念，通过实践过程得以实现。在创新及制作过程中充满了各种艰辛，所遇到的困难可能是自己没有想到的，因此要想把创新作品做出来，呈现在大家面前，除了要有创新思维和创新能力，还要有持之以恒、吃苦耐劳的精神，二者缺一不可。

因此，创新不仅是一种思维、一种能力，更是一种态度和精神。科技创新实践教学的目的是启迪智慧、锻炼能力、培养持之以恒的精神。

通过科技创新实践使学生成为具有一定的专门知识和创新能力，并具有进行创造性劳动渴望的人才。

科技创新实践是一个范围广泛的领域，本书强调学生依托工程训练中心这个平台，开展科技创新和学科竞赛活动，并亲自实践操作机床，完成作品的安装和调试，在实践中得到锻炼，为以后开展更好、更广的创新实践活动打下一定的基础。一个完整的科技创新活动包括以下几个阶段：

①学习如何发现问题；

②分析课题中的矛盾；

③研究矛盾元素之间的关联；

④寻找解决矛盾的方法；

⑤设计方案；

⑥设计作品的结构、控制装置、电气等系统；

⑦亲自动手加工、安装、调试；

⑧撰写设计说明书、结构设计方案、加工工艺方案、创业企划书等相关文件；

⑨作品的演示与作品介绍；

⑩锻炼书写专利，并申报专利。

通过完成一个完整的科技创新过程，学会如何发现问题、如何思考问题、如何解决问题，从而认识到创造发明并不是神秘莫测、高不可攀的，创造发明并不是天才的专属，自己也可以在实践锻炼过程中完成自己的发明和创造。创新潜力被释放出来，并能在创新过程中锻炼自己的动手实践能力，创造出自己的科技创新作品。

1.3 机械创新设计与工程能力综合训练大赛

1.3.1 全国大学生机电创新设计大赛简介

全国大学生机械创新大赛是经教育部高等教育司批准，由教育部高等学校机械学科教学指导委员会主办，机械基础课程教学指导分委员会、全国机械原理教学研究会、全国机械设计教学研究会、北京中教仪科技有限公司联合著名高校共同承办，面向大学生的群众性科技活动。目的在于培养学生的综合设计能力与协作精神；加强学生动手能力的培养和工程实践的训练，提高学生针对实际需求进行机械创新、设计、制作的实践工作能力，吸引、鼓励广大学生踊跃参加课外科技活动，为优秀人才脱颖而出创造条件。

(1)历届全国大学生机械创新设计大赛的命题

机械创新设计大赛每两年举办一次，第一届全国大学生机械创新设计大赛于2004年9月在南昌大学举行，此次大赛无固定主题，大赛以培养大学生的创新设计能力、综合设计能力和工程实践能力为目的，充分展示了我国高等院校机械学科的教学改革成果和大学生机械创新设计的成果，积极推动了机械产品研究设计与生产的结合，为培养机械设计、制造的创新人才起到了重要作用。

第二届全国大学生机械创新设计大赛于2006年10月在湖南大学举行，该届大赛主题为“健康与爱心”，内容为“助残机械、康复机械、健身机械、运动训练机械等四类机械产品创新设计与制作”。大赛是在中央提出建设和谐社会、建设创新型国家和我国装备制造业全面复苏并从制造大国向制造强国迈进的大背景下举办的，得到了教育部高教司和理工处领导的指导和支持，得到了机械课程教学指导分委员会和全国大学生机械创新设计大赛(2005—2008)组委会全程参与，得到了全国范围内高校领导、教师和大学生的积极响应，决赛工作得到了湖南大学的精心组织以及湖南长庆机电科教有限公司和湖南长丰汽车制造股份有限公司的无私资助。

第三届全国大学生机械创新设计大赛于2008年10月在武汉海军工程大学举行，主题为“绿色与环境”。内容为“环保机械、环卫机械、厨卫机械三类机械产品的创新设计与制作”。其中环保机械的解释为用于环境保护的机械；环卫机械的解释为用于垃圾处理设备、垃圾分类等所用的机械；厨卫机械的解释为用于厨房、卫生间内的机械。

第四届全国大学生机械创新设计大赛于2010年10月在东南大学举行，其主题为“珍爱生命，奉献社会”，内容为“在突发灾难中，用于救援、破障、逃生、避难的机械产品的设计与制作”。其中“用于救援、破障的机械产品”指在火灾、水灾、地震、矿难等灾害发生时，为抢救人民生命和财产所使用的机械；“用于逃生、避难的机械产品”，指立足防患于未然，在灾害发生时保护自我和他人的生命和财产安全的机械，也包括在灾难和紧急情况发生时，房屋建筑、车船等运输工具以及其他一些公共场合中可以紧急逃生、避难的门、窗、锁的创新设计。

第五届全国大学生机械创新设计大赛于2012年7月在中国人民解放军第二炮兵工程学院(陕西西安)举行，主题为“幸福生活——今天和明天”；内容为“休闲娱乐机械和家庭用机械的设计和制作”。所有参加决赛的作品必须与本届大赛的主题和内容相符，与主题和内容不符的作品不能参赛。“休闲娱乐机械”指机械玩具或在家庭、校园、社区内设置的健康益智的生活、娱乐机械；“家庭用机械”指对家庭或宿舍内物品进行清洁、整理、储存和维护的机械。凡参加过本赛事以前比赛的作品原则上不得再参加本届比赛；如果作品在功能或原理上确有新的突破和创新，参赛时须对突破和创新之处作出说明。

第六届全国大学生机械创新设计大赛于 2014 年 7 月在东北大学举行，主题为“幻 · 梦课堂”；内容为“教室用设备和教具的设计与制作”。学生们可根据对日常课堂教学情况的观察，或根据对未来若干年以后课堂教学环境和状态的设想，设计并制作出能够使课堂教学更加丰富、更具吸引力的机械装置。

课堂包括教室、实验室等教学场所。教室用设备包括桌椅、讲台、黑板、投影设备、展示设备等；教具是指能帮助大学生理解和掌握机械类课程（包括但不限于“理论力学”“材料力学”“机械制图”“机械原理”“机械设计”“机械制造基础”等）的基本概念、基本原理、基本方法等的教学用具。学生在设计时，应注重作品功能、原理、结构上的创新性。

第七届全国大学生机械创新设计大赛于 2016 年 7 月在山东交通学院举行，主题为“服务社会——高效、便利、个性化”；内容为“钱币的分类、清点、整理机械装置；不同材质、形状和尺寸商品的包装机械装置；商品载运及助力机械装置”。所有参赛作品必须与本届大赛的主题和内容相符，与主题和内容不符的作品不能参赛。

从第三届大赛开始，都要求所有参加决赛的作品必须与本届大赛的主题和内容相符，与主题和内容不符的作品不能参赛。参赛作品必须以机械设计为主，提倡采用先进理论和先进技术，如机电一体化技术等。对作品的评价不以机械结构为单一标准，而是对作品的功能、设计、结构、工艺制作、性能价格比、先进性、创新性等多方面进行综合评价。在实现功能相同的条件下，机械结构越简单越好，在以机械创新设计为主的前提下，均提到了先进理论、先进技术和提倡机电一体化技术的应用。

大赛分为三级制，即经校级比赛、省级比赛的优胜者，然后经省教育厅核准，报名推荐参加全国决赛。

(2)作品的评价标准

对于参加比赛的作品评审采用综合评价，评价观测点有以下几个方面：

1)选题评价

①新颖性；②实用性；③意义或前景。

2)设计评价

①创新性；②结构合理性；③工艺性；④先进理论和技术的应用；⑤设计图纸质量。

3)制作评价

①功能实现；②制作水平与完整性；③作品性价比。

4)现场评价

①介绍及演示；②答辩与质疑。

1.3.2 全国大学生工程训练综合能力竞赛

全国大学生工程训练综合能力竞赛是公益性的大学生科技创新竞技活动，是有较大影响力的国家级大学生科技创新竞赛，是教育部、财政部资助的大学生竞赛项目，目的是加强学生创新能力和实践能力培养，提高本科教育水平和人才培养质量。为开办此项竞赛，经教育部高等教育司批准，专门成立了全国大学生工程训练综合能力竞赛组织委员会和专家委员会。全国大学生工程训练综合能力竞赛每两年一届。

全国大学生工程训练综合能力竞赛指导思想是“重在实践、鼓励创新、突出综合、强调能力”，以提高大学生的实践动手能力、科技创新能力和团队精神，同时秉承“竞赛为人才培养服务，竞赛为教育质量助力，竞赛为创新教育引路”的宗旨，大赛方针是基于理论、注重创新、突出能力、强化实践。

竞赛活动面向全国各类本科院校在校大学生，实行校、省（或多省联合形成的区域）、全国三级竞赛制度，主要组织形式如下：

①自本方案公布之日起，各学校根据竞赛组委会发布的竞赛命题和竞赛规则自主组织本校的大学生工程训练综合能力竞赛，并根据校赛成绩排名向省级或区域级竞赛组委会推荐。

②各省级或区域级教育行政部门自收到竞赛通知之日起，应积极组织辖区内的高等院校，筹备进行省级竞赛，并依据省赛结果向全国大学生工程训练综合能力竞赛秘书处报名推荐。每届国赛设有两个竞赛项目，“S”形赛道避障无碳小车和“8”字形赛道避障无碳小车，各省级或区域赛区，根据省级或区域竞赛的成绩，按照择优原则，对应每个竞赛项目可推荐不超过两支参赛队。每校参加同一个竞赛项目的参赛队只能有 1 支。2017 年的大学生工程训练综合能力竞赛在前四届主题的基础上，增设了重力势能驱动的自控行走小车越障竞赛，即共有 3 个竞赛项目，组织形式同上。

③竞赛评委会负责制定竞赛规则和成绩评定标准，组委会负责对各项竞赛规则和标准的审定和发布授权。在竞赛规则中，将详细规定竞赛的参赛资格、参赛要求、报名办法、奖项设置、评审原则等项目。通过省级竞赛或区域竞赛的优胜者，经省或区域教育厅核准，推荐报名参加全国决赛。

全国大学生工程训练综合能力竞赛，每届主题均为“无碳小车越障赛”，主要包括两个项目：项目Ⅰ——“S”形赛道避障行驶竞赛，项目Ⅱ——“8”字形赛道避障行驶竞赛。其竞赛命题变化不大，以第五届大学生工程训练综合能力竞赛为例，其命题为：以重力势能驱动的具有方向控制功能的自行小车。

即设计一辆小车，由给定的重力通过能量转换原理驱动其行走并转向，该给定重力势能由竞赛时使用质量为 1 kg±5 g 的重锤获得，重锤由各学校自行准备，尺寸自定（比赛前由组委会统一称重，不符合规定的重锤由组委会提供，并在小车拆装和调试环节成绩中扣 0.5 分），要求重物的可下降高度为（400±2） mm。重物由小车承载，不允许从小车上掉落，如图 1.1 所示。

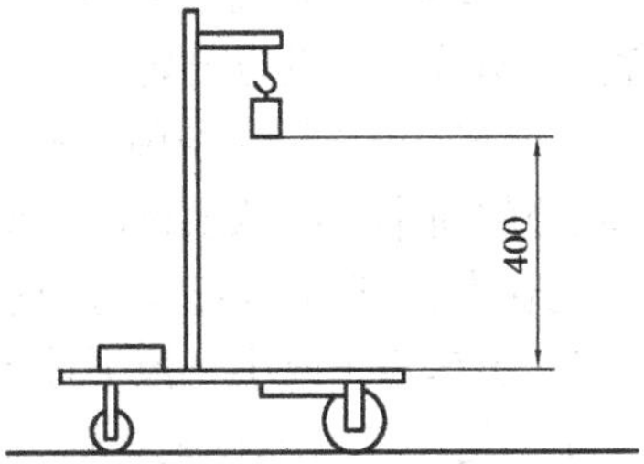

图 1.1 小车示意图

无碳小车的设计要求如下：

①要求小车行走过程中完成所有动作所需的能量均由此重力势能转换获得，不可使用任何其他的能量来源。

②要求小车具有转向控制机构，且此转向控制机构具有可调节功能，以适应放有不同间

距障碍物的竞赛场地。

③要求小车为三轮结构,其中一轮为转向轮,另外两轮为行进轮,允许两行进轮中的一个轮为从动轮。具体设计、材料选用及加工制作均由参赛学生自主完成。

根据上述命题要求,完成能够完成"S"形赛道的避障无碳小车和"8"字形赛道的无碳小车设计,小车竞赛分两轮,第一轮中"S"形赛道的避障无碳小车在前行时能够自动绕过赛道上设置的障碍物,如图1.2所示。赛道宽度为2 m,障碍物为直径20 mm、高200 mm的圆棒,沿赛道中线从距出发线1 m处开始按间距1 m摆放,摆放完成后,将偶数位置的障碍物按+250 mm间距变化值和变化方向进行移动(正值远离,负值移近),形成的即为竞赛时的赛道。以小车前行的距离和成功绕障数量来评定成绩。

各队加载由各学校自行加工的重锤,在指定的赛道上进行比赛。小车出发位置自定,但不得超过出发端线和赛道边界线。每队小车运行两次,取两次成绩中的最好成绩。

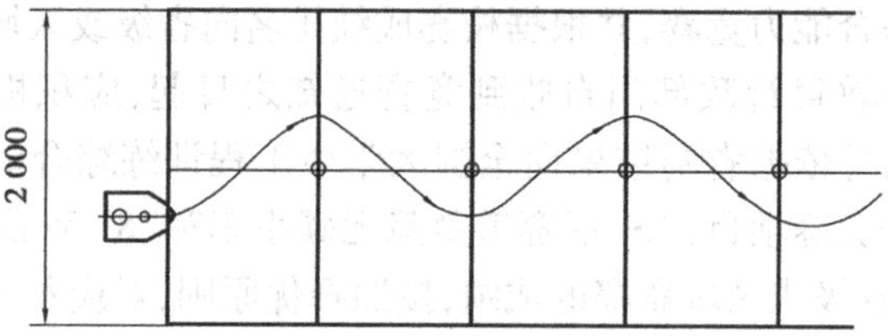

图1.2 "S"形赛道示意图

图1.3 第一轮"8"字形赛道

"8"字形赛道避障行驶竞赛分两轮,第一轮参赛小车在半张标准乒乓球台(长1 525 mm、宽1 370 mm)上,绕相距450 mm的两个障碍沿"8"字形轨迹绕行,绕行时不可以撞倒障碍物,不可以掉下球台。障碍物为直径20 mm、高200 mm的两个圆棒,相距一定距离放置在半张标准乒乓球台的中线上,以小车完成"8"字绕行圈数的多少来综合评定成绩,如图1.3所示。

参赛时,要求小车以"8"字形轨迹交替绕过中线上两个障碍,保证每个障碍在"8"字形的一个封闭环内。每完成1个"8"字且成功绕过两个障碍,得12分;每完成1个"8"字且只绕过1个障碍,得6分;每完成1个"8"字且没有绕过障碍物,得两分。出发点自定,每队小车运行两次,取两次成绩中的最好成绩。

一个成功的"8"字绕障轨迹为:两个封闭图形轨迹和轨迹的两次变向交替出现,变向指的是:轨迹的曲率中心从轨迹的一侧变化到另一侧。

比赛中,小车需连续运行,直至停止。小车碰倒障碍、将障碍物推出定位圆区域、砝码脱离小车、小车停止或小车掉下球台均视为本次比赛结束。

第二轮小车避障行驶竞赛"S"形赛道用装配调试完成的小车,再次进行避障行驶竞赛,规则同第一轮。

"8"字形赛道避障行驶竞赛用装配调试完成的小车在半张标准乒乓球台(长1 525 mm、宽1 370 mm)上进行避障行驶竞赛。乒乓球台有3个障碍成"L"形放置,"L"形的长边在球台的中线上(放置球台时"L"形的长边平行主看台方向,短边垂直且远离主看台),经现场公开抽签,在400~500 mm产生"L"形的长边值,在300±50 mm产生"L"形的短边值。

小车需绕中线上的两个障碍物按“8”字形轨迹运行，障碍物为直径 20 mm、高 200 mm 的 3 个圆棒，圆棒中心分别放置在“L”形的 3 个端点上，以小车完成“8”字绕行圈数的多少来评定成绩，如图 1.4 所示。

参赛时，要求小车以“8”字形轨迹交替绕过中线上两个障碍，保证每个障碍在“8”字形的一个封闭环内，同时不碰倒第 3 个障碍。每完成 1 个“8”字且成功绕过两个障碍，得 12 分。各队使用自行加工的标准砝码参赛。出发点自定，每队小车运行两次，取两次成绩中最好成绩。

一个成功的“8”字绕障轨迹为：两个封闭图形轨迹和轨迹的两次变向交替出现，变向指的是轨迹的曲率中心从轨迹的一侧变化到另一侧。

比赛中，小车需连续运行，直至停止。小车没有绕过障碍、碰倒障碍、将障碍物推出定位圆区域、砝码脱离小车、小车停止或小车掉下球台均视为本次比赛结束。

项目Ⅲ命题为“重力势能驱动的自控行走小车越障竞赛”，本题目是在往届工程训练综合能力竞赛无碳小车命题基础上的修改，保留了重力势能驱动行进的特点，增加了自主寻迹避障转向控制功能。

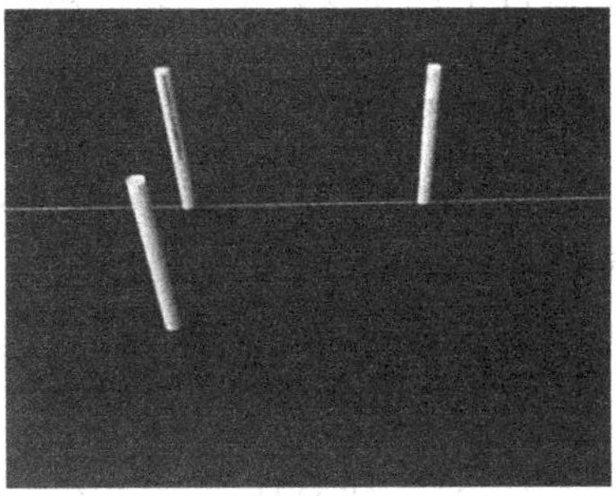

图 1.4 第二轮“8”字形赛道

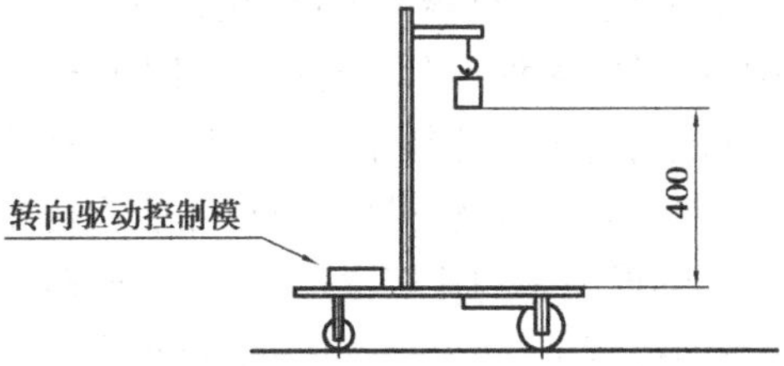

图 1.5 小车示意图

项目Ⅲ命题要求小车为三轮结构，其中一轮为转向轮，另外两轮为行进轮（要求两个行进轮用 1.5 mm 厚度的钢板或可用激光切割加工且不超过 8 mm 厚度的非金属板制作，要求行进轮轮毂与轮外缘之间至少有 40 mm 的环形范围，这个范围将用于进行统一要求的设计和激光切割），允许两行进轮中的一个轮为从动轮。小车应具有赛道障碍识别、轨迹判断及自动转向功能和制动功能，这些功能可由机械或电控装置自动实现，不允许使用人工交互遥控，如图 1.5所示。

小车行进所需能量：只能来自给定的重力势能，小车出发初始势能为 400 mm（高度）×1 kg（砝码质量），竞赛时使用同一规格标准砝码（钢制 ϕ50×65 mm）。若使用机械控制转向或刹车，其能量也需来自上述给定的重力势能。

电控装置：主控电路必须采用带单片机的电路，电路的设计及制作、检测元器件、电机（允许用舵机）及驱动电路自行选定。电控装置所用电源为 5 号碱性电池，电池自备，比赛时须安装到车上并随车行走。小车上安装的电控装置必须确保不能增加小车的行进能量（小车驱动系）。

赛道要求：赛道宽度为 1.2 m，形成长约 15.4 m、宽约 2.4 m（不计赛道边缘道牙厚度）的环形赛道，其中两直线段长度为 13.0 m，两端外缘为曲率半径 1.2 m 的半圆形，中心线总长度约 30 m，如图 1.6 所示。

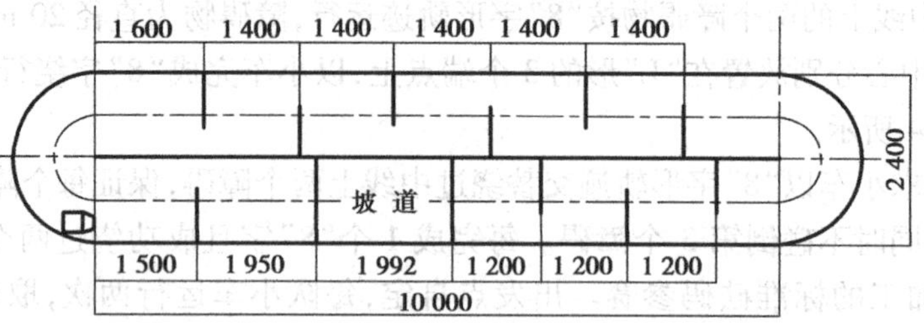

图 1.6　赛道示意图

赛道边缘设有高度为 80 mm 的道牙挡板。赛道上间隔不等(随机)交错设置多个障碍墙,障碍墙高度约 80 mm,相邻障碍墙之间最小间距为 1 m,每个障碍墙从赛道一侧边缘延伸至超过中线 100~150 mm。

在直赛道段设置有 1 段坡道,坡道由上坡道、坡顶平道和下坡道组成,上坡道的坡度为 3°±1°,下坡道的坡度为 1.5°±0.5°;坡顶高度为(40±2) mm,坡顶长度为(250±2) mm。坡道位置将事先公布,出发线在平赛道上,距离坡道起始位置大于 1 m,具体位置抽签决定。

四川省的大赛中增加了项目Ⅳ竞赛,命题为全地形底盘自主创新设计赛。参赛队应根据大赛组委会提供的具有 4 种不同特性障碍物及比赛要求,采用北京启创远景科技有限公司提供的“探索者模块化机器人平台”设计制作全地形底盘。

场地中设定 4 种 5 个不同特点、不同难度的障碍物,每种障碍物均有一定的分值,参赛队根据比赛规则自主设计制作全地形底盘,完成穿越各个障碍物的比赛。

比赛起点和障碍物分别为模拟工业用栅格地毯、楼梯、管道、独木桥,各障碍物由黑色引导线连接,形成完整的比赛赛道,并设置比赛起点和终点,比赛场地由组委会统一布置。

底盘的控制电路、机械本体、检测元器件、电机和电池等必须在“探索者”平台指定范围内选择,比赛时须安装在底盘上并随底盘行走。

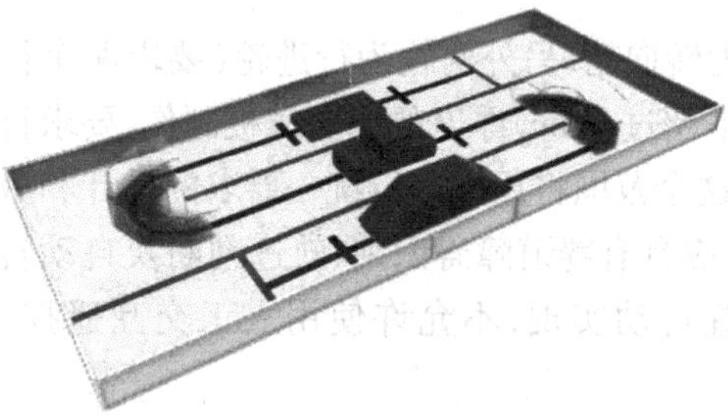

图 1.7　场地整体图

全地形底盘启动后自动行驶并通过比赛场地(见图 1.7)及 4 种障碍物(栅格地面、管道、窄桥、楼梯)尺寸标记(含引导黑线、终点),以通过的障碍数量和时间来综合评定成绩。

场地地面为 420 cm×180 cm 的宝丽布,四周有高度为 18 cm 的由型材和免漆板组成的围栏,如图 1.8 所示。场地地面设有起点线和终止线,距离边缘 90 cm。部分障碍前后 20 cm 设有标志线,供参赛队伍参考使用。距离长边 60 cm 的两条红线为装饰线。5 个障碍物按图 1.8 所示的种类、数量和位置安放,并以双面胶固定在场地地面上,不可移动。黑线用 4 cm 宽低反光绝缘胶带铺设。障碍物的大小、形状结构会在大赛章程中具体给出。

全国大学生工程能力训练大赛每个项目分为以下环节。

①“S”形赛道无碳小车与“8”字形赛道无碳小车分两轮进行行驶比赛,满分 30 分,起评分 18 分。

②参赛徽标的设计及 3D 打印制作,满分 10 分,起评分 6 分。

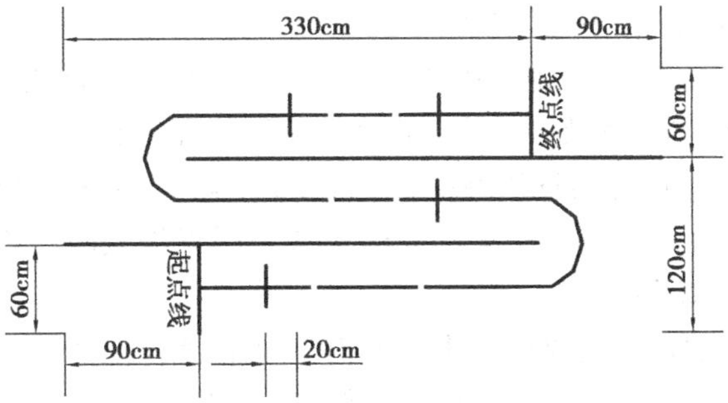

图 1.8 场地地面尺寸图

③小车拆装和调试,满分 10 分,起评分 6 分。

④"S"形赛道和"8"字形赛道避障形式小车在经第三环节后,进行装配调试,然后进行第二轮小车避障行驶赛,该环节满分 30 分,起评分 18 分。

⑤方案评审,该环节中需要提交的文件有结构设计方案文件、工艺设计方案文件、创业企划书,3 min 视频及 PPT,满分 20 分,起评分 12 分。

最后根据上述环节各队的得分,按从高到低的顺序,排列名次,然后根据各环节公式进行计算,即为参赛队的最后得分。

1.4 其他相关学科竞赛和创新项目的简介

1.4.1 "挑战杯"大赛简介

挑战杯是"挑战杯"全国大学生系列科技学术竞赛的简称,是由共青团中央、中国科协、教育部和全国学联共同主办的全国性的大学生课外学术实践竞赛,"挑战杯"竞赛共有两个项目:一个是"挑战杯"全国大学生课外学术科技作品竞赛;另一个是"挑战杯"中国大学生创业计划竞赛。这两个项目的全国竞赛交叉轮流开展,每个项目每两年举办一届。

(1)"挑战杯"全国大学生课外学术科技作品竞赛(以下简称"挑战杯"竞赛)

它是由共青团中央、中国科协、教育部、全国学联和地方政府共同主办,国内著名高校、新闻媒体联合发起的一项具有导向性、示范性和群众性的全国竞赛活动。自 1989 年首届竞赛举办以来,"挑战杯"竞赛始终坚持"崇尚科学、追求真知、勤奋学习、锐意创新、迎接挑战"的宗旨,在促进青年创新人才成长、深化高校素质教育、推动经济社会发展等方面发挥了积极作用,在广大高校乃至社会上产生了广泛而良好的影响,被誉为当代大学生科技创新的"奥林匹克"盛会。竞赛的发展得到党和国家领导同志的亲切关怀,江泽民同志为"挑战杯"竞赛题写了杯名,李鹏、李岚清等同志题词勉励。历经十届,"挑战杯"竞赛已具有以下特色。

①吸引广大高校学生共同参与的科技盛会。从最初的 19 所高校发起,发展到 1 000 多所高校参与;从 300 多人的小擂台发展到 200 多万大学生的竞技场,"挑战杯"竞赛在广大青年学生中的影响力和号召力显著增强。

②促进优秀青年人才脱颖而出的创新摇篮。竞赛获奖者中已经产生了 2 位长江学者,6

位国家重点实验室负责人，20多位教授和博士生导师，70%的学生获奖后继续攻读更高层次的学历，近30%的学生出国深造。他们中的代表人物有：第二届“挑战杯”竞赛获奖者、国家科技进步一等奖获得者、中国十大杰出青年、北京中星微电子有限公司董事长邓中翰，第五届“挑战杯”竞赛获奖者、“中国杰出青年科技创新奖”获得者、安徽科大讯飞信息科技有限公司总裁刘庆峰，第八届、第九届“挑战杯”竞赛获奖者、“中国青年五四奖章”标兵、南京航空航天大学2007级博士研究生胡铃心等。

③引导高校学生推动现代化建设的重要渠道。成果展示、技术转让、科技创业，让“挑战杯”竞赛从象牙塔走向社会，推动了高校科技成果向现实生产力的转化，为经济社会发展做出了积极贡献。

④深化高校素质教育的实践课堂。“挑战杯”已经形成了国家、省、高校三级赛制，广大高校以“挑战杯”竞赛为龙头，不断丰富活动内容，拓展工作载体，把创新教育纳入教育规划，使“挑战杯”竞赛成为大学生参与科技创新活动的重要平台。

⑤展示全体中华学子创新风采的亮丽舞台。香港、澳门、台湾众多高校积极参与竞赛，派出代表团参加观摩和展示。竞赛成为全体中华学子展示创新风采的舞台，增进彼此了解、加深相互感情的重要途径。

(2)“挑战杯”中国大学生创业计划竞赛

创业计划竞赛起源于美国，又称商业计划竞赛，是风靡全球高校的重要赛事。它借用风险投资的运作模式，要求参赛者组成优势互补的竞赛小组，提出一项具有市场前景的技术、产品或者服务，并围绕这一技术、产品或服务，以获得风险投资为目的，完成一份完整、具体、深入的创业计划。

竞赛采取学校、省（自治区、直辖市）和全国三级赛制，分预赛、复赛和决赛3个赛段进行。

大力实施“科教兴国”战略，努力培养广大青年的创新、创业意识，造就一代符合未来挑战要求的高素质人才，已经成为实现中华民族伟大复兴的时代要求。作为学生科技活动的新载体，创业计划竞赛在培养复合型、创新型人才，促进高校产学研结合，推动国内风险投资体系建立方面发挥出越来越积极的作用。

1.4.2 全国大学生创新创业训练活动

根据《教育部 财政部关于“十二五”期间实施“高等学校本科教学质量与教学改革工程”的意见》（教高〔2011〕6号）和《教育部关于批准实施“十二五”期间“高等学校本科教学质量与教学改革工程”2012年建设项目的通知》（教高函〔2012〕2号），教育部决定在“十二五”期间实施国家级大学生创新创业训练计划。

通过实施国家级大学生创新创业训练计划，促进高等学校转变教育思想观念，改革人才培养模式，强化创新创业能力训练，增强高校学生的创新能力和在创新基础上的创业能力，培养适应创新型国家建设需要的高水平创新人才。

国家级大学生创新创业训练计划内容包括创新训练项目、创业训练项目和创业实践项目三类。创新训练项目是本科生个人或团队，在导师指导下，自主完成创新性研究项目设计、研究条件准备和项目实施、研究报告撰写、成果（学术）交流等工作。

创业训练项目是本科生团队，在导师指导下，团队中每个学生在项目实施过程中扮演一个或多个具体的角色，通过编制商业计划书，开展可行性研究，模拟企业运行，参加企业实践，撰写创业报告等。

创业实践项目是学生团队在学校导师和企业导师共同指导下，采用前期创新训练项目（或创新性实验）的成果，提出一项具有市场前景的创新性产品或者服务，以此为基础开展创业实践活动。

1.4.3 全国三维数字化创新设计大赛

全国3D大赛（3DDS，全称“全国三维数字化创新设计大赛”）设置开放自主命题、企业定向命题与半开放3D打印众筹创业命题三大板块，以及3D产业年度风云榜评选。

开放自主命题板块下设工业与工程设计大赛、数字化建筑设计大赛、数字表现设计大赛三大竞赛方向及评审赛项。

企业定向命题板块由国内外各类企业单位，通过全国3D大赛平台发布项目需求或命题，进行作品征集或项目发包；由命题企业配合大赛组委会共同设立命题奖项和评审标准，并共同组织评审；参赛选手/团队按企业命题需求进行作品项目设计提交，最终达成企业需求。

全国3D大赛每年举办一届，分宣传动员与大赛报名（3—5月）、初赛选拔/复赛作品提交（6—7月）、赛区选拔/复赛评审（8—10月）和全国现场总决赛与颁奖盛典（11月末12月初）4个赛程。

1.4.4 机器人创新设计大赛

机器人创新设计大赛的目的是激发青少年的创新意识，鼓励机器人爱好者在机器人开发和实用中自主创新，以创新为主题，设计制作各种新颖的机器人项目，实现机器人的机械、电子、气动、软件及传感器等方面的扩展应用，从而推动机器人应用的不断发展。智能机器人创新设计的选题主要遵循以下基本原则：

①题目来源于生活，服务于生活；

②科学性、新颖性、展示性；

③根据自身能力判断可行性。

设计该作品有以下3种途径。

①模仿：在已有成果的基础上，充分利用智能机器人技术，模仿其结构和控制原理。在过程中实践，在实践中应用。

②改进：在参考原有功能和设计结构的基础上，进一步丰富和完善智能系统，使之功能更全面，更高效。

③发明创造：创造历史上没有的。

机器人创新设计大赛评审遵循以下原则。

①可行性原则：所设计的机器人应具备良好的可操作性和安全性。作品完成以后还应充分考虑到其他人员在使用时是否能顺利启动，或者使其经过一定的努力也可以完成某一项功能或任务，鼓励设计者利用现有资源，整合旧材料以最少的资本投入完成相关的活动，显现出环保节能意识。

②创新性原则：创新是技术活动的本质所在，在设计机器人作品时，师生应根据日常生活

经验，展开丰富、科学的联想，并积极付诸实践，创造新方法、新成果和新价值。

③智能性原则：机器人创新设计不同于一般的科技发明，其核心重在体现作品自身的智能化（如感知、规划、动作和协同等能力）。设计好的机器人创新作品可按照周围环境所提供的信息，利用各种传感器和动力装置进行信息的获取和输出，并能按照预设的程序指令决定自己的行动，要有一定的自主能力。这也正是机器人创新设计的魅力所在。

④趣味性原则：设计者应该结合自己年龄特点和任务过程及完成情况，使作品具有一定的知识性和趣味性。使参与者和观赏者都能对该项目产生浓厚的兴趣，给予足够的关注。

⑤可发展性原则：一个好的作品应该是有生长点的。选手可以在知识与能力的拓展后，继续完善其作品，使之具有更好的性能。反之，一次成型一步到位的作品是缺少生命力的，不具备可挖掘的潜力，学生发展的潜力和空间也会因此而搁浅。例如，会弹琴的机器人，在设计之初，作者预想的结果仅仅是让设计好的机械手臂在标准的电子琴键上按照程序指令演奏一首脍炙人口的儿童歌曲。随着设计者年龄的增长以及思维能力、技术水平的提高，作品被重新定位于键盘指法教学机器人。它的功能早已经不局限于演奏，而是能帮助在指法学习困难的人快速、直观地掌握键盘指法的切换，成为集教学、娱乐于一体的智能机器人作品。

1.4.5 全国大学生智能汽车大赛

全国大学生“飞思卡尔”杯智能汽车竞赛，现在更名为“恩智浦”杯智能汽车竞赛。它起源于韩国，是韩国汉阳大学汽车控制实验室在飞思卡尔半导体公司资助下举办的以 HCS12 单片机为核心的大学生课外科技竞赛。组委会提供一个标准的汽车模型、直流电机和可充电式电池，参赛队伍要制作一个能够自主识别路径的智能车，在专门设计的跑道上自动识别道路行驶，最快跑完全程而没有冲出跑道并且技术报告评分较高为获胜者。其设计内容涵盖了控制、模式识别、传感技术、汽车电子、电气、计算机、机械、能源等多个学科的知识，对学生的知识融合和实践动手能力的培养，具有良好的推动作用。

学科竞赛是在紧密结合课堂教学的基础上，以竞赛为载体，激发学生理论联系实际和独立工作的能力，通过实践来发现问题、解决问题，增强学生学习和工作自信心的系列化活动。学科竞赛是一种可行的教育、教学行为，有着常规教学所不能及的特殊的创新教育功能，能培养学生对科学的浓厚兴趣，使其具备发展型的知识结构、开拓探究型的学习方法、追求科学发现百折不挠的心理品质，学科竞赛在促进学科建设和课程改革、引导高校教学改革中注重培养学生的创新能力、协作精神、动手能力，在倡导素质教育中提高学生对实际问题进行设计制作的能力等诸多方面有着日趋重要的推动作用。

第 2 章 以学科竞赛为载体的实践教学的组织与管理

培养大学生创新能力是我国经济实现跨越式发展,缩小与世界发达国家差距的关键因素。经济与社会的可持续发展,不仅取决于人才的数量和结构,更取决于人才的创新精神与创新能力。21 世纪作为科学技术高速发展的知识经济时代,不断要求提高国民素质和加快各类专门人才培养,尤其需要具有创造和开拓新思想、新成果、新领域并对社会能够发挥重要作用的创新人才。当前我国经济、科学技术有了很大的发展,但与发达国家相比还比较落后,为彻底改变这一状况,我国各行各业都在积极深化改革,重视具有锐意改革、不断创新的创造型人才。

机械与机电专业作为一个应用型人才培养专业,大多数学生毕业后直接走上工作岗位,社会岗位要求毕业生具备一定的研究能力、创造和创新能力,以便能够迅速适应各种工作岗位的需要,完成岗位的任务。这就要求本科生在校期间参与科技团队,进行一定的科研、团队协作训练,以适应社会对人才创新能力的要求。

2.1 科技创新团队培养现状

中共中央、国务院《关于深化教学改革,全面推进素质教育的决定》中指出:"高等教育要重视培养大学生的创新能力、实践能力和创业精神,普遍提高大学生的人文素质和科学素质。"创新素质已成为大学生第一素质,创新能力已成为大学生的首要能力。美国南加利福尼亚大学的本科生研究计划(URDP)和浙江大学的大学生科研训练计划认为引导本科生积极参加科研活动是培养大学生创新能力和实践能力的重要途径，组建大学生科技团队，建立大学生参与科研的机制是高校培养创新人才的重要任务之一，这对当今高等教育提出了新的挑战。

如何建设大学生创新科技团队，培养当代大学生的科技创新意识、创新精神以及创新能力，是目前国内外高校学生工作的一个重要课题，国内外大学都在不断地进行探索。我国学者也对创新团队建设作了大量的研究：曹小华等提出以制度为导向的课外创新团队组织形式，建立开放型创新实验室和稳定的校外实践基地以及加强实践环节的大学生科技创新能力的团队培养模式；蒋永荣等以教师科研项目和学生独立科研立项为依托，建立导师指导下的本科生科研创新团队模式，研究与实践表明该模式能有效提高学生的综合素质和能力。

进入21世纪以来，许多高校对创新素质教育进行了大胆和有益的尝试，如开展科技作品竞赛活动，设立课外科研班，建立大学生科技创新活动的常设机构和科研基金，制订假期大学生科学研究计划等，为高校科技创新人才培养模式提供了一些可以借鉴的成功经验。然而，由于历史原因，我校机电专业与其他工科专业相比，学生的科技活动参与率较低。科技团队建设没有完整成熟的培养模式，没有形成大多数学生创新能力培养的规模和团队可持续发展的有效机制，创新活动参与率低，学生科技创新能力总体水平大打折扣。为了改变这种被动局面，有必要借鉴国内外大学的成功经验，结合我校实际情况和机电专业的办学特点，研究一种可持续发展的科技团队建设模式和方法，以培养机电专业大学生的创新能力，并为其他相关专业的科技团队建设提供参考。

2.2 科技创新团队建设的思路与建设方法

(1)科技创新团队的建设思路

1)构建一种应用创新型人才培养模式

构建第一课堂与第二课堂同步发展的大学生可持续发展创新能力培养团队建设模式。

2)设计一种分层次培养的创新型人才培养模式

由不同创新能力层次的学生组成一个创新团队，在科技活动中本着由浅入深、循序渐进、注重创新的原则，对学生进行“入门—提高—竞赛—科研”的创新能力培养。

3)建立有学生参与的教研活动形式，并使之制度化

在教研过程中，有计划地组织有学生代表参加的教研活动，采纳学生提出的合理要求和正确建议，及时调整实验内容，改进教学方法，以提高教研的实效性。

(2)促进科技团队建设的方法

1)保证科技团队建设的可持续性

目前的大学生创新团队，大多是在申报科技课题时临时成立的，而且这些团队从组建到学生毕业，是一种独立运行的模式，不能充分调动团队之外学生的创新积极性。部分学生申报科技课题是凭一时的热情，把科技项目当作一项具体的活动而不是当作自己创新能力培养的一个机会，课题申报前没有这方面的知识积累，申报后也缺乏长期从事创新活动的耐心，使

科技创新活动达不到预期的效果。有些学生在教师的组织下参与教师的科研课题,这种方式能较好地培养学生的创新能力,然而这种方式属于精英式创新人才培养,受益的只是创新团队内部的学生,对同年级学生和其他年级学生影响不大。通过对机电专业学生的调查发现,大部分学生都有参与创新活动的渴望,由于他们的知识结构与水平有限,缺乏科技创新的思维与意识,认为参加创新活动很耽误时间,有可能因此影响学业,没有认识到参与科技创新的重要性。另外,教师在研的课题数量和针对学生的科技活动数量有限,只能让少部分学生参与研究。

2)成立科技协会

为了提高机电专业大学生的创新能力,保证科技团队建设的可持续发展,我们通过一系列的调研与研究,决定成立一个科技协会,以协会的方式组织开展科技创新活动。在学院的大力支持下,协会有了开展活动的房间与一些常用仪器设备(包括计算机、科技创新制作必要的原材料等)。协会由各年级中积极参与科技创新活动的活跃分子组成,这些成员除上课及日常生活之外,长期在协会学习。通过一段时间的观察发现,这样一个固定的场所对开展科技活动以及内部的相互交流十分有效。协会的日常管理工作由专业教师负责,指导教师负责开展专题知识讲座,指导学生科研课题申报与实施,带领学生参与教师的科研课题,指导学生进行创新设计,组织和指导学生参加各类竞赛等;具体活动则由科协主席负责执行,协会负责主题科技活动的开展,包括电子设计知识讲座、电子设计制作、机械创新设计、三维设计以及机电一体化设计以及参加学校组织的机电相关类学术报告等。

协会采用“传、帮、带”的模式培养学生。首先由指导教师通过各种途径指导协会成员进行创新设计,培养协会成员的创新能力,发展壮大协会;其次由协会高年级学生帮助指导低年级学生,带动协会的纵向发展;最后通过协会成员辐射到整个专业的学生,形成传动链,创建实现整个专业的学生热爱创新这一良好局面,而且保证整个科技团队的延续性。因此,以科技协会的形式组建一个可持续发展的科技团队,可以利用有限的科技项目对绝大多数学生

进行创新能力培养,充分发挥团队的作用,使具有一定经验的高年级学生引导低年级学生,形成“入门—提高—竞赛—科研”的创新能力培养模式。

3)充分发挥指导教师的作用

专业教师的参与和指导是学生课外科技创新活动得以发展的保障。虽然科技活动的参与主体是学生,但是这项活动的开展离不开教师的认真指导。实际上这也是教师教书育人工作的一种拓展,教师应发挥积极作用。然而就目前情况来看,指导教师在学生的科技活动中表现为两种趋势:一种是指导教师积极性不高,对学生科技创新作用不大,有些学生虽然有想法,但是受知识水平、客观条件所限无法实现;另一种是指导教师在科技活动中指导过多,主要的研究工作均由指导教师承担,导致学生在活动中只是承担一些简单的体力劳动。这些都不能使学生的创新能力在科技活动中得到有效的培养。

因此,要充分发挥指导教师在创新团队中的引领作用。首先,学校要形成政策支持,对指导大学生创新活动的教师进行绩效奖励,对长期在一线指导学生的教师提供一定的课时补助,评职称时给予相应的政策照顾,对创新比赛获奖学生的指导教师予以物质奖励等,以此来调动教师的积极性。其次,教师在学生科技创新活动中要善于放手让学生去承担科研课题。在团队中教师主要起团队管理、项目方案决策的作用,而具体任务则可以进行分解,让学生分

层次地去完成。本科生科研团队往往由不同年级、不同层次的学生组成,形成了创新实践梯队,导师重点带大四或能力较强的学生。

2.3 建立完善的团队约束与激励机制

在大学生创新能力培养的影响因素中,除学校已有的教学与科研条件外,指导教师和学生是影响创新能力培养效果的两个主要因素。因此,需要建立一个有效的约束与激励机制,充分调动教师与学生的积极性,防止学生对科技课题“三分钟热情”现象的出现,鼓励渴望参加科技创新活动而又认为自己能力不够的学生积极参与进来。

首先,要制定《大学生科技创新管理条例》《大学生科技创新基金项目管理办法》《大学生科技创新指导教师工作管理条例》等一系列大学生科技创新管理文件,为大学生科研工作有效开展奠定政策基础。

①将大学生参与科技创新纳入实践教学体系,激发并维持大学生参与科技创新的热情。从大学一年级开始,要求学生一边上基础文化课,一边进行实验实习训练,到大学二年级时,要求每位学生参加相应的课外科技创新团队,并明确科技创新活动的学分。

②为大学生参与科技创新提供必要的经费支持。设立大学生科研专项基金,学生以创新团队为单位申请科研经费;科研主管部门组织专家评审,并负责经费的管理。创新团队也可以参与教师研究课题的研究活动。

③使用政策手段,充分发挥教师的指导作用。制定并完善科技创新评估制度,引导教师将科学研究中产出的成果充实到教学、实验实习和科技创新实践中,使大学生对新的知识产生兴趣进而激发探索精神,从而达到循序渐进地培养与启发学生创新思维的目的。

其次,对大学生科技团队的管理主要是把工作做细,进一步激发团队成员以更大的热情投入科研和创新实践中。

①指导教师要严格要求学生,记录学生参与科研活动的情况,按学校科技创新学分制度计入相应学分,并载入学生档案。

②鼓励科技创新团队成员共同完成阶段性成果报告,并整理成论文发表,以获得更多学分。

③学生可以将所承担的科研子课题作为毕业设计(或论文)课题完成,直至毕业,将大四阶段的短期毕业设计(或论文)扩展成大学期间的全程毕业设计(或论文)训练,不仅充分保证了毕业设计(或论文)的质量,而且为大四考研和求职留有充足的时间。

建立科技创新团队是提高大学生创新能力的有效方法之一。通过本项目的研究,在以“学生为本”的教育理念指导下,以学校现有的实践教学体系为依托,建设适合培养大学生创新能力的完善的科技创新团队,培养学生的创新精神、创新能力和团队协作精神,促进学生知识、能力和综合素质的提高,为学生适应社会、服务社会、成就事业提供知识和技能保证,同时为推动我校新形势下机电专业以及相关专业的教学改革积累有益经验。

第 3 章 工程材料的基础知识与零件的选型方法

工程材料是现代工业、农业、国防、航空航天技术赖以存在和发展的根本和基础。工程材料主要分为金属材料和非金属材料两大类。常用的金属材料有黑色金属、有色金属、高分子材料、陶瓷材料、复合材料、纳米材料等。目前,金属材料由于具有良好的使用性能和工艺性能,仍然是机械行业应用最为广泛的工程材料,为了合理地选材,必须对材料的基础知识有一定的掌握,如材料性能与结构组织之间的关系,充分挖掘材料的潜力,改善和提高材料的性能,使机械设计选材更合理,更优化。

3.1 零件所受的各种载荷

工程构件与机械零件(以下简称构件或零件)在工作条件下可能受到力学负荷、热负荷或环境介质的作用,有时只受到一种负荷作用,更多的时候受到两种或 3 种负荷的同时作用。在力学负荷作用条件下,零件将产生变形,甚至出现断裂;在热负荷作用下,将产生尺寸和体积的变化,甚至产生热应力,同时随温度的升高,零件的承载能力下降;环境介质的作用主要表现为环境对零件表面造成的化学腐蚀、电化学腐蚀及摩擦磨损作用。

3.1.1 力学负荷

按载荷随时间变化的情况,可把载荷分为静载荷和动载荷。若载荷缓慢地由零增加到某一定值以后保持不变或变动很不显著,即为静载荷。机器的重力对基础的作用便是静载荷。若载荷随时间而变化,则为动载荷。按其时间作周期变化的方式,动载荷又可分为交变载荷与冲击载荷。交变载荷是随时间作周期变化的载荷,例如齿轮转动时作用于每一个齿上的力都是随时间按周期变化的;冲击载荷则是物体的运动在瞬时内发生突然变化所引起的载荷,例如急刹车时飞轮的转轴、锻造时汽锤的锤杆等都受到冲击载荷的作用。

(1)拉伸载荷和压缩载荷

拉伸载荷和压缩载荷是由大小相等、方向相反、作用线与杆件轴线重合的一对力引起的,这类载荷使杆件的长度发生伸长或缩短。起吊重物的钢索、桁架的杆件、液压油缸的活塞杆等在工作时都受到拉伸载荷或压缩载荷的作用,产生拉伸或压缩变形。

(2)弯曲载荷

弯曲载荷是由垂直于杆件轴线的横向力,或由作用于包含杆轴的纵向平面内的一对大小相等、方向相反力偶引起的。弯曲载荷使杆件轴线由直线变为曲线,即发生弯曲。在工程中,杆件受弯曲载荷作用是最常遇到的情况之一。桥式吊车的大梁、各种心轴以及车刀等都受到弯曲载荷作用,产生弯曲变形。

(3)剪切载荷

剪切载荷是由大小相等、方向相反、作用线垂直于杆轴且距离很近的一对力引起的。剪切载荷使受剪杆件的两部分沿外力作用方向发生相对的错动。机械中常用的连接件(如键、销钉、螺栓等)都受剪切力载荷作用,产生剪切变形。

(4)扭转载荷

扭转载荷是由大小相等、方向相反、作用面垂直于杆轴的一对力偶引起的。扭转载荷使杆件的任意两个横截面发生绕轴线的相对转动。汽车的传动轴、电动机和水轮机的主轴等都是受扭矩载荷作用,产生扭转变形的。

很多零件工作时同时受几种载荷作用,例如车床主轴工作时受弯曲、扭转与压缩3种载荷作用,钻床立柱同时承受拉伸与弯曲两种载荷作用,此时将产生组合变形。

3.1.2 热负荷

有些零件和结构是在高温条件下服役的,高温使工程材料的力学性能下降,并可能产生氧化。

首先,高温下材料的强度随温度升高而降低,而且高温下材料的强度随加载时间的延长而降低(在低温下材料的强度不受加载时间的影响)。如20号钢试样在450 ℃的短时抗拉强度为330 MPa,若试样仅承受应力230 MPa,在该温度下持续工作300 h会发生断裂;如果将应力降至120 MPa,持续工作1 000 h才会发生断裂。

其次,材料在长时间的高温作用下,即使应力小于屈服强度也会慢慢地产生塑性变形,这种现象称为高温蠕变。一般来讲,只有当温度超过0.3 T_m(T_m为材料的熔点,以绝对温度K为单位)时才出现比较明显的蠕变。

另外,许多零件在不断变化的温度条件下工作,若受较快的加热及冷却,零件将受到热冲击作用,如将Al_2O_3陶瓷管直接放入1 200 ℃的盐浴中会立即发生爆裂。一般而言,零部件各部分受热(或冷却)不均匀引起的膨胀(或收缩)量不一致,因而零件内部产生应力,此应力称为热应力。热应力将使零件产生热变形,或者降低零件的实际承载能力。温度交替变化引起热应力的交替变化,交变的热应力会引起材料的热疲劳。

3.1.3 环境介质作用

环境介质对金属零件的作用主要在腐蚀和摩擦磨损两个方面，对高分子材料零件的作用主要为老化。

(1)腐蚀作用

由于金属材料的化学性质相对活泼，因此容易受到环境介质的腐蚀作用。根据腐蚀过程和腐蚀机理，可分为化学腐蚀、电化学腐蚀和物理腐蚀。化学腐蚀是指材料与周围介质直接发生化学反应，但反应过程中不产生电流的腐蚀过程；电化学腐蚀是指金属与电解质溶液接触时发生电化学反应，反应过程中由电流产生腐蚀过程；物理腐蚀是指由于单纯的物理溶解而产生的腐蚀。

(2)摩擦磨损作用

机器运转，任何在接触状态下发生相对运动的零件，如轴与轴承、活塞环与汽缸套、十字头与滑块、齿轮与齿轮等，彼此之间都发生摩擦。零件在摩擦过程中其表面发生尺寸变化和物质损耗的现象称为磨损。磨损的类型很多，最常见的有黏结磨损、磨粒磨损、腐蚀磨损、麻点腐蚀(即接触疲劳)4 种。

(3)老化作用

高分子材料在加工、储存和使用过程中，由于受各种环境因素的作用而导致性能逐渐变坏，以致丧失使用价值的现象称为老化。例如，农用薄膜经日晒雨淋，发生变色、变脆和透明度下降等现象；玻璃钢制品长期暴露在大气中，其表面逐渐露出玻璃纤维(起毛)、变色、失去光泽并且强度下降；汽车轮胎和自行车轮胎储存或使用中发生龟裂等均为老化现象。

有些零件和结构在高温条件下服役的，高温使工程材料的力学性能下降，并可能产生氧化，这种条件下性能称为热负荷，热负荷主要有高温蠕变、热疲劳等。此外环境介质对金属零件的作用主要在腐蚀和摩擦磨损两个方面；环境介质对高分子材料零件的作用主要为老化。

3.2 工程设计及加工工艺所需材料的性能

3.2.1 整机性能、零部件性能与材料性能

机器零件(或部件)间有确定的相对运动、用来转换或利用机械能的机械。机器一般由零件、部件(若干零件的组合，具备一定功能)组成一个整体，因此一台机器的整机性能除与机器构造、加工与制造等因素有关外，主要取决于零件的结构与性能，尤其是关键件的性能。

例如，金属切削机床要能对金属坯料或工件进行有效而高质量的加工，其主轴组件、支撑件(如床身等)、导轨及传动装置等必须处于良好的工作状态。主轴的刚度、强度或韧性不足，导轨的磨损以及传动齿轮的破损或失效，都会影响机床的正常工作，甚至无法进行切削加工。

柴油机是以柴油作为燃料的往复式内燃机，靠燃油在汽缸内经高温高压的空气雾化、压缩、自动燃烧所释放的能量推动活塞作往复运动，并通过连杆和曲轴转化为旋转的机械功。柴油机的性能主要由喷油系统(喷油泵)、连杆、曲轴以及活塞与汽缸的性能所决定。比如，喷油泵的喷油状况(即雾化程度，此由3副精密偶件控制)决定了柴油机的燃烧质量与燃油消耗，汽缸缸套的磨损又决定了柴油机的大修期，而连杆与曲轴的力学性能则是柴油机安全可靠工作的基本保证。因此，可以认为，在合理而优质的设计与制造的基础上，机器的性能主要由其零部件的强度及其他相关的性能来决定。

机器零件的强度一般表现为短时承载能力和长期使用寿命。它是由许多因素确定的，其中结构因素、加工工艺因素和材料因素起主要作用，此外使用因素对寿命也起很大作用。结构因素指零件在整机中的作用、零件的形状和尺寸，以及与其他连接件的配合关系等；加工工艺因素指全部加工工艺过程中对零件强度所产生的影响；材料因素指材料的成分、组织与性能。上述3个因素各自独立作用，又相互影响，在解决与零件强度有关的问题时必须综合加以考虑。在结构因素和加工工艺因素正确合理的条件下，大多数零件的体积、质量、性能和寿命主要材料因素，即材料的强度及其他力学性能决定。

在设计机械产品时，主要根据零件失效方式正确选择材料，再根据所选材料的强度等力学性能判据指标来进行定量计算，以确定产品的结构和零件的尺寸。

3.2.2 工程材料的力学性能

材料的力学性能是指材料在不同环境因素(温度、介质)下，承受外加载荷作用时所表现出来的行为，这种行为通常表现为材料的变形和断裂。因此材料的力学性能可以理解为材料抵抗外加载荷引起变形和断裂的能力，是机械设计及制造过程中选择材料的主要依据。当外加载荷的性质、环境温度与介质等外在因素不同时，对材料的力学性能要求也不相同。室温下常用的力学性能指标有强度、塑性、刚度、弹性、硬度、冲击韧性、断裂韧性和疲劳极限等。

(1)强度、塑性和黏弹性

强度指标一般通过拉伸实验来测定。把材料的标准拉伸试样夹在万能试验机上，使其在拉伸载荷作用下逐渐伸长，在拉伸的同时连续测量载荷与相应的伸长量，直到拉断为止。根据测得的数据绘制力—伸长曲线，其中总坐标表示力 F(N)，横坐标表示试样的伸长量 Δl(mm)，应力是试样单位截面积上的力，即单位截面上的应力总和，即 $\sigma = F/A_0$，其中 A_0 为试样原始截面积，F 为外力或静载荷(N)；应变又称相对变形，指试样单位长度的形变(伸长或缩短)，即 $\varepsilon = \Delta l/L_0$；其中 L_0 为试样原始标距长度(mm)，Δl 表示试样变形过程中和 F 对应的总伸长(L_0-L_1)，L_1 为断裂后的标距长度(mm)；将应力 σ 作为纵坐标，ε 作为横坐标，即可得到如图3.1所示的应力应变曲线。

在图3.1中，δ_E 为伸长率(总塑性应变)，ε_E 为 E 点时的总应变(含弹性及塑性应变)。在 σ-ε 曲线上，Ob 段为弹性阶段。在此阶段，随载荷的增加，试样的变形增大；若去除外力，变形完全恢复，这种变形称为弹性变形，其应变值很小。b 点的应力 σ_e 称为弹性极限，为材料不产生永久变形的可承受的最大应力值，是弹性零件的设计依据。Ob 线中的 Oa 线段为一斜线，在 Oa 段应变与应力始终成正比，所以 a 点的应力 σ_p 称为比例极限，即应变量与应力成比例所对应的最大应力值。由于 a 点和 b 点很接近，一般不做区分。

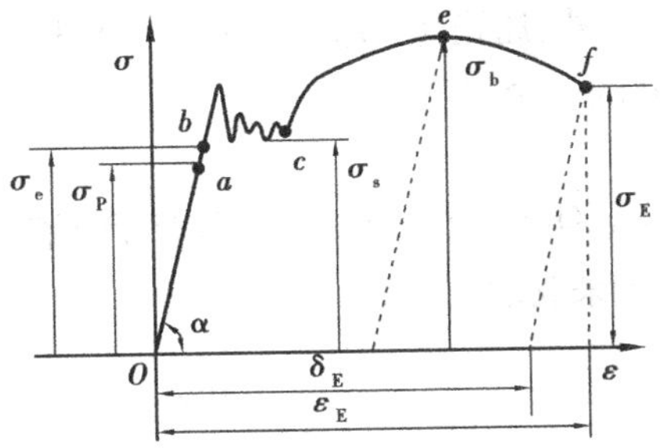

图3.1　低碳钢应力—应变曲线

1)强度

强度是材料在外力作用抵抗永久变形和断裂的能力。塑性是材料在外力作用下产生塑性变形(外力去除后不能恢复的变形)而不断裂的能力。

根据外力作用方式,有多种强度指标,如抗拉强度、抗弯强度、抗剪强度、抗压强度等,其中以拉伸试验所得到的抗拉强度指标的应用最为广泛。

在图3.1中,当试验力 σ 超过 A 点时,试件除产生弹性变形外还产生塑性变形;在 bc 段,应力几乎不增加,但应变大幅度增加,称为屈服。b 点的应力为 σ_s称为屈服强度,即

$$\sigma_s = \frac{F_s}{A_0}$$

式中　F_s——试样产生屈服时所承受的最大外力,N;

A_0——试样原始横截面积,mm^2。

有些塑性材料没有明显的屈服现象发生,对这种情况用试样标定距离(标距)范围内产生0.2%塑性变形时的应力值作为该材料的屈服强度,以 $\sigma_{0.2}$表示,也称名义(或条件)屈服强度。屈服强度表示材料由弹性变形阶段过渡到弹—塑性变形阶段的临界应力,即材料抵抗微量塑性变形的抗力。

由于很多零件在工作时不允许产生塑性变形,因此屈服强度是零件设计的主要依据,也是材料最重要的强度指标。

材料发生屈服后,试样应变的增加有赖于应力的增加,材料进入强化阶段(称为应变强化或加工硬化),如图3.1所示的 ce 段,在此阶段,试样的变形为均匀变形。到 e 点应力达到最大值 σ_b。e 点以后,试样在某个局部横截面发生明显颈缩现象,此时试样产生不均匀变形,由于试样横截面的锐减,维持变形所需的应力明显下降,并在 f 点发生断裂。最大应力值 σ_b称为抗拉强度。它是材料抵抗均匀变形和断裂所能承受的最大应力值,即

$$\sigma_b = \frac{F_b}{A_0}$$

式中　F_b——试样拉断前承受的最大外力,N。

σ_b也是零件设计和评定材料时的重要强度指标。σ_b测量方便,如果单从保证零件不产生断裂的安全角度考虑,或者用低塑性材料或脆性材料制造零件,都可用 σ_b作为设计依据,但所取安全系数要大些。绳类产品可选 σ_b作为设计依据。

在航空航天及汽车工业中,为了减轻零件的质量,在产品和零件设计时常采用比强度的概念。材料的强度指标与其密度的比值称为比强度(σ_b/ρ)。强度相等时,材料的密度越小

（即质量越轻），比强度越大。另外，屈强比（σ_s/σ_b）表征了材料强度潜力的发挥、利用程度和该种材料所制造的零件工作时的安全强度。

2）塑性

材料的常用塑性指标有断后伸长率（或延长率）和断面收缩率。

伸长率即断后伸长率，以 δ 来表示，即

$$\delta = \frac{l_1 - l_0}{l_0} \times 100\%$$

式中 l_0——标距原长，mm；

l_1——断裂后标距长度，mm。

断面收缩率以 ψ 表示，即

$$\psi = \frac{A_0 - A_1}{A_0} \times 100\%$$

式中 A_0——试样原始截面积，mm^2；

A_1——断口处的横截面积，mm^2。

δ、ψ 越大说明材料的塑性越好。试样标距一般为 k（k 为比例系数，通常取 5.65），且 $L_0 \geqslant$ 15 mm，称为比例试样。当试样横截面积太小时，可取 $k = 11.3$，此时断后伸长率以 $\delta_{11.3}$ 表示。自由选取 L_0 值的非比例试样，断后伸长率应加脚注说明标距，如 $\delta_{200\ mm}$。

同一材料的试样长短不同，测得的 δ 值略有不同。如 l_0 为试样原始直径 d_0 的 10 倍，则伸长率常记为 δ_{10}（此时常简写成 δ）。考虑到材料塑性变形时可能有缩颈行为，故 ψ 能较真实地反映材料的塑性好坏（但均不能直接用于工程计算）。

良好的塑性能降低应力集中，使应力松弛，吸收冲击能，产生形变强化，提高零件的可靠性，同时有利于压力加工，这对工程应用和材料的加工都具有重大意义。

3）黏弹性

理想的弹性材料在加载时（加载应力不超过材料的弹性极限）立即产生弹性变形，卸载时变形立即消失，应变和应力是同步发生的。但实际工程材料尤其是高分子材料，加载时应变不是立即达到平衡值，卸载时变形也不立即消失，应变总是落后于应力，这种应变滞后于应力的现象称为黏弹性。具有黏弹性的物质，其应变不仅与应力大小有关，而且与加载速度和保持时间有关。

必须指出：上述低碳钢的应力—应变曲线是一种典型的情形，几种典型材料室温时应力—应变曲线比较如图 3.2 所示。

（2）弹性和刚度

材料在弹性范围内，应力与应变的比值（σ/ε）称为弹性模量 E（在曲线上表现为 Ob 的斜率），即 $E=\sigma/\varepsilon$，E 反映了材料抵抗塑性变形的能力，即材料的刚度大小，为刚度的衡量指标。金属材料的 E 值主要取决于材料的本性，与显微组织关系较小，一些处理方法（热处理、冷热加工、合金化等）对它

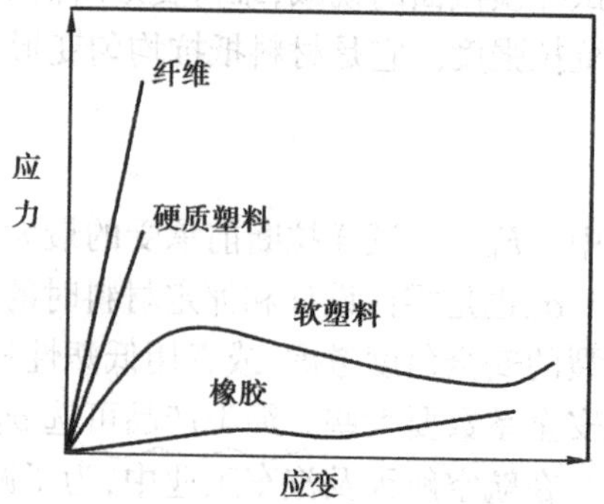

图 3.2 几种典型非金属材料应力—应变比较

的影响很小。零件、结构一般在工作中不允许产生过量的弹性变形，否则将不能保证精度要求，提高零件刚度的办法是增加横截面积或改变截面形状。金属的 E 值随温度升高逐渐降低。材料的弹性模量 E 与其密度 ρ 的比值（E/ρ）称为比刚度或比模量。比刚度大的材料（如铝合金、钛合金、镁合金、碳纤维增强复合材料）在航空航天工业上得到了广泛应用。

(3)硬度

材料表面抵抗硬物压入的能力称为材料的硬度，是指材料抵抗局部变形特别是塑性变形、压痕或划痕的能力。硬度越高，材料的耐磨性越好。

硬度的测试方法很多，有压入法、划痕法、回跳硬度试验法、超声波试验法等。在压入试验法中，常用的有布氏硬度试验法和洛氏硬度试验法。

1）布氏硬度

如图 3.3（a）所示，用直径为 D 的淬火钢球或硬质合金球作为压头，在静载荷 P 的作用下压入被测金属表面，保持一定时间后卸载，测量金属表面形成的压痕直径 d，以压痕单位面积所承受的压力作为被测金属的布氏硬度值。

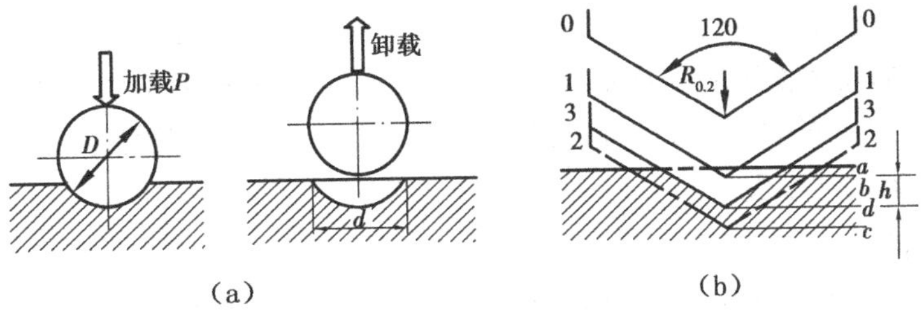

图 3.3　硬度测试原理示意图

根据采用压头材料的不同，布氏硬度有 HBS 和 HBW 两种指标，前者所用压头为淬火钢球，适用于布氏硬度值低于 450HBS 的金属材料，如退火钢、正火钢、调质钢及铸铁、有色金属等。后者压头为硬质合金，适用于布氏硬度值为 450~650HBW 的金属材料，如淬火钢等。

采用布氏硬度测试时，因压痕较大，故不宜测试成品件或薄片金属的硬度，以免对产品造成伤害。

2）洛氏硬度

如图 3.3（b）所示，用锥顶角为 120°的金刚石圆锥体或直径为 1.588 mm（1/16in）的淬火钢球为压头，以一定的载荷压入被测金属材料表面，根据压痕深度计算材料的硬度值。洛氏硬度计是一种用压入法进行硬度试验的设备，金刚石圆锥体压头多用来测定淬火钢等较硬的金属材料，淬硬钢球多用来测定退火钢等较软的金属材料。

试验时用金刚石压头或钢球，在规定的预载荷和总载荷作用下，将其压入被测材料的表面，卸载后，在预载荷下测定压入深度 h，h 值越大，则硬度值越低，反之则硬度值越高。由于压头不同和施加载荷不同，洛氏硬度有几种标尺，分别为 HRA，HRB，HRC。

采用压头为 120°金刚石圆锥体，施加 600 N 静压力时，用“HRA”表示。其测量硬度值为 60~85HRA，适用于测量硬质合金、表面硬化钢及较薄零件。

采用压头直径为 1.588 mm 淬火钢球、施加压力为 1 000 N 时，用“HRB”表示，其测量硬度值为 25~100HRB，适于测量有色金属、退火钢、正火钢及可锻铸铁等。

采用压头为120°金刚石圆锥体,施加压力为1 500 N时,用“HRC”表示,其测量硬度值为20~67HRC,适于测量淬火钢、调质钢等。

洛氏硬度测试法操作迅速、简便、压痕小、不损伤工件表面,适合于成品检验。

硬度是材料的重要力学性能指标。一般来讲,材料的硬度越高,其耐磨性越好,材料的强度越高,塑性变形抗力越大,硬度值也越高。

(4)冲击韧性

在一定温度下材料在冲击载荷作用下抵抗破坏的能力称为冲击韧性,是衡量材料强度和塑性的综合指标,反之称为脆性。许多机器零件在实际工作中往往要受到冲击载荷的作用,相同时间内冲击载荷引起的应力和变形要比静载荷大得多,此时材料的性能指标不能单纯用静载荷作用下的指标来衡量,必须考虑材料抵抗冲击载荷的能力。一般通过冲击试验来测定金属材料的冲击韧性。

采用摆锤冲击试验一次性冲断标准缺口试样(GB/T 229—1994)所做的总功 A_k(单位J)来表示材料冲击韧性的大小,也可用 A_k 除以试样缺口截面积 A_0 得到冲击韧性(α_k 表示,单位J/cm^3)。试样为U形缺口(梅氏试样)时,可记为 α_{ku},试样为V形缺口(夏氏试样)时,可记为 α_{kv}。A_k 值对材料的夹杂物等缺陷及晶粒大小非常敏感。一般把冲击韧性值低的材料称为脆性材料,冲击韧性值高的材料称为韧性材料。脆性材料在断裂前无明显的塑性变形,韧性材料在断裂前有明显的塑性变形。

(5)疲劳强度

金属材料的疲劳(又称疲劳断裂)是指金属材料在交变载荷作用下产生裂纹或突然发生断裂的性能。据统计,金属零件断裂的原因80%是由于疲劳造成的。

疲劳强度是指材料经无数次交变载荷作用而不发生断裂的最大应力,通过疲劳试验可得到材料的疲劳强度指标 σ_{-1}。

一般来讲,钢铁材料的 σ_{-1} 值约为其 σ_b 值的1/2,钛合金及高强钢疲劳强度较高,而塑料、陶瓷的疲劳强度则较低。

金属的疲劳极限受到很多因素的影响,主要工作条件(温度、介质及载荷类型)、表面状态(粗糙度、应力集中情况、硬化程度等)、材质、残余内应力等。对塑性材料,一般情况下 σ_b 越大,则相应的 σ_{-1} 越高。改善零件的结构形状、降低零件表面粗糙度以及采取各种表面强化的方法,都能提高零件的疲劳极限。

(6)断裂韧性

桥梁、船舶、高压容器、转子等大型构件有时会发生低应力脆断,其名义断裂应力低于材料的屈服强度。尽管在设计时保证了足够的延伸率、韧性和屈服强度,但仍可能会破坏。其原因是构件或零件内部存在着或大或小、或多或少的裂纹和类似裂纹的缺陷(如气孔、夹渣等),裂纹在应力作用下会发生失稳扩展,从而导致机件发生低应力脆断。材料抵抗裂纹失稳扩展而断裂的能力称为断裂韧性。

设有一很大板件,内有一长为 $2a$ 的贯通裂纹,受垂直裂纹面的外力拉伸时,裂纹尖端就是一个应力集中点,而形成应力分布特殊的应力场。裂纹尖端的应力场大小可用应力场强度因子 K_1 来描述。

$$K_1 = Y\sigma a^{\frac{1}{2}}$$

式中　Y——与裂纹形状、加载方式及试样几何尺寸有关的量，可查手册得到；

σ——垂直于裂纹的外加名义应力，MPa；

a——裂纹的半长，m。

随着外应力 σ 的增大，应力场前度因子 K_1 不断增大。当 K_1 增大到一定临界值时，就能使裂纹前沿某一区域的内应力大到足以使材料分离，导致裂纹扩展，使试样断裂。裂纹扩展的临界状态所对应的应力场强度因子称为临界应力场强度因子，用 K_{IC} 表示，单位为 $MN \cdot m^{-3/2}$，它代表了材料的断裂韧性。断裂韧性是材料本身的特性，由材料的成分、组织状态决定，与裂纹的尺寸形状以及外加应力的大小无关。而应力场强度因子 K_1 与外应力大小有关，也同裂纹尺寸有关。当 $K_1>K_{IC}$ 时，裂纹失稳扩展，可导致断裂发生。

(7) 高温力学性能

材料在高温力学性能的一个重要特点就是产生蠕变。所谓蠕变是指材料在较高的恒定温度下，当外加应力低于屈服强度时，材料会随着时间的延长逐渐发生缓慢的塑性变形甚至断裂现象。常用的材料蠕变性能指标为蠕变极限和持久强度。

①蠕变极限是指在给定温度 T(K) 下和规定时间 t(h) 内，使试样产生一定蠕变伸长量所能承受的最大应力，用符号 R_t^T 表示。

②持久强度表征材料在高温载荷长期作用下抵抗断裂的能力。以试样给定温度 T(K) 下和规定时间 t(h) 内不发生断裂所称承受的最大应力作为持久强度，用符号 $R_{\varepsilon/t}^T$ 表示。

3.2.3　工程材料理化性能

(1) 物理性能

金属材料的物理性能主要包括密度、熔点、导热性、导电性、热膨胀性和磁性等。

①密度是指单位体积金属的质量。材料不同，其密度也各不相同。

②熔点是指金属材料由固态向液态转变时的温度。熔点表征金属材料的耐热性能，熔点的高低由金属材料的成分决定。

③导热性是指金属材料的热传导能力。热导率是衡量金属材料导热性的主要指标，热导率越大，导热性就越好，其散热性也越好。

④导电性是指金属材料传导电流的能力。电导率是衡量金属材料导电性的主要指标。

⑤热膨胀性是指随着温度的变化金属体积发生膨胀或收缩的特性。

⑥磁性是指金属材料在磁场中被磁化的能力。

(2) 工程材料的化学性能

工程材料的化学性能主要包括耐腐蚀性、抗氧化性和化学稳定性等。

①耐腐蚀性是指金属材料抵抗腐蚀破坏的能力。提高金属的耐腐蚀性，对于节约材料、延长零件使用寿命具有十分重要的意义。

②抗氧化性是指金属材料在高温下抵抗氧化作用的能力，氧化性一般随温度升高而加速。为避免金属材料被氧化，常在金属材料周围造成一种保护气氛。

③化学稳定性是指金属材料的耐腐蚀性和抗氧化性的总称。

3.2.4 工程材料的加工工艺性能

加工工艺性能指制造工艺过程中材料适应加工的性能,反映了材料加工的难易程度,是材料力学性能、物理性能、化学性能的综合体现。材料的工艺性能好坏直接影响零件加工质量和生产成本,因此是选择零件材料和制订零件加工工艺必须考虑的因素之一。

(1)金属材料的加工工艺性能

1)铸造性

铸造性是指液体金属的流动性、凝固过程中的收缩、偏析倾向(合金凝固后化学成分的不均匀性称为偏析)以及熔点等。流动性好的金属充满铸型的能力大。铸造性能主要决定于金属材料熔化后(即金属液体)的流动性,冷却时的收缩率和偏析倾向等,不同的金属材料其铸造性差异很大。常用金属材料中,灰口铸铁具有优良的铸造性能,铸钢的铸造性低于铸铁,铸造铝合金和铸造铜合金的铸造性也较好。

2)可锻性

可锻性是指金属适应压力加工的能力。可锻性包括金属的塑性与变形抗力两个方面。塑性高或变形抗力小,锻压所需外力小,允许变形量大,则可锻性好。低碳钢的可锻性比中碳钢、高碳钢好,碳钢可锻性好于合金钢。

3)可焊性

可焊性指金属适应通常的焊接方法与工艺的能力。可焊性好的材料可用一般的焊接方法和工艺施焊,焊接时不易形成裂纹、气孔、夹渣等缺陷,焊接接头强度与木材相近。低碳钢有优良的可焊性,高碳钢和铸铁的可焊性则较差。

4)切削加工性

切削加工性是指金属是否容易切削加工。切削性好的金属在切削时消耗的功率小,刀具寿命长,切屑易于折断脱落,切削后表面粗糙度低。灰铸铁有良好的切削性,碳钢当其硬度适中时,也具有较好的切削性。

5)热处理工艺性

热处理工艺性是指材料接受热处理的难易程度和产生热处理缺陷的倾向,可用脆透性、脆硬性、回火脆性、氧化脱碳倾向,以及变形开裂倾向等指标来评价。

(2)塑料盒陶瓷材料的加工工艺性能

塑料工业包含树脂生产和塑料制品生产(即塑料成型加工)两个系统。塑料制品的加工方法有注塑、挤出、压延、浇注、吹塑等,也可进行切削加工、焊接成型、表面处理等。其由成型方法和材料的不同,则要求的工艺性能也不同,如流动性、结晶性、吸湿性、热敏性、收塑性以及塑料状态与稳定的关系等。与其他材料相比,高聚物容易成型,其加工性能很好。

陶瓷材料的成型主要有可塑法、注浆法、压制法等,都采用粉末原料配制、室温预成型、高温常压或高压烧结而成。其由成型方法和材料的不同,则要求的工艺性能也不同,如可塑性、收缩性、压制性、烧结性、流动性等。陶瓷材料硬而脆,不好切削及焊接。

总之良好的加工工艺性可以大大减少加工过程的动力、材料消耗、缩短加工周期及降低废品率以及生产管理费用等。优良的加工工艺性能是降低产品成本的重要途径。

3.2.5 材料的经济性能

每台机器产品成本的高低是劳动生产率的重要标志。产品成本主要包括:原料成本、加工费用、成品率以及生产管理费用等。材料的选择也要着眼于经济效益,根据国家资源,结合国内生产加以考虑。此外,还应考虑零件的寿命及维修费,若选择新材料还要考虑研究试验费。

作为一个机械设计人员,在选材时必须了解我国工业发展趋势,按国家标准,结合我国资源和生产条件,从实际出发全面考虑各方面因素。

3.3 机械零件常用材料及选用原则

机械零件常用材料主要有黑色金属、有色金属、塑料、陶瓷等,其中钢铁材料占机械零件的 90%以上,钢铁材料具有良好的力学性能(强度、塑性、韧性),价格也相对便宜。

3.3.1 黑色金属

黑色金属主要包括钢及铸铁。

钢是指含碳量小于 2.11%的铁碳合金,依照室温组织的不同,可将钢分为共析钢(含碳量为 0.77%)、亚共析钢(含碳量小于 0.77%)、过共析刚(含碳量大于 0.77%)。根据 GB/T 13303—1991《钢分类》国家标准将钢分为非合金钢、低合金钢、合金钢 3 大类,每类钢还可按照主要质量等级、主要性能和使用性能分成若干小类。

(1)碳素钢

碳素钢也就是非合金钢,简称碳钢。其含碳量在 1.5%以下,除碳外,还有 Si,Mn,S,P 等杂质。碳对钢的组织和性能影响很大。以亚共析钢为例,随着含碳量的增加,珠光体增多,铁素体减少,因此钢的强度、硬度上升,而塑性、韧性降低。含碳量超过共析成分时,会出现网状二次渗碳体,随着含碳量的增加,尽管硬度上升,但脆性增加,强度反而下降。

钢中杂质含量对其性能也有一定的影响,其中 S 和 P 是钢中的有害元素。P 可使钢的韧性、塑性下降,脆性增加,特别是低温脆性急剧增加,这种现象称为冷脆。S 在钢的晶界处可形成低熔点晶体,致使 S 含量较高,高温下进行热加工时易产生裂纹,这种现象称为热脆。因此必须严格控制 S,P 的含量,同时以 S,P 含量的高低作为衡量钢的品质的重要依据。

碳钢通常分为碳素结构钢和优质碳素结构钢。碳素结构钢的含碳量 $w_C<0.38\%$,而以 $w_C<0.25\%$的碳钢最为常用,即以低碳钢为主。这类钢使用中一般不进行热处理,尽管 S,P 含量较高,但性能仍能满足一般工程结构及一些机件的要求,且价格低廉,因此在国民经济各个部门中得到广泛应用,其产量占钢总产量的 70%~80%。

优质碳素结构钢是指 S,P 含量较低(0.036%),它既能保证化学成分,又能保证力学性能,主要用于机器零件。

(2)低合金钢

合金钢是指为了改善钢的某些性能,在碳素钢的基础上加入某些合金元素所炼成的钢。

如果钢中的含 Si 量大于 0.5%，或者含 Mn 量大于 1.0%，也属于合金钢。

低合金钢是指合金总含量较低(小于 3%)、含碳量也较低的合金结构钢。这类钢通常在退火或正火状态下使用，成型后不再进行淬火、调质等热处理。与含碳量相同的碳素钢相比，它具有较高的强度、塑性、韧性和耐蚀性，并且大多具有良好的焊接性，广泛应用于制造桥梁、汽车、铁道、船舶、锅炉、高压容器、油缸、输油管、钢筋、矿用设备等。依照 GB/T 13304—1991，低合金钢可分类如下：

1)可焊接低合金高碳钢

它简称低合金高强钢，包括一般用途低合金结构钢：锅炉和压力容器用低合金钢、造船用低合金钢、汽车用低合金钢、桥梁用低合金钢、自行车用低合金钢、舰船和兵器用低合金钢、核能用低合金钢等。

2)低合金耐候钢

3)低合金钢筋钢

4)矿用低合金钢

5)铁道用低合金钢

(3)合金钢

当钢中合金元素超过低合金钢的限度时，即为合金钢。合金钢不仅合金元素含量高，且严格控制 S，P 等有害杂质的含量，属于优质钢或高级优质钢。

1)合金结构钢

它是指常用于制造机器零件的合金钢。常采用的合金元素为 Mn，Cr，Si，Ni，W，V，Ti，B 等，这些元素可增加钢的淬透性，并使晶粒细化，这样可使大截面零件经调质处理后，在整个界面上获得强、韧结合的力学性能，同时淬透性的提高，可采用冷却烈度较小的油类来淬火，从而减少淬火时的裂纹和变形倾向。

低碳合金钢用于渗碳件，中碳合金钢用于调质件和渗氮件，高碳合金结构钢用于制造较大的弹簧。

2)合金工具钢

该钢主要用于制造刀具、量具、模具等，含碳量甚高。其合金元素的主要作用是提高钢的淬透性、耐磨性和热硬性。加入合金元素 Si，Cr，Mn 等可提高钢的淬透性；加入 W，Mo，V 可形成特殊碳化物，提高钢的热硬性和耐磨性。

合金工具钢分为量具、刃具用钢、耐冲击工具用钢、冷作模具钢、热作模具钢等。

3)特殊性能钢

这类钢包括不锈钢、耐磨钢及具有软磁、永磁、无磁等特殊物理、化学性能的钢，其中不锈钢在石油、化工、食品、医药等工业及日用品、装饰材料中得到广泛应用。

3.3.2 钢的牌号

根据 GB 221—1997 规定，钢号由 3 大部分构成：①化学元素符号，用来表示钢中所含化学元素种类，其中用“RE”表示钢中的稀土元素总含量；②汉语拼音字母，用来表示产品的名称、用途、冶炼方法等特点；③阿拉伯数字，用来表示钢中主要化学元素含量(质量百分数)或产品的主要性能参数或代号。

例如：①Q235A · F——碳素结构钢，Q 代表钢的屈服强度，其后数字表示屈服强度值不低于 235 MPa，必要时数字后标出质量等级（A，B，C，D，E）和脱氧方法（F，b，Z）。

②ZG230-450——碳素铸钢，ZG 代表铸钢，第一组数字代表屈服强度值不低于230 MPa，第二组数字代表抗拉强度值不低于 450 MPa；ZG25 为用成分表示的铸钢，$w_c \approx 0.25\%$。

③08F，45，40Mn，20g-优质碳素结构钢，钢号头两位数字代表平均万分数的碳的质量分数；Mn 含量较高的钢在数字后标出"Mn"，脱氧方法或专业用钢也应在数字后标出，如 08F 为含碳量 0.08%，沸腾钢；20g 为锅炉专业用钢，含碳量约为 0.2%。

④20Cr，40CrNiMoA，60Si2Mn——合金结构钢，钢号头两位数字代表以平均万分数表示的碳的质量分数；其后为钢中主要合金元素符号，它的质量分数以百分数标出，若其含量低于 1.5%，则不必标出，若含量≥1.5%，≥2.5%，…则相应数字应标为 2，3，…；若为高级优质钢，则在钢号最后标"A"。

⑤16Mn，16MnR——低合金高强度结构钢，表示方法与合金结构钢相同，专业用钢在其后标出缩写字母，如 16MnR 表示含碳量约为 0.16%，Mn 含量低于 1.5%，应力容器用钢。

⑥T8，T8Mn，T8A——碳素工具钢，T 表示碳素工具钢，其后数字表示以平均千分数表示的碳的质量分数，含 Mn 量较高者在数字后标出 Mn，高级优质钢标出"A"。

⑦9SiCr，CrWMn——合金工具钢，当平均 $w_C \geq 1.0\%$时不标；平均 $w_C < 1.0\%$时，以千分数标出含碳量，合金元素及含量表示方法基本与合金钢相同。

⑧W6Mo5Cr4V2——高速工具钢，钢号中一般不标出含碳量，只标合金元素及含量，方法同合金工具钢。

⑨GCr15，GCr15SiMn——滚动轴承钢，G 代表滚动轴承钢，含碳量不标出，铬的质量分数以千分数标出，其他合金元素及含量表示同合金结构钢。

⑩1Cr18Ni9，0Cr18Ni9，00Cr19Ni13Mo3——不锈钢，钢号中碳的质量分数以千分之几的数字标出，在 $w_C \leq 0.03\%$或 $w_C \leq 0.08\%$时，钢号前以"00"或"0"标出，合金元素及含量表示方法同合金结构钢。

3.3.3　铸铁

铸铁即为生铁，是极其重要的铸造合金，它是含碳量超过 2.11%的铁碳合金。依照室温组织的不同可将铸铁件分为共晶铸铁（含碳量=4.3%）、亚共晶铸铁（含碳量<4.3%）、过共晶铸铁（含碳量>4.3%）。铸铁件大量用于制造机器设备，其产量占全部铸件总产量的 80%左右。

机械制造中广泛应用的铸铁中的碳主要是以石墨状态存在的。铸铁中的石墨一般呈片状，经过不同的处理，石墨还可以呈团絮状、球状、蠕虫状等，使铸铁获得不同的性能。因此，常用的铸铁为灰铸铁、可锻铸铁、球墨铸铁、蠕墨铸铁等。

（1）灰铸铁

灰铸铁是指具有片状石墨的铸铁，它是应用最广的铸铁，其产量占铸铁总产量的 80%以上。灰铸铁的纤维组织为基体（铁素体和珠光体）加片状石墨所组成，相当于纯铁或钢的基体上嵌入了大量的石墨片，其强度、硬度、塑性极低，但其抗压性能较强，因此灰铸铁属于脆性材料，不能锻造和冲压。灰铸铁的焊接性能很差，如焊接区容易出现白口组织，裂纹的倾向较

大。由于石墨的存在还赋予灰铸铁如下优越性能:

①优良的减震性。由于石墨对机械振动起缓冲作用,从而阻止振动能量的传播。灰铸铁减振能力为钢的 5~10 倍,是制造机床床身、机器底座的好材料。

②耐磨性。石墨本身是一种良好的润滑剂,而石墨剥落后又可使金属基体形成储存润滑油的凹坑,故灰铸铁的耐磨性优于钢,适于制造机器导轨、衬套、活塞环等。

③缺口敏感性。由于石墨的存在已使金属基体形成了大量的缺口,因此,外来缺口对灰铸铁的疲劳强度影响甚微,从而增加了零件工作的可靠性。

④铸造性能良好,切削性能好。灰铸铁的含碳量近于共晶铸铁,流动性好。由于灰铸铁在结晶过程伴有石墨析出,石墨的析出所产生的体积膨胀抵消了部分铁的收缩,故收缩率极小,在常用铸造合金中,其铸造性能最好。同时,切削灰铸铁时呈脆断切削,不需要使用切削液,刀具磨损小。

(2)可锻铸铁

可锻铸铁又称玛铁或玛钢。它是白口铸铁坯件经石墨化退火而成的一种铸铁。由于石墨呈团絮状,大大减轻了金属基体的割裂作用,故抗拉强度得到显著提高,如 σ_b 一般达 300~400 MPa,最高可达 700 MPa。尤为可贵的是这种铸铁有着相当高的塑性与韧性($\delta \leqslant 12\%$,$a_k \leqslant 30\ J/cm^2$),可断铸铁因此得名,其实它并不能真的用于锻造。可锻铸铁已有 200 多年的生产历史,在球墨铸铁问世之前,曾是力学性能最高的铸铁。

(3)球墨铸铁

球墨铸铁是 20 世纪 40 年代末发展起来的一种铸造合金,它是向出炉的铁液中加入球化剂和孕育剂而得到的球状石墨铸铁。

石墨铸铁由于石墨呈球状,使石墨对金属基体的割裂作用进一步减轻,其基体强度利用率可达 70%~90%,而灰铸铁仅 30%~50%,故球墨铸铁强度和韧性远远超过灰铸铁,可与钢相媲美。如抗拉强度一般为 400~600 MPa,最高可达 900 MPa;伸长率一般为 2%~10%,最高可达 18%。球墨铸铁可通过退火、正火、调质、高频淬火、等温淬火等热处理方式形成不同组织,如铁素体、珠光体及其他淬火、回火组织,从而进一步改善其性能。此外球墨铸铁还有接近灰铸铁的优良铸造性能。

球墨铸铁目前已经成功取代了部分可锻铸铁件、铸钢件,也取代了部分负荷较重但冲击不大的铸钢件。由于使用的扩大,球墨铸铁的产量也在迅速增长,因此是发展前途广阔的铸造合金。

(4)蠕墨铸铁

蠕墨铸铁是近 20 年发展起来的一种新型铸铁。由于其石墨呈短片状,片端钝而圆,类似蠕虫,由此得名。

蠕墨铸铁的石墨形状是介于片状和球状之间的过渡组织,所以其力学性能也介于基体相同的灰铸铁和球墨铸铁之间。由于石墨仍然是相连接的,故强度和韧性低于球磨铸铁,但抗拉强度优于灰铸铁,并且具有一定的塑性和韧性,如 σ_b 为 260~420 MPa,$\sigma_{0.2}$ 为 195~335 MPa。δ 为 0.75%~3.0%。

3.4 有色金属及合金

有色金属指除钢、铸铁和其他以铁为基体的合金之外的金属,又称非铁金属。有色金属材料种类繁多,具有很多黑色金属不具备的特性,已成为现代工业生产中不可缺少的金属材料。

3.4.1 铝及其铝合金

铝是一种轻金属,密度约为 2.7 g/cm^3,纯铝熔点为 660 ℃,具有良好的导电(仅次于 Ag,Cu,Au)、导热性能,磁化率低。铝在大气中易形成致密的 Al_2O_3 保护膜,故具有良好的耐蚀性。

纯铝中加入 Cu,Si,Mg,Mn,Zn 等元素制成铝合金,是提高和改善铝合金性能的有效方法。铝合金强度比较高,接近或超过优质钢,塑性好,可加工成各种型材,具有优良的导电性、导热性和抗蚀性,其中高强度铝合金的强度与碳素钢相近,可作承载零件。总之,铝合金是工业中应用最广泛的一类有色金属结构材料,在航空、航天、汽车、机械制造、船舶及化学工业中已大量应用,使用量仅次于钢。

铝合金按加工方法可以分为形变铝合金和铸造铝合金两大类。

形变铝合金能承受压力加工。可加工成各种形态、规格的铝合金材,主要用于制造航空器材、建筑用门窗等。形变铝合金又分为不可热处理强化型铝合金和可热处理强化型铝合金。不可热处理强化型铝合金不能通过热处理来提高机械性能,只能通过冷加工变形来实现强化,它主要包括高纯铝、工业高纯铝、工业纯铝以及防锈铝等。可热处理强化型铝合金可以通过淬火和时效等热处理手段来提高机械性能,它可分为硬铝、锻铝、超硬铝和特殊铝合金等。

铸造铝合金按化学成分可分为铝硅合金、铝铜合金、铝镁合金、铝锌合金和铝稀土合金,其中铝硅合金又分为过共晶硅铝合金、共晶硅铝合金和单共晶硅铝合金,铸造铝合金在铸态下使用。一些铝合金可以采用热处理获得良好的机械性能、物理性能和抗腐蚀性能。

3.4.2 铜合金

铜合金是指以纯铜为基体加入一种或几种其他元素所构成的合金。纯铜呈紫红色，又称紫铜。纯铜密度为 8.96 g/cm^3，熔点为 1 083 ℃，具有优良的导电性、导热性、延展性和耐蚀性。主要用于制作发电机、母线、电缆、开关装置、变压器等电工器材和热交换器、管道、太阳能加热装置的平板集热器等导热器材。常用的铜合金分为黄铜、青铜和白铜三大类。

黄铜是以锌作主要添加元素的铜合金，具有美观的黄色，故称黄铜。铜锌二元合金称普通黄铜或称简单黄铜;三元以上的黄铜称特殊黄铜或称复杂黄铜。含锌量低于 36% 的黄铜合金由固溶体组成，具有良好的冷加工性能，如含锌 30% 的黄铜常用来制作弹壳，俗称弹壳黄铜或七三黄铜。含锌量在 36%～42% 的黄铜合金由和固溶体组成，其中最常用的是含锌

40%的六四黄铜。为了改善普通黄铜的性能，常添加其他元素，如铝、镍、锰、锡、硅、铅等。铝能提高黄铜的强度、硬度和耐蚀性，但使其塑性降低，适合作海轮冷凝管及其他耐蚀零件。锡能提高黄铜的强度和对海水的耐腐性，故称海军黄铜，用作船舶热工设备和螺旋桨等。铅能改善黄铜的切削性能,这种易切削的黄铜常用作钟表零件。黄铜铸件常用来制作阀门和管道配件等。船舶常用的消防栓防爆月牙扳手,就是黄铜加铝铸造而成。

白铜是以镍为主要添加元素的铜合金。铜镍二元合金称普通白铜,加有锰、铁、锌、铝等元素的白铜合金称为复杂白铜。工业用白铜分为结构白铜和电工白铜两大类。结构白铜的特点是机械性能和耐蚀性好,色泽美观,这种白铜广泛用于制造精密机械、眼镜配件、化工机械和船舶构件。电工白铜一般有良好的热电性能。锰铜、康铜、考铜是含锰量不同的锰白铜,是制造精密电工仪器、变阻器、精密电阻、应变片、热电偶等用的材料。

青铜原指铜锡合金，除黄铜、白铜以外的铜合金均称青铜，并常在青铜名字前冠以第一主要添加元素的名称。锡青铜的铸造性能、减摩性能和机械性能好，适合于制造轴承、蜗轮、齿轮等。铅青铜是现代发动机和磨床广泛使用的轴承材料。铝青铜强度高，耐磨性和耐蚀性好，用于铸造高载荷的齿轮、轴套、船用螺旋桨等。磷青铜的弹性极限高,导电性好,适用于制造精密弹簧和电接触元件，铍青铜还用来制造煤矿、油库等使用的无火花工具。铍铜是一种过饱和固溶体铜基合金,具有良好的机械性能、物理性能、化学性能及抗蚀性能;粉末冶金制作针对钨钢、高碳钢、耐高温超硬合金制作的模具需电蚀时,因普通电极损耗大,速度慢,钨铜是比较理想的材料。

3.4.3 其他有色金属

(1)镁及镁合金

纯镁密度为1.74 g/cm³,熔点约为649 ℃,具有密排六方晶格,强度低,室温塑性及耐蚀性差,在空气中易氧化,高温熔化下易燃烧,只有制成合金才有应用价值。

镁合金是以镁为基体加入其他元素组成的合金。镁合金是目前最轻的绿色环保材料，其密度约是铝的2/3,铁的1/4,比强度高,比弹性模量大,散热性好,消震性好,承受冲击载荷能力比铝合金大,耐有机物和碱的腐蚀性能好,能循环利用,且镁矿产资源丰富,被称之为取之不尽用之不竭的能源。主要合金元素有铝、锌、锰、铈、钍以及少量锆或镉等。目前使用最广的是镁铝合金,其次是镁锰合金和镁锌锆合金,主要用于航空、航天、运输、化工、火箭等领域。

限制镁合金在汽车和航空领域推广应用的一个主要因素就是其耐热性差。另外镁的化学性很强,在空气中易氧化燃烧,且生成的氧化膜疏松,所以镁合金必须在专门的熔剂覆盖剂或保护气氛中熔炼。

(2)钛及钛合金

钛一种银白色金属,密度为4.5 g/cm³,熔点为1 668 ℃,热膨胀系数小,导热性差,强度低,塑性好。钛冷却到882.5 ℃时,会发生同素异晶转变,另外,其表面易形成致密稳定的氧化膜而使其在氧化性介质中比大多数的不锈钢更耐蚀,在海水等介质中也有极高的耐蚀性。

钛合金的工艺性能差,切削加工困难,在热加工中,非常容易吸收氢、氧、氮、碳等杂质,并且抗磨性差，生产工艺复杂。钛的工业化生产是从1948年开始的。因航空工业发展的需要，使钛工业以平均每年约8%的速度增长。目前，世界钛合金加工材年产量已达4万余吨，钛合金牌号近30种。使用最广泛的钛合金是Ti-6Al-4V（TC4），Ti-5Al-2.5Sn（TA7）和工业纯钛（TA1，TA2和TA3）。

钛合金主要用于制作飞机发动机压气机部件，其次为火箭、导弹和高速飞机的结构件。20世纪60年代中期，钛及其合金已在一般工业中应用，用于制作电解工业的电极，发电站的冷凝器，石油精炼和海水淡化的加热器以及环境污染控制装置等。钛及其合金已成为一种耐蚀结构材料。此外，还用于生产储氢材料和形状记忆合金等。

3.5 常用非金属材料

机械工程材料除常规金属材料外，还有有机合成材料（高分子材料）、无机非金属材料陶瓷等）与复合材料。

3.5.1 高分子材料

塑料、橡胶及合成纤维等有机高分子材料，都属于高分子化合物。高分子化合物的最基本特征是相对分子质量很大，一般为$10^3 \sim 10^7$，远高于低分子化合物。但其构成比较简单，通常由C，H，N，O，S等组成，且主要是碳氢化合物及其衍生物。高分子化合物都是由一种或几种简单的低分子化合物经重复连接而成，如聚乙烯是由低分子物质乙烯通过聚合而成，聚氯乙烯是由氯乙烯聚合而成的。

（1）塑料

1）塑料的组成

塑料是指以有机合成树脂为主要组成材料，对其进行加热、加压而形成的产品。在合成树脂中加入强加剂可获得改性品种，强加剂不同，其性能也不同。

合成树脂是由低分子化合物经聚合反应所得的高分子化合物，如聚乙烯、聚氯乙烯、酚醛树脂等。塑料的性能主要取决于树脂的性能。

为改善塑料的力学性能，常加入一些填料或增强材料，如石墨、三硫化钼、石棉纤维和玻璃纤维等。同时根据需要还常加入适量的固化剂、增塑剂、稳定剂、着色剂和阻燃剂等。

2）塑料的分类

塑料按使用性能，通常分为通用塑料和工程塑料。通常塑料如聚乙烯、聚氯乙烯等占塑料产量的75%以上，主要用于制造柔韧薄膜、电线包皮等。工程塑料是制造结构件的塑料，具有较高的强度、刚性和韧性。

塑料按受热时的性能，可分为热塑性塑料和热固性塑料。热塑性塑料加热时熔融，可多次反复加热使用。热固性塑料一次成型后，再次加热不能使其软化，也不溶于溶剂。

3）常用工程塑料

①聚苯乙烯（PS）

它是最鲜艳且成型性较好的塑料，具有良好的绝缘性能和耐腐蚀性能，常用于制作绝缘件、仪表外壳及日用装饰品等。

②ABS塑料

其中的A代表丙烯腈,B代表丁二烯,S代表苯乙烯,它是在聚苯乙烯改性的基础上发展起来的工程塑料。ABS具有良好的综合性能,强度和硬度高,耐磨性和加工工艺性能好,并具有良好的绝缘性和尺寸稳定性。广泛用于化工设备容器、管道、设备外壳、叶轮和仪表等。

③聚酰胺(PA)

它是一种强韧而耐磨、耐油的塑料,其商业名为尼龙或锦纶,具有较高的强度、韧性和耐磨性,常用于制造减摩、耐磨传动零部件,高压油润滑密封圈及金屑防腐、耐磨涂层等。

④聚甲醛(POM)

其抗拉强度、冲击韧性高于尼龙,疲劳强度是热塑性塑料中最好的,且摩擦系数低,耐磨性好。适于制作减摩、耐磨性部件,绝缘、耐蚀件,化工容器以及仪表外壳、表盘等。

⑤聚碳酸酯(PC)

它是一种新型的热塑性塑料,透明度达90%,被誉为透明金属,具有较高的抗拉、抗弯强度和冲击韧性,良好的尺寸稳定性,优良的电性能,较高的透光率。适于制造高负荷条件下尺寸稳定性要求高的机械零件和仪表零件、电容和高级绝缘材料、大型灯罩、防护玻璃、飞机驾驶室风挡等。

⑥聚四氟乙烯(F4或PTFE)

它又称塑料王,化学稳定性极高,几乎不受任何化学药物的腐蚀,优于陶瓷、不锈钢以及金、铂等。其使用温度为180~260 ℃,在热塑性塑料中使用温度范围最宽。此外,还具有极好的电绝缘性,适于制造耐蚀件、耐磨件、密封件以及高温绝缘件等。

⑦酚醛树脂(PF)

它是合成塑料的鼻祖,由酚醛树脂和填料混合制成,以粉状供应,是常用的热固性塑料。其强度高、刚性大、变形小,具有良好的耐热性、耐蚀性和绝缘性能。这种塑料广泛应用于机械、运输、电器等工业部门,如制作仪表外壳、灯头、插座等。

⑧氨基树脂(AF)

像玉一样的树脂,热固性塑料中产量较大的品种。它是氨基化合物尿素或三聚氰胺与甲醛进行缩合而成为尿醛树脂或三聚氰胺甲醛树脂,再分别以这种树脂为基础,或以这两种树脂配合为基础制成,称为氰氨基塑料。可用于制作日用装饰件、装饰板和电气绝缘件等,其最大用途是作为刨花板和胶合板的黏合剂,其次用于高档涂料,仅少部分用于塑料制品及纤维。

⑨环氧塑料(EP)

它由环氧树脂加入固化剂发生交联反应而形成的热固性塑料。其强度较高,韧性较好,具有良好的化学稳定性及耐热、耐寒性,且绝缘性好,成型工艺性好,适合制作塑料模具、电子工业中的零部件等。

⑩聚氨酯(PU)

它是沙发、海绵所用的树脂,属于一种紧实制品的弹性体,其性能介于橡胶与塑料之间,具有高回弹性、吸震性,耐磨、耐油、耐撕裂、耐化学腐蚀及耐辐射,强韧性高、低温韧性好,使用温度为-60~80 ℃,易成型,生理相容性好。工业中主要用来生产软质和硬质泡沫塑料、聚氨酯弹性体及纤维、粘胶剂和涂料,为很好的隔热保温和吸音、防震材料。如高级人造革、体育跑道、实心轮胎、人造血管等。

4)塑料制品成型

塑料的原材料一般是由树脂与添加剂经混合而成的粉末或颗粒。塑料制品的成型方法很多,主要有注射成型、挤压成型、压制成型和吹塑成型等。

①注射成型

将粉状或粒状原材料放入注射机的料斗,加热至黏流状态,用高速将其注入闭合的模具内,冷却后脱模,即得所需形状的制品,如图 3.4 所示。

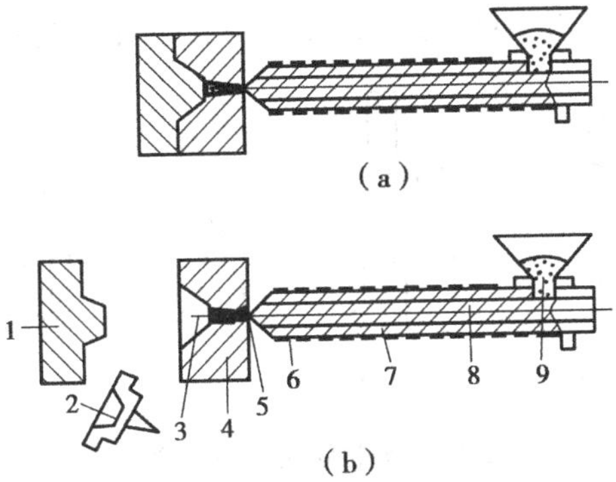

图 3.4　塑料注射成型示意图

1—模具;2—制品;3—模腔;4—模具;5—喷嘴;6—加热套;7—料筒;8—螺杆;9—料斗

②挤压成型

它又称挤出成型,是将装入挤出机料筒的粉末或颗粒状原材料加热成黏流状态,通过活塞或螺杆连续、均匀地挤出机头口的模形成制品,如图 3.5 所示。

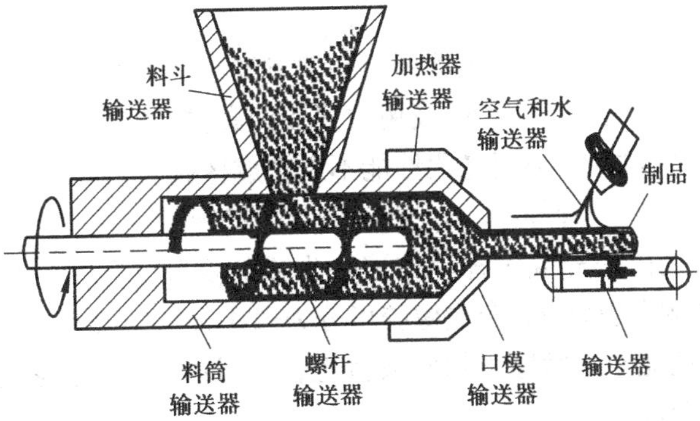

图 3.5　塑料挤压成型示意图

③压制成型

将固态原料放入已加热的压制模具型腔中,合上上模,加热、加压,使其逐渐软化和熔融并充满型腔。经固化脱模后获得制品,如图 3.6 所示。

④吹塑成型

属于塑料的二次加工,是将挤压或注射成型的半熔融状态的空心塑料型坯置于吹塑模具的型腔内,吹入压缩空气,将其吹胀并紧贴型腔的内壁,冷却后便可获得中空制品,如图 3.7 所示。

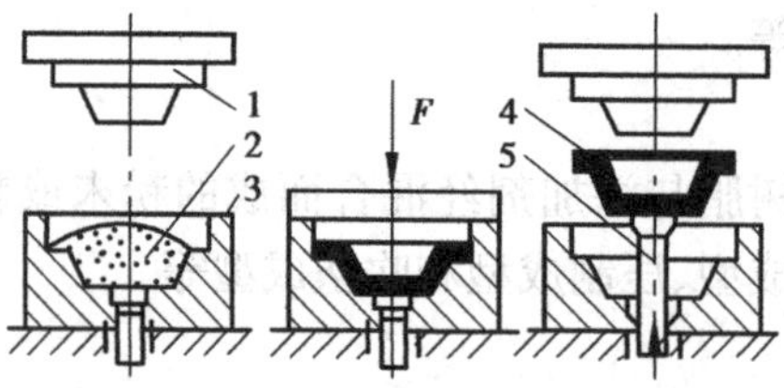

（a）装料　（b）压制　（c）脱模

图 3.6　塑料压制成型示意图

1—压头;2—原料;3—凹模;4—制品;5—顶杆

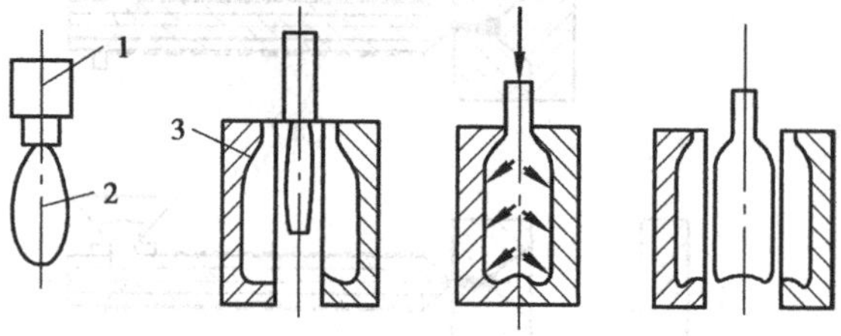

（a）挤出的型坯　（b）进入型腔　（c）吹塑　（d）脱模

图 3.7　塑料吹塑成型示意图

1—挤出机头;2—型坯;3—模具

(2)橡胶

橡胶也是以高分子化合物为基础的材料,与塑料相比,橡胶在常温下处于高弹性状态,能承受很大的变形,伸长率最高可达 1 000%。橡胶还具有良好的吸振能力、稳定的化学性能和耐磨性,并能很好地与金属、线织物、石棉等材料连接。

1)橡胶种类

根据原材料的来源,橡胶可分为天然橡胶和合成橡胶两大类。

①天然橡胶　它是从植物巴西三叶胶树中提取的高弹性物质。天然橡胶的综合物理、力学和加工性能均优于合成橡胶,但耐老化性能不及合成橡胶。它是用途最广泛的通用橡胶品种,适用于制造轮胎、胶带、胶管等。

②合成橡胶　它是由一种或多种单体聚合生成的橡胶。大量使用的单体有乙烯、苯乙烯、丙烯腈等。按性能和用途不同,合成橡胶可分为通用合成橡胶和特种合成橡胶两类。

通用合成橡胶的性能与天然橡胶相同或接近,能广泛用于制作轮胎和大多数橡胶制品,如丁苯橡胶、顺丁橡胶等。

特种合成橡胶指具有某些特殊性能的合成橡胶,如硅橡胶、聚氨酯橡胶等。特种合成橡胶不能用于制造轮胎和一船橡胶制品,但可用于某些有耐蚀、耐磨、耐热等特殊性能要求的制品。

2)橡胶制品成型

橡胶制品的成型方法也较多,如压延成型、挤出成型等。

压延成型是指将混炼的胶料在压延机上制成胶片或与物料制成贴胶织物的工艺过程,如图 3.8 所示。

挤出成型就是使胶料在挤出机中塑化和熔融,并在一定的温度和压力下连续均匀地通过

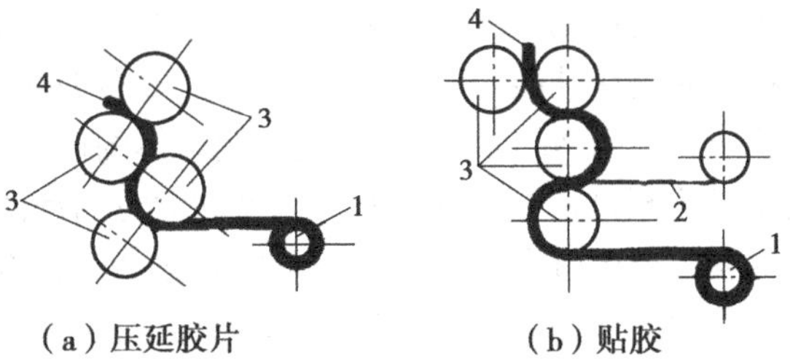

图 3.8　橡胶压延成型示意图

1—卷曲筒;2—织物;3—辊筒;4—生胶料

机头模孔形成具有一定断面形状和尺寸的连续材料。其所用设备及加工原理与塑料的挤压成型相似。

3.5.2　陶瓷材料

陶瓷在传统上是指陶器和瓷器,但也包括玻璃、搪瓷、耐火材料、砖瓦、水泥、石膏等人造无机非金属材料,现在它实际上已成为无机非金属材料的通称。

(1) 陶瓷材料种类

陶瓷的种类很多,但缺乏统一的分类方法,按照习惯,陶瓷一般分为普通陶瓷和特种陶瓷两大类。

1) 普通陶瓷

普通陶瓷质地坚硬、脆性大、电绝缘性能高、耐化学腐蚀、耐高温,广泛应用于日常生活(如餐具、茶具及陈列美术品等)、建筑行业(如铺设地面、装备卫生间等)、电力设备(如电气支架、高压套管等)以及化工设备(如耐酸管道、容器等)。

2) 特种陶瓷

特种陶瓷是指各种新型陶瓷,是以人工氧化物或非氧化合物为原料制成、具有某种特殊的力学、物理和化学性能的陶瓷。

①氧化铝陶瓷。以 Al_2O_3 为主要成分,其质量分数大于 45%。其熔点高、耐高温,同时强度、硬度高,耐磨性好。此外,还具有良好的绝缘性、化学稳定性和耐酸碱性。氧化铝陶瓷广泛用于制造高温炉具的零部件、高速切削刀具、内燃机火花塞以及热电偶绝缘套管等。

②氧化铵陶瓷。其原料是 BeO,其熔点为 2 530 ℃,硬度与高铝陶瓷一样,仅次于金刚石。这种陶瓷高温抗压强度高,高温电绝缘性良好。此外,其导热性和热稳定性极好。主要用于制作集成电路的基片与外壳、气体激光管和晶体散热片等。

③氧化锆陶瓷。以 ZrO_2 为主要成分。耐高温,使用温度可达 2 000~2 200 ℃,绝缘性好,抗熔融金属的侵蚀能力强,故可作为铂、铑、钯、铷等金属冶炼和提纯的坩埚及炼钢用耐火材料等。

④氧化镁陶瓷。以 MgO 为主要成分,是典型的碱性耐火材料,Fe,Zn,Cu,Ni 等金属对 MgO 不起还原作用。因此,它可用作冶炼这些金属的坩埚。

⑤碳化硅陶瓷。以 SiC 为主要成分,具有很高的耐火性和高温强度以及良好的热稳定性、耐磨性和耐蚀性。适于制作热电偶套管、炉管、加热元件以及砂轮、磨料等。

⑥氮化硅陶瓷。以 Si_3N_4 为主要成分,硬度高、摩擦系数低,是优良的耐磨材料。在高温下有较高的力学性能和稳定的化学性能。抗热冲击能力强,是优良的高温结构材料。除氢氨酸外,耐各种无机酸、磁溶液以及耐 Ni,Zn,Al 等有色金属熔体的侵蚀,是优良的耐腐蚀材料。

⑦氮化硼陶瓷。氮化硼的原料是 BN,分为六方晶型和立方品型两种。

用四氯化硼(BCl_4)和氨气(NH_4)在一定条件下反应制成 BN 粉,然后经压制、烧结即可得到六方晶型氮化硼陶瓷。其硬度低,制品可进行各种切削加工,可作为高温耐磨材料、高温电绝缘材料应用。

六方晶型氮化硼,在一定条件下可转变成立方晶型氮化硼陶瓷。它的硬度略低于金刚石,有很强的抗氧化能力,可经受 1 800 ℃的高温,且导热性良好。因此,可用作高温模具、磨料、切削刀具和耐磨材料。

(2)陶瓷材料成型

陶瓷成型是将配制好的原料加工成一定形状和规格的半成品的过程。常用的成型方法有以下几种。

1)可塑成型

配料时向粉末或粒状的原料中加入水或塑化剂,控制成可塑泥料,然后用手工挤压或机加工成型。

2)注浆成型

它是将配制的浆料注入多孔模型内,由模具内孔把浆料中的液体吸出而成型的方法,如图 3.9 所示。

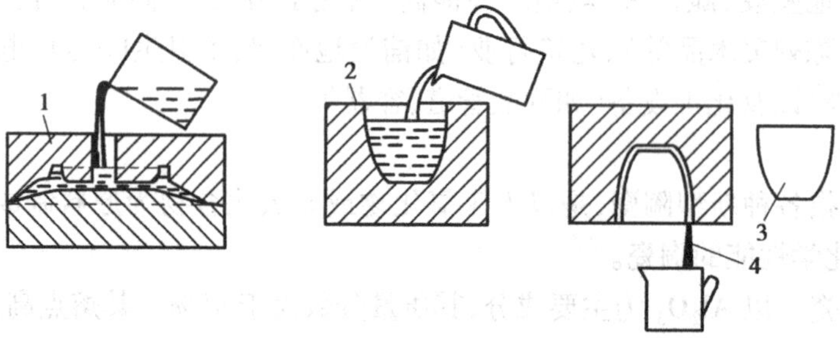

(a)实心注浆　　(b)空心注浆

图 3.9　陶瓷注浆成型示意图

1,2—多孔模型; 3—坯料; 4—多余浆料

3)压制成型

它是用压力搭配制好的粉料在模具的模腔内成型的方法。成型的陶瓷要经过烧结才能获得符合要求的制品。

3.5.3　复合材料

复合材料是由两种或更多种物理和化学性质不同的物质人工合成的一种多相固体材料。它可以由金属、高聚物和陶瓷中任意两者合成,也可以由两种或更多种金属、高聚物成陶瓷制备。

(1)复合材料的分类

复合材料按增强剂的种类和结构特点,可分为纤维增强复合材料、层叠复合材料和颗粒复合材料。

1)纤维增强复合材料

①玻璃纤维增强复合材料。它俗称玻璃钢,是以树脂为黏结材料,以玻璃纤维或其制品为增强材料制成的。玻璃钢分为热塑性和热固性两种。

常用的树脂有环氧树脂、酚醛树脂、有机硅树脂及聚酯树脂等热固性树脂和聚苯乙烯、聚乙烯、聚丙烯、聚酰胺等热塑性树脂。它们的特点是密度小、强度高、介电性和耐蚀性好。用途很广,常用来制造汽车车身、船体、直升机旋翼、电器仪表、石油化工中的耐蚀及耐压容器等。

②碳纤维增强复合材料。它是以碳纤维或其织物(布、带等)为增强材料,以树脂为基体材料结合而成。常用的基体材料有环氧树脂、酚醛树脂及聚四氟乙烯等。这种复合材料,密度比铝小,强度比钢高,弹性模量比铝合金和钢大,疲劳强度和冲击韧性高,化学稳定性高,摩擦系数小,导热性好。因此,可用作宇宙飞行器的外层材料,人造卫星和火箭的机架、壳体等,也可制造机器中的齿轮、轴承、活塞等零件和化工容器、管道等。

2)层叠复合材料

层叠复合材料是以钢板为基体,多孔青铜为中间层,塑料为表面层的三层复合材料。这种材料可以用于制造各种机械、车辆等的无润滑和少润滑轴承、垫片等,还可用于制造安全玻璃、化工及食品设备等。

3)颗粒复合材料

颗粒复合材料是由一种或多种颗粒均匀分布在基体中所组成的材料。当颗粒为金属时,其基体为塑料。当颗粒为陶瓷(如氧化物 Al_2O_3,MgO,BeO 等或碳化物 TiC,SlC,WC 等)时,其基体为金属(如 Ti,Cr,Ni,Co,Mo,Fe 等)。

金属颗粒与塑料的复合材料,相比塑料,其导热性和导电性明显提高,线膨胀系数减小。含有过量铅粉的塑料可作为 γ 射线的罩屏及隔音材料,加入铅粉的氨塑料可作轴承材料。陶瓷颗粒与金屑的复合材料称为金屑陶瓷,具有很高的强度和硬度,优良的耐磨性、耐蚀性和耐高温性能,适于制作耐磨性切削工具、拉丝模和高温下工作的部件。

(2)复合材料成型

不同的复合材料,成型方法不同,其中树脂基纤维增强复合材料常用以下几种成型方法。

1)手糊法

用手工方法把经过浸渍过树脂的纤维结构物铺到预先准备的模具表面上,经加工后在室温下固化成制品。

2)模压法

它是指借助压力将浸渍过树脂的织物或料团压制成所需的形状并同时固化的方法。

3)缠绕法

它是指把纤维长丝浸渍树脂后按一定规律连续缠绕在芯模上,经固化制成回转体类制品,如图3.10所示。

4)喷射法

用压缩空气将树脂、硬化剂和切短的纤维同时喷射到模具表面,经过辊压、排气等工序,再在其表面喷涂一层树脂,经固化而成复合材料,如图 3.11 所示。

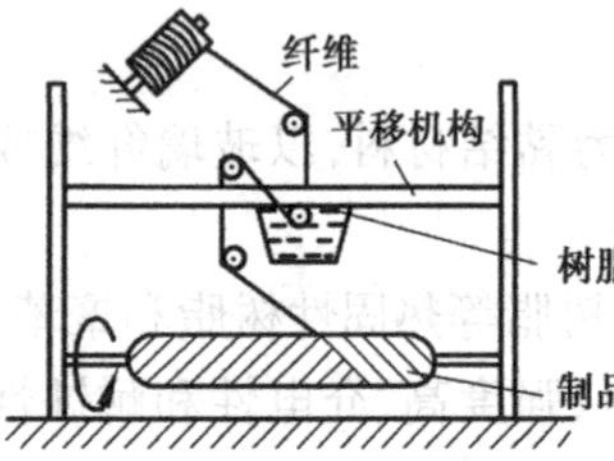

图 3.10 复合材料缠绕成型示意图

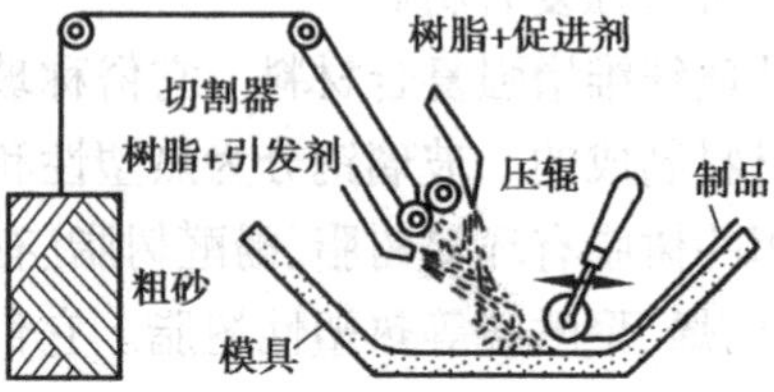

图 3.11 复合材料喷射成型示意图

3.6 零件成型的基本方法

零件的成型工艺直接影响零件的性能,关系到机器的功能及成本,因此选择合适的成型工艺有利于发挥零件在机器中的最大潜力。

3.6.1 金属材料的成型方法

(1)铸造成型

铸造是人类掌握比较早的一种金属热加工工艺,已有约 6 000 年的历史。我国在公元前 1700—公元前 1000 年已进入青铜铸件的全盛期,工艺上已达到相当高的水平。铸造是将金属熔炼成符合一定要求的液体金属浇铸与零件形状相适应的铸造空腔中,待其冷却凝固后,清整处理后以获得有预定形状、尺寸和性能的零件或毛坯的方法。铸造毛坯因几近成型,而达到免机械加工或少量加工的目的,降低了成本并在一定程度上减少了制作时间。铸造是现代装置制造工业基础工艺之一。被铸物质多为原为固态但加热至液态的金属(如:铜、铁、铝、锡、铅、镁等),而铸模的材料可以是砂、金属甚至陶瓷。因对材料的性能、成本等指标的要求不同,其使用的方法也会有所不同。

铸造主要分为砂型铸造和特种铸造两大类。

1)砂型铸造

它是利用砂作为铸模材料,又称砂铸、翻砂,包括湿砂型、干砂型和化学硬化砂型 3 类,但并非所有砂均可用以铸造。其生产过程示意图如图 3.12 所示。

砂型铸造是传统的铸造方法,它适用于各种形状、大小、批量及各种常用合金铸件的生产。其优势是成本低,因为铸模所使用的砂可重复使用;缺点是铸模制作耗时,铸模本身不能被重复使用,须破坏后才能取得成品。此外,砂型铸造是大型铸件的唯一成型方法。

2)特种铸造

其原理和基本作业模块与砂型铸造相同,只是实现或完成某个或某些工艺过程或工序(尤其是制备铸型)的手段或方法不同而已,这使特种铸造的工艺方法很多。按造型材料,特

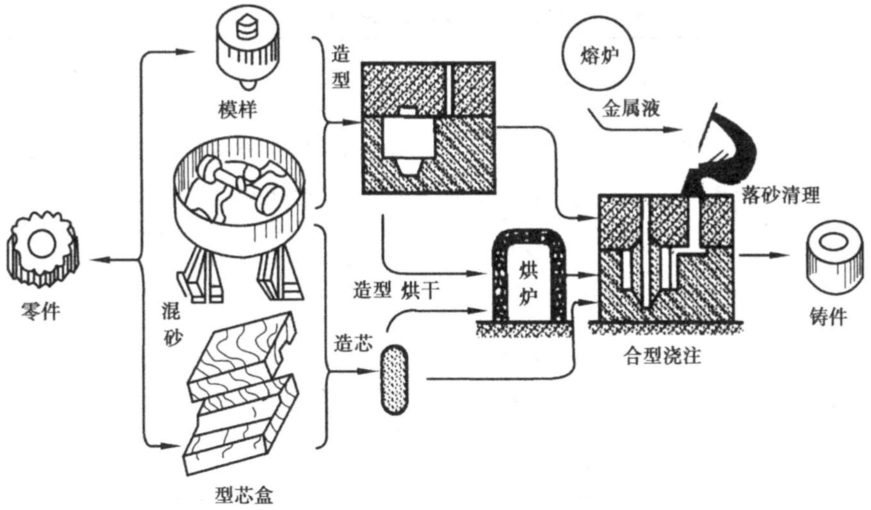

图 3.12 砂型铸造生产过程示意图

种铸造可分为以天然矿产砂石为主要造型材料的特种铸造(如熔模铸造、泥型铸造、壳型铸造、负压铸造、实型铸造、陶瓷型铸造等)和以金属为主要铸型材料的特种铸造(如金属型铸造、压力铸造、连续铸造、低压铸造、离心铸造等)两类。

特种铸造中铸型用砂较少或不用砂,采用特殊工艺装备,具有铸件精度和表面质量高、铸件性能好、原材料消耗低、工作环境好等优点。但铸件的结构、形状、尺寸、质量、生产批量等往往受到一定限制。

(2)塑性加工

在物理特征上,任何固体自身都具有一定的几何形状和尺寸,固态成型是改变固体原有的形状和尺寸,从而获得所需(预期)的形状和尺寸的过程。

金属材料的固态塑性成型原理即在外力作用下金属材料通过塑性变形,以获得具有一定形状、尺寸和力学性能的毛坯或零件。由此可见,所有外力下产生塑性改变形而不破坏的金属材料,都有可能进行固态塑性变形。

要实现金属材料的固态塑性变形,必要具备两个基本条件:被成型的金属材料具备一定的塑性;要有外作用在固态金属材料上。

可见,金属材料的固态塑性成型受到内外两方面因素的制约,内在因素即金属本身能否进行固态塑性变形和可变形能力的大小;外在因素即需要多大的外力,且成型过程中两个因素相互影响。另外,外界条件(如温度、变形速度等)对内外因素也有一定的影响。

金属材料中,低、中碳钢及大多数有色金属的塑性较好,都可进行塑性成型加工;而铸铁、铸铝合金等材料塑性很差,不能或不宜进行塑性成型。

工业上实现金属材料的"固态塑变"的方法或技术称为金属压力加工,简称锻压。它是指在外力作用下,使金属材料产生预期的塑性变形改变其原有形状和尺寸,以获得所需形状、尺寸和力学性能的毛坯或零件。具体的方式或过程称为锻压工艺,又称压力加工工艺。工业生产中金属压力加工(金属塑性变形)工艺多种多样,主要有自由锻、模锻、板料冲压、轧制、挤压、拉拔等,主要塑性加工类型见表 3.1。

表 3.1　金属压力加工的分类、特点及应用

类型	简　图	特　点	适用场合及发展趋势
轧制	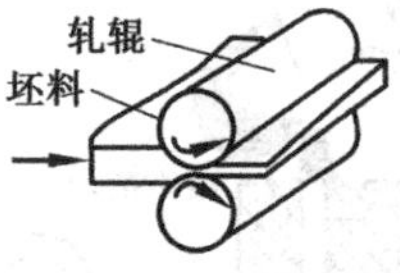 板材轧制	用轧机和轧辊,加热状态或常温状态;减少坯料截面尺寸	批量生产钢管、钢轨、角钢、工字钢与各种扳料等型材。趋势:高速轧制,线材达 120 m/s,板材 30 m/s;精密轧制,提高尺寸精度及板形精度;轧锻复合生产钢球、齿轮、轴类、环类零件毛坯,力求少无切削
拉拔	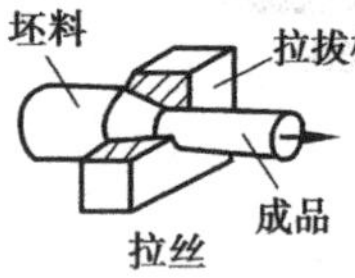	用拉拔机或拉拔模;常温或低温加热状态;减少坯料截面尺寸	坯料生产钢丝、铜铝电线、包装线、铜铝电排等丝、带、条等型材;趋势:高尺寸精度和地表面粗糙度
挤压	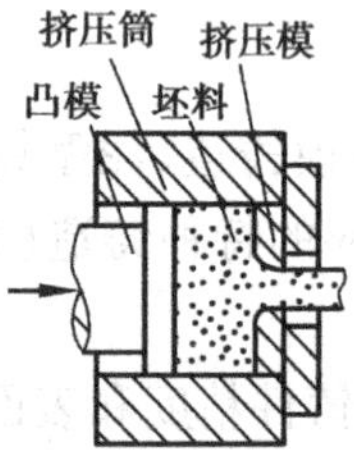	用挤压机或挤压模;常温或加热状态,主要改变坯料截面形状	批量生产塑性较好的复杂截面型材,如铝合金门窗构条、弧形散热片等,或生产毛坯如齿轮、螺母、铆钉等,现我国可生产千余种冷挤压件。 趋势:高速精密、锻焊结合,如用挤锻机可自动、快速将棒料连续挤压成锥齿轮,每分钟可近百件、近百千克;温挤 45 钢汽车后轴管,重达 9 kg
自由锻	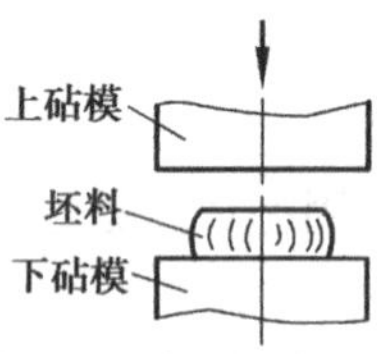	用自由锻锤或压力机和简单工具;一般在加热状态下使坯料成型	单件、小批量生产外形简单的各种规格毛坯,如轧辊、大电机主轴等,以及锻工、钳工用的简单工具,也适用于修配场合 趋势:锻件大型化,提高内在质量;国内已生产重达 5 万吨级船用轴系锻件,全纤维船用曲轴锻件已达国际水平;操作机械化
模锻	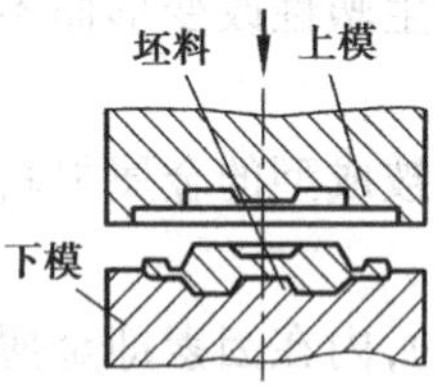	用模锻锤或压力机和锻模,一般在加热状态下使坯料成型	批量生产中、小型毛坯(如汽车的曲轴、连杆、齿轮等)和日用五金工具(扳手等) 趋势:少无切削、精密化,如精密模锻叶片、齿轮锻件公差可达 0.05~0.2 mm,还可直接锻出 8~9 级精度的齿形
板料冲压	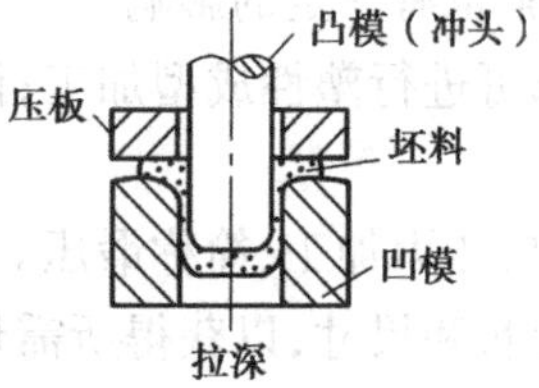	用剪床、冲床和冲模,一般在常温状态下使板料分离或成型	批量生产日用品,如钢、铝制的碗、勺等和电子仪表、汽车等工业用的零件或毛坯,如自行车链条、汽车车厢、油箱 趋势:自动化、精密化,精密冲裁尺寸公差可达 0.01 mm 之内,表面粗糙度 Ra3.6~0.2 μm;非传统成型工艺发展较快,如旋压、超塑、爆炸成型等

1)锻造

锻造是靠锻压机的锻锤锤击工件产生压缩变形的一种加工方法,有自由锻和模锻两种方式。自由锻不需专用模具,靠平锤和平砧间工件的压缩变形,使工件镦粗或拔长,其加工精度低,生产率也不高,主要用于轴类、曲柄和连杆等单件的小批量生产。模锻通过上、下锻模模腔拉制工作的变形,可加工形状复杂和尺寸精度较高的零件,适于大批量的生产,生产率也较高,是机械零件制造上实现少切削或无切削加工的重要途径。

2)轧制

轧制是使通过两个或两个以上旋转轧辊间的轧件产生压缩变形,使其横断面面积减小与形状改变,而纵向长度增加的一种加工方法。根据轧辊与轧件的运动关系,轧制分为纵轧、横轧和斜轧3种方式。

3)挤压

挤压是将皮料装入挤压筒内,在挤压筒后端挤压轴的推力作用下,使金属从挤压筒前端的模孔流出,而获得与挤压模孔形状、尺寸相同的产品的一种加工方法。挤压有正挤压和反挤压两种基本方式。正挤压时挤压轴的运动方向与从模孔中挤出的金属流动方向一致;反挤压时,挤压轴的运动方向与从模孔中挤出的金属流动方向相反。挤压法可加工各种复杂断面的实心型材、棒材、空心型材和管材。它是有色金属型材和管材的主要生产方法。

4)拉深

拉深又称冲压,是依靠冲头将金属板料顶入凹模中产生拉延变形,而获得各种杯形件、桶形件和壳体的一种加工方法。冲压一般在室温下进行,其产品主要用于各种壳体零件,如飞机蒙皮、汽车覆盖件、子弹壳、仪表零件及日用器皿等。

5)弯曲

弯曲是指在弯矩作用下,使板料发生弯曲变形或使板料或管、棒材得到矫直的一种加工方法。

6)剪切

剪切是指坯料在剪切力的作用下产生剪切,使板材冲裁,以及板料和型材切断的一种常用加工方法。

金属塑性加工与金属铸造、切削、焊接等加工方法相比,有以下特点:

①金属塑性加工是金属整体性保持的前提下,依靠塑性变形发生物质转移来实现工件形状和尺寸变化的,不会产生切屑,因而材料的利用率高得多。

②塑性加工过程中,除尺寸和形状发生改变外,金属的组织、性能也能得到改善和提高,尤其对于铸造坯,经过塑性加工将使其结构致密,粗晶破碎细化和均匀,从而使性能得到提高。此外,塑性流动所产生的流线也能使其性能得到改善。

③塑性加工过程便于实现生产过程的连续化、自动化,适于大批量生产,如轧制、拉拔加工等,因而劳动生产率高。

④塑性加工产品的尺寸精度和表面质量高。

⑤设备较庞大,能耗较高。

金属塑性加工由于具有上述特点,不仅原材料消耗少,生产效率高,产品质量稳定,而且还能有效地改善金属的组织性能。这些技术上和经济上的独到之处和优势,使它成为金属加工中极其重要的手段之一,因而在国民经济中占有十分重要的地位。如在钢铁材料生产中,除了少部分采用铸造方法直接制成零件外,钢总产量的90%以上和有色金属总产量的70%以上,均需经过塑性加工成材,才能满足机械制造、交通运输、电力电信、化工、建材、仪器仪表、航空航天、国防军工、民用五金和家用电器的需要,而且塑性加工本身也是上述许多部门直接制造零件而经常采用的重要加工方法,如汽车制造、船舶制造、航空航天、民用五金等部门的许多零件都须经塑性加工制造。

(3)固态材料连接成形技术

固态材料的连接可分为永久性的和非永久性的两种。永久性连接主要通过焊接和黏结过程实现,非永久性连接使用特制的连接件或紧固件(铆钉、螺栓、键、销等)将零件或构件连接起来。

下面介绍固态材料的永久连接成形技术的基本类型及用途。

将分离的金属用局部加热或加压等手段,借助于金属内部原子的结合与扩散作用牢固地连接起来,形成永久性接头的成形过程称为焊接。

焊接在现代工业生产中具有十分重要的作用,如舰船的船体、高炉炉壳、建筑架构、锅炉与压力容器、车厢及家用电器、汽车车身等工业产品的制造,都离不开焊接。焊接方法在制造大型结构件或复杂机器部件时,更显得优越。它可以用化大为小、化复杂为简单的办法来准备坯料,然后用逐次装配焊接的方法拼小成大、拼简单成复杂,这是其他工艺方法难以做到的。在制造大型机器设备时,还可以采用铸—焊或锻—焊复合工艺。这样,仅有小型铸、锻设备的工厂也可以生产出大型零件。用焊接方法还可以制成双金属构件,如制造复合层容器。此外,还可以对不同材料进行焊接。总之,焊接方法的这些优越性,使其在现代工业中的应用日趋广泛。

焊接方法的种类很多,按焊接过程的特点不同,可以分为熔焊、压焊和钎焊3大类。

1)熔焊

由于加热方式的区别,熔焊有以下几种主要类型。

①气焊。利用气体混合物燃烧形成高温火焰,用火焰来熔化焊件接头及焊条。最常用的气体是氧气和乙炔的混合物,调整氧气和乙炔的比值,可以获得氧化性、中心及还原性火焰。这种方法所用的设备较为简单,而加热区宽,焊接后焊件的变形大,并且操作费用较高,因而逐渐被电弧焊代替。

②电弧焊。电弧焊的主要特点是能够形成稳定的电弧,能保证填充材料的供给以及对熔化金属的保护和屏蔽。通常,电弧可通过两种方法产生:第一种电弧发生在一个可消耗的金属电焊条和金属材料之间,焊条在焊接过程中逐渐熔化,由此提供必需的填充材料而将结合部填满;第二种电弧发生在工作材料和一个非消耗性的钨极之间,钨极的熔点应比电弧温度要高,所必需的填充材料则必须另行提供。

电弧焊通常要对金属熔池加以保护或屏蔽。其保护方法有多种,如用适当的焊剂覆盖在消耗性的焊条之上,用颗粒状的焊剂粉末或惰性气体来形成保护层或气体屏蔽。根据电弧的作用、电极的类型、电流的种类、熔池的保护方法等,电弧焊可分为手工电弧焊、气体保护焊、埋弧焊、等离子弧焊等,应用最广泛的是手工电弧焊。

③电渣焊。它是利用电流通过熔渣所产生的电阻热来熔化金属的。这种热源范围较电弧大,每一根焊丝可以单独成一个回路,增加焊丝数目,可以一次焊接很厚的焊件。

④真空电子束焊。这是一种特种焊接方法,用来焊接尖端技术方面的高熔点及活泼金属的小零件。它的特点是将焊件放在高真空容器内,容器内装有电子枪,利用高速电子束打击焊件熔化而进行的焊接。这种方法可以获得高品质的焊件。

⑤激光焊。这也是一种特种的焊接方法,它利用聚焦的激光束作为能源轰击焊件所产生的热量进行焊接。

2)压力焊

根据加热和施压方式的不同,压力焊主要有以下几种常用的类型。

①电阻焊。这是利用电阻加热的方法,最常用的有点焊、缝焊及电阻对焊 3 种。前两者是将焊件加热到局部熔化状态并同时加压;电阻对焊是将焊件局部加热到高塑性状态或表面熔化状态,然后施加压力。电阻焊的特点是机械化及自动化程度高,故生产率高,但需强大的电流。

②摩擦焊。利用摩擦热使接触面加热到高塑性状态,然后施加压力的焊接,由于摩擦时能够去除焊接面上的氧化物,并且热量集中在焊接表面,因而特别适用于导热性好及易氧化的有色金属的焊接。

③冷压焊。这种方法的特点是不加热,只靠强大的压力来焊接,适用于熔点较低的母材,例如铅导线、铝导线、铜导线的焊接。冷压焊时,虽然没有加热,但由于塑性变形的不均匀性,所放出的热局限于真实接触的部分,因而也有加热的效应。

④超声波焊。这也是一种冷压焊,借助于超声波的机械震荡作用,可以降低所需要的压力,目前只适用于点焊有色金属及其合金的薄板。

⑤扩散焊。扩散焊是焊件紧密结合,在真空或保护气氛中,在一定温度和压力下保持一段时间,使接触面之间的原子扩散而完成焊接的方法。扩散焊主要用于焊接熔化焊、钎焊难以满足技术要求的小型、精密、复杂的焊件。

压力焊接时,压力使接触面的凸出部分发生塑性变形,减少凸出部分的高度,增加真实的接触面积。温度使塑性变形部分发生再结晶,并加速原子的扩散。此外,表面张力也可以促使接触面上空腔体积的缩小。这种加热的压力焊接过程与粉末冶金中的热压烧结过程相似。

3)钎焊

钎焊是与上述方法完全不同的焊接过程,它是利用熔点比焊件金属低的钎料作填充金属,适当加热后,钎料熔化,然后再凝固,这样将处于固态的焊件黏结起来的一种焊接方法。根据钎料熔点的不同,钎焊可分为软钎焊和硬钎焊。

①软钎焊。它是指钎料熔点低于 450 ℃的钎焊,常用钎料是锡铅钎料,常用钎剂是松香、氯化锌溶液等。软钎焊接头强度较低,适用于受力较小或工作温度较低的焊件。

②硬钎焊。它是指钎料熔点高于 450 ℃的钎焊。常用钎料有铜基钎料和银基钎料等。常用钎剂有硼砂、硼酸、氯化物、氟化物等。硬钎焊接头强度较高,适用于受力较大或工作温度较高的焊件。

钎焊的加热方法很多,如烙铁加热、气体火焰加热、电阻加热和高频加热等。与一般熔化焊相比,钎焊的特点如下:

a.钎焊过程中,工件温度较低,因此组织和力学性能变化很小,变形也小,接头光滑平整,工件尺寸精确。

b.钎焊可以焊接性能差异很大的异种金属,对工件厚度也没有严格限制。

c.钎焊生产率高,易于实现机械化和自动焊。

d.钎焊接头强度和耐热能力都低于熔焊焊件接头,这是钎焊的主要缺点。

钎焊主要用于制造精密仪表、电气零部件、异种金属构件以及某些复杂薄板结构,也用于钎焊各类导线和硬质合金刀具。

3.6.2 塑料的焊接

将分离的塑料用局部加热或加压等手段,利用热熔状态的塑料大分子在焊接压力作用下相互扩散,产生范德华力,从而使其紧密地连接在一起,形成永久性接头的过程成为塑料的焊接。

塑料焊接可以用焊条作为填充焊料,也可以直接加热焊件而不使用填充焊料。为了保证焊接品质,焊接表面必须清洁、不被污染,因此,常在焊接前对焊接表面做脱脂和去污处理。绝大多数情况下,焊接表面还必须做平整与平行加工处理和加工坡口,例如管道端焊接时,必须先用平行机动旋刀削平两个管材的被焊端面,并保证这两个断面相互接触时基本平行。加工焊接表面或者坡口的预加工可以使用通用的切削机床,也可使用刀片细心加工。目前,在工业技术中得到应用的塑料焊接方法有多种,下面主要介绍常用的几种方法。

(1)热气焊

利用热气体(大多数情况下即热风)对塑料表面加热,并通过手动或机械方式对焊接区施加焊接压力,从而进行焊接的方法称为热气焊。

常见的热气焊填充焊料有圆形、矩形截面以及绳状或条状的焊条。热塑性硬塑料的焊接多使用直径为 2 mm,3 mm 或 4 mm 的圆截面焊条或矩形截面的焊条。热塑性软塑料多使用不小于 3 mm 直径的绳状或条状焊条。表面贴层焊时,常用厚度为 1 mm,宽度为 15 mm 的条形焊条。

影响热气焊的焊接品质的主要因素如下:

①塑料母材的焊接性;

②与母材想使用的填充焊料(焊条);

③焊缝的形式和焊道数;

④焊接条件(温度、速度、压力);

⑤母材和焊条的表面清洁度。

(2)超声波焊接

塑料超声波焊接的原理是使塑料的焊接面在超声波能量的作用下作高频机械振动而发热熔化,同时施加焊接应力,从而把塑料焊接在一起。

超声波焊接原则上适于焊接大多数热塑性塑料。主要用于焊接模塑件、薄膜、板材和线材等,通常不需要填充焊料。塑料超声波焊接的焊接面预加工有一些特殊的要求,在焊接面上,常设计有带尖边的超声波能量定向唇,又称导能筋。

(3)摩擦焊

塑料摩擦焊的原理与金属摩擦焊相同。被焊接的塑料在焊接面上经摩擦发热而融化,同时,手控或机械操纵焊接压力,把它们焊接在一起。摩擦焊的焊接表面可以是轴对称的圆柱体端面,或是圆锥体的锥表面。

在一般情况下,摩擦焊不需要填充焊料,但有时也使用与被焊塑料相同的中间摩擦件作为填充焊料进行焊接。

(4) 挤塑焊

挤塑焊是近年来发展迅速的一种塑料焊接方法,主要用于焊接厚壁工件和大面积贴面焊接。尽管挤塑焊方法较多,但所有挤塑焊方法都有以下特点。

①总是以塑化装置挤出的棒状熔料作为焊接填料。

②焊接填料混合均匀,并且已充分塑化。

③焊接表面必须预加热至焊接温度。

④焊接时必须施加压力。

挤塑焊方法主要用于焊接聚乙烯和聚丙烯塑料,挤塑焊的填充焊料应与母材一致,禁止用成分不明的塑料,禁用再造的各类塑料。

(5) 光致热能焊接

以一束聚焦但频带不相干的光源对被焊材料的表面加热,以光致热能熔化表面层塑料,同时手动或机械操纵施加焊接压力,从而实现焊接的方法称为光致热能焊接。

目前成熟的光致热能焊接方法是红外灯加热挤塑焊。在这个焊接方法里,由一台挤出塑化填充填料,并将其挤入已由加热灯预热的坡口或缝隙,进而把塑料焊接在一起。

(6) 热工具焊

利用一个或多个发热工具对被焊塑料的表面进行加热,直至表面层充分熔化,然后在压力作用下进行焊接的方法称为热工具焊,它是应用最广泛的塑料焊接方法。

3.6.3 固态黏结成型

黏结是借助黏结剂在固体表面上产生黏合力,将一个物件与另一个物件牢固地连接在一起的方法。黏结能部分代替焊接、铆接和螺栓连接。目前,黏结技术已广泛应用于航空、机床、造船等各个工业部门,在国民经济中起着重要作用。

常用的黏结剂有:①环氧黏结剂,是目前使用量最大,使用面最广的一种结构黏结剂。可用于金属与金属、金属与非金属、非金属与非金属等材料的黏结。②聚氨酯黏结剂,这类黏结剂具有良好的黏结力,不仅加热能固化而且可在室温固化。起始黏力高,胶层柔韧,薄离强度、抗弯强度和抗冲击等性能优良,耐冷水、耐油、耐稀酸,耐磨性也较好。但耐热性差,故常用作非结构型黏结剂,广泛用于非金属材料的黏结。③橡胶黏结剂,其主体材料是天然橡胶和合成橡胶。橡胶黏结剂的接头强韧而有回弹性,抗冲击,抗震动,特别适宜交通运输机械的黏结。④杂环高分子黏结剂,又称高温黏结剂,属航空航天用高温结构黏结剂。杂环高分子黏结剂具有既耐高温又耐低温的黏结性能,是抗老化性能最好的黏结剂,但这种黏结剂固化条件苛刻,成本较高。

3.7 切削加工基础知识

3.7.1 切削加工的概念

金属切削加工是用刀具切去被加工零件上的多余金属层,从而获得几何形状、尺寸精度和表面粗糙度都符合要求的零件的加工过程。

切削加工分为钳工和机械加工(简称机加工)两部分。

钳工一般是通过工人手持工具来进行切削加工。钳工的劳动强度大,生产效率低,但是,在某些场合,钳工有其独特的价值,比机加工更经济、更方便。目前在维修和装配工作中钳工仍经常应用。它作为切削加工的一部分,仍是不可缺少的,并占有特殊的地位。

机加工是通过工人操作机床进行切削加工,按所用的切削工具的类型又分为两类:一类是利用刀具进行加工的,如车削、钻削、镗削、铣削、刨削等;另一类是利用磨料进行加工的,如磨削、珩磨、研磨、超精加工等。图 3.13 为常见机械加工方式的示意图。

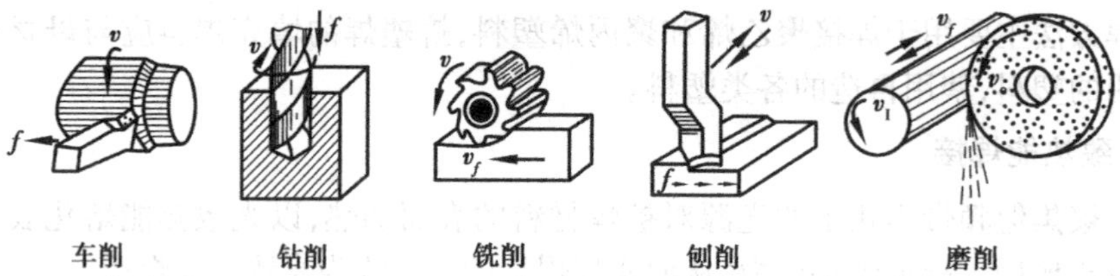

图 3.13　机械加工方式的应用举例

(1)切削运动

各种零件的形状,初看差别很大,但仔细分析,都是由平面、圆柱面、圆锥面、特形面(如球面、螺旋面等)组成。在加工这些面时,刀具与工件之间必须有一定的相对运动,即切削运动。根据它们在切削过程中所起的作用不同,可分为主运动和进给运动。

主运动是刀具直接切除工件上的切削层,以形成工件新表面的最基本运动。也就是说,没有这个运动,就无法切削。其特点是在切削过程中速度最高,消耗机床功率最多。例如,车削时,工件的旋转运动;钻削时,钻头的旋转运动;牛头刨床刨削时,刨刀的往复直线运动;龙门刨床刨削时,工件的直线往复运动;铣削时,铣刀的旋转运动;密削时,砂轮的旋转运动。

大多数加工方法中只有一个主运动。没有主运动就没有切削,它可以是旋转运动也可以是平移运动。

进给运动是使金属层不断投入切削,从而加工出完整表面所得的运动,没有这一运动就不能连续切削。例如,车削时,车刀的移动;钻削时,钻头的移动;牛头刨床刨削时,工件的间歇移动;铣削时,工件的移动;磨外圆时,工件的旋转运动和沿轴向移动。

进给运动在形式上不局限于旋转或直线运动、连续运动或间断运动,进给运动的数量也不局限于一个,例如,磨外圆时就得要多个进给运动。

(2)切削用量三要素

在切削运动作用下,工件被加工表面不断被切削,从而加工出所需的工件新表面的形成过程中,工件上存在着 3 个不断变化的表面,如图 3.14 所示。下面以车削加工为例。

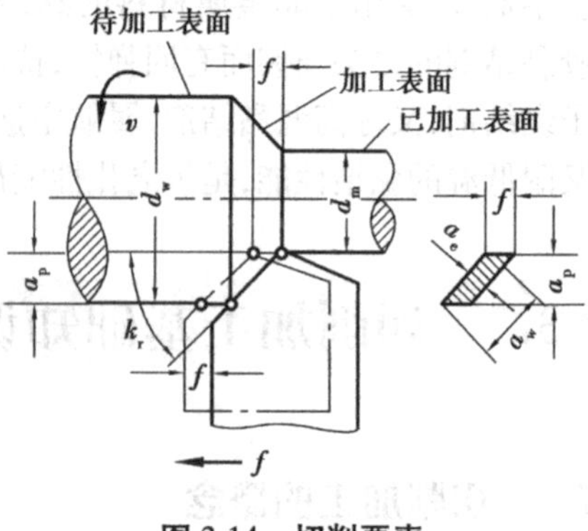

图 3.14　切削要素

待加工表面:工件上即将被切除金属层的表面;

加工表面:工件上正被刀具切削加工的表面;

已加工表面:工件上已被切除多余金属后形成的新表面。

在切削过程中,反映主运动和进给运动的大小、刀具切入工件深浅的 3 个量值合称为切削用量,分别用切削速度、进给量和背吃刀量来表示,被称为切削用量三要素。

1)切削速度

切削速度(v)是单位时间内,工件与刀具沿主运动方向相对移动过的距离,单位为 m/s。当主运动为旋转运动(车、钻、铣、镗、磨)时,则

$$v = \frac{\pi D n}{60 \times 1\ 000}$$

式中 D——工件待加工表面直径或刀具的最大直径,mm;

n——工件或刀具的转速,r/min。当主运动为往复直线运动时,则取其平均速度为切削速度。

$$v = \frac{2 L n_r}{60 \times 1\ 000}$$

式中 L——往复直线运动的形成长度,mm;

n_r——主运动每分钟的往复次数,即形成数,str/min。

2)进给量

主运动一个循环内,或单位时间内,刀具与工件之间沿进给运动方向的相对位移量称为进给量(f)。

例如,车削时,工件每转一转,车刀沿进给运动方向移动的距离,牛头刨床刨削时,刀具每往复一次,工件沿进给运动方向移动的距离。

3)背吃刀量

背吃刀量(a_p)是待加工表面与已加工表面之间的垂直距离,其单位为 mm。车削外圆时,有

$$a_p = \frac{D - d}{2}$$

式中 D——待加工表面的直径,mm;

d——已加工表面的直径,mm。

3.7.2 零件表面质量

零件的加工质量,包括加工精度和表面质量。加工精度是指零件经加工后,其尺寸、形状等实际参数与其理论参数相符合的程度。相符合的程度越高,偏差(加工误差)越小,加工精度越高。加工精度包括尺寸精度、形状精度和位置精度。表面质量是指零件经加工后的表面粗糙度、表面层加工硬化的程度和残余应力的性质及其大小。表面质量对零件的使用性能有很大的影响,一般零件表面都有粗糙度的要求。

(1)尺寸精度

在机械加工中,任何加工方法都不可能没有误差地达到理论值,加工误差必然存在。因此,在零件设计中就必须给出零件尺寸的允许变化范围,这个允许的尺寸变动范围称为尺寸公差。

在一定的尺寸下,公差越小则精度越高,加工难度就越大。

零件的尺寸精度与零件的基本尺寸和公差大小有关。综合两方面因素,国家标准 GB/T 1800—1997 规定,标准的尺寸公差(即尺精度)分为 20 个等级,分别以 IT01,IT0,IT1,IT2,…,IT18 表示。其中 IT 是 international tolerance 的简称,表示标准公差,其后数字表示公差等级,数字越大,精度越低。IT01—IT13 用于配合尺寸,其余用于非配合尺寸。

(2)形状精度

形状精度是指零件上的被测要素(线和面)相对于理想形状的准确度。类似于尺寸精度,在零件加工中出现不圆、不平等误差不可避免,因此,设计者会在零件图中给出零件的形状公差。形状公差越小就意味着零件的实际形状越接近于理想形状。

国标标准 GB/T 1802—1996 中规定了 6 项形状公差,它们是直线度、平面度、圆度、圆柱度、线轮廓度和面轮廓度。

(3)位置精度

位置精度是实际位置相对于理论位置的准确程度。国家标准 GB/T 1182—1996 规定的位置公差项目有平行度、倾斜度、垂直度、同轴度、对称度、位置度、圆跳动和全跳动 8 项。位置公差等级分为 1—12 共 12 个等级。

位置公差与形状公差有相似之处,常被合称为形位公差,但是它们有明显的区别。形状公差控制单一几何要素的误差,位置公差则控制多个几何要素的相互位置关系,其中以某一要素为基准。

(4)表面粗糙度

在切削加工过程中,由于有刀痕、振动、摩擦等原因,会使工件已加工表面产生微小的粗糙不平(类似于峰谷形态)。零件的表面粗糙度就是指零件表面的微观几何形状误差。

表面粗糙度反映了零件表面的微观几何形状误差。这种误差使零件表面粗糙不平,即使经过精细加工的表面,使用仪器仍能测量出其表面的峰谷形态。峰谷的高低相差越小,则表面粗糙度越小,外观表现为零件越光洁。

最常用的表面粗糙度评定参数是轮廓算术平均偏差值即 *Ra*,单位为 μm。*Ra* 值越大零件越粗糙。

需要注意的是,初学者常常将表面粗糙度与精度混为一谈。原因在于精度高的表面必然光洁,即 *Ra* 值小。但是,*Ra* 值小的表面,其精度未必高,例如外观装饰表面、机床的手柄等。

3.8 金属切削机床的分类与编号

(1)机床型号的表示方法

为了方便使用和管理,每一种机床都赋予一个型号,即机床型号。我国目前机床的分类与型号编制按照国家标准 GB/T 15375—1994 执行。机床型号的表示方法如图 3.15 所示。

下图中符号“○”代表大写汉语拼音字母,“△”代表阿拉伯数字,“◎”代表大写的汉语拼音字母或阿拉伯数字,或两者兼之。有括号或数字若有内容时应该不带括号,若无内容则不表示。

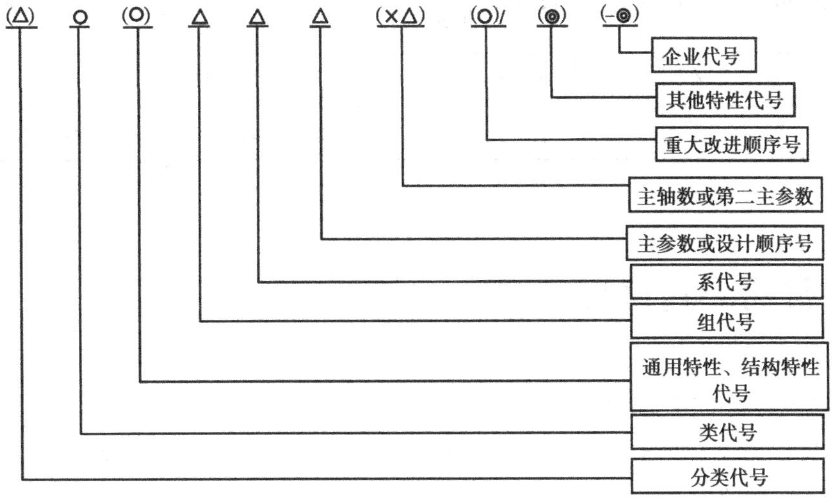

图 3.15　机床的表示方法

例如:CQ6132A

C:类代号:车床类

Q:通用特性:轻型车床

6:组代号:落地及卧式车床

1:系代号:普通卧室车床

32:主参数:车床能加工的工件的最大直径 1/10 即 320 mm

A:重大改进序号:第一次重大改进

(2)机床的类别及代号

机床分为 11 类,类别代号以机床名称汉语拼音第一个字母大写表示,并一律按汉语名称读音。其中磨床由于种类较多,又分 3 个大类,分类的代号用数字表示,但第一分类不予标注,见表 3.2。

表 3.2　机床的类别和分类代号

类型	车床	钻床	镗床	磨　床			齿轮加工机床	螺纹加工机床	铣床	刨插床	拉床	锯床	其他机床
代号	C	Z	T	M	2M	3M	Y	S	X	B	L	G	Q
读音	车	钻	镗	磨	二磨	三磨	牙	丝	铣	刨	拉	割	其他

(3)机床的特性及其代号

机床特性包含通用特性及机床结构特性,其代号以特性名称的汉语拼音表示,见表 3.3。

表 3.3 机床的通用特性代号

通用特性	高精度	精密	自动	半自动	数控	加工中心（自动换刀）	仿形	加重型	简式或经济型	柔性加工单元	数显	高速
代号	G	M	Z	B	K	H	F	C	J	R	X	S
读音	高	密	自	半	控	换	仿	重	简	柔	显	速

3.9 常用刀具材料

(1)对刀具材料的基本要求

刀具材料指刀具上直接参加切削部分的材料。由于它在切削过程中要承受高温、高压摩擦、冲击和振动，因此刀具材料应具备以下基本性能。

1)足够高的硬度

在常温下一般应达到 60 HRC 以上。

2)足够的强度和韧性

承受切削力和切削中的冲击振动。

3)良好的耐磨性

抵抗切削过程中的磨损，保持正确的刀具角度。

4)良好的耐热性

耐热性又称红硬性或热硬性，是指刀具材料在高温下仍然保持硬度、韧性的性能。

5)良好的工艺性

易加工，易得到所需的形状和性能。

(2)常用刀具材料及应用

1)碳素工具钢

它是指碳的质量分数为 0.7%~1.3%的优质或高级优质钢。碳素工具钢价格较其他刀具材料低廉，可刃磨性好，淬火后常温硬度高(60~66 HRC)，但耐热性低(仅 200 ℃左右)，热处理变形大，形状复杂的刀具淬火后易出现裂纹。

碳素工具钢常用于制造低速、形状简单的手动工具，例如锉刀、锯条等。常用的牌号有 T8,T8A,T10,T10A,T12,T12A 等。牌号越小的材料越耐冲击，牌号越大的材料越耐磨。

2)合金工具钢

与碳素工具钢相比，合金工具钢热处理变形小，淬透性好，能够适应复杂形状刀具的要求，但是耐热性提高不大，在 350~450 ℃时硬度明显下降，这意味着刀具的切削速度受到制约。

合金工具钢常用于制造低速切削刀具，如铰刀、丝锥、板牙等。常用的材料有 9SiCr,CrW-TiQn 等。

3)高速钢

它是指含钨、铝、铬、钒等合金元素较多的高合金工具钢。高速钢具有较全面的优良性能。淬火硬度为 62~65 HRC,耐热性达 540~650 ℃,工艺性好,切削速度可达 30~50 m/min。

高速钢用于制造形状复杂的铣刀、拉刀、齿轮刀具、钻头等。车刀是一种切削速度较高的刀具,也常用高速钢制造。常用的牌号有 W18Cr4V,W6Mo5Cr4V2 等。

4)硬质合金

它是指由高硬度、高熔点的金属碳化物(如碳化钨、碳化钛)粉末,用钴作为黏结剂,利用粉末冶金工艺制成的合金。它的硬度很高,可以得到 8915RA~93HRA(相当于 74~82HRC),耐热性达 850~1 000 ℃,允许的切削速度高达 100~300 m/min。但是,它的抗弯强度较低、耐冲击韧性差、工艺性不如高速钢好。

硬质合金难以制成型状复杂的刀具,一般制成各式的刀片,然后通过焊接或机械紧固的方法将刀片固定在刀具的刀体上,形成机械加固式刀具。

切削刀具用硬质合金根据国际标准 ISO 分类,把所有牌号分成用颜色标志的 3 大类,分别用 P,M,K 表示。

P 类,蓝色(包括 P01—P50),系高合金化的硬质合金牌号。其成分为 5%~40%TiC+Ta(Nb)C,其余为 WC+Co。这类合金主要用于加工长切屑的黑色金属。

M 类,黄色(包括 M10—M40),系中合金化的硬质合金牌号。其成分为 5%~10%Tic+Ta(Nb)C,其余为 WC+Co。这类合金为通用型,适于加工长切屑或短切屑的黑色金属及有色金属。

K 类,红色(包括 K10—K40),系单纯 WC 的硬质合金牌号。其成分为(90%~98%)WC+(2%~10%)Co_2,个别牌号含约 2%的 Ta(Nb)C。主要用于加工短切屑的黑色金属、有色金属及非金属材料。

3.10　常用量具及其使用

零件在加工过程中,为了保证加工质量,使之符合图纸要求(包括尺寸精度、形状精度、位置精度和表面粗糙度),就需要用测量工具进行测量,这些测量工具简称量具。根据不同的测量要求,所用的量具也不同,生产中常用量具有:钢直尺、卡钳、游标卡尺、千分尺、百分表、内径百分表、塞规、卡规、万能角度尺等。

(1)钢直尺

钢直尺是最简单常用的量具。用它测量零件长度、台阶高度,以及台阶孔、盲孔的深度较为方便。在测量工件的直径尺寸时需要与卡钳配合使用。

钢直尺的刻度有公制刻度和英制刻度两种。公制刻度尺较常使用,其刻度值为 1 mm,有些小规格钢直尺还刻出 0.5 mm 的刻度,测量精度为 0.5 mm。由于钢直尺的精度不高,它常用于较低精度场合的尺寸测量。

(2)卡钳

卡钳是一种间接量具,使用时必须与钢直尺或其他带有刻线的量具配合使用。根据用途不同，卡钳分为内卡钳和外卡钳。图 3.16 为外卡钳，用来测量外部尺寸（轴的直径）；图 3.17 为内卡钳，用来测量内部尺寸（孔的直径）。卡钳测量方法如图 3.18 和图 3.19 所示。

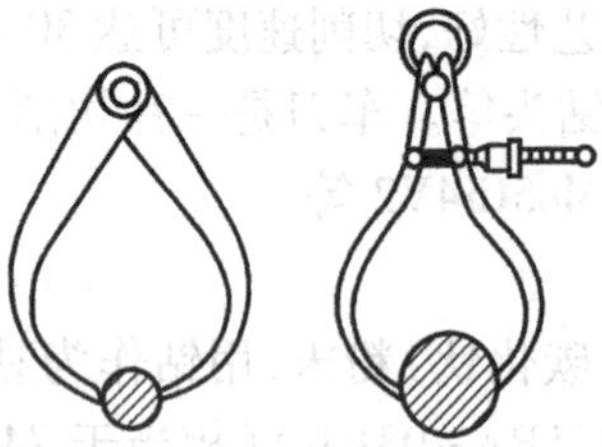
图 3.16　外卡钳

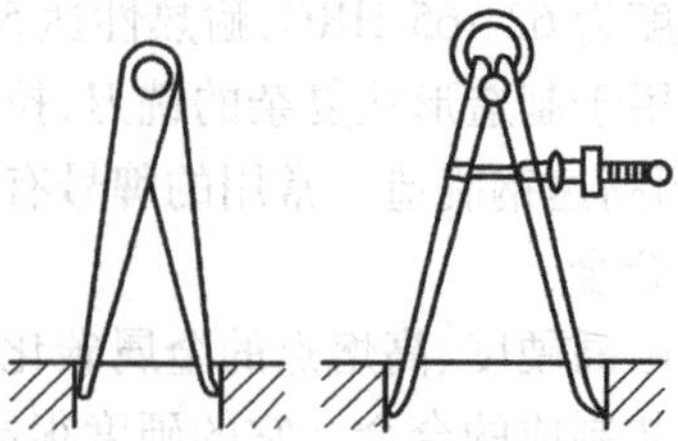
图 3.17　内卡钳

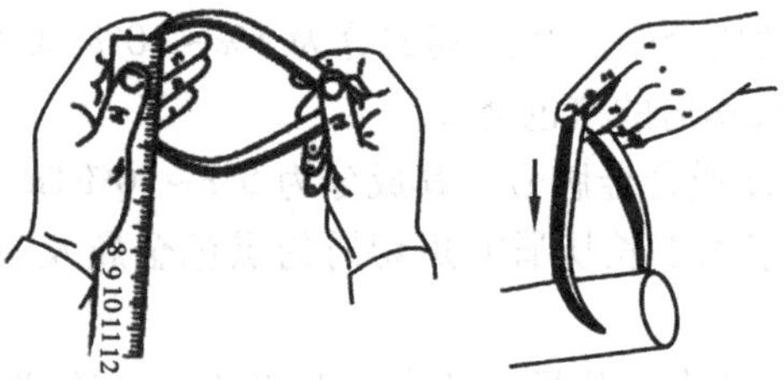
图 3.18　外卡钳测量方法

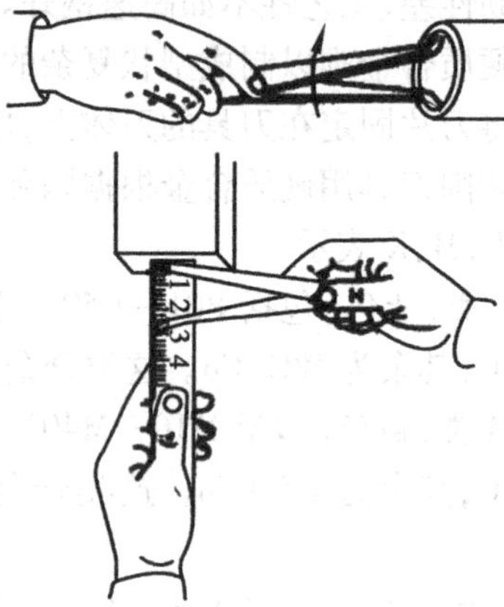
图 3.19　内卡钳测量方法

(3) 游标卡尺

游标卡尺简称卡尺，它是最常用的量具之一。卡尺的应用范围较宽，可以测量零件的外径、内径、长度、厚度、深度等。卡尺常用的规格有 100，125，150，300 mm 等。

游标卡尺的结构包括：固定卡爪，与主尺为一体；活动卡爪，与副尺为一体；并且在后面装有用于测量深度的深度尺，如图 3.20 所示。游标卡尺的刻度值一般为 0.02 mm，有的卡尺刻度值为 0.05 mm 或 0.1 mm，一般为规格较大的尺子。游标卡尺应用于半精加工成组加工中的测量。

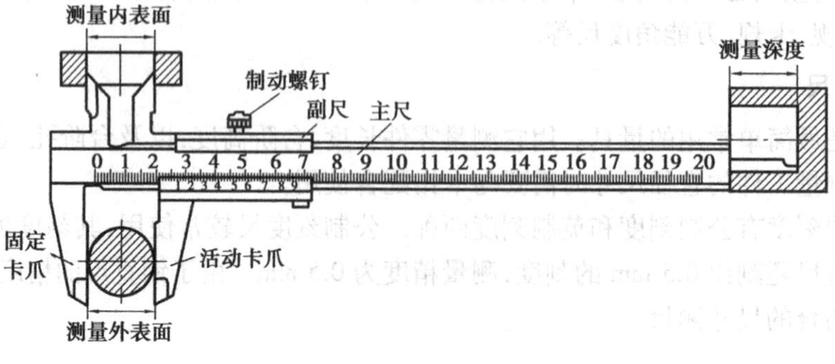

图 3.20　游标卡尺

1)游标卡尺刻线原理

游标卡尺的刻度值是主尺上的刻线每格间距与副尺上的刻线每格间距之差。刻度值为0.02 mm的卡尺刻线原理如图3.21所示。主尺上的50 mm长度被均分为50格,每格1 mm。副尺上的49 mm长度上被均分为50格,每格0.98 mm。这样,主尺刻线每格间距与副尺刻线每格间距相差为0.02 mm,即为卡尺的刻度值。

2)游标卡尺读数方法

如图3.22所示为0.02 mm游标卡尺的某一状态,读数方法分为以下3步:

图3.21 游标卡尺刻线原理

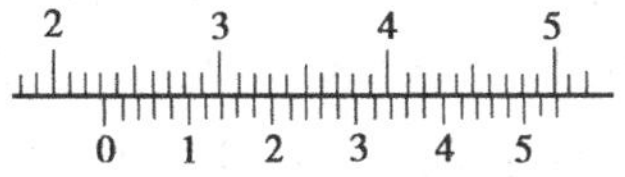

图3.22 游标卡尺读数方法

①在主尺上读出副尺零线以左的刻度,该值就是最后读值的整数部分,图示为23 mm。

②副尺上必定有一条刻线与主尺的某条刻线对齐。副尺上的这条刻线距副尺零线的格数乘以刻度值0.02就是最后读值的小数部分,图示为0.24 mm。

③将上面整数和小数两部分尺寸加起来就是总尺寸23.24 mm。

游标卡尺读数不太方便,目前还有表式卡尺和液晶数字显示卡尺。

3)使用游标卡尺时应注意下列事项

①使用前应将卡爪擦净,并将固定卡爪与活动卡爪闭合,检查主、副尺零线是否重合。若不重合,则在测量后应根据原始误差修正读数。

②用游标卡尺测量时,应逐渐使卡爪与工件表面靠近,最后达到轻微接触。还要注意游标卡尺必须放正,切忌歪斜,以免测量不准。

③测量时,避免将卡爪用力压紧工件,以免卡爪变形或磨损,影响测量的准确度。

④游标卡尺仅用于测量已加工的光滑表面。表面粗糙的工件或正在运动的工件都不宜用游标卡尺测量,以免卡爪过快磨损。

⑤不能把卡爪当成划针、圆规、钩子或螺丝刀等其他工具使用。

⑥不要把卡尺与其他工具堆放在一起,以免损伤卡尺。

(4)千分尺

千分尺是生产中最常用的精密量具之一。它的测量精度一般为0.01 mm,螺杆的移动距离通常为25 mm,因此常用的千分尺测量范围分别为0~25 mm,25~50 mm,50~75 mm,75~100 mm等,每隔25 mm为一挡规格。根据用途的不同,千分尺的种类很多,有外径千分尺、内径千分尺、深度千分尺、螺纹千分尺等。它们虽然种类和用途不同,但都是利用螺杆旋转时会沿轴线产生移动的基本原理。

如图3.23所示,千分尺的螺杆与活动套筒连在一起,当转动活动套筒时,螺杆向左或向右移动,螺杆与砧座之间的距离即为零件的外圆直径或长度尺寸。

1)刻线原理

千分尺的读数装置由固定套筒与活动套筒组成,如图3.23所示。固定套筒的轴线方向有一条中线,中线的上、下方各有一排刻线,刻线之间每格的距离均为1 mm,但上、下刻线相互

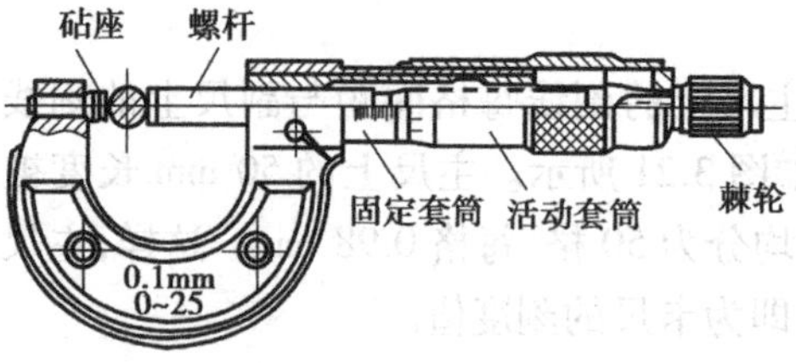

图 3.23　外径千分尺

错开 0.5 mm。实际上,通过读固定套筒上的刻线数可得出整数和 0.5 mm 的小数。活动套筒左端圆周上有 50 等分的刻度线,因与活动套筒相连的测量螺杆的螺距为 0.5 mm,当活动套筒每转一周时,轴向移动 0.5 mm,所以活动套筒上每格的读数值为 0.5/50 = 0.01 mm。实际上,圆周刻线用来读出 0.5 mm 以下至 0.01 mm 的小数值。

当千分尺的测量螺杆与砧座接触时,活动套筒边缘与固定套筒轴向刻度的零线应重合;同时,活动套筒圆周上的零线应与固定套筒上的中线对准。

2)读数方法

千分尺读数方法见图 3.24,可分为 3 步:

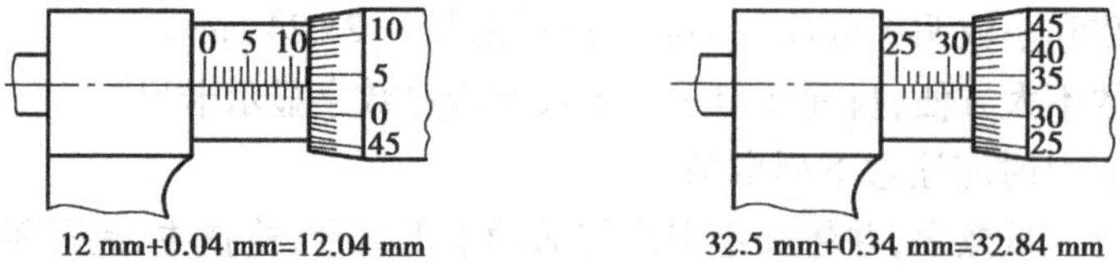

(a)0~25 mm千分尺　　(b)25~50 mm千分尺

图 3.24　千分尺的刻线原理

①读出固定套筒上露出刻线的毫米数和 0.5 mm 数。

②活动套筒上有一条刻线与固定套筒的中线重合,读出它的值并乘以刻度值 0.01 mm。

③将上述两部分相加,即为总尺寸。图 3.24(a)的总读数为(12+0.04) mm = 12.04 mm;图 3.24(b)的总读数为(32.5+0.34) mm = 32.84 mm。

3)注意事项

使用千分尺应注意下列事项。

①检查零点。使用前应首先将螺杆及砧座的测量面擦净,然后拧动螺杆使之与砧座合拢,仔细检查零点。若活动套筒的零线与固定套筒的中线未对齐,应记下误差值,以便测量时修正读数。

②合理操作。当测量螺杆接近工件时,严禁拧动活动套筒,只能拧动棘轮盘发出“嘎嘎”声,表示压力合适,即应停止拧动。

③擦净工件。工件测量面应处于清洁状态,否则将产生读数误差。

④精心维护。千分尺使用后应放回盒中,严禁与硬物撞击。

(5)百分表

百分表是一种精度较高的比较式量具,它只能测出相对的数值,不能测出绝对的数值,主要用来检查工件的形状和位置误差(如圆度、平面度、垂直度、跳动等),也常在需要对工件进行精密找正时使用。

百分表的结构如图 3.25 所示。当测量杆向上或向下移动 1 mm 时,通过齿轮传动系统带动大指针转一圈,小指针转一格。刻度盘在圆周上有 100 等份的刻度线,其每格的读数值为 0.01 mm;小指针每格读数值为 1 mm。测量时,大、小指针所示读数之和为尺寸变化量。小指针处的刻度范围即为百分表的测量范围。刻度盘可以转动,供测量时调整大指针对准零位刻线。

百分表使用时常装在专用百分表架上。使用时需要固定百分表位置的,则将百分表装在带有磁铁的磁力表架上;使用时需要移动百分表位置的,则将百分表装在普通表架上,如图 3.26所示。

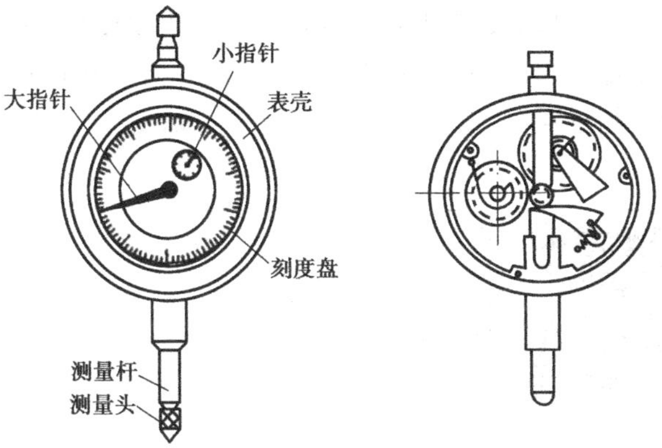

图 3.25　百分表

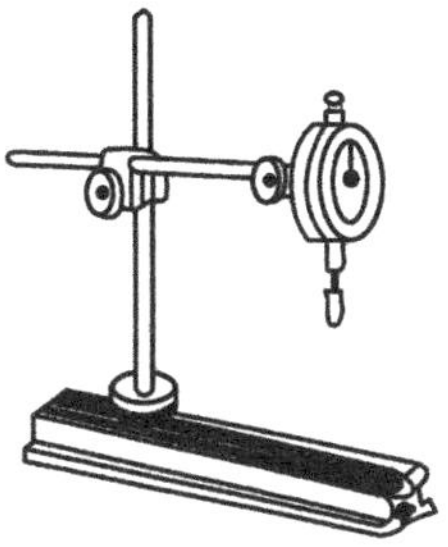

图 3.26　百分表架

(6)塞规和卡规

塞规与卡规是用于成批大量生产的一种专用量具。

1)塞规

塞规两端的圆柱分别是过端和止端。过端用于控制被测孔的最小极限尺寸,过端能插入被测孔内,说明孔的尺寸大于最小极限尺寸。止端用于控制被测孔的最大极限尺寸,止端不能插入被测孔内,说明孔的尺寸小于最大极限尺寸。若被测孔的尺寸介于最大和最小极限尺寸之间,则孔的尺寸合格。也就是说,在检验中塞规的过端能全部通过被测孔,止端不能进入被测孔,则被测孔合格,否则就不合格,如图 3.27(a)所示。

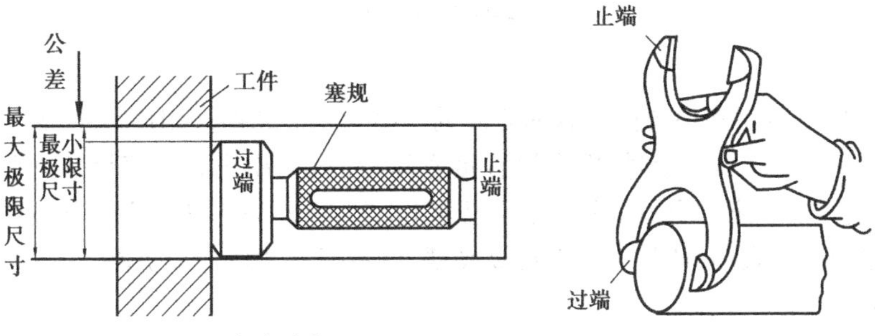

(a)塞规　　(b)卡规

图 3.27　量规

2)卡规

卡规被用来测量轴的直径或某些厚度尺寸(见图 3.27(b)),与塞规相似,也有“过端”和“止端”两端,使用方法也与塞规相同。

(7)块规

块规的精度极高,可作为长度标准来检验和校正其他量具,与百分表配合使用,可用比较法对高精度的工件尺寸进行精密测量或对机床进行精密找正或调整。

块规是按尺寸系列分组成套的,有 42 块一套或 87 块一套等几种。块规为长方形六面体,每块有两个测量平面,两测量面之间的距离为块规的工作尺寸(见图 3.28)。一套块规可组合成各种不同的长度,以便使用。由于测量面非常平整、光洁,若将两块或数块块规的测量面仔细擦净,将两个块规的测量面紧密地推合,即可比较牢固地黏接在一起。为了减小误差,使用时组合的块规数不宜过多,一般不超过 4 块。

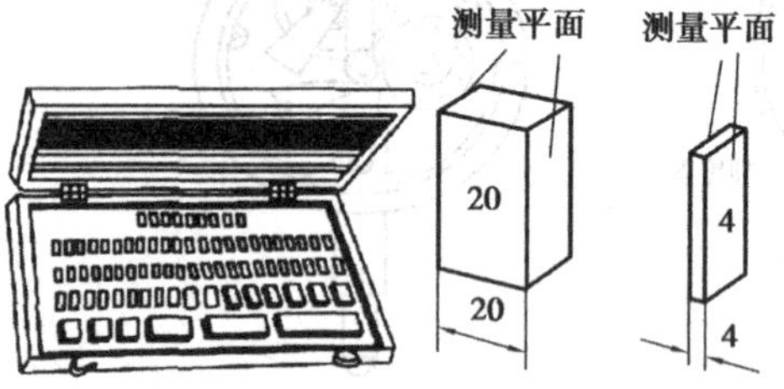

图 3.28 块规

(8)刀口尺

刀口尺用于检阅小型平面的直线度和平面度误差(见图 3.29)。观察刀口尺与被测平面之间的缝隙,可根据从缝隙透过的光线状况对误差进行判断,也可用厚薄规测量缝隙大小。

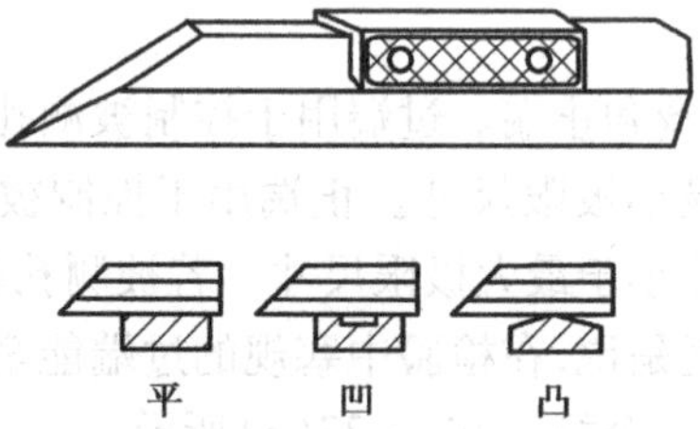

图 3.29 刀口尺

(9)塞尺

塞尺(见图 3.30)用来检查两贴合面之间的缝隙大小。它由一组厚度不等的薄钢片组成,其厚度在 0.03~0.3 mm。测量时,用塞尺直接塞间隙,当一片或数片塞尺塞进两贴合面之间时,则这几片塞尺的厚度(可由每片上的标记读出)之和,即为两贴合面之间的缝隙值。使用塞尺必须先擦净塞尺表面,测量时不能使劲硬塞,以免塞尺片弯曲或折断。

(10)直角尺

直角尺内侧两边及外侧两边分别成准确的 90°,用来检测小型零件上两垂直面的垂直度误差(见图 3.31)。使用时,直角尺宽边与零件基准面贴合,窄边与被测平面贴合。如果被测一边有缝隙,即可根据光线对误差进行判断,也可用厚薄规测量其缝隙大小。

图 3.30　塞尺

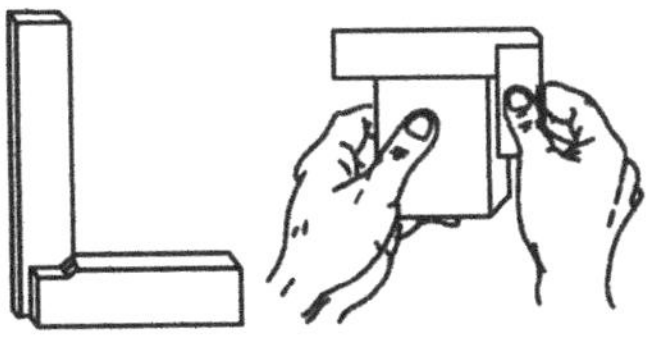

图 3.31　直角尺

(11)量具保养

前面介绍的常用量具,除钢直尺、卡钳、直角尺、刀口尺外,均是较贵重的测量仪器,必须精心保养。量具保养的好坏,直接影响到它的使用寿命和零件的测量精度。因此,必须做到下列几点:

①量具在使用前、后必须用绒布擦干净。

②不能用精密量具去测量毛坯或运动着的工件。

③测量时不能用力过猛、过大,也不能用来测量温度过高的工件。

④不能把量具乱扔、乱放,更不能当成工具使用。

⑤不能用不清洁的油去清洗量具或注入不清洁的油。

⑥量具用完后,擦洗干净,涂上油后放入专用量具盒内。

第 4 章 机械设计制造中材料的选择

4.1 零件的失效与失效类型

4.1.1 失效的概念

失效就是机械零件丧失规定功能的现象。失效的含义有 3 个:一是零件破损,不能正常工作;二是虽然还可以安全工作,但不能满足原有的功能要求;三是还可继续工作,但不安全。上述 3 种情况的任何一种发生,就认为零件已经失效。如桥梁因焊接等质量问题突然垮塌,属于第一种情况;轴承经常使用后由于磨损出现噪声,旋转精度下降,虽然能继续使用,也应视为失效,属于第二种情况;火车刹车失灵,虽不影响火车运行,但前进方向出现异常情况时,因不能实施紧急有效的制动,影响了行车安全,属于第三种情况。

若是低于规定的期限或超出规定期限的范围发生的失效,则称之为早期失效。失效分析就是针对早期失效进行的。进行失效分析的目的就是找出失效原因,并提出相应的改进措施,失效分析也是选材过程的一个环节。

4.1.2 失效的形式与对策

机器零件及工程结构的失效形式主要有以下 4 种。

(1)过量变形失效

1)过量弹性变形失效

金属零件或构件在外力作用下总要发生弹性变形,在大多数情况下要对变形量加以限制,这就是零件设计时要考虑的刚度问题。零件的刚度取决于材料的弹性模量和零件的截面尺寸与形状。陶瓷材料和金属材料的弹性模量远大于高分子材料。但是,如果对零件或构件要求很高的刚度时,则主要靠增加截面尺寸和改变截面形状来增加刚度。

2)塑性变形失效

它主要由零件的实际工作能力超过材料的屈服强度引起的。冷镦冲头工作端部墩粗、紧固螺栓在预紧力和工作应力作用下的塑性伸长等都是塑性变形失效。选用高强度材料,采用强化工艺,加大零件的截面尺寸,降低应力水平等都是解决塑性变形失效的途径。

3)过量蠕变失效

它是指零件或构件在高温、长时间力的作用下产生的缓慢塑性变形失效。通过热处理、合金化(如热强钢、高温合金)及复合增强等途径可提高零件的高温抗蠕变能力。

(2)断裂失效

断裂是零件最危险的失效形式,特别是在没有明显塑性变形的情况下的脆性断裂,可能会造成灾难性的后果,必须予以充分重视。

1)韧性断裂

零件所受应力大于断裂强度,断裂前有明显的塑性变形和失效称之为韧性断裂。其主要发生于韧性较好的材料产品中,此时断裂进行较缓慢,需要消耗较多的变形能量。板料拉伸断裂、拉伸试样出现缩颈的断裂都属于韧性断裂。只要把零件所受应力控制在许用应力范围内,就可以有效地防止这类断裂。

2)低应力断裂

构件所受名义应力低于断裂韧性,在无明显塑性变形的情况下产生的突然断裂称为低应力脆断。低应力脆断最为危险,多发生在焊接结构或某些大截面零件中。此时构件或工作于低温环境,或受冲击载荷,或存在冶金、焊接缺陷,或有突出的应力集中源等。主要从提高材料的断裂韧性、保证零件加工质量、减少应力集中源等方面来预防这类断裂。

3)疲劳断裂

疲劳断裂是在零件承受交变载荷,且在负荷循环了一定的周次之后出现的断裂。一般而言,疲劳断裂前没有塑性变形的征兆,此时出现的疲劳断裂有很大的危险性。在齿轮、弹簧、轴、模具等零件中常见到这种失效。疲劳断裂多起源于零件表面的缺口或应力集中部位,在交变应力作用下,经过裂纹萌生、扩展直至剩余截面积不能承受外加载荷的作用而发生突然的快速断裂。为了提高零件抵抗疲劳断裂的能力,应选择高强度和较好的韧性的材料,在零件结构上避免或减少应力集中,降低表面粗糙度,采用表面强化工艺等。

(3)表面损伤失效

1)磨损失效

当相互接触的两个零件相对运动时,由于摩擦力的作用,零件表面材料逐渐脱落,使表面状态和尺寸改变而引起的失效称为磨损失效。提高材料硬度,降低表面粗糙度可以减少磨损。

2)接触疲劳失效

两个零件作相对滚动或周期性的接触,由于压应力或接触应力的反复作用所引起的表面疲劳破坏现象称为接触疲劳失效。其特征是在零件表面形成深浅不同的麻点剥落。齿轮、滚动轴承、冷镦模、凿岩机活塞等常出现这种失效。提高材料的冶金质量,降低接触表面粗糙度,提高接触精度,以及硬度适中,都是提高接触疲劳抗力的有效途径。

3)腐蚀失效

金属零件或构件的表面在介质中发生化学或电化学作用而逐渐损坏的现象称为腐蚀失效。选择抗腐蚀性强的材料(如不锈钢、有色金属、工程塑料),对金属零件进行防护处理,采取电化学保护措施,改善环境介质,是目前常用的对付腐蚀的方法。

4.1.3 失效的原因

零件失效的原因很多,主要涉及零件的结构设计、材料的选择、使用、加工制造、装配、安装和使用保养等。

(1)设计不合理

1)应力计算错误

其表现为对零件的工作条件或过载情况估计不足,造成应力计算错误,多见于形状复杂的零件、组合变形的零件、负荷对工作条件依赖性较强的零件。

2)结构工艺性不合理

结构工艺性不合理,常表现为把零件受力大的部位设计成尖角或厚薄悬殊等,这样导致应力集中、应变集中和复杂应力等,从而容易产生不同形式的失效。

(2)选材与热处理

1)选材错误

材料牌号选择不当、错料、混料均会造成零件的热处理缺陷或力学性能得不到保证和使用寿命下降。

2)热处理工艺不当

材料选择合理,但是热处理工艺或热处理操作上出了问题,即使零件装配前没有报废,也容易早期失效。

3)冶金缺陷

夹杂物、偏析、断裂纹、不良组织等超标,均会产生废品和零件失效。

(3)加工缺陷

冷加工和热加工工艺不合理引起加工的缺陷、曲线部位可能成为失效的起源。

切削加工缺陷主要指敏感部位的粗糙度太高,存在较深的刀痕;由于热处理或磨削工艺不当造成磨削回火软化或磨削裂纹;应力集中部位的圆角太小,或圆角过渡不好;零件受力大的关键部位精度偏低,运转不良,甚至引发振动等,这些均可造成零件失效。

(4)装配与使用

装配时零件配合表面调整不好、过松或过紧、对中不好、违规操作,某些零件在使用过程中未实行或未坚持定期检查、润滑不良以及过载使用等,均可能成为零件失效的原因。

对具体零件进行失效分析，一定要认真找出失效的具体原因，以指导零件设计、选材和制造工艺。

4.1.4　失效分析方法与步骤

(1) 失效分析方法

试验分析是失效分析的重要方法，通过试验研究，取得数据，常用的试验项目有断口分析、显微分析、成分分析、应力分析、机械性能测试和断裂力学分析等。

(2) 失效分析基本步骤

零件失效分析是一项复杂、细致的工作，涉及多门学科知识。其基本步骤如下：

1) 现场调查研究和收集资料

调查研究的目的是进一步了解与失效产品有关的背景资料和现场情况。如收集现场相关的信息、失效件残骸，查阅有关失效件的设计图纸、设计资料以及操作、试验记录等有关的技术档案资料。

2) 整理分析

对所收集的资料、信息进行整理，并从零件的工作环境、受力状态、材料及制造工艺等多方面进行分析，为后续试验指明方向。

3) 断口分析

对失效件进行宏观与微观断口分析，确定失效的发源地与失效形式，初步确定可能的失效原因。

4) 组织结构的分析

通过对失效件的金相组织结构及缺陷的检验分析，可判定构件所用材料、加工工艺是否符合要求。

5) 性能的测试及分析

测试与失效方式有关的各种性能指标，并与设计要求进行比较，核查是否达到额定指标或符合设计参数的要求。

6) 综合分析

综合各方面的证据资料及分析测试结果，判断并确定失效的主要原因，提出防止与改进措施，写出报告。

4.2　零件设计中的材料选择

4.2.1　零件材料选择原则

现代制造业选用的材料应尽可能同时满足对功能、寿命、工艺、成本及环保等方面的要求，为此必须遵循使用性能原则、工艺性原则和经济性原则。

(1) 使用性能原则

使用性能是零件在使用中应该具有的性能，这是保证零件完成规定功能的必要条件。从选材角度,可认为使用性能体现为材料的力学性能、物理性能和化学性能。物理性能和化学性能是零件工作于特殊条件下对零件提出的特殊功能要求,如工作于大气、土壤、海水等介质中的零件要具备耐蚀性,传输电流的导线或零件要有良好的导电性。零件总要承受一定的负荷,尤其是机械零件,对力学性能的要求是主要的或者是唯一的。

在选材之前必须明确零件的外力和工作条件,即力学负荷、热负荷及环境介质作用的具体情况。

进行轻度计算和强度设计以前,要明了应力和应力状态,不仅要解决计算和设计问题,还要确定危险截面。外力与应力的大小通过力学计算或实验应力分析确定。

知道零件的工作条件以后,还要对零件在工作条件下可能的失效形式作出判断、估计和预测。通常相同或相近的已知零件失效的结论可以作为所设计零件可能失效形式的借鉴。

最后通过查阅有关手册,将对零件的力学性能要求转化为材料的力学性能指标,凡是满足要求的材料都列入预选材料。一般预选的材料不是唯一的,可能存在几种、十几种,综合分析预选材料的使用性能、工艺性能和经济性,确定出选用的材料。实际上,如对零件所受的外力和应力大小并不十分清楚,使选择的定量化受到限制,这时可参考相同的或相近的、经过实践证明是可行的零件和材料进行类比选材,多数模具零件、标准件、机床零件都是这样选材的。

成批、大量生产的零件或非常重要的零件,还要进行台架试验、模拟试验或试生产,以验证所选零件的功能和可靠性。

按力学性能选材的基本步骤如图 4.1 所示。

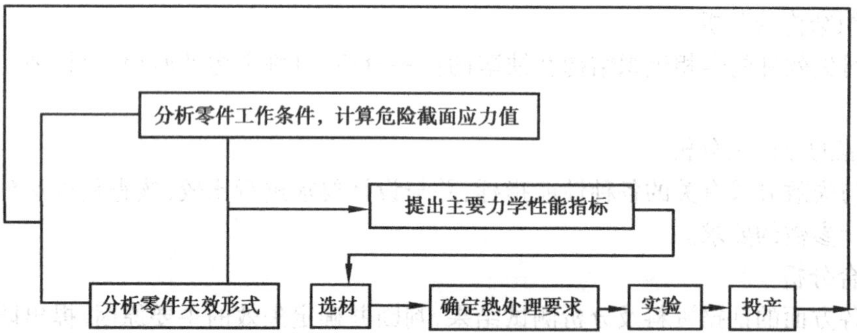

图 4.1 按力学性能选材的基本步骤

实验以后或投产以后如发现所选材料不能满足要求,这时候应重复上述过程,直到选出合适的材料。

(2)工艺性原则

工艺性是指材料经济地适合各种加工工艺而获得规定使用性能或形状的能力。材料本身工艺性能的好坏,将直接影响零件或产品的质量、生产率及成本。凡是生产一个合格的零件或产品,都要经过一系列的加工过程,如铸造、锻压、焊接、热处理、切削加工及其他成型工艺。每种工艺都对材料性能及零件形状有不同要求,每种材料都有最适应的几种工艺方法,这使材料的工艺性具有相对多样化及复杂性。如铸铁适合做复杂箱体件,切削工艺好,铸造工艺好,但焊接工艺及锻造工艺差;低碳钢、热塑性塑料几乎可用各种工艺方法成型,工艺费用低(特别是塑料),所以应用广泛。

大多数情况下,工艺原则只是一个辅助性原则,但是如果大批量生产使用性能要求不高或很容易满足其性能的产品,且工艺方法高度自动化等,此时工艺性能将成为选材的决定性因素,如上述复杂箱体选铸铁用铸造成型,以及用易切削钢生产普通标准紧固件(螺栓等)。

(3)经济性原则

零件或产品的经济性涉及原材料成本、加工成本及市场销售利润等方面。选材时应进行综合评价与比较,从中选择最合适的(不一定是最好的、单价最贵的或单价最低的)材料,以使总成本最低或市场效益最大,这就是经济性原则。而零件的总成本不只是材料价格本身,零件的功能要求、精度、可靠性、提供的毛坯形式、切削加工工艺、热处理工艺、零件质量、维修费用等诸多方面都会影响零件总成本。

从现在的观点看,选材(包括所选材料的加工以及达到寿命后的废弃情况)还应考虑材料的资源、节能、环保和可持续发展等情况。

4.2.2　零件选材时应注意的问题

零件选材三原则的实质是在技术和经济合理的前提下,保证材料的使用性能与零件(产品)的设计功能相适应。掌握上述原则后,选材时还应注意以下几方面。

①在多数情况下优先考虑使用性能,工艺性和经济性原则次之。

②有些力学性能指标(如 σ_b,$\sigma_{0.2}$,K_{IC})可直接用于设计计算;δ,ψ,α_k 等不能直接用于计算,而是用于提高零件的抗过载能力,以保证零件工作时的安全性。

③设计时确定的主要力学性能指标是零件应该具备的性能,在查阅手册转化为相应材料的性能指标时,要注意手册上给出的组织状态。如果零件的最终状态与手册上给出的相同,可直接引用,否则,还要查阅其他手册、文献资料或进行针对性的材料力学性能试验。

④手册或标准给出的力学性能数据是在实验室条件下对小尺寸试样的试验结果,引用这些数据时要注意尺寸效应。尺寸效应是指随着材料截面尺寸增加,力学性能下降的现象。这是因为截面尺寸越大,材料缺陷越多,应力集中越明显,热处理组织越不均匀。

⑤由于材料的成分是一个范围,试样毛坯的供应状态可以有多种,因此即使是同一牌号的材料,性能也不完全相同。国家或国际标准的数据可靠,而技术资料、论文中指出的数据一般是平均值,使用时要加以注意。

⑥同一材料的不同工艺状态或加工状态(如铸造、锻造、冷变形等)对数据影响很大。

⑦选材时要同时考虑所选材料的成型加工方法。如选用灰铸铁、球铁等铸铁,只能铸造成型;选用角钢、钢板等型材组合只能焊接;选轧制圆钢,则用锻造成型或直接切削成型。不同的成型方法会对零件设计、零件加工路线、零件热处理方法、零件使用性能及零件成本等带来重要影响。

4.3　典型零件结构的选材与工艺

工程材料按照其化学组成可分为金属材料、高分子材料、陶瓷材料及复合材料 4 大类,它们各有自己的特性,因而各有其适合的用途。

高分子材料的强度、刚度(弹性模量)低,尺寸稳定性较差,易老化。因此,目前还不能用来制造承受载荷较大的结构零件。在机械工程中,常用来制造轻载传动齿轮、轴承、紧固件、密封件及轮胎等。

陶瓷材料硬而脆,在室温下几乎没有塑性,外力作用下不产生塑性变形而呈脆性断裂。因此,一般不用于制造重要的受力零件。但其具有高的硬度和热硬性,化学稳定性很好,可用于制造在高温下工作的零件、切削刀具和某些耐磨零件。

复合材料克服了高分子材料和陶瓷材料的不足,综合了多种不同材料的优良性能,如比强度、比模量高,抗疲劳、减摩、耐磨、减震性能好,且化学稳定性优异,因此是一种很有发展前途的工程材料。但由于其价格昂贵,除在航空、航天、船舶等工业中应用外,在一般工业中应用较少。

金属材料具有优良的综合力学性能和某些物理、化学性能,被广泛用于制造各种重要的机械零件和工程结构,是目前机械工程中最主要的结构材料。机械零件主要使用钢铁材料制造。本章仅讨论钢铁材料制造的几种典型零件的选材及工艺路线分析。

4.3.1 轴类零件的选材及工艺分析

轴是用于支承转动零件并与之一起回转以传递运动、扭矩或弯矩的机械零件。机器中作回转运动的零件就装在轴上。如机床主轴、花键轴、变速轴、丝杠以及内燃机的曲轴等,它是机器中重要的零件之一。

(1)轴的工作条件和失效形式

1)工作条件

轴类零件工作时主要承受弯曲应力、扭转应力或拉压应力,有相对运动的表面其摩擦和磨损较大,大多数轴类零件还承受一定的冲击力,若刚度不够会产生弯曲变形和扭曲变形。由此可见,轴类零件受力情况较为复杂。

2)失效形式

轴类零件的失效形式有:断裂,大多是疲劳断裂;轴颈或花键处过度磨损;发生过量弯曲或扭转变形;此外,有时还可能发生振动或腐蚀失效。

(2)轴类零件材料的性能要求

①具有优良的综合力学性能,即有足够的强度、刚度、塑性和一定的韧性。

②有相对运动的摩擦表面(如轴颈、花键等处),具有较高的硬度和耐磨性。

③有较高的疲劳强度,对应力集中敏感性小。

④有足够的淬透性,淬火变形小。

⑤有良好的切削加工性,价格低廉。

⑥对于特殊环境下工作的轴,还应具有特殊性能,如高温下工作的轴,抗蠕变性能要好;在腐蚀性介质中工作的轴,要求耐蚀性好;等等。

(3)轴类零件材料

轴类零件很多,其选材的原则和主要依据是载荷大小、转速高低、精度和粗糙度的要求、有无冲击载荷和轴承类型等,轴类零件是机床、汽车、拖拉机以及各类机器重要零件之一。其功能主要是支撑旋转零件、传递动力或运动。

根据承载特点,轴分为转轴、心轴和传动轴;根据结构特点,轴分为阶梯轴和等径轴;此外还有直轴、曲轴、空心轴、实心轴等。转轴在工作时受弯曲和扭转应力的复合作用,心轴只承受弯曲应力,传动轴主要承受扭转应力。除固定的心轴外,所有作回转运动的轴所承受的应力都是交变应力,轴颈承受较大的摩擦。此外,轴大多都承受一定的过载或冲击。

(4)零件的材料选择

轴类零件一般按强度、刚度计算和结构要求进行零件设计与选材。通过强度、刚度计算保证轴的承载能力,防止过量变形和断裂失效;结构要求则是保证轴上零件的可靠固定与拆装,并使轴具有合理的结构工艺性及运转的稳定性。

制造轴类零件的材料主要是碳素结构钢和合金结构钢、特殊场合也用不锈钢、有色金属甚至塑料。下面介绍不同工况下钢(铁)轴的材料选用。

①轻载、低速、不重要的轴(如心轴、联轴节、拉杆、螺栓等),可选用 Q235,Q255,Q275 等普通碳素结构钢,这类钢通常不进行热处理。

②受中等载荷且精度要求一百年的轴类零件(如曲轴、连杆、机床主轴等)常选用优质中碳结构钢,如 35,40,45,50 钢等,其中以 45 钢应用最多。为改善其性能,一般要进行正火或调质处理。要求轴颈等处耐磨时,还可进行局部表面淬火及低温回火。

③受较大载荷或要求精度高的轴,以及处于强烈摩擦或在高、低温等恶劣条件工作的轴(如汽车、拖拉机、柴油机的轴,压力机曲轴等)应选用合金钢,常用的有 20Cr,20CrMnTi,12CrNi3,40MnB,40Cr,30CrMnSi,35CrMo,40CrNi 等。根据合金钢的种类及轴的性能要求,应采用调质、表面淬火、渗碳、渗氮、淬回火等处理,以充分发挥合金钢的性能潜力。

特别地,20SiMnMoV,20MnV,15MnVB,20Mn2,27SiMn 等低碳马氏体状态下的强度及韧性均大于 40Cr 的调质态,在无须表面淬火场合正得到越来越多的应用;非调质钢 35MnVN,35MnVS,40MnV,48MnV 等以及贝氏体钢如 12Mn2VB 等已用于汽车连杆、半轴等重要零件,这些钢无需调质,在供货状态下就能达到或接近调质钢的性能。

近年来,球墨铸铁和高强度铸铁(如 HT350,KTZ550-06)已经越来越多地作为制造轴的材料,如内燃机曲轴、普通机床的主轴等。具有成本低、切削工艺好、缺口敏感低、减震及耐磨等特点,所用热处理方法主要是退火、正火、调质及表面淬火等。

此外,在特殊场合轴的选材上,要求高比强度的场合(如航空航天)则多选超高强度钢、钛合金、高性能铝合金甚至高性能复合材料;高温场合则选耐热钢及高温合金;腐蚀场合则选不锈钢或耐蚀树脂基复合材料等。

(5)轴类零件加工工艺路线

制造轴类零件常采用锻造、切削加工、热处理(预先热处理及最终热处理)等工艺,其中切削加工和热处理工艺是制造轴类零件必不可少的。台阶尺寸变化不大的轴,可选用与轴的尺寸相当的圆棒直接切削加工而成,然后进行热处理,不必经过锻造加工。

下面以内燃机曲轴类零件为例具体分析:

曲轴是内燃机的重要零件之一,在工作时承受内燃机周期性变化的气体压力、曲柄连杆机构的惯性力、扭转和弯曲应力以及冲击力等作用。在高速内燃机中,曲轴还受到扭转振动的影响,产生很大的应力。

曲轴分为锻钢曲轴和球墨铸铁曲轴两类。长期以来,人们认为曲轴在动载荷下工作,材料有较高的冲击韧性更为安全。实践证明,这种想法不够全面。目前轻、中载荷,低、中速内燃机已成功地使用球墨铸铁曲轴。如果能保证铸铁质量,对一般内燃机曲轴完全可以用球墨铸铁制造,同时可简化生产工艺,降低成本。

1)球墨铸铁曲轴

以 110 型柴油机球墨铸铁曲轴为例,说明加工工艺路线。

材料:QT600-3 球墨铸铁。

热处理技术条件:整体正火,$\sigma_b \geqslant 650$ MPa;$\alpha_k \geqslant 15$ J/cm^2,硬度 240~300 HBS;轴颈表面淬火+低温回火,硬度不低于 55 HRC;珠光体数量:试棒≥75%,曲轴≥70%。

加工工艺路线:铸造成型→正火+高温回火→切削加工→轴颈表面淬火+回火→磨削。

这种曲轴质量的关键在于铸造,例如铸造后的球化情况,有无铸造缺陷,成分及显微组织是否合格等十分重要。在保证铸造质量的前提下,球墨铸铁曲轴的静强度、过载特性、耐磨性和缺口敏感性都比 45 钢锻钢曲轴好。

正火的目的是为了消除正火风冷所造成的内应力。轴颈表面淬火是为了进一步提高该部位的硬度和耐磨性。

2)锻造合金钢曲轴

以机车内燃机曲轴为例,说明选材及加工工艺路线。

材料:50CrMoA。

热处理技术条件:整体调质,$\sigma_b \geqslant 950$ MPa;$\sigma_b \geqslant 750$ MPa;$\alpha_k \geqslant 56$ J/cm^2,$\delta \geqslant 12\%$;$\psi \geqslant 45\%$,硬度 30~35 HRC;轴颈表面淬火+回火,60~65 HRC;硬化层深度 3~8 mm。

加工工艺路线:锻造→退火→粗加工→调质→半精加工→表面淬火+回火→磨削。

锻造的目的一是成型,二是改善组织,提高韧性;退火的目的是改善锻造后的组织,并降低硬度以利于切削;调质则是为得到强韧的心部组织;轴颈表面淬火是为提高该部位的硬度和耐磨性。

4.3.2 齿轮类零件的选材

齿轮是应用最广的机械零件,主要用来传递扭矩和动力,改变运动方向和运动速度,所有这些都是通过轮齿齿面的接触来完成的。

(1)齿轮的工作条件、失效形式及对材料性能要求

1)齿轮的工作条件

①由于传递扭矩,齿根承受很大的交变弯曲应力。

②换挡、启动或啮合不均时,齿部承受一定冲击载荷。

③齿面相互滚动或滑动接触,承受很大的接触压应力及摩擦力的作用。

2)齿轮的主要失效形式

根据工作条件的不同,齿轮的失效形式主要有:轮齿折断、齿面磨损、齿面点蚀、齿面咬合和齿面塑性变形等。

3)材料的性能要求

①足够高的抗弯曲疲劳强度,以防轮齿疲劳断裂。

②足够高的齿心强度和韧性,防止轮齿过载和冲击断裂。

③足够高的齿面接触强度、硬度和耐磨性,以防止齿面损伤。

④较好的工艺性能,如切削加工性、热处理变形小或变形有低淬透性等。

(2)齿轮材料

常用齿轮材料主要有以下几种。

1)中碳钢或中碳合金钢

常用45钢和40Cr钢。45钢用于中小载荷齿轮,如床头箱齿轮、溜板箱齿轮等,经高频淬火和回火后,硬度为52~58 HRC。40Cr钢用于中等载荷齿轮,如铣床工作台变速箱齿轮,经高频淬火和回火后,硬度为52~58 HRC。

2)渗碳钢

常用20Cr,20MnB和20CrMnTi等。20Cr和20MnB用于中等载荷、有冲击的齿轮,如六角车床变速箱齿轮。20CrMnTi用于重载荷和有较大冲击的齿轮,如汽车传动齿轮,经渗碳淬火后,硬度可达56~62 HRC。

通常有重要用途的齿轮大多采用锻钢制作。对于一些直径较大(>400 mm),形状复杂的齿轮毛坯,用锻造方法难以成型时,可采用铸钢制作。

3)铸铁

对于一些轻载、低速、不受冲击、精度和结构紧凑要求不高的不重要齿轮,常采用灰铸铁HT200,HT250,HT300等。灰铸铁齿轮多用于开式传动。近年来在闭式传动中,已采用球墨铸铁QT600-3,QT500-7来代替铸钢齿轮。

4)有色金属

在仪器、仪表以及某些接触腐蚀介质中工作的轻载齿轮,常采用耐腐蚀、耐磨的有色金属,如黄铜、铝青铜、锡青铜和硅青铜等制造。

5)非金属材料

对于受力不大以及在无润滑条件下工作的小型齿轮(如仪器、仪表齿轮),可用尼龙、ABS、聚甲醛等非金属材料制造。

6)粉末冶金

粉末冶金齿轮可实现精密、少或无切削成型,特别是随着粉末热锻技术的应用,使所制齿轮在力学性能及经济效益方面明显提高。一般适合于大批量生产的小齿轮,如铁基粉末冶金材料用于制造发动机、分电器齿轮等。

此外,对某些高速、重载或齿面相对滑动速度较大的齿轮,为防止齿面咬合,并且使相啮合的两齿轮磨损均匀,使用寿命相近,大、小齿轮应选用不同的材料,如用锡青铜制作蜗轮(钢制蜗杆),以减摩和避免咬合黏着现象。

(3)齿轮选材实例

1)机床齿轮

①工作条件:机床变速箱齿轮担负传递动力,改变运动速度和方向的任务。工作条件较

好,转速中等,载荷不大,工作平稳无强烈冲击。

②材料及性能要求:根据机床齿轮工作条件,一般用45钢(或40cr钢)即可满足要求。

③加工工艺路线:用45钢制造机床变速箱齿轮的加工工艺路线如下:

下料→锻造→正火→粗加工→调质→精加工→高频淬火→低温回火→精磨。

④热处理工艺分析

a.正火:使组织均匀并细化,消除锻造应力,便于切削加工。对于一般齿轮,也可作为高频淬火前的最终热处理。

b.调质:获得高的综合机械性能,心部有足够的强度和韧性,使齿轮能承受较大的弯曲应力和冲击力,其组织为$S_{回}$。

c.高频淬火和低温回火:提高齿轮表面硬度和耐磨性,并使齿轮表面有压应力,以提高疲劳强度。为了消除淬火应力,高频淬火后应进行低温回火(或自行回火)。

2)汽车齿轮

①工作条件:汽车齿轮的工作条件比机床齿轮的工作条件恶劣,受力较大,超载与启动、制动和变速时受冲击频繁,对耐磨性、疲劳强度、心部强度和冲击韧性等性能的要求均较高,用中碳钢和中碳合金钢经高频表面淬火已不能保证其使用性能。

②材料及性能要求:根据汽车齿轮工作条件,应用合金渗碳钢20CrMnTi,20CrMnMo和20MnvB较为合适。经正火、渗碳淬火后表面硬度可达58~62 HRC,心部硬度可达30~45 HRC。对于制造大模数、重载荷、高耐磨性和韧性的齿轮,可采用12Cr2Ni4A和18Cr2Ni4wA等高淬透性合金渗碳钢。

③加工工艺路线:用20CrMRTl制造汽车齿轮的加工工艺路线如下:

下料→锻压→正火→粗加工→渗碳、淬火+低温回火→喷丸处理→精磨。

④热处理工艺分析

a.正火:可消除锻造应力,均匀和细化组织,降低硬度,便于切削加工。

b.渗碳、淬火+低温回火:渗碳层深度为1.2~1.6 mm,表面含碳量为0.8%~1.05%,淬火后表面硬度为58~62HRC。低温回火是为了消除淬火应力和降低脆性。

喷丸可增加表面压应力,提高疲劳强度,齿面硬度可提高1~2HRC,同时消除氧化铁皮。

4.3.3 机架和箱体零件选材

(1)机架类零件

各种机械的机身、底座、支架、模梁、工作台以及轴承座、阀体、导轨等均为典型机架类零件。

1)特点

机架类零件形状不规则,结构较复杂并带有内腔,工作条件相差很大。

2)功用及性能要求

机架类零件主要起支承和连接机床各部件的作用,以承受压应力和弯曲应力为主,为保证工作的稳定性,应有较好的刚度及减振性;工作台和导轨等,要求有较好的耐磨性,这类零件一般受力不大,但要求具有良好的刚度和密封性。

3)常用材料

在多数情况下选用灰铸铁或合金铸钢,个别特大型的可采用铸钢和焊接联合结构。

(2)箱体类零件

床头箱、变速箱、进给箱、溜板箱、内燃机的缸体等都是箱体类零件。

1)特点

箱体类零件的质量大、形状复杂,是机器中很重要的基础零件。由于箱体结构复杂,常用铸造的方法制造毛坯,故箱体几乎都用铸造合金。

2)功用及性能要求

箱体类零件作为重要的基础零件,主要起支承和连接机床各部件的作用。

3)常用材料

首选材料为灰口铸铁、孕育铸铁,球墨铸铁也可选用。它们成本较低、铸造性好、切削加工性优、对缺口不敏感、减振性好,非常适合铸造箱体零件,铸铁中石墨有良好的润滑作用,并能储存润滑油,有良好的耐磨性,很适宜制造导轨。

①受力不大,而且主要是承受静载,不受冲击的箱体可选灰铸铁。若该零件在工作时与其他部件发生相对运动,其间有摩擦、磨损发生,则选用珠光体基体灰铸铁(HT200 和 HT250 用得最多)。

②受力较大,选孕育铸铁或球墨铸铁或其他。如 HT400 用来制造液压筒,QT400-17,QT420-10 可制造阀体、阀盖,QT600-2,QT800-2 可制造冷冻机缸体。

③受力大,要求高强度、高韧性,甚至在高温下工作的零件如汽轮机机壳,可选用铸钢。但形状简单的,可选用型钢焊接而成。

④受力不大,并要求自重轻或要求导热性好,则可选铸造铝合金制造。

⑤受力很小,并要求自重轻,还可考虑选用工程塑料。

对铸铁件,一般要对毛坯进行去应力退火,消除铸件内应力、改善切削加工性能;对于机床导轨、缸体内壁等进行表面淬火提高表面耐磨性;对铸钢件,为了消除粗晶组织、偏析及铸造应力,应对铸钢毛坯进行完全退火或正火;对铝合金,应根据成分不同,进行退火或淬火时效等处理。

(3)典型农机零件的选材

许多农机零件在工作中要与土壤或作物摩擦。不同的零件,性能要求和材料略有不同。

1)犁铧

在耕地过程中,犁铧的作用是铲起土块和切割土壤。在工作中不断受到土壤的摩擦而磨损,还会受到土壤中石块的冲击而折断。因此,犁铧的性能要求有好的耐磨性和一定的抗冲击性能。常采用 65Mn,65SiMnRE 等钢和韧性白口铁制造。

钢制铧的加工工艺路线为:

下料→热压型→加工刃口→冲孔校型→淬火、回火

用韧性白口铁制造犁铧的热处理方法:将犁铧加热到 900 ℃,保温后在 300 ℃的盐炉中等温淬火。这种犁铧有很高的硬度和耐磨性,并有一定的韧性,成本低。

2)耙片

耙片的工作条件与犁铧相似。但因直径较大,对韧性的要求比犁铧高。常采用 65Mn 制

造。热处理为淬火后经450 ℃左右的中温回火。旱地耙片硬度为42~49 HRC,水田耙片硬度为38~44 HRC。

3)收割机刀片

收割机刀片主要用于切割作物和牧草。主要失效形式为磨损和崩刃。对刀片的性能要求是强韧性,刃口耐磨。常采用T9或65Mn钢制造。热处理采用高频加热后在240~300 ℃盐炉中等温淬火,获得韧性、耐磨性都好的下贝氏体组织。硬度为52~55 HRC。

总之,零件的材料选择,首先要清楚零件工作环境条件,性能要求,然后根据零件的服役条件进行材料的选择及加工工艺路线的制订。

4.4 零件制造加工过程中的热处理的选择与安排

4.4.1 热处理在工艺路线中的位置

(1)热处理在工艺路线中的位置的安排原则

热处理在零件制造中占有重要位置,按照预先热处理与最终热处理的划分,常见的最终热处理的应用及其他加工工序的相互关系如下:

①经过以淬火+低温回火为代表的最终热处理后零件硬度较高,除磨削外,不宜进行其他切削加工。因此,最终热处理一般安排在半精加工之后、精加工之前。

②最终热处理可以不止进行一次,如氮化零件、精密零件热处理等。

③整体淬火和表面淬火在工艺路线中的位置相同。为保证心部性能,在表面淬火前可先进行正火或调质,调质的效果更好。

④如果零件整个表面都要求渗碳(或碳氮共渗,以下同),对于一般渗碳件,渗碳后(指气体渗碳)进行直接淬火或进行重新加热的一次淬火,即渗碳与淬火、回火在工艺路线上是紧邻的。

⑤当零件需要进行局部渗碳时,若采用预留加工余量法,则渗碳与淬火、回火之间应安排切削加工工序,以除去不需渗碳的渗碳层,此时不能进行渗碳后的直接淬火;若采用镀铜法防渗,在渗碳前应安排镀铜工序。

⑥零件表面软氮化和表面渗硫的减摩处理,因渗层极薄(分别为0.01~0.02 mm和不超过0.01 mm),渗后不能进行任何切削加工。

⑦对某些精度要求高的零件,为防止热处理变形或尺寸不稳定,可考虑在工艺路线上增加一次或两次去应力退火处理,对精密零件甚至要进行冷处理。

⑧调质一般放在粗加工之后,半精加工之前,既利于淬透,又给后续加工留有校正余量。

(2)热处理在工艺路线中的位置

根据机械制造中的零件的使用性能及目的,常见工艺路线中热处理工序的位置会有明显不同,举例如下:

①为使尺寸稳定,对灰铸铁和球铁铸件进行去应力退火,又称铸件时效处理,工艺路线中热处理工序为:铸→粗加工→时效→半精加工→精加工。

②高精度精密机床床身和箱体等灰铸铁零件:铸→粗加工→时效→半精加工→时效→精加工。

③高强度球铁进行正火,保证足够的珠光体数量和强度:铸→正火→粗加工→去应力退火→半精加工→精加工。

④要求较高的综合力学性能、尺寸较大的球铁铸件,如曲轴、齿轮等:铸→粗加工→调质→半精加工→精加工。

⑤消除焊件应力:焊→去应力退火(正火)(→切削加工)。

⑥HBS<300 的加工余量或尺寸不大的调质件:锻→调质→切削加工

⑦表面淬火:锻→调质(或正火)→粗加工→半精加工→表面淬火、回火(→精加工)

其中(→精加工),由零件的精度及粗糙度要求决定有无,上述工艺路线的安排根据零件的具体要求,可停留在加工过程的某个阶段。

4.4.2　钢铁普通热处理方案的选择案例

在零件的设计图纸上要注明热处理的工艺类别及相关技术要求,非常重要的零件还要注明强度、塑性等力学性能指标。选择什么热处理工艺类别和提出什么样的要求,由实际零件的大小、形状、工作条件和材料等决定。

例如,w_C为 0.5%以下的碳钢及 40Cr,20CrMnTi,20Cr 等低碳合金钢,其目的是改善切削性能,一般热处理方式就是正火;对任何类型的钢,如果要提高冷变形能力,一般采用软化退火(含再结晶退火及球化退火);对于各种弹簧钢,如果需要降低或消除内应力,则采用冷卷弹簧去应力退火,如果目的是提高弹性极限,则需要采用淬火、中温回火等热处理工艺。

4.4.3　钢铁表面热处理方案的选择

根据零件表面的技术要求,需要对零件表面进行热处理,常用表面热处理有表面淬火、渗碳、渗氮、碳氮共渗、软氮化等。

高频淬火用于要求高硬度和高耐磨性、较高疲劳强度、形状简单、变形较小及局部硬化的零件,如轴、机床齿轮,材料多为中碳钢或中碳合金钢,大批量生产时成本低。

渗碳用于耐磨性高(高于高频淬火)、重载和很大冲击载荷的复杂零件,如汽车、拖拉机齿轮、轴等,成本较高,材料多为低碳钢或低碳合金钢。

碳氮共渗用于耐磨性要求高(高于渗碳)、中等或较重载荷和承受冲击负荷的零件,生产周期比渗碳短,成本较高,材料同渗碳钢。

软氮化用于要求减摩、疲劳强度高、变形小的中碳钢及中碳合金钢零件和高合金钢制造的模具、刀具等零件,成本较高。

4.4.4　有色金属热处理方案的选择

(1)铝及铝合金

铸造铝合金进行退火是为了消除铸造时产生的偏析及内应力,使组织稳定,提高塑性。这种退火一般是均匀化退火,退火温度取决于铝合金种类。若是时效强化的铸件,无须专门进行退火,因为淬火加热就会使铝合金成分均匀和消除内应力。

变形铝合金再用冷变形方法形成零件时会发生加工硬化,需要在一次或几次变形后进行再结晶退火。对热处理不能强化的变形铝合金(防锈铝),为保持加工硬化后的效果,只进行去应力退火,退火温度低于再结晶退火。硬铝、超硬铝、锻铝这 3 种变形铝合金及除 ZAlSi2,ZAlMg10 以外的铸铝合金,都可进行时效强化。

(2)铜及铜合金

工业纯铜和铜合金的热处理与防锈铝类似,冷变形后或者进行再结晶退火,或者进行去应力退火。此外,普通黄铜冷加工后在潮湿的大气中、在含有氨气的大气或海水中易产生应力腐蚀而开裂,因此,这种黄铜在冷加工后必须进行 200~300 ℃的去应力退火。铍青铜可进行时效强化处理,通常在氩气或氢气的保护环境下经 800 ℃水淬,350 ℃、2 h 人工时效后,具有极高的强硬度和弹性极限。

4.4.5 零件热处理技术要求的标注

大量数据表明强度与硬度等力学性能有一定对应关系,如从硬度值即可推测出材料强度的高低。测试硬度简单方便,不损坏工件,所以硬度是零件热处理后最主要的检验指标,只有少数重要的零件(如枪械上的零件)才检验其他力学性能。因此硬度要求是重要的技术要求之一。

图纸上的“热处理技术要求”要写明材料工艺类别、硬度要求、如渗碳、高频淬火、氨化等。对于整体淬火,可写“淬火,回火 58~62 HRC”或“热处理 58~62 HRC”或简写成“淬火 58~62 HRC”。金属热处理工艺的代号写法可参照 GB/T 12603—1990。一般情况下,图纸上不注明热处理工艺的细节。

图纸上提出的硬度范围为:HRC 在 5 个单位左右,HBS 在 30~40 个单位。标注 HRC 时,在高硬度范围内可以小一些,如 60~63 HRC,62~65 HRC 是在 4 个单位内变化;在其他硬度范围内,可在 5~6 个单位变动,如 40~45 HRC,即在 6 个单位范围内变动。图纸上不允许提出诸如 46 HRC,137 HBS 这样的准备要求,因为工艺及操作上不能保证。

对于表面热处理,要提出硬化层深度(高、中频淬火)和渗层深度(如渗碳等)要求。

“热处理技术要求”标注在标题栏上方、标题栏中或图纸的右上角均可。热处理技术要求要健全、明确。

4.5 热处理结构工艺性与零件变形开裂倾向

常见的热处理缺陷是变形与开裂、过热与过烧、氧化与脱碳等。热处理变形与开裂根本原因是工件受不均匀加热和冷却所形成的热应力及相变应力所致。热处理开裂是不可弥补的缺陷,必须杜绝;而热处理变形则要尽可能减小。一般从材料选择、工艺及结构设计上采取措施来减小或防止。

(1)选材

选择屈服强度高且淬透性好的合金钢,可采用缓和的淬火介质进行冷却,降低零件的内应力，显著减少零件的变形与开裂倾向。

(2) 预留加工余量

大多数情况下，若热处理变形不是很大，用后续的精加工消除变形是许可的。此时并不刻意追求小变形、微变形。那么在热处理前的半精加工就要预留余量，余量必须大于变形量。调质件、轴、套、环、渗碳件的加工余量可查阅有关金属切削手册或热处理手册。

(3) 按变形规律调整切削加工尺寸

对变形要求严格的零件，可在热处理后统计出这个零件相应的变形规律，据此在淬火前的半精加工中调整这个尺寸，利用变形刚好达到设计要求。

(4) 合理安排工艺路线

如果热处理工序在工艺路线中的位置安排不当，零件有可能变形而报废。精密零件为减少变形，可在工艺路线的适当位置安排消除应力处理或时效处理。

(5 降低零件表面粗糙度

降低零件敏感部位的粗糙度值，可减少甚至完全避免零件沿外表面过深刀痕处的开裂。轴承套圈淬火时就有加工粗糙的外圆周走向开裂的例子。

(6) 合理的锻造和热处理

合理的锻造使工具钢的合金质量获得改善，随后热处理时变形小而均匀，对高碳高合金钢尤为重要。合适的预先热处理可减少变形，如模具零件采用调质处理比球化退火好。

(7) 修改技术条件

对某些易变形件，可在使用性能要求许可的条件下，降低对热处理变形或开裂敏感部位的尺寸公差或行为公差的要求，从而大幅度提高零件的合格率。

(8) 采用先进设备

采用坐标磨及特种加工（如电火花加工）方法，零件可以在高硬度状态下进行加工，使很多零件的变形问题得到彻底解决。

第 5 章 机电一体化系统创新设计

5.1 机械的发展与机电一体化系统

18 世纪下半叶第一次工业革命促进了机械工程学科的迅速发展，机构学在原来机械力学的基础上发展成为一门独立学科。那时机器的定义是由原动机、传动机和工作机组成的。相应地把机构看成是由刚性构件组成具有确定运动的运动链。这种传统的机构学一直延续到 20 世纪 60 年代。直至 20 世纪 70 年代，由于计算机在机械产品上广泛采用，计算机已逐步作为信息处理和控制手段，促使机构和机器的概念发生了广泛深入的变化，即机电一体化的产生。

20 世纪 70 年代由日本学者首先提出了"机电一体化系统"新概念，它是由 Mechanics 与 Electronics 组合而成的，即英文译名为" Mechatronics"。经历了 40 多年的发展，其内涵从最初机械与电子的单一结合发展为包括机械、电子、液压、气动、传感、光学、计算机、信息以及控制系统等多学科、多领域相互结合的技术。机电一体化技术的发展初期，人们的目的是利用电子技术的初步成果来完善机械产品的性能，那时研制和开发还处于萌芽状态，而且由于当时电子技术水平不高，机械技术与电子技术的结合还不够广泛和深入。其后计算机技术、控制技术、通信技术、大规模集成电路的发展，为机电一体化的发展奠定了技术和物质基础。20 世纪 90 年代后期，机电一体化得到了更深入的发展，出现了"光机电一体化"和"微机电一体化"等新分支。同时，人工智能技术、神经网络技术及光纤技术的推动，为机电一体化技术开辟了广阔的发展前景。

5.1.1 机电一体化概述

各国对于机电一体化的定义并不一致,日本认为“它是将机械装置与电子设备以及软件等有机结合而组成的系统”;美国认为“它是由计算机信息网络协调与控制用于完成包括机械力、运动和能量流等多动力学任务的机械和(或)机电部件相互联系的系统”。

(1)机电一体化的组成

机电一体化系统的组成划分主要有 3 种不同观点,即三环论、两个子系统论、五块论。这既体现了国内外学者对机电一体化产品系统整体设计的重视,也体现了他们对机电一体化系统中各组成部分的侧重。

1)三环论

丹麦理工大学的 Jacob Burr 等人提出机械、电子、软件 3 个相关圆环,以此表示了机电一体化系统的组成和相互关联。他们认为机电一体化系统是由机械、电子、软件 3 大功能块组成的。其中机械模块包括执行机构、机械传动;电子模块包括驱动器的电力、电子部件和传感器;软件是指控制系统的软件。

2)两个子系统论

挪威科技大学的 Bassam A Hussein 提出将机电一体化系统划分为物理系统与控制系统两大子系统。物理系统包括各种驱动装置、执行机构、传感器等;控制系统包括软、硬件。

3)五块论

德国 Drmstadt 大学的 Rolf Isermann 提出机电一体化系统是由控制功能、动力功能、传感检测功能、操作功能、结构功能等五大功能模块组成的。

总之,一个较完善的机电一体化系统,应包含以下几个基本要素:机械本体、动力与驱动部分、执行机构、检测传感部分、控制及信息处理部分,如图 5.1(a)所示。这些组成部分内部及其相互之间,通过接口耦合、运动传递、物质流动、信息控制、能量转换等的有机结合集成一个完整的机电一体化系统,此系统与人体相似,是由人脑、感官(眼、耳、鼻、舌、皮肤)、手足、内脏及骨骼等五大部分构成,如图 5.1(b)所示。机械本体相当于人的骨骼,动力源相当于人的内脏,执行机构相当于人的手足,传感器相当于人的感官,控制及信息处理相当于人脑。由此可见,机电一体化系统内部的五大功能与人体的功能几乎是一 样的,因而,人体是机电一体化产品发展的最好蓝本。实现各功能的相应构成要素如图 5.1(c)所示。

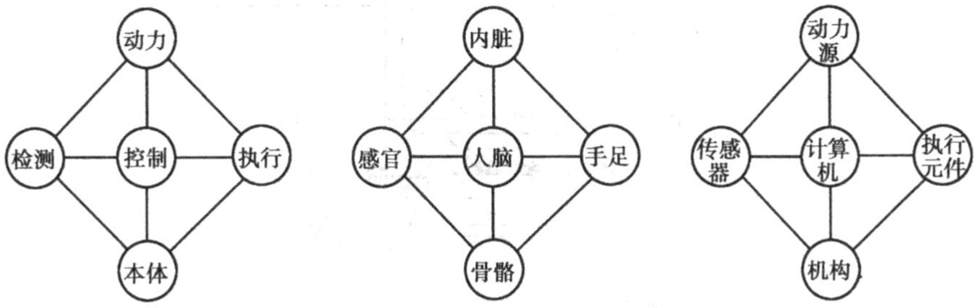

(a)机电一体化系统基本要素　(b)人体五大部分　(c)各功能的相应生构成要素

图 5.1 机电一体化系统与人体对应部分的构成及相应功能关系

(2)机电一体化应用实例

1)"玉兔号"月球探测车

"玉兔号"是我国首辆月球探测车,如图 5.2 所示,它是机电一体化具有代表性的实例,它由移动、导航控制、电源、热控、结构与机构、综合电子、测控数传、有效载荷 8 个分系统组成。

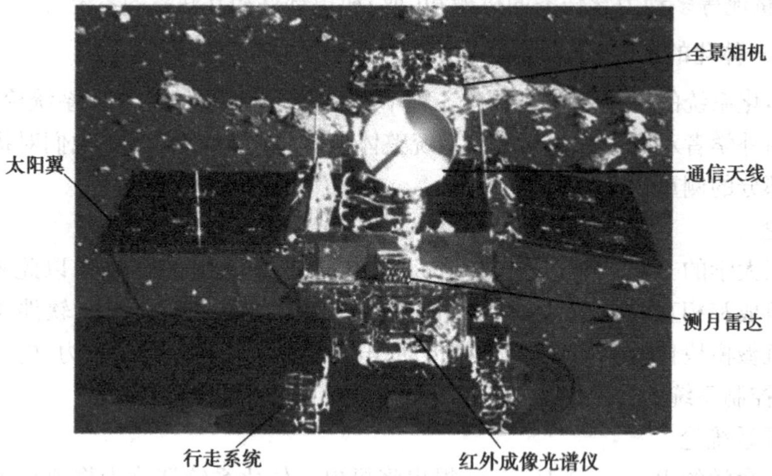

图 5.2　月球探测车

2)模糊控制洗衣机

模糊控制洗衣机(见图 5.3)是在神经网络智能控制下,模仿人的思维进行判断操作的一种新型智能洗衣机。应用模糊控制器代替人脑来进行"分析"和"判断",通过各种传感器自动检测所要洗的衣料布质、质量、水温、污垢程度以及洗衣水的浑浊度等,然后通过模糊控制器对收到的信息进行判断,以决定洗衣粉的用量、水量多少、洗涤时间、洗涤方式和漂洗遍数等,从而获得最佳的洗涤效果。

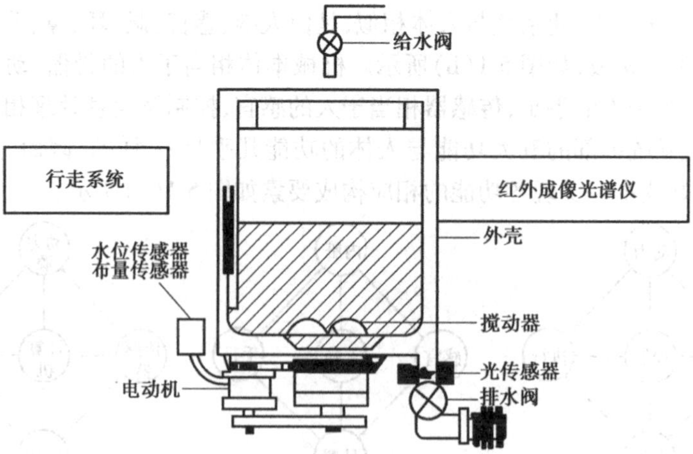

图 5.3　模糊控制洗衣机的结构

通过上面的讨论,机电一体化系统的组成部分从广义的功能原理出发来看,可认为它是由计算机进行信息处理和控制的现代机械系统,它的最终目的是实现机械运动和动作。机电一体化是机械、微电子、计算机等多学科的交叉融合，是将机械结构和电子计算机技术、传感技术集成和信息处理融合在一体的现代机械系统。上海交通大学的邹慧君提出，从完成工艺动作过程这一总功能要求出发，机电一体化系统可划分为广义执行机构子系统、传感检测子系统、信息处理及控制子系统。

5.1.2　信息处理及控制子系统

信息处理及控制子系统是由检测传感器提供信息，根据工艺动作过程及控制策略而实施对广义执行机构的控制。它是由电子计算机和软件具体实施的。

所谓控制，就是按照给定的目标，依靠调节能量输入，改变系统行为或性能的方法学。控制系统是某些在物理上受可调节能量输入控制的一类系统。对控制系统的分类情况如下：

(1)按输入量的特征分类

1)恒值控制系统

它的系统输入量为恒定值。控制任务是保证在任何扰动作用下系统的输出量为恒值，如恒温箱控制，电网电压、频率控制等。

2)程序控制系统

它的输入量的变化规律预先确知，输入装置根据输入的变化规律发出控制指令，使被控对象按照指令程序的要求而运动，如数控加工系统。

3)随动系统(伺服系统)

它的输入量的变化规律不能预先确知，其控制要求是输出量迅速、平稳地跟随输入量变化，并能排除各种干扰因素的影响，准确地复现输入信号的变化规律，如仿形加工系统、火炮自动瞄准系统等。

(2)按系统中传递信号的性质分类

1)连续控制系统

此系统中各部分传递的信号为随时间连续变化的信号。连续控制系统通常采用微分方程描述。

2)离散(数字)控制系统

此系统中某一处或多处的信号为脉冲序列或数字量传递的系统。离散控制系统通常采用差分方程描述。

(3)按系统构成分类

1)开环系统

系统的输出量对系统无控制作用，或者说系统中无反馈回路，称为开环系统。开环系统的优点是简单、稳定、可靠。若组成系统的元件特性和参数值比较稳定，且外界干扰较小，那么开环控制能够保持一定的精度，但精度通常较低、无自动纠偏能力。

2)闭环系统

系统的输出量对系统有控制作用，或者说系统中存在反馈回路，称为闭环系统。闭环系统的优点是精度较高，对外部扰动和系统参数变化不敏感，但存在稳定、振荡、超调等问题，造成系统性能分析和设计麻烦。

3)半闭环系统

此系统的反馈信号通过系统内部的中间信号获得。

5.1.3 控制器选型

电子技术、计算机技术的进步推动了机电一体化技术的进步和发展。电子元器件、大规模集成电路和计算机技术的每一次最新进展,都极大地促进了机电一体化技术的发展。在计算机发展的初期,机电一体化系统或产品只能使用单板机,例如简易数控机床的改造。

随着 PC 功能的增强和价格的下降,逐渐出现了由 PC 作为控制器的微机控制系统。为改进普通 PC 在恶劣环境下的适应性,于是出现了工业 PC,为替代传统的继电逻辑器件,发展了工业可编程序控制器(PLC)。随着半导体器件集成度的提高,集成 CPU、ROM/RAM 和大量外围接口电路的单片机也发展起来了,成为当前在机电一体化产品中应用最广的一种计算机芯片。

面对众多的控制器,首先要了解每种控制器的特点,然后根据被控对象的特点、控制任务要求、设计周期等进行合理的选择。以下简单介绍目前广泛使用的控制器的特点和应用范围。

(1)单片机

目前单片机的发展趋势是高集成度、高运行速度、低功耗、小体积,使用方便灵活,真正做到"单片",因此,单片机广泛用于数显、智能化仪表、简易数控机床以及其他小型机电产品中。单片机没有自开发能力,必须借助 PC 和专用仿真调试。单片机的编程与调试不如 PC 方便,开发周期较长。

(2)普通 PC 组成的控制系统

IBM PC 以及 286,386,486 和 586 微机均属办公室用的个人计算机,其特点是软件功能非常丰富,数据处理能力很强,而且已配备一套完整的外部设备。如果将该类微机的接口予以扩展,增加少量的开关量和模拟量 I/O 接口板,便可组成功能较强、存储容量很大的测控系统,最适用于数据采集系统以及环境条件较好的多点模拟量控制系统。

控制系统的操作基本上利用 PC 的原有设备,如数据的设定可利用键盘输入,控制方式的选择可由菜单方式确定,被控对象的运行参数可利用打印机予以记录。PC 系统的主要缺点是环境适应性差,不宜用在较差的工业现场连续工作,而且抗干扰能力也不好,需增加一定的防范措施。如果把它作为分散控制系统的上位机,并远离恶劣环境对下位机进行监控,则是较好的选择。

(3)工业 PC

工业 PC 的基本系统与普通 PC 的大体相同,但已备有各种控制模板,一般不需要再作硬件开发,使用十分方便。在结构上采用模块化设计,制作工艺和元器件筛选更加严格,并采取一系列抗干扰、抗振动措施,以提高可靠性,使它能适应恶劣的工业环境。

(4)可编程序控制器

20 世纪 60 年代末,美国数字设备公司 DEC 为适应工业生产中生产工艺不断更新的要求,开发了第一台可编程逻辑控制器(PLC)。它的最大特点是采用了存储逻辑技术,将控制器的控制功能以程序方式存放在存储器中。由于采用了微处理器技术,控制器不仅具有逻辑控制、计时、计数、分支程序、子程序等顺序控制功能，还能完成数字运算、数据处理、模拟量调节、操作显示、联网通信等功能。

PLC 的控制功能由软件实现，所用的微处理器大多数为 8 位或 16 位，信号的输入和输出采用周期性的扫描方式，这一点同普通微机控制系统存在重要区别。

PLC 的编程语言大多数采用梯形图，其形式与继电器的控制线路基本相同，所以很容易理解，并不要求使用者具备较多的计算机知识，这也是 PLC 易于推广应用的原因之一。控制器本身已附有输入和输出用的连线端子，并有 I/O 电平状态指示，使用十分方便，而且由于抗干扰能力强、控制体积小，可直接装入强电动力箱内。

5.1.4 检测传感子系统

随着现代科学的发展，传感技术作为一种与现代科学密切相关的新兴学科也得到迅速发展，并且在工业自动化、测量和检测技术、航天技术、军事工程、医疗诊断等学科得到越来越广泛的利用，同时对其他各学科的发展还有促进作用。

传感技术的发展大体可分为 3 代。

①第 1 代是结构型传感器，它利用结构参量变化来感受和转化信号，如电阻应变式传感器，它是利用金属材料发生弹性形变时电阻的变化来转化电信号的。

②第 2 代传感器是 20 世纪 70 年代开始发展起来的固体传感器，这种传感器由半导体、电介质、磁性材料等固体元件构成，是利用材料某些特性制成的，如利用热电效应、光敏效应，分别制成热电偶传感器、光敏传感器等。

③第 3 代传感器是 20 世纪 80 年代刚刚发展起来的智能传感器，所谓智能传感器是指其对外界信息具有一定检测、自诊断、数据处理以及自适应能力，是微型计算机技术与检测技术相结合的产物。

20 世纪 90 年代智能化测量技术有了进一步的提高，在传感器一级水平实现了智能化，使其具有自诊断功能、记忆功能、多参量测量功能以及联网通信功能等。

传感器是实现物理量的检测和信号采集的功能载体。机电一体化系统中有各种不同的物理量（如位移、压力、速度等）需要控制和监测。而计算机系统又只能识别电量，因此能把各种不同的非电量转换成电量的传感器便成为机电一体化系统中不可缺少的组成部分。

(1) 传感器的组成

传感器一般由敏感元件、转换元件和基本转换电路三部分组成，如图 5.4 所示。

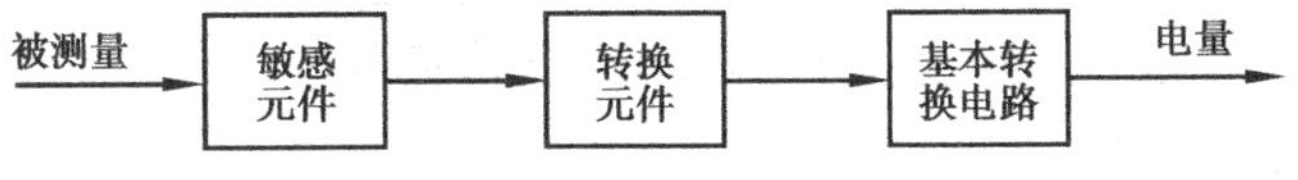

图 5.4 传感器组成框图

1）敏感元件

它直接感受被测量，并以确定关系输出某一物理量，如弹性敏感元件将力转换为位移或应变输出。

2）转换元件

它将敏感元件输出的非电物理量（如位移、应变、光强等）转换成电参数量（如电阻、电感、电容等)。

3)基本转换电路

它将电参数量转换成便于测量的电量,如电压、电流、频率等。

传感器的组成有的简单,有的较复杂。有些传感器只有一种功能元件,如热电偶,感受到被测对象的温差时直接输出电动势;有的传感器有两个功能元件,如电压式加速度传感器是由敏感元件和变换电路组成的;而用作转速传感器的测速发电机,它是把3个功能结合在一起的传感器。

(2)传感器的分类

传感器的品种多,原理各异,检测对象门类繁多,因此分类方法也不统一,通常从不同角度突出某一侧面进行分类,归纳起来有以下几种。

1)按被测量范畴

可分为物理量传感器、化学量传感器和生物量传感器。

2)按能量转换

可分为能量转化型传感器和能量控制型传感器。能量转化型传感器,主要由能量变换元件构成,无须用外加电源,基于物理效应产生信息;能量控制型传感器在信息变换过程中,需外加电源供给。

3)按使用材料

可分为半导体传感器、陶瓷传感器、复合材料传感器、金属材料传感器、高分子材料传感器,超导材料传感器、光纤材料传感器和纳米材料传感器等。

4)按输出信号

可分为模拟传感器和数字传感器。

5)按结构

可分为结构型传感器、物性型传感器和复合型传感器。

6)按功能

可分为单功能传感器、多功能传感器和智能传感器。

7)按转换原理

可分为光电转换传感器、机电转换传感器、热电转换传感器、磁电转换传感器和电化学传感器。

传感器类型虽然很多,但在机电一体化系统中常用的主要是以下几种:位移传感器、位置传感器、压力传感器、速度传感器、红外传感器和声音传感器等。

(3)常用传感器及应用

1)位移传感器

它是直线位移测量传感器和角位移测量传感器的总称,位移测量在机电一体化领域中的应用十分广泛,除位移测量的重要性外,还是速度、加速度、力、压力和扭矩等参数测量的基础。

最常见的位移传感器是光电编码器,光电编码器具有非接触和体积小的优点,且分辨率很高,在旋转一周内可产生数万个脉冲。因此,它是目前应用最广泛的一种编码器。根据输出信号的特征，常分为增量式光电编码器和绝对式光电编码器。

光电编码器主要由旋转孔盘和光电器件组成。它输出的是与孔盘转角（或转角增量）成比例的脉冲信号，通过对脉冲信号计数，即可测得孔盘转过的角度。增量式编码器每转过一个单位，编码器就输出一个脉冲，故称为增量式。增量式编码器是将位移转换成周期性变化的电信号，再把这个电信号转变成计数脉冲，用脉冲的个数表示位移的大小。绝对式编码器由机械位置决定每个位置的唯一性，它无须记忆，无须找参考点，它的显示值只与测量的起始和终止位置有关，而与测量的中间过程无关。

例如测量工作台的位移量。

方案一：高速端角位移测量，旋转编码器（传感器）与电动机连接，通过对电动机转角的测量，间接对工作台进行测量，测量原理如图 5.5 所示。

方案二：采用直线位移传感器直接测量工作台的位移，测量原理如图 5.6 所示。

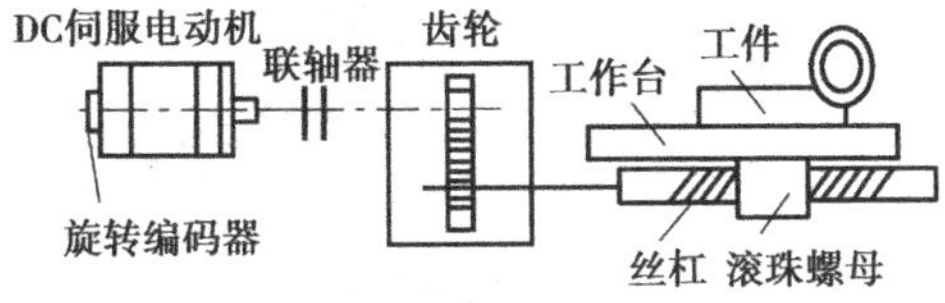

图 5.5　高速端测量

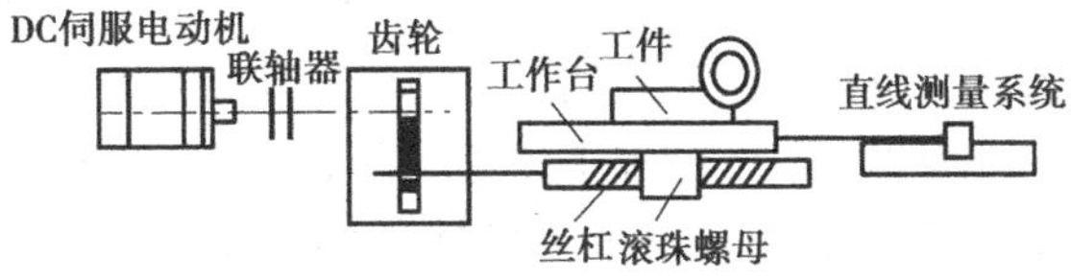

图 5.6　工作台位移直接测量

2）位置传感器

位置传感器和位移传感器不一样，它所测量的不是一段距离的变化量，而是通过检测，确定执行构件是否已到达某一位置。因此，它不需要产生连续变化的模拟量，只需要产生能反映某种状态的开关量就可以了。

位置传感器分接触式和接近式两种。接触式传感器（见图 5.7）就是能获取两个物体是否已接触的信息的一种传感器；接近式传感器是用来判别在某一范围内是否有某一物体的一种传感器。

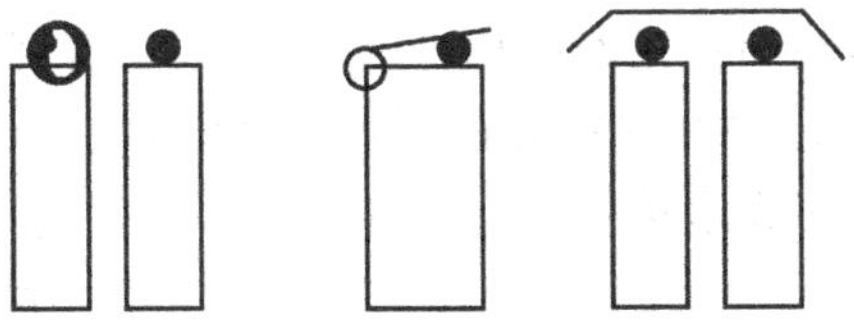

（a）点式　（b）棒式　（c）缓冲式

图 5.7　接触式位置传感器

这种传感器常被用在机床上作为刀具、工件或工作台的到位检测或行程限制，也常被应用在汽车和工业机器人上。汽车曲轴位置传感器是发动机电子控制系统中最主要的传感器，它提供点火时刻（点火提前角）、确认曲轴位置的信号，用于检测活塞上止点、曲轴转角及发动机转速。

3）压力传感器

在机电一体化控制系统中，压力也常常是需要检测的一个物理量。压力传感器分压阻式、应变式和压电式 3 种。

①压阻式压力传感器是一种利用半导体材料的电阻率随其所受压力的变化而变化的特

性而制成的传感器。

②应变式压力传感器是利用压力的作用使电阻或应变片发生形变，从而使它们的电阻发生变化的特性而制成的，通过检测电阻的变化便可检测出压力的变化。

③压电式压力传感器是利用电介质在受压力作用时产生电极化现象，并在表面产生电荷的压电效应来测量压力的一种传感器。

4）力矩传感器

力矩传感器用于检测运动执行件的力矩。广泛应用在机械手上，测量手指上的力和力矩，如图5.8所示的机械手系统中，力矩传感器作为手指力控制的反馈信号。

5）温度传感器

利用热敏电阻可以制成温度传感器。热敏电阻是对热量敏感的电阻体，其电阻值随温度的变化而显著改变。一般在温度上升时，其电阻值减小。温度传感器在机械设备温度测量方面应用非常广泛。

为提高机床的加工精度，可以用两个热敏电阻来比较环境温度与冷却液或轴承的温度，以实现温度控制。

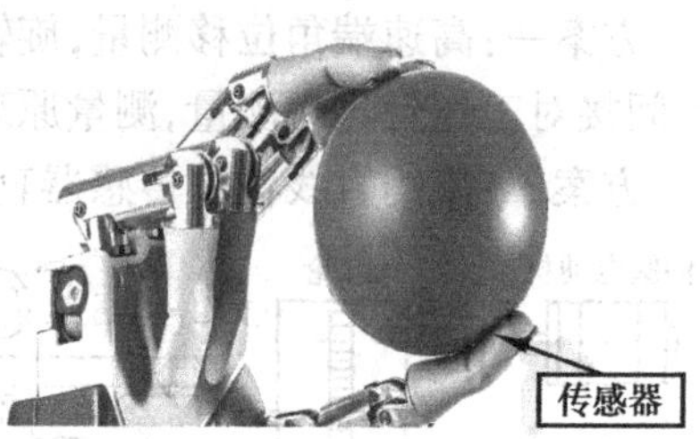

图5.8　机械手系统

6）超声波传感器

超声波传感器用超声波来测量距离，在机器人上用来检测障碍物。其原理与蝙蝠通过感觉自己所发出的超声波来测定距离的道理相同。超声波传感器实质上是一种可逆的换能器，其将电振荡的能量转变为机械振荡，形成超声波，或者由超声波能量转变为电振荡。

超声波传感器分为发射器和接收器，发射器可将电能转化为超声波，接收器可将超声波转化为电能。

7）光电式传感器

这种传感器具有体积小、可靠性高、检测位置精度高、响应速度快等优点。在透光型光电传感器（见图5.9）中，发光器件和受光器件相对放置，中间留有间隙。当被测物体到达这一间隙时，发射光被遮住，从而接收器件（光敏元件）便可检测出物体已经到达。

图5.10所示为洗衣机利用光电传感器检测洗涤液浑浊度的示意图。

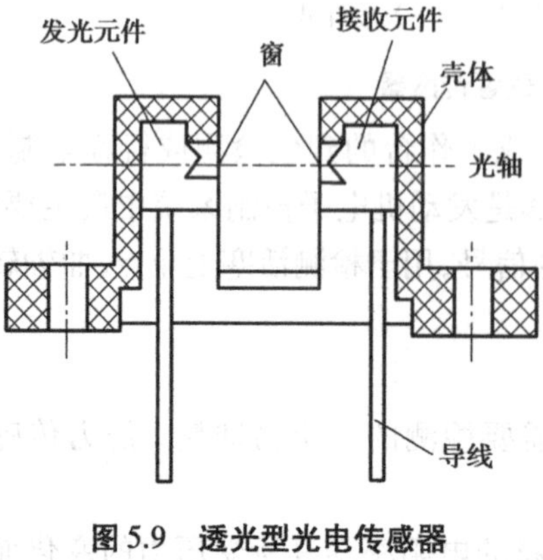

图5.9　透光型光电传感器

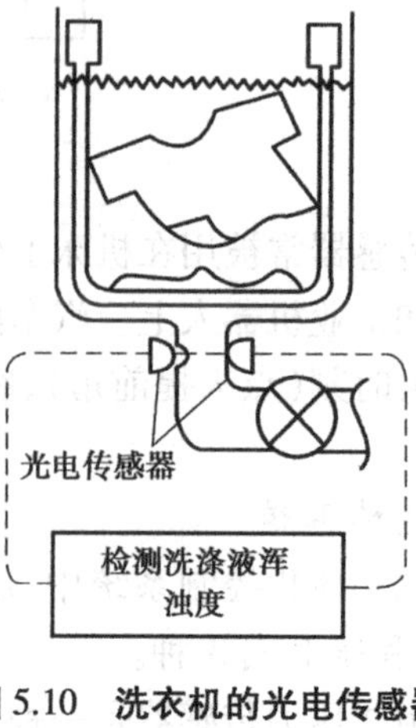

图5.10　洗衣机的光电传感器

5.2　广义执行机构子系统

机电一体化机械系统和传统机械系统有很大不同:传统机械系统一般是由动力元件、传动系统、执行元件 3 个部分加上电磁、液压和机械控制组成,其特点是驱动元件单一,主动原件(电动机)作等速运动,输出运动仅与机构的结构尺寸有关,随着机电一体化的发展,机构有了很大的发展,机器中广义机构的组成不光是刚性的,也可以是挠性的、弹性的或是由液压、气动、电磁件构成,许多机构中包含绳索(韧性构件)、链条(半韧性构件)、弹簧(弹性构件)、电门、马达、限位开关、程序控制等。

机电一体化机械系统和传统机械系统的主要区别如下。

(1)结构简单

采用机电一体化技术后,系统的设计就是面向机电伺服系统设计的,设计中采用了调速范围大、可无级调速的控制(伺服)电机,从而节省了大量用于变速和换向的传动系统,减少了产生误差的环节,提高了传动效率,因此使机械传动设计也得到了很大的简化。电脑缝纫机比传统的机械缝纫机可减少机械零件约 350 个。

(2)增加了机械产品的功能

机械产品中采用微电子控制设备可以实现产品的高性能和多功能。如数控机床、数控加工中心、汽车电子自动变速器、全自动洗衣机等,再如采用数码式的相机,可实现自动曝光、自动聚焦,快速、高质量地拍出一般机械式照相机难以拍出的照片,还可以将拍出的照片随意存取,并对其照片的画面图像进行各种处理。

(3)使工艺过程柔性化

传统的机械设备或加工生产线要改变加工能力和工艺流程是一件非常费时和复杂的事。然而如果采用由微机控制的机电一体化设备组成的生产系统,则只需改变计算机程序就能迅速地改变设备的加工能力和工艺流程,从而能迅速适应市场对产品的多方面要求。

(4)操作、维修更方便

由机电一体化设备组成的机械系统的运动规律、工艺过程、工艺参数均可由程序控制来实现和调整,从而很容易实现各机械设备运动的相互协调配合和现代机械加工的全部自动化,使机械设备的操作更加简便,同时由于可以通过控制程序来改变工作方式和运动过程,因此,设备的调整、维修也十分方便。

5.2.1　机电一体化的驱动元件

机电一体化的驱动元件是实现系统主要功能的重要环节,驱动元件种类繁多,如电机(包括步进电机、伺服电机、变频电机等)、液压、气动马达和动作缸、弹性元件、电磁铁、光能马达、形状记忆合金等。驱动元件的共同特点是都可以输出一定的运动和力,但工作特性差异很大,应用范围也不相同。

一般对驱动元件有以下几方面的要求。

①功率密度大。

②快速性好,即加减速的扭矩大,频率特性好。

③位置控制精度高,调速范围宽,低速平稳。

④振动小,噪声小。

⑤可靠性高,寿命长。

⑥高效率,节约能源。

5.2.2 广义机构

由于计算机技术的广泛应用和各种类型驱动元件的不断开发,机构概念的广义化是把弹性构件、挠性构件引进机构,并把驱动元件与机构系统集成和融合构成与传统机构有别的新机构。广义机构的定义是实现可控运动或不可控运动的驱动器与由刚性、非刚性构件组成的运动链两者集成为一体的系统。

广义机构按驱动元件类型可进行如下分类。

①电动式广义机构,驱动元件采用各种电动机的广义机构。

②液压气动式广义机构,驱动元件采用各种液、气驱动件的广义机构。

③弹性元件式广义机构,驱动元件为弹性元件的广义机构。

④形状记忆合金式广义机构,采用形状记忆合金为驱动元件的广义机构。

⑤电磁式广义机构,采用电磁元件驱动的广义机构。

⑥压电式广义机构,采用压电晶体一类作为驱动元件的广义机构。

⑦其他。

5.2.3 电动式广义机构

电动式广义机构驱动元件采用各种电动机,电动机驱动可分为普通交流电动机驱动,交、直流伺服电动机驱动和步进电动机驱动。

普通交、直流电动机驱动需加减速装置,输出力矩大,但控制性能差,惯性大。伺服电动机和步进电动机的输出力矩相对小,控制性能好,可实现速度和位置的精确控制。

20 世纪 70 年代以前是步进电机伺服系统的全盛时期,由于步进电机具有转矩大、惯性小、响应频率高、瞬间启动与急速停止的优越特性。通常不需要反馈就能对位移或速度进行精确控制;输出的转角或位移精度高,误差不会积累;控制系统结构简单,使其主要用于速度与精度要求不高的经济型数控机床及旧设备改造。

20 世纪 70—80 年,功率晶体管和晶体管脉宽调制驱动装置的出现,加速了直流伺服系统的性能提高和推广普及步伐,直流伺服电动机用直流供电,通过控制直流电压的大小和方向来实现对电动机转速和方向的调节,小惯量直流伺服电动机具有电枢回路时间常数小、调速范围宽、转向特性好的特点,在一部分频繁启动和快速定位的机床上迅速推广。大惯量宽调速直流伺服电动机,出于输出扭矩大,过载能力强,电机惯量与机床传动部件的惯量相当,可直接带动丝杠,易于控制与调整。

直流伺服的工作原理是建立在电磁力定律基础上的。与电磁转矩相关的是互相独立的两个变量主磁通与电枢电流,它们分别控制励磁电流与电枢电流,可方便地进行转矩与转速控制。直流伺服系统控制简单,调速性能优异,在数控机床的进给驱动中曾占据主导地位,直流伺服电动机的缺点是结构复杂、价格昂贵,电刷对防油、防尘要求严格,易磨损,需定期维护。

20 世纪 80 年代以后,随着集成电路、电力电子技术和交流可变速驱动技术的发展,以及微处理器技术、大功率高性能半导体功率器件技术和电机永磁材料制造工艺的发展及其性能价格比的日益提高,永磁交流伺服驱动技术有了突出的发展,交流伺服驱动技术已经成为工业领域实现自动化的基础技术之一。交流伺服电机和交流伺服控制系统有逐渐取代直流伺服系统之势。

(1)步进电动机

1)转动式步进电动机

步进电动机是一种将电脉冲信号转变为相应的直线位移或角位移的变换器。步进电动机,每当电动机绕组接收一个脉冲时,转子就转过一个相应的角度(称为步距)。低频运行时,明显可见电动机转轴是一步一步转动的,因此称为步进电动机。

步进电动机的角位移量与输入脉冲的个数严格成正比。在时间上与输入脉冲同步,因而只要控制输入脉冲的数量、频率和电动机绕组的相序,即可获得所需的转角、转速和转动方向。

常用的转动式步进电动机有 3 种。

①第一种为可变磁阻式(VR)步进电动机,也称为反应式步进电动机。其步进运行是由定子绕组通电激磁产生的反应力矩作用来实现的,因而也称反应式步进电动机。这类电动机结构简单,工作可靠,运行频率高,步距角小(0.75°~9°)。目前有些数控机床及工业机器人的控制都采用这类电动机。

②第二种为永磁型(PM)步进电动机,其转子采用永磁铁,在圆周上进行多极磁化,它的转动靠与定子绕组所产生的电磁力相互吸引或相斥来实现。这类电动机控制功率小、效率高、造价低。转子为永磁铁,因而在无励磁时也具有保持力,但由于转子极对数受磁钢加工限制,因而步距角较大(1.8°~18°),电动机频率响应较低,常使用在记录仪、空调机等速度较低的场合。

③第三种为混合型(HB)步进电动机,也称永磁反应式步进电动机。由于是永久磁铁,转子齿带有固定极性。这类电动机既具有 VR 型步距角小、工作频率高的特点,又有 PM 型控制功率小、无励磁时具有转矩定位的优点。其结构复杂,成本相对也高。

2)直线步进电动机

近年来,随着自动控制技术和微处理机应用的发展,希望有一种直线运动的高速、高精度、高可靠性的数字直线随动系统调节装置,来取代过去那种间接地由旋转运动转换而来的直线驱动方式,直线步进电动机则可满足这种要求。此外,直线步进电动机在不需要闭环控制的条件下,能够提供一定精度、可靠的位置和速度控制。这是直流电动机和感应电动机不能做到的。因此,直线步进电动机具有直接驱动、容易控制、定位精确等优点。

直线步进电动机的工作原理与转动式步进电动机相似,它们都是一种机电转换元件。只是直线步进电动机将输入的电脉冲信号转换成相应的直线位移而不是角度位移,即当在直线步进电动机上外加一个电脉冲时,会产生一步直线运动,其运动形式是直线步进的。

输入的电脉冲可由数字控制器或微处理机来提供。

直线电动机由于结构上的改变,从而具有一系列优点。

①结构简单,在需要直线运动的场合,采用直线电动机即可实现直接传动,而不需要一套将旋转运动转换成直线运动的中间转换机构,总体结构简化,体积小。

②应用范围广,适应性强。

③反应速度快,灵敏度高,随动性好。

④额定值高,直线电动机冷却条件好,特别是长次级接近常温状态,因此线负荷和电流密度都可以取得很高。

⑤有精密定位和自锁的能力。

⑥工作稳定可靠,寿命长。

(2)直流电动机

直流电动机具有良好的调速特性、较大的起动转矩,以及功率大和快速响应等优点。尽管其结构复杂、成本较高,但其在机电控制系统中作为执行元件还是获得了广泛的应用。

直流伺服电动机按激磁方式可分为电磁式和永磁式两种。电磁式的磁场由激磁绕组产生,永磁式的磁场由永磁体产生。电磁式直流伺服电动机被普遍使用,特别是大功率驱动中更为常用(100 W 以上)。永磁式直流伺服电动机由于有尺寸小、质量轻、效率高、出力大、结构简单等优点而越来越被重视,目前永磁式直流伺服电动机产品仅限于较小的功率范围内。

(3)交流伺服电动机

交流伺服电动机是一种受输入信号控制并作快速响应的电动机,其控制精度高,运转平稳,在其额定转速范围内都能输出额定转矩,过载能力强,控制性能可靠,响应迅速。

因此,交流伺服电动机广泛应用于自动控制系统、自动监测系统和计算装置、增量运动控制系统以及家用电器中。常见的交流伺服电动机有两类:一类为永磁式交流同步伺服电动机;另一类为笼型交流异步伺服电动机。

1)永磁式交流同步伺服电动机

该类电动机的定子装有三相绕组,转子为一定极对数的永久磁体,在电动机输出轴上装有检测电动机转速和转子位置的无刷反馈装置。电动机的三相交流电源由 PWM 变频器供给,可在很宽的范围内实现无级变频调速。为使变频电源与电网隔离,可采用隔离式适配变压器。

永磁式同步电动机伺服系统具有以下特点。

①电动机的转速不受负载变化的影响,稳定性极高。

②调速范围极大,可达 10 000 : 1 或更高。

③在整个调速范围内,电动机的转矩和过载能力保持不变。

④可做步进方式运行,而且步距角可自由选择。

2)笼型交流异步伺服电动机

电动机的结构和工作原理与普通笼型异步电动机基本相同,但在它的轴端装有编码器,还可以配选制动器。该类电动机的速度调节由矢量控制和 PWM 变频技术实现,所以它具有调速范围宽、转矩脉动小、低速运行平稳和噪声低等特点。交流伺服驱动系统具有调速范围宽、响应速度快和运行平稳等特点，其调速比可达 10 000∶1，适用于机床的进给驱动和其他伺服装置。

(4) 伺服电动机控制方式

伺服电动机控制方式的基本形式有 3 种，根据目标动作不同，电动机及控制方式也不同。步进电动机的开环方式、其他电动机的半闭环方式和全闭环方式是基本控制方式。

1) 步进电动机拖动的开环系统（见图 5.11）

在此系统中，执行元件是步进电机，它受驱动控制线路的控制，将代表进给脉冲的电平信号直接转换为具有一定方向、大小和速度的机械转角位移，并通过齿轮和丝杠带动工作台移动。只要控制指令脉冲的数量、频率和通电顺序，便可控制执行部件运动的位移量、速度和运动方向。这种系统不需要将所测得的实际位置和速度反馈到输入端，故称为开环系统。由于该系统没有反馈检测环节，因此，系统的位移精度较低。

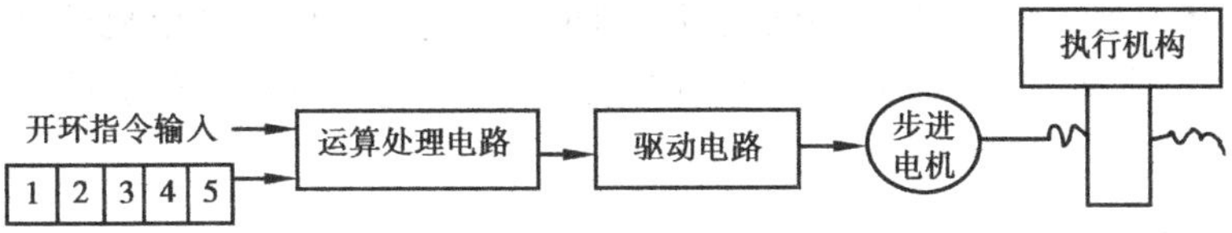

图 5.11　开环系统

2) 闭环系统

闭环系统如图 5.12 所示，该系统与开环系统的区别是：位置检测装置测出机床实际工作台的实际位移，并转换成电信号，与数控装置发出的指令位移信号进行比较，当两者不等时有一差值，伺服放大器将其放大后，用来控制伺服电机带动机床工作台运动，直到差值为零时停止运动。闭环进给系统在结构上比开环伺服系统复杂、成本也高，且调试和维修较难，但系统有更高的精度、更快的速度和更大的驱动功率。

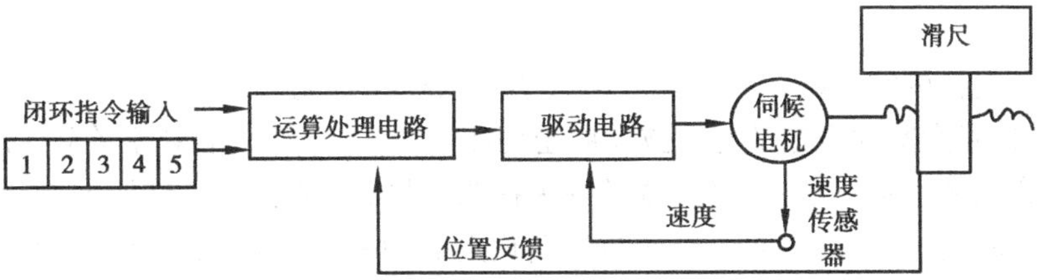

图 5.12　闭环系统

3) 半闭环系统（见图 5.13）

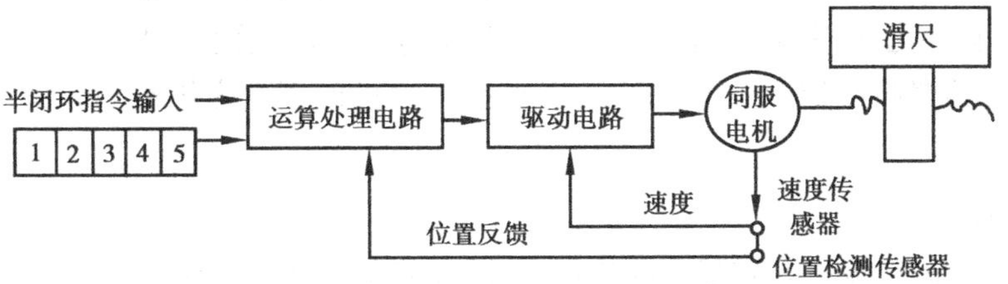

图 5.13　半闭环系统

半闭环系统检测元件装在中间传动件上，间接测量执行部件的位置。它只能补偿系统环路中传动链的部分误差,因此,其精度比闭环系统要差一些。但是它的结构及其调试比闭环系统简单,且造价低。在将角位移检测元件与速度检测元件和伺服电机作为一个整体时,则无须考虑位置检测装置的安装问题。

5.2.4 液、气动广义机构

(1)液动机构

液动机构是以具有压力的液体作为介质来实现能量传递与运动变换的。液动机构与机械传动的机构相比较,具有无级调速、输出功率大,工作平稳,控制方便,实现过载保护和液压元件具有自润滑特性、机构磨损小、寿命长等优点,其广泛应用于矿山、冶金、建筑、交通运输和轻工等行业。

液动广义执行机构主要由往复运动的液压缸、回转液压缸和各种阀组成。目前,世界上开发了各种数字式液压元件、电液伺服电机和电液步进电机。电液式电机的最大优点是比电动机力矩大,可以直接驱动执行机构,力矩惯量比大,过载能力强,适合于重载下的高加减速驱动。

(2)气动机构

气动广义机构与液动广义机构的工作原理基本相同,不同的是气动机构的工作介质是压缩空气,气动机构与液动机构相比,由于工作介质为空气,故易于获取和排放,不污染环境,气动机构还具有压力损失小,易于过载保护,易于标准化、系列化等优点。气压驱动是最简单的一种驱动方式,其中不少气动系统应用于机器人。

5.3 机械创新设计发展新趋势

全国大学生机械创新设计大赛及全国大学生工程综合能力训练大赛的主题发展可以看出,每届机械创新大赛的主题都与科技发展密切相关,并与百姓生活紧密关联,尤其是第八届机械创新大赛以城市停车难和草莓、橘子等采摘为主题,更是展示了科技创新始终是围绕民生问题展开,同时也表明机械创新设计与自动化发展的密切融合,机械设计为本体,数字化、智能化等也是机械创新设计的重要组成部分。总体来说,机械创新设计不仅仅是机械结构、机械功能及原理等的设计与开发,同时也是自动化控制的创新与设计。因此,机械创新设计大赛其本质应为以机械为主体,同时带有数字化、智能化、精密化、极端条件、集成模块化、微型化、系统化、自源化、网络化、智能化、环保化、光机电一体化、柔性化及仿生物系统化的机电产品的特征,这也是机电创新设计发展的方向,机电产品的创新为机械创新设计提供了更加广阔的空间。

(1)数字化

数字化具有精确、安全与容量大的特征,数控机床为其代表产品。

(2)精密化

精密化指产品待加工精度与测量精度达到亚微米、纳米级,如计算机硬盘、芯片等。

(3) **极端条件**

极端条件是指产品受高温、高压、高湿、高应力、低温、大变形、强磁场、强腐蚀、真空环境、尺寸极大或极小，如飞机发动机、南极考察装备、核电站、卫星与纳米卫星等。

(4) **集成模块化**

集成模块是指将各种接口或单元标准化，集合了机械、电子、计算机、传感器与控制软件，如飞机、高速列车、数控加工中心等。

(5) **微型化**

由于微机电一体化系统具有体积小、耗能小、运动灵活等特点，可进入一般机械无法进入的空间并易于进行精细操作，故在生物医学、航空航天、信息技术、工农业乃至国防等领域，都有广阔的应用前景。微型机械加工技术成为微型机械的最关键技术。

(6) **系统化**

系统化是指系统可以灵活组态，进行任意剪裁和组合，同时寻求实现多子系统协调控制和综合管理。它的表现特征之一就是系统体系结构进一步采用开放式和模式化的总线结构。系统可以灵活组态，进行任意的剪裁和组合，同时寻求实现多子系统协调控制和综合管理。表现特征之二是通信功能大大加强，一般除 RS232 等常用通信方式外，实现远程及多系统通信联网需要的局部网络正逐渐被采用。未来的机电一体化更加注重产品与人的关系，如何赋予机电一体化产品以人的智能、情感、人性显得越来越重要以及模仿生物机理等方面的产品。机电一体化产品还可根据一些生物体优良的构造研究某种新型机体，使其向着生物系统化方向发展。

(7) **自源化**

自源化是指机电一体化产品自身带有能源，如太阳能电池、燃料电池和大容量电池。由于在许多场合无法使用电能，因而对于运动的机电一体化产品，自带动力源具有独特的好处。

(8) **网络化**

网络化是指设计、文件交换、语言交流或制造的异地实现、实现了资源的互补与共享。

(9) **智能化**

智能化是让产品具有人工智能，以便在变化的条件下继续执行预定的任务，如服务机器人、智能计算机的等。

(10) **环保化**

环保化是指绿色产品在其设计、制造、使用和销毁的过程中，符合特定的环境保护和人类健康的要求，对生态环境无害或危害极小，资源利用率极高。设计绿色的机电一体化产品，具有远大的发展前景。

(11) **光机电一体化**

一般机电一体化系统是由传感系统、能源(动力)系统、信息处理系统、机械结构等部件组成的。引进光学技术，利用光学技术的先天特点，就能有效地改进机电一体化系统的传感系统、能源系统和信息处理系统。

(12)柔性化

未来机电一体化产品,控制和执行系统有足够的冗余度,有较强的柔性,能较好地应付突发事件,被设计成"自律分配系统"。在这系统中,各子系统是相互独立工作的,子系统为总系统服务,同时具有本身的"自律性",可根据不同环境条件作出不同反应。其特点是子系统可产生本身的信息并附加所给信息,在总的前提下,具有"行动"是可以改变的。这样,既明显地增加了系统的能力,又不因某一子系统的故障而影响整个系统。

(13)仿生物系统化方向

仿生物系统化方向是指今后的机电一体化装置对信息的依赖性很大,并且往往在结构处于静态时不稳定,但在动态时却是稳定的。这有点类似于活的生物:当控制系统停止工作时,生物便死亡,而当控制系统工作时,生物就很有活力。就目前情况看,机电一体化产品虽然有仿生物系统化方向发展的趋势,但还有一段很漫长的道路要走。

5.4 机械创新设计的主要内容

在当今社会,竞争日益激烈,科学技术依然是推动人类社会进步的第一生产力。创新是人类文明进步的原动力,是技术和经济发展的源泉,也是培养和造就人才的重要途径,在世界进入知识经济的时代,创新更是一个国家国民经济可持续发展的基石。人类的科技已经到达很高的水平,但在机械行业,传统的设计水平进步很慢。而现在人们的需求也越来越高,因此,迫切需要创新设计。

5.4.1 创新设计概论

创新设计是一种现代设计方法,它是研究设计程序、设计规律和设计思维与方法的一门新型综合性科学。在机械设计过程中,创新设计对更大程度地满足人类生产和生活的需要,促进经济的发展和社会的进步有非常重要的作用。

"大众创新,万众创业"已经成为社会发展的主要潮流,回想历史上的许多发明家,创新发明其实一直就在我们身边,经过我们思考之后加上灵感,找到解决问题的方法或是发现新的事物。比如,传说鲁班爬山时手被草割破,经过他的仔细思考,发明了至今仍在使用的锯子;还有瓦特观察到水烧开后能将壶盖顶起,依据这个原理他发明了蒸汽机,推动了第一次工业革命。

另外,创新设计需要勇气和毅力。大家一定知道袁隆平先生历尽磨难研究成功杂交水稻的事迹。这也就是说,在进行创新设计过程中要敢于破旧立新,树立信心,持之以恒,最终一定能解决问题。而在创新过程中也要注意创新设计的可行性,遵循事物发展的自然规律,不能盲目到想要发明如永动机这样的装置。

5.4.2 机械创新设计(MCD)的概念及创新人才培养

机械创新设计是指充分发挥设计者的创造力,利用人类已有的相关科学技术成果(含理论、方法、技术、原理等），进行创新构思，设计出具有新颖性、创造性及实用性的机构或机械产品（装置）的一种实践活动。其目的是由所要求的机械功能出发，改进、完善现有机械或创造发明新机械实现预期的功能，并使其具有良好的工作品质及经济性。所以培养创新人才要做到如下几点：

第一，要勇于创新和善于探索，有信心、勇气和创意。

第二，要掌握创新原理和创新技法。应通过学习和训练培养良好的创造心理，并要多思考、多练习，将创新思维运用到实际中去，以提高创新的技法。

第三，要有创新的物质条件和精神条件。

第四，要有创新的意识，有较强的逻辑思维能力。创新不是空想，更不是不切合实际的想象，应该拥有创新的意识和较强的逻辑思维能力，能够把感性认识上升到理性认识，能够透过现象看到其内在的本质，而且不能将思维停留在过去或现有的模式中，这样才可能创造出新颖、先进的产品。

第五，加强创新实践。在实践中锻炼创新能力更胜于学习理论知识。创新设计实践包括了解问题、设计方案和执行方案 3 个阶段。

5.4.3　创新设计的分类

机械创新设计通常分为以下几种类型。

(1) 开发性设计

开发性设计即在工作原理、结构等完全未知的情况下，针对新任务提出新方案，开发设计出以前没有的新产品。例如，有人利用磁铁的同极相斥、异极相吸的原理设计了一种磁力驱动装置，该装置使用固定磁铁与旋转磁铁同极相对，使两磁铁间出现相斥的力，先由外力启动，然后由永久磁铁的磁力驱动转子继续旋转，并向外输出能量，从而产生一种洁净、高效廉价的新能源。

(2) 变型设计

变型设计应包括转用创新，即将某一已有的成熟的技术和结构进行适当变异，设计出使用领域更广的产品。

(3) 适应性设计

适应性设计也称反求设计，它是指针对已有的产品设计，在消化吸收的基础上，对产品作局部变更或设计出一个新部件，使产品更能满足使用要求。

(4) 组合创新设计

它是指将已有的零部件组合成为一种新产品，实现一种新的整体功能。例如，世界上的第一辆汽车就是组合创新的优秀成果，它是将汽车出现以前就有的转向装置、刹车装置、弹簧悬架等组合在一起成为新的交通工具。组合创新设计要求组合后的产品在性能上具有“1+1>2”的效果，而在结构上则为“1+1<2”。

开发设计以开拓、探索创新，变型设计通过变异创新，适应性设计在吸取中创新，组合创新设计，则是在结构或机构的综合上创新。总之，创新是各种创新设计的共同点。

5.4.4 创新设计的特点

创新设计具有以下特点:

(1)创新设计是有目的、有约束的创造活动

它以满足社会需要为出发点,为社会提供实现预期功能的产品。因此创新设计的创造模式为:社会需要→设计→产品。

(2)创新设计离不开继承

创新设计当然要求不断地更新换代,但是任何一种创新设计都是在前人设计或是理论的基础上进行改造、创新发展起来的,是一种"继承+创新"的成果。

(3)创新设计的模糊性

创新设计的过程不如传统的再现性设计那样明确。当你拿到一个设计课题时,必须先进行需求调查,考虑已有条件分析其可行性,然后进行创新思维,所以说创新设计是一个探索的过程。

5.4.5 机械创新设计的基础知识

根据上述机械创新设计的概念和特点,了解了机械创新设计需要具备很多的条件(包括创新设计的原理和方法),在介绍机械创新设计的基本原理和方法前,需要掌握机械创新设计的基础知识。只有具备创新设计的条件,再结合机械创新设计的基础知识、原理和方法,才能在实际工程领域的创新实践中取得很好的成绩。

(1)机械的基础知识

1)机械的概念

机械是机构和机器的总称。在实际工程领域中,常把具体的机械称为机器或机构,把机器中的机械运动系统称为机构。从功能变换的观点看,机器与机构有很大的区别。机器指用来根据某种使用要求而设计的一种执行机械运动的装置,而机构是用来传递与变换运动和力的可动装置。

机械是用来传递运动或动力的能完成有用机械功的装置,用来变换或传递能量、物料与信息。其特点如下:

①机械首先必须是执行机械运动的装置。

②机械必须进行物料或信息的变换与传递,并完成有用的机械功。

③机械中必须要完成能量的转换。

执行机械运动的装置是机械的主体,该部分是创新设计的重点内容。其运动方案部分相当于机械原理中的机构运动系统简图的设计。是否完成有用的机械功是辨别能否成为机械的关键条件。从机械学的角度看,电视机、计算机不是机械,这是因为它们的内部结构不是执行机械运动的装置,也没有克服外力做机械功。而剥线钳、手摇钻、门窗启闭的杆件系统等装置,因没有能量的转换,一般称之为机构,由于机构也是执行机械运动的装置,故纳入机械的概念中。根据机械的特点,还可把机械分为动力机、工作机和信息机。

①动力机。一般也称原动机,是一种把其他形式的能量转化为机械能的机械。按原动机

转换能量的方式可分为三大类。

第一类有三相交流异步电动机、单向交流异步电动机、直流电动机、步进电动机等，它们都是把能量转化为机械能的机器。

第二类有柴油机、汽油机、蒸汽机、燃气轮机、原子能发动机等，它们都是通过燃煤、油、铀获得热能再转化为机械能的机器。

第三类有水轮机、风力机、潮汐发动机、地热发动机、太阳能发动机等，它们都是把自然力转化为机械能的机器。

根据原动机输出的数学性质，还可以把原动机划分为线性原动机和非线性原动机。

当原动机输出的位移（或转角）函数为时间的线性函数时，称为线性原动机。如交、直流电动机是线性原动机。

当原动机输出的位移（或转角）函数为时间的非线性函数时，称为非线性原动机。如步进电机、伺服电机是非线性原动机。非线性原动机包括控制系统，也可作为线性原动机使用，其最大特点是具有可控性。

弹簧力、重力、电磁力、记忆合金的热变形力都可以提供驱动力，但已不属于原动机的范畴。

②工作机。工作机是指利用原动机提供的动力实现物料或信息的传递，克服外载荷而做有用机械功的机械。大部分机械都是工作机，工作机中必须包含原动机。否则，只能称为机械装置。汽车、起重运输等机械通过搬运物料而做机械功，各类金属加工机床也是通过物料的传递或转移而做机械功。原动机的种类有限，工作机的种类却很多。由于工作机是完成各种复杂动作的机械，它不仅有运动精度的要求，也有强度、刚度、安全性、可靠性的要求。

③信息机。信息机也是一种工作机，只不过是通过各种复杂的信息来控制机械运动。如打印机是通过计算机的指令来控制打印工作的，绘图机、复印机、传真机、收音机都是信息机。

2）机械系统的组成

图5.14为机械系统的组成示意图。

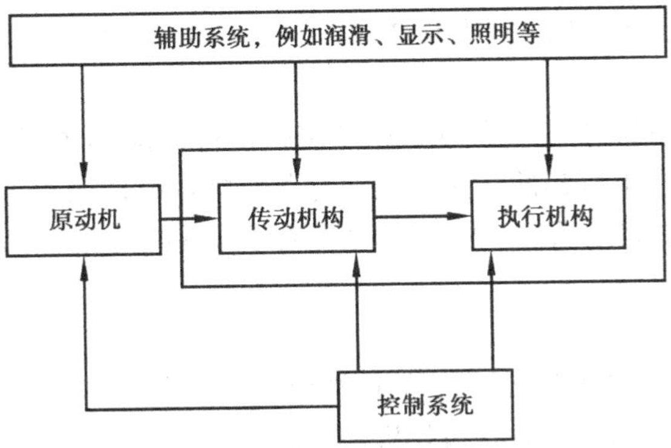

图5.14　机械系统组成示意图

如图5.14所示，机械一般由原动机、机械运动系统、控制系统和辅助系统组成。机械运动系统可以是单一的工作执行机构，也可以是由机械传动机构和工作执行机构的组合。控制系统可以是手柄、按钮式的简单装置或电路，也可以是集微机、传感器、各类电子元件为一体的强弱电相结合的自动化控制系统。

控制系统可以是原动机直接进行控制，也可以通过控制元件对传动机构或工作机构进行控制。

工程中，有些机械没有传动机构，而是由原动机直接驱动执行机构。如水力发电机组、电风扇、鼓风机以及一些用直流电动机驱动的机械，都没有传动机构。随着电机调速技术的发展，无传动机构的机械有增加的趋势。图 5.15 所示为机械中没有传动机构。

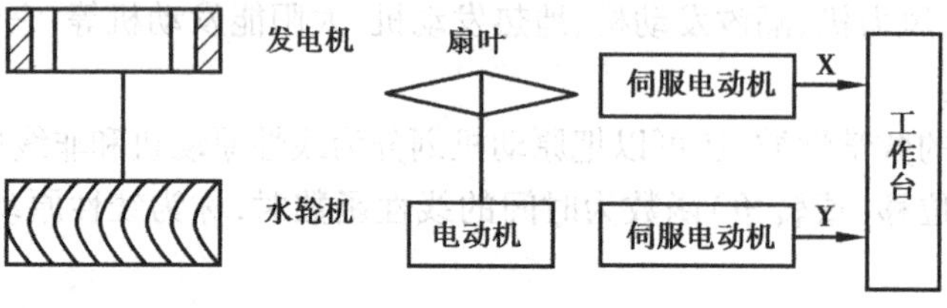

（a）水力发电机　（b）鼓风机　（c）二坐标机床的工作台

图 5.15　无传动机构的机械

具有传动机构的机械占大多数，如图 5.16 所示的油田抽油机就是具有代表性的机械。图 5.16 中，带传动与齿轮减速箱为传动机构，起缓冲、过载保护、减速的作用。连杆机构 *ABCDE* 为执行机构，圆弧状驴头通过绳索带动抽油杆往复运动。

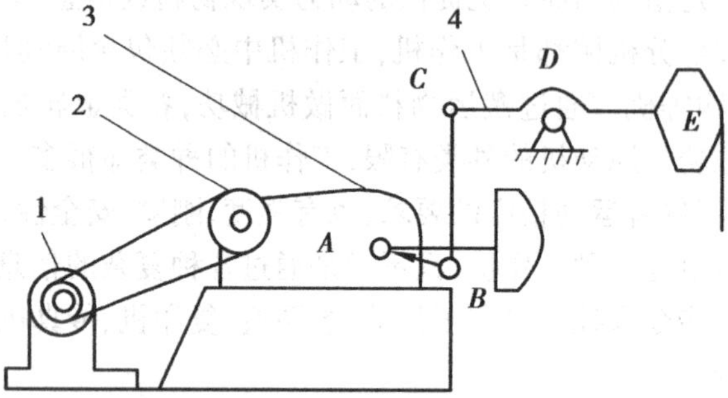

图 5.16　油田抽油机机构简图

1—电动机；2—带传动；3—减速箱；4—*ABCDE* 为连杆机构

3）机械运动系统

机械运动系统主要指机械中的传动机构和工作执行机构，从机构学的角度看问题，二者是相同的，只不过在机械中所起的作用不同。有些机械中有时很难分清传动机构和执行机构，故将二者统称为机械运动系统。机械运动系统可以是机构的基本型，也可以是机构的基本型的机构组合或组合机构。

①机构的基本型

机构的基本型是指最基本的、最常用的机构型式。目前，最常见的机构有连杆机构（见图 5.17（a））、凸轮机构（见图 5.17（b））、齿轮机构（见图 5.17（c））、带传动机构（见图 5.17（d））、蜗杆传动机构（见图 5.17（e））等，由于基本型的确定原则尚无确切说明，这里就不再对这些常见机构进行划分了。

②机构的组合

形象地说，机构就是一部机器的骨骼图，在实际应用中，单一的机构经常不能满足不同工作的需要。把一些基本机构通过适当的方式连接起来，从而组成一个机构系统，称为机构的

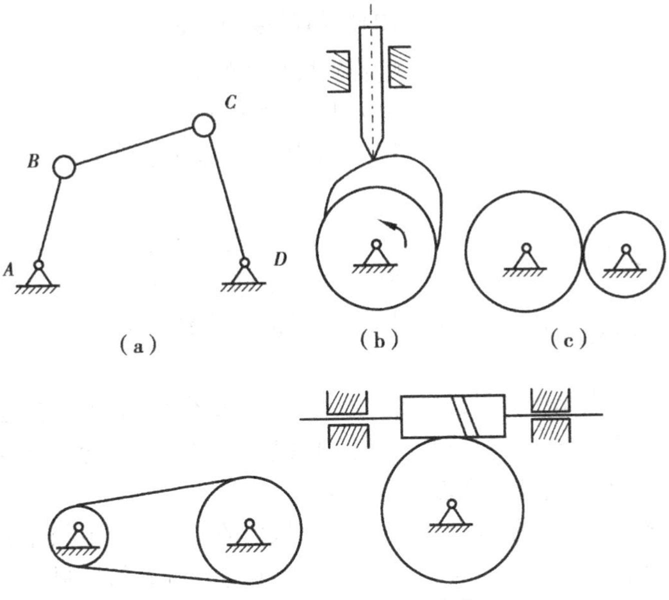

图 5.17　常见机构类型

组合。在机构的组合系统中，各基本机构都保持原来的结构和运动特性，都有自己的独立性。在机械运动系统中，机构的组合系统应用很广泛。

例如，如图 5.18 所示的铁板运输机中，定轴齿轮 1 把运动传递给齿轮 2，定轴齿轮 1 上的曲柄通过连杆机构 *ABCD* 把运动传递给系杆 *H*。齿轮 2,3,4 与系杆 *H* 构成一个差动轮系，该轮系的两个输入均为主动轮 1 提供，最后由齿轮 3 输出。可见，该系统中的连杆机构和差动轮系机构都没有因为互相连接而影响自己的机构特性。

创新设计机构时，要把握机构组合系统中的各机构均保持其原来特性的原则，应该对机构组合系统中的各个机构进行独立的分析与设计。

③组合机构

在分析创新设计类型时，有一种创新称为组合创新设计。组合机构就包含其中，它是机构创新的重要方法之一。

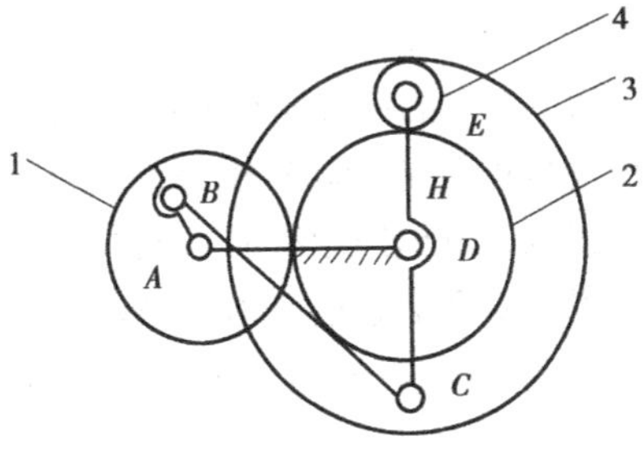

图 5.18　铁板运输机

首先组合机构是指若干基本机构通过特殊的组合而形成的一种具有新属性的机构，由此可见，它与机构组合有本质的不同。组合机构中的各基本机构已不能保持各自的独立性，所以不能用原基本机构的分析和设计方法进行组合机构的设计。每种组合机构都有各自的分析和设计方法。

常见的组合机构有齿轮—连杆组合机构、齿轮—凸轮组合机构、凸轮—连杆组合机构。组合机构常用于完成复杂运动的机械系统中。如图 5.19 所示的齿轮连杆组合机构，它就是实现较复杂运动轨迹的机械系统。其中的五杆机构 *ABCDE* 的两个输入运动是通过齿轮 1,2 的运动来实现的，适当地选择机构尺寸与齿轮传动比，可得到预定的连杆曲线。

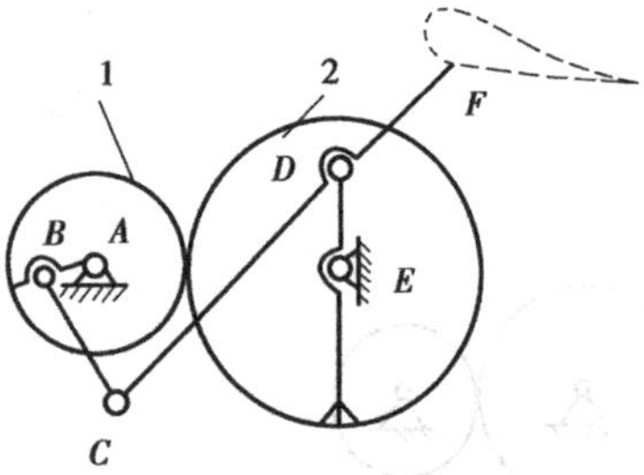

图 5.19 齿轮连杆组合机构

(2)机械的控制系统

随着机械行业的不断发展,控制系统在机械中的作用越来越突出,机械创新设计时可将这一思维转移到该领域,用自动化甚至智能化的控制系统来代替传统的手工操作。

目前,机械设备中的控制系统常见的有机械控制、电气控制、液压控制、气动控制及综合控制。其中,以电气控制的应用最为广泛,与其他控制形式相比有很多优点。

电气控制系统的特点是体积小,操作方便,无污染,安全可靠,可进行远距离控制。其原理和方法是通过不同的传感器可把位移、速度、加速度、温度、压力、色彩、气味、等物理量的变化转变为电量的变化,然后由控制系统进行处理。

由于计算机技术和自动控制技术的发展,现代机械的控制系统更加先进、复杂,可靠性也大大增加,可对运动时间、运动方向与位置、速度等参数进行准确的控制。

总之,现代的机械控制系统集计算机、传感器、接口电路、电器元件、光电元件、电磁元件等硬件环境及软件环境为一体,而且正向自动化、精密化、智能化、高速化的方向发展,其安全性、可靠性的程度不断提高。在机电一体化机械中,机械的控制系统将起更加重要的作用,因此应该重视在这一领域的创新设计。

5.4.6 机械系统及其发展

(1)机械系统的基本组成型式

根据原动机、传动机构、执行机构的不同组合以及机械系统运动输出特性的不同,机械系统的基本组成形式见表 5.1。

表 5.1 中的线性机构是指机构传动函数为线性函数的机构,如齿轮机构、螺旋传动机构、带传动机构及链传动机构等都是线性机构。而机构传动函数为非线性函数的机构,则称为非线性机构,如凸轮机构、连杆机构,间歇运动机构等都是非线性机构。

类型 1 和 2 是最基本、最常见的机械系统。如电动卷扬机属类型 1,鄂式破碎机属类型 2。类型 5 在数控机床、机器人等自动机械中得到广泛的应用。其他类型则少见其应用。

表 5.1 机械系统的基本组成形式

类型编号	原动机		传动机构		执行机构		机械系统的输出运动	
	线性原动机	非线性原动机	线性机构	非线性机构	线性机构	非线性机构	简单机构	复杂机构
1	√		√		√		√	
2	√		√			√		√

续表

类型编号	原动机		传动机构		执行机构		机械系统的输出运动	
	线性原动机	非线性原动机	线性机构	非线性机构	线性机构	非线性机构	简单机构	复杂机构
3	√			√	√			√
4	√			√		√		√
5		√	√		√			√
6		√	√			√		√
7		√		√	√			√
8		√		√		√		√

(2)机械系统的发展与演变

机械系统分为刚性机械系统和柔性机械系统,其划分的依据就是机械系统的运动是否具有可控制性。

1)刚性机械系统

刚性机械系统一般是指机械装置与电器装置独立组合的机械系统,其特点是不具有可控性。常见传统机械,如车床、铣床、刨床、钻床和起重机等都属于刚性机械系统。

2)柔性机械系统

柔性机械系统是指可借助传感器或控制电路,通过微机按位置、位移、速度、加速度、压力、温度等参数实施智能化控制的机械系统,其特点是具有可控性,数控机床和机器人都属于柔性机械系统。

3)机械系统的发展

电子技术的飞速发展正在改变传统的机械系统,电子技术与机械技术不断的紧密结合,诞生了机械电子学这一新的学科。刚性机械系统也正向柔性机械系统演化,使机电一体化的机械系统发展很快。图 5.20 为机械系统的演变过程框图。图(a)为典型的刚性机械系统;图(b)为改进的刚性机械系统,以电子控制的调速电机取代了机械变速装置。图(c)所示框图已演化为柔性机械系统;图(d)所示框图为直接驱动式的柔性机械系统,由于该系统中省去了传动机构,有更高的运动精度,其应用日益广泛。

从机械系统的演变过程可以看出,随着机械电子学的诞生与发展,刚性机械系统正在向柔性机械系统发展,为了进一步加快这一演化,把这个转换也作为机械创新设计的重点对象,推动机械系统发展水平的进一步提高。

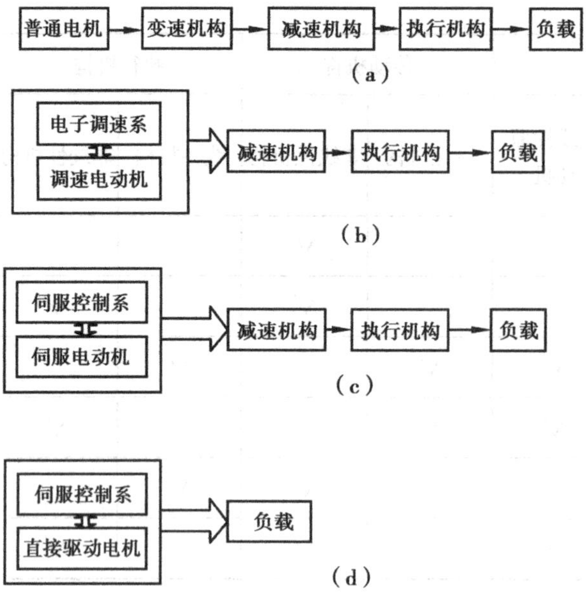

图 5.20　机械系统的演变过程框图

5.5　机械创新基本原理

创造就是创新,面临着激烈的技术竞争和市场竞争,要求改造老机械、开发新机械,开拓新局面,因而要进行创造性设计。为此,必须了解创造性设计的特点及技法。

5.5.1　创新能力的开发

(1)灵感是创新设计的火花

在创新设计中,有时会陷入困境,冥思苦想,不得其解。但是突然之间,脑海中会闪过一星火花,茅塞顿开,这种现象称之为"灵感"。科学家十分重视灵感的作用,爱因斯坦说:"我相信直觉和灵感。"如他多年思考"如果我以光速追踪一条光纤,我会看到什么",但是这个问题一直没有得到解决。有一天早上起床时,他突然想到:对于一个观察者来说是同时的两个事件,对别的观察者来说就不一定是同时的,于是,"狭义相对论"就在灵感的启示下创立了。心理学家曾对一些科学家做过调查,询问他们在解决一些科研重大难题时,是否受过灵感的启示,结果部分科学家的回答是肯定的。

灵感是我们在创造性活动中经常出现的心理现象,它的心理结构主要由创造性思维、创造性想象和记忆组成。这是一种创造力的飞跃,具有突如其来、稍纵即逝的特点。如果能主动触发和及时捕捉灵感,不但可以提高创造效率,而且对生活、工作和学习也有极大的意义。人们往往经过长时间思索,会出现思路堵塞,倘若在紧张之余做些轻松愉快的事,如与亲密朋友交谈、在乡间田野漫步、听美妙的音乐,都可触发灵感。正如心理学家赫尔姆霍茨所说,在紧张思考之后,安闲自在的时刻,灵感就会到来。

日常生活中的一些事物,常给人启迪,引起人们的联想和想象,因此对日常生活的关注和思索,常常可以触发灵感。穿孔卡自动控制程序的计算机,就是它的设计者巴比奇在巴黎展览会上受到一台加卡提花机的启示设计出来的。英国一名叫皮金顿的工程师,一天在帮太太洗碗时,对洗碗水的肥皂沫发生了兴趣,顿生灵感,设计出一种制造平板玻璃的新方法。

习惯性思维容易使人思路闭塞和思想僵化。因此,摆脱习惯性思维的束缚,也是触发灵感的一个重要方面。常有这种情况:把非常复杂的问题,搁置几天不去想它,待过去的思想和联想被遗忘或淡漠后,再捡起来重新研究时,竟然很容易就解决了。

与别人讨论和争辩,因大脑处于积极活动状态,思维的灵活性、敏捷性提高,容易产生强化或否定自己观念的思想火花,所以也有助于触发灵感。著名物理学家海森堡、狄拉克、鲍利的许多新思想,常常是在咖啡馆的争论中萌发的。

灵感并非上天恩赐,它是长期创造性活动升华的结果。只有积极开展创造性活动,才会激发灵感。

(2)掌握创新设计技法的必要性

设计过程是一个创造过程,设计人员创造能力的高低及发挥如何,将直接影响产品创新程度和设计质量。为此,必须使广大工程技术人员掌握创新设计技法,调动和训练工程技术人员的创造性思维能力。

移位技术人员与测量打了多年交道,发现专用量规制造成本高,且磨损后就要报废,而通用量规测量效率低。针对这个矛盾,他经过反复琢磨和试验,终于设计出一种游标量规卡尺。在游标量规卡尺上加副游标尺,上下4个两爪,其中3个两爪可以移动调整,形成不同尺寸的过规和不过规。这种卡尺把通用量具的可调性与专用量具的高效性结合起来,解决了多品种批量测量的需要。

(3)人人都有创造性

破除束缚,自我突破,调动创造性。创新设计并不神秘,人人都具有创造性。若能消除思想的束缚,自我突破,并掌握正确方法,便能调动创造性而获得出乎意料的创新成果。创造学的研究告诉人们,每个正常的人都具有一定的创造力,即都具有进行创造活动的基础。尽管人的创造力与天赋秉性有关,但主要还是在后天的实践中积累获得。

如在一次闲谈中,有人提到,洗衣机洗衣服时,衣服上总是粘满线头绒毛,一位老太太听在耳里,记在心中,发明了三角形吸毛器。

(4)加强创造能力的培养与训练

积极参加创新设计活动,有意识地通过各种活动的培养与训练,以提高创造能力。

(5)矛盾是促进创造的动力

矛盾是促进创造的动力,分析矛盾是创新设计的基础,需求是创新设计的源泉。

如曹冲称象,就是克服了小秤与大质量的矛盾。他把象的质量转换成相同质量的小石块而解决了问题。

(6)遇到问题要深入探索

遇到问题时,不能视而不见,习以为常,安之若泰,抱怨矛盾,满腹牢骚,只说不动。遇到矛盾不问方法,会屡屡挫败,要学会分析矛盾,深入探索,不折不挠,积极思考,勤于动手才能解决矛盾,取得突破性进展。

如针对齿轮测量项目多,量具复杂,测量精度不高等矛盾,有人提出齿轮全误差测量理论,并在此基础上开发出微机控制的齿轮全误差测量仪,其测量精度好、效率高。

总之,创新和创造是人类一种有目的、有约束的探索活动,人们在长期的创新实践中总结了基本的创新原理,这些原理给从事机械创新设计的人员提供参考。下面系统地介绍几种创新原理。

5.5.2 创新设计的基本原理与法则

创新设计方法是以创造学理论,尤其是创造性思维规律为基础,通过对广泛的创造活动实践经验进行概括、总结、提炼而获得创造发明的一些原理、技巧和方法。创造技法的基本出发点是打破传统思维习惯,克服阻碍创新设计的各种消极的心理因素,充分发挥创新思维,以提高创造力为宗旨,进而促使多出创造性成果。

(1)创新设计方法的基本原理

1)主动原理

主动原理即创造者经常保持强烈的好奇心,用于设问探索。

2)刺激原理

刺激原理即广泛留心和接受各种外来刺激,善于吸纳各种知识和信息,对各种新奇刺激有强烈兴趣,并跟踪追击。

3)希望原理

希望原理即不安于现状,不满足于既得经验和既成事实,追求产品的完善化和理想化。

4)环境原理

环境原理即保持自由和良好的心境,有容许失败的社会经验。

5)多多益善原理

多多益善原理即树立创造性设想越多,创造成功的概率越大的信念,解决任何问题都要设想多个方案,只有设想很多方案,才能在比较鉴别的基础上提出最优方案。

6)压力原理

人不能在高压中生活,但可以利用高压来为人类服务。从心理学观点来说,认识"有恃无恐"的,"有恃"则有惰性;有惰性就不可能有所创造,而且天长地久,意志衰退,智慧枯竭,才干丧失。可见压力是驱散惰性,激发强烈的事业心,使求知欲和永不枯竭的探索精神增加,从而产生所需创造力的最有效的杠杆。人们的智力只有在各种客观要素结构的强大压力场内,才能真正释放出全部容量。

压力有求生存、扩大生存范围、改造自然的自然界压力;有社会体制、制度、政策、法律的社会压力。社会压力应建立在充分发挥人的智力的基础上,造成每个人都有压力感的环境,通过社会压力来提高专业水平和激发进取精神;经济压力表现为智力释放多少能量,能从经济上补偿多少能量,通过不断提高经济压力,不断进行反馈调节,才能激励人们去创新,去发明。工作过程也是实战智力的过程,只有在适当的工作压力下才能充分发挥自己的才能,在紧张而有节奏的满负荷工作压力场中,正常、优质、不断地发挥自己的智力。此外,还会产生对于自己所从事工作的强烈责任心的自我压力。

总之,对于压力的把握应该有“度”,使之成为创造的强大动力。

所有的创新设计法则都是根据基本法则加以实现的,有的是几个法则的组合运用。常用的创造法则有以下几种。

1)分析与综合法则

分析与综合法则就是先把设计所提出的要求,分解为各个层次和各种因素,分别加以研究,分析其本质,然后再按照设计要求,综合成为一个新的系统。

例如,要求设计一个在方形罐头上自动贴商标的机器。对于这样的工艺动作,要进行分解:

①从一叠商标纸中分离出一张,并给其涂上胶水;

②罐头进入贴商标的位置;

③将商标纸自动贴上并压紧;

④罐头退出。

然后逐个分析、研究实现这些动作的运动规律。要从一叠商标纸中取出一张,解决这个问题可以参考相同或相似的有关专业机器的动作,如啤酒瓶上贴商标或印刷机械印刷时从大量的纸张中分离出一张纸的方法,它们都是成熟的工艺动作,可供参考。在商标纸上上胶,可借鉴邮票上胶机的技术,也可采用间接上胶法,即先把胶水刷在胶水辊上,再将胶水辊上的胶水涂到商标纸上并粘取一张商标纸,最后把带有胶水的商标纸贴到方形罐头上。将罐头自动送入和送出贴商标工位,可根据整机的情况选用传送方式,如采用各式各样的自动传送带(如采用圆弧传送带),利用罐头传送盘将罐头送到正确工位,贴上商标,采用压刷或橡胶压盖等方法将商标压紧在罐头上,然后利用传送盘将罐头送出。

根据以上分析,按设计要求,就可综合组成一个新的设计方案。注意,综合不是将对象各个构成要素简单相加,而是使综合后的整体作用导致创造性的发现。

机器无非是由一些机构要素(如齿轮、齿条、链轮、链条、皮带、连杆、螺丝、凸轮等)综合而成,但是,用上述的机构要素并不能随意地拼凑成一部机器,因为一部机器有其内在的组合、合成规律。而综合的真正意义就是指将研究对象的各个方面、各个部分和各种要素有机地联系起来,从整体上把握事物的本质和规律。

综合创新,是运用综合法则的创新功能去寻求新的创造,其基本模式如图5.21所示。

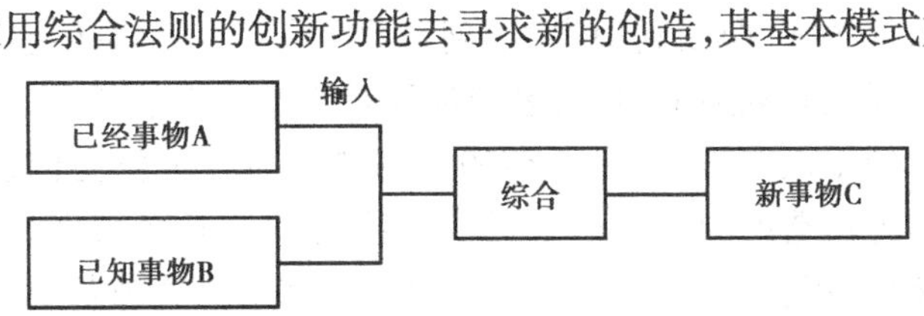

图5.21 综合创新的基本模式

在进行机械创新设计的过程中要注意:并不是任何的综合都能产生新的机械创新设计产品。比如,将台钻用螺钉固定在车床的床头箱顶盖上,虽然是一种综合,但不是一种创新设计产品。因为综合不是将对象的各个构成要素简单相加,而是按其内在联系合理地组合起来,使综合后的整体作用导致创新性的发现,这才实现了组合后的产品在性能上具有“1+1>2”的效果,而在结构上则为“1+1<2”。当然,在机械创新设计实践中不乏综合创新的实例。

例如,现在广泛应用的同步带传动,就是将啮合传动与摩擦带传动技术综合而产生的,它具有传动功率大、传动准确等优点。

下面列举一些创新实践:①综合已有的不同科学原理可以创造出新的原理,如牛顿综合开普勒的天体运动定理和伽利略运动定律,创建了经典力学体系;②综合已有的事实材料可以发现新规律,如门捷列夫综合已知元素的原子属性与原子量、原子价的关系的事实和特点,发现了元素周期表;③综合已有的不同科学方法创造出新方法,如笛卡尔引进了坐标系综合几何学方法和代数法,创立了解析几何。这些都证明了综合就是创造,而且综合创新比起开发创新在技术更具有可行性,是一种适用的创新思路。

技术结合创造法很多,主要包括以下几种。

①先进技术成果综合 将同类产品多种先进技术成果,按其特点、优势、适用性,通过分析、综合,得出更高质量的新产品或更优化的生产工艺过程,从而获得较大的经济和社会效益。如首钢的高炉,吸取各国高炉的先进技术,综合后使许多指标达到国内先进水平,有的还具有国际水平。

②多学科技术综合法

把多学科、多领域的有关技术成果,综合地应用到某一新兴的技术上,创造出从未有过的最新技术和产品。如电子计算机包含了大规模集成电路、计算数学、精密机械等多学科、多领域的技术成果。

③新技术与传统技术综合法(改造更新)

如数控机床就是传统机床与计算机的结合而形成的新产品。

④自然科学与社会科学综合法

随着社会、经济的不断发展进步,人们对生产资料和消费资料的功能、规格、结构、外形等需求也在不断发展变化。分析研究这种发展变化的市场学、心理学、预测学、社会经济学同自然科学技术成果相结合,就会综合推出各种适销对路的新产品、新工艺来。

2)还原法则(抽象法则)

从事机械行业的人都明白,机器或机构想要达到一个目的,并不是只有一个途径,设计人员可以选择最简单、经济的方案来实现目的。必要时需要创新设计,此时设计人员只需抓住本质,而不必局限于在原有基础上的改进等。这就要用到还原创新原理。

还原法则又称抽象法则,即回到根本、回到事物的起点。还原创造法的定义是任何发明和革新都有创造的起点和创造的原点,创造的原点为基本功能要求,是唯一的;创造的起点为满足该功能要求的手段与方法,是无穷的。创造的原点可作为创造的起点,但并非任何创造的起点都可作为创造的原点。研究已有事物的创造起点,并深入到它的创造原点,再从创造原点另辟蹊径,用新的思维、新的技术重新创造该事物或从原点解决问题,即抽象出其功能,集中研究实现该功能的手段和方法,或从中选取最佳方案,这就是还原创造法的目的。

还原法则就是暂时放下所研究的问题,反过来追根溯源,分析问题的本质,从本质出发另辟蹊径进行创新的一种模式。还原换元是还原创新的基本模式。所谓换元,是通过置换或代替有关技术元素进行创造。在实际创新实践中可以理解为灵活地变换影响事物质和量的诸多因素的某一个或某些,从而产生大量的创新思路。

日本有一家食品公司,想生产自己的口香糖,却找不到作口香糖原料的橡胶,他们将注意力回到“有弹性”的起点上，设想用其他材料代替橡胶，经过多次失败后，他们用乙烯、树脂代替橡胶，再加入薄荷与砂糖，终于发明出日本式的口香糖，畅销市场。这个例子告诉我们：在进行还原创新过程中，最重要的是把起点放在事物最本质的功能上，而不是从所要实现的功能出发。

家用洗衣机的发明可以说是一个很好的例子。洗衣机的发明开始是从创造的起点考虑的，即模仿人的洗衣方法，如搓揉。但设计一个机构像人那样搓揉衣服又要适合不同大小的衣服是不容易的，如改用刷子擦洗，怎样才能使衣服各处都能刷到，也很难解决。此外，还可用古老的锤击法，动作简单，但容易损坏衣服，如扣子会被打碎等，故在相当长的时间内家用洗衣机难以发展。

采用还原法创新，即跳出以往考虑问题的起点，从人们的洗衣方法还原到问题的创造原点。洗衣机的创造原点并不是揉、搓、刷、擦、锤，它们仅是考虑问题的起点。那么原点是什么呢？应该是“洗”和“洁”，再附加一个“安全”，即不损伤衣物。至于采用什么方法，并没有限制。因为衣服上有赃物，才要“洗”而达到“洁”的目的。“洗”的作用是把衣服和脏污分离，而脏污主要是灰尘、油腻和汗渍。要将这些脏污与衣服分离，可采用洗衣粉这种表面活性剂，外加一个机械运动帮助它脱离滞留层。至于用什么机械运动并无限制，故除了搓、刷、揉、擦外，还有振动、挤压、漂洗等方法。从结构简单、安全等角度考虑，于是发明了漂洗的家用洗衣机，它用一个波轮旋转，搅动水流，使衣服在水中不断运动，互相摩擦达到清洗的目的。

3）对应法则

常用的对应法则有以下几种。

①相似对应法则。设计时，人脑中会自然产生一种倾向，会联想起同这次设计要求相似的设计过程和经验。

②对比对应联想。联想起与这次设计要求完全相反的经验。

③接近对应联想。联想起在时间上或空间上与这次设计要求相关联的经验。

只有掌握对应联想的法则，把自己身边或岗位上革新的成果与发明对象进行联想，才会产生许多意想不到的设想。

如偏心轮泵因隔离片与偏心轮的摩擦、磨损等原因使两者之间密封破坏，影响到压缩效率，所以该产品被淘汰了，但它的结构简单，振动噪声小和寿命长等优点吸引工程师们不断去探讨和改进它。特别是家用电冰箱的发展，需要寻找一种效率高、体积小、振动噪音小、寿命长而不需要进场维修的压缩机。因此人们从偏心凸轮机构中，为减小摩擦、磨损提高寿命和效率而采用滚子从动件的事实，联想到也可用滚子来解决摩擦和磨损问题，由此设计了一种最新型的压缩机——滚动活塞式压缩机。它大有逐渐替代目前家用电冰箱上老式往复式压缩机的趋势。

4）移植法则

把一个研究对象的概念、原理和方法等运用于或渗透到其他研究对象，而取得成果的方法，就是移植创新。

移植方法一直都应用于植物的移植嫁接、医疗领域的人体器官移植等。同样，在科学技术的发展过程中，移植方法也是一种应用广泛的创新原理。在实际创新设计中，人们通过把某一科学领域的新发现、新技术或基本原理移植到另一科学领域或者是将一门或几门科学的理论和研究方法综合、系统地移植到其他学科领域之中，以获得科学技术的发展，从而得到更多创新的成果。

另外，还应该明确移植创新的定义，比如拉链广泛应用于服装领域，如果将拉链应用于书包上，这并不能算得上是移植创新。因为这是显而易见的事，而且两个领域跨度很小。一般来说，在移植创新过程中两个技术领域相距越远，移植的难度越大，就相应地会产生更高水平的创新设计。

移植的原理方法和大量的创新实践证明：移植原理能促进思维发散，只要某种科技原理转至新的领域具有可行性，通过新的结构或新的工艺，就可以产生创新。

例如，人们不断地设计新型高效节能的发动机，前几年，人们开发出了陶瓷发动机，它以高温陶瓷制成燃气涡轮的叶片、燃烧室等部件，或以陶瓷部件取代传统发动机中的汽缸内衬、活塞帽、预燃室、增压器等。陶瓷发动机具有耐腐蚀、耐高温性能，可以采用廉价燃料，可以省去传统的水冷系统，减轻了发动机的自重，因而大幅度地节省能耗、降低成本，增大了功效，是动力机械和汽车工业的重大突破。

5）离散法则

离散法则又称分离法则，其创新原理与综合创新原理相对应，思路相反。它是把某个创造对象分离或离散为有限个简单的局部，把问题分解，使主要矛盾从复杂现象中分离出来解决的思维方法。分离原理的创新模式如图 5.22 所示。

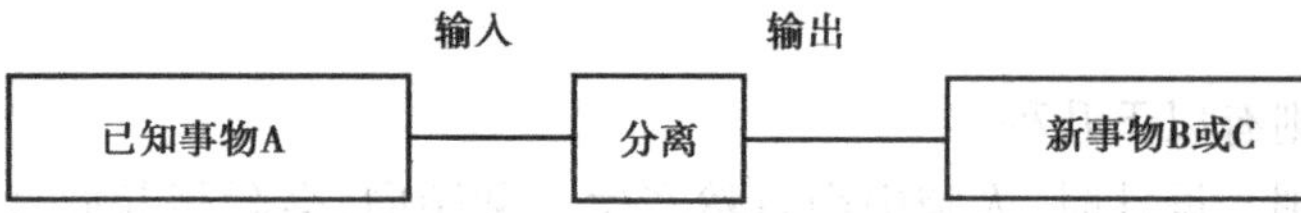

图 5.22 分离原理创新模式

分离创新原理在数学、力学和机械行业等领域得到广泛应用。例如，在机械行业，组合夹具、组合机车、模块化机床就是分离创新原理的运用。离散法则是冲破商品互补性观念的限制，把互补性商品予以分离，创造发明出一种或多种新产品的一种方法。如把眼镜的镜架和镜片分离出来，发明出来一种新产品——隐形眼镜。隐形眼镜不用镜架，缩短了镜片与眼球之间的距离，同时起到美容和矫正视力的双重作用。

机械设计过程中，一般都是将问题分解为许多子系统和单元，对每一个子系统和单元进行分析和设计，然后综合，分离创新原理则是与其思路相反。脱卸式衣服、隐形眼镜都是分离创新的实例，还有很多的例子说明了分离创新原理的方法和可行性。然而在实际创新设计过程中分离与综合虽思路相反，但往往要相辅相成，要考虑局部与局部、局部与整体的关系，做到分中有合、合中有分。

6）强化法则

通过强化法则手段，提高质量，改善性能，增加寿命。如为提高刀具的耐磨性，可采用电火花强化刀具的工艺。为提高零件的强度，可对零件表面进行喷丸处理等。

7）换元法则

换元法则又称替换或代替，如代用材料、代用零件、代用方法等。

换元是一种着重解决具体问题的方法，而不是提出问题的方法。在创造发明活动中，换元是用一事物代替另一事物，通过代替事物去研究被代替事物的矛盾，使常规方法难以解决的问题获得解决的方法。另外,还可通过换元发现新的办法,进一步完善被代替的事物而进行创新。如探测高能粒子运动轨迹仪器——“气泡室”的发明原理,就是美国核物理学家格拉塞尔在喝啤酒时,看到啤酒杯中一串串上升的气泡,猛然想到自己一直在研究的怎样探测高能粒子的飞行轨迹的课题。于是,他利用啤酒代替高能粒子穿越介质,顺手捡起几粒小鸡骨代替高能粒子,等到酒杯中的气泡冒完之后,将其丢入杯中的啤酒里,只见随着碎骨的沉落,周围不断冒出气泡,气泡显示出了碎骨粒的下降轨迹。于是他急匆匆赶回实验室,经过不断试验,得出带电粒子穿过液态氢时,所经路线出现的是一串串气泡,清晰地呈现出粒子飞行轨迹的试验结构,格拉塞尔因此获得诺贝尔物理学奖。

8)迂回法则

当你在解决问题的过程中遭到一个屡攻不克的难关时,不妨暂且停止在这个问题上的僵持,而先转入下一步的工作,带着这个问题继续前进;或者试着改变一下视点,不在这个问题本身上钻牛角尖,而去注意与这个问题相关的各个方面,当你解决了其他问题后,这个悬而未决的问题也就迎刃而解了。

9)组合法则

组合法则十分普遍,也十分复杂。如同碳原子,以不同的晶格组合便可合成坚硬的绝缘体金刚石和脆弱的良导体石墨两种完全不同的物质。有时为了解决某个技术问题,或设计某种多功能产品,将两种或两种以上的技术思想或物质产品的一部分或整个部分进行适当的结合,就会形成新的技术思想,或设计出新产品。这种技术创造就称为组合创造,如组合音响、收录机、组合机床、混凝土搅拌车等就是根据组合法则而发明的。组合创造有以下几种类型。

①主体附加。在原有的技术思想中补充新的内容,在原有的物质产品上增加新的附件,如在自行车上加装里程表或测速装置。

②异类组合。有两种或两种以上不同功能的物质产品的组合,如手表圆珠笔、日历圆珠笔;有两种或两种以上不同领域的技术思想的组合,如激光的发明就是代光学与电子学结合的产物。

③同物组合。若干相同事物的组合,如对笔、子母灯、情侣表的组合等。

④重组。在事物的不同层次上分解原来的组合,尔后再以新的意图重新组合起来。重组作为一种创造手段,可更有效地挖掘和发挥现有技术的潜力。如螺旋桨飞机发明以来,螺旋桨都是设计在机首,两翼从机体伸出,尾部安装稳定翼。美国著名飞机设计专家卡里格·卡图按照空气的浮力和气推动原理,对螺旋桨飞机进行重组,将螺旋桨改放在机尾,仿如轮船一样推动飞机前进,而稳定翼则放在机头处,设计出世界上第一架头尾倒换的飞机。重组后的飞机,具有尖端悬浮系统,具有更加合理的流线型机体形状,不仅提高了飞行速度,而且排除了失速和旋冲的可能性,增强了安全性。再如儿童通过玩积木、活动模型,可以从小培养具有重组意识的创新设计能力。

10)逆反法则

逆反法则也称逆向创新原理,经验证明,人们在解决问题时,每当采取一种特定的思路取得成功后,这种思维方式就被视为“法宝”,而继续用这个“法宝”去处理新的问题,这种思维方式的稳定性与重复次数成正比,即重复次数越多,其稳定性越强,这在心理学上称为“思维定势”。要克服思维定势，必须对熟悉的事物持陌生的态度，用新的观点，从新的角度去考虑事物。如留声机就是根据电话机逆反思维得到的。

在进行机械创新设计的过程中，逆向思维也占据非常重要的地位。我国自古流传司马光砸缸的故事，就是逆向思维方法的经典例子。

逆向创新原理是从反面，从构成要素中对立的另一面思考，将通常思考问题的思路反转过来，寻求解决问题的新途径、新方法。逆向创新法又称反向探求法。

反向探求法一般有 3 个主要途径：功能性反向探求、结构性反向探求和因果关系反向探求。

创新思维具有独创性、联动性、多向性、综合性和洞察力 5 个特点。其中的逆向连动思维形式十分重要。习惯性思维是人们创新设计中的障碍，它往往束缚人的思路，因此应该突破这种习惯的束缚，多问为什么，发现问题，可以试着把问题颠倒，反向探求，也许可以得到创新性的收获。例如，18 世纪初人们发现了通电导体可使磁针转动的磁效应，法拉第运用逆向思维探求“能不能用磁产生电呢?”于是，经过长时间的探索与实验后，他制造出了世界上第一台感应电动机，为人类进入电气化时代开辟了道路。

11）造型法则（仿生法则）

如百叶窗，因其排列密、间距小，清除灰尘较麻烦。为解决这个小问题，设计出仿手指状的一种清洁百叶窗的工具，这种工具设有 8 个手指状的刷子，使用时可以灵活方便地深入栅格间，再通过静电作用吸收灰尘。

12）群体法则

为什么名牌大学学生的素质通常优于普通学校学生的素质，名牌大学培养的“尖子人才”多？这是因为名牌大学有一种共生效应，该校的学生在优越的学习环境中，自觉或不自觉地受到刺激或共振，而共同进步。

任何机械产品的创新设计都是在寻找最优方案，在方案的制订和筛选时，要综合考虑产品的实用性、工艺性、经济性等因素。其中的价值优化也是一种创新过程。

13）价值优化原则

价值工程就是揭示产品的价值、成本、功能之间的内在联系。它以提高产品的价值为目的，提高技术经济指标。它最早是美国开始研究的。在设计、研制产品时，设计研制所需成本为 C，取得功能为 F，则产品的价值 V 为：

$$V=\frac{F}{C}$$

可见，产品的价值与其功能成正比，而与其成本成反比。设计创造具有高价值的产品，是人们追求的目标。价值优化或提高价值的指导思想，也是创造活动应遵循的理念。但优化设计并不一定每项性能指标都达到最优，一般可寻求一个综合考虑功能、技术、经济、使用等因素后都满意的系统，有些从局部看来不是最优，但从总体来看是相对最优。于是，优化设计的途径可以总结为：

①保持产品功能不变，通过降低成本，达到提高价值的目的；

②不增加成本的前提下，提高产品的功能质量，以实现价值的提高；

③虽成本有所增加，但使功能大幅度提高，使价值提高；

④虽功能有所降低,成本却大幅度下降,使价值提高;

⑤不但使功能增加,同时也使成本下降,从而使价值大幅度提高。这是最理想的途径,也是价值优化的最高目标。

以上介绍了创新基本原理,在实际创新设计中,作为创新设计人员一定要熟知这些原理和技法。但是这些创新原理和创新技法难免存在一定的局限性,因为真正的科学规律存在于事物之中,学习者应该多从实践中来理解这些原理并得到直观的结论,不能受已有原理的束缚,打破思维定势,才能创新。

5.6　机械创新设计的一般过程

设计过程是指从明确设计任务书到编制技术文件所进行的整个工作流程。机械设计的思路一般为:产品规划→原理方案设计→技术方案设计→改进设计。下面根据常规机械设计的过程来说明机械创新设计的一般过程。

5.6.1　常规机械设计一般过程

常规机械设计过程一般可以分为 4 个阶段。

(1)机械总体方案设计

设计者根据设计任务书的要求,广泛收集同类机械或相近机械的性能参数、使用情况、优缺点等技术和数据,而后便可进入机械总体方案设计阶段。机械总体方案设计在很大程度上决定未来机械的面貌,对机械的性能成本有很大影响。

(2)机械的运动设计

设计者根据设计任务书的要求,对选定的一种设计方案进行运动综合,以满足根据机械的用途、功能和工艺条件而提出的运动规律、机构的位置或某点轨迹的要求。机械运动设计的内容包括机构主要尺寸的确定,机械运动参数的分析,传动比的确定与分配等。

(3)机械的动力设计

在运动设计的基础上,确定作用在机械系统各构件上的载荷并进行机械的功率和能量计算。机械动力设计的内容包括动力分析、功能关系、真实运动求解、速度调节和机械的平衡等。

(4)机械的结构设计

结构设计的任务是根据机械中各构件的工况参数和失效形式,选定材料种类和热处理方式,确定其合理的几何形状和机构尺寸,即把机构运动简图中用符号表示的所有构件都绘制成具体的零件工作图、部件装配图和机械的总装图。

5.6.2　机械创新设计的一般过程

机械创新设计(Mechanical Creative Design,简称 MCD)是相对常规设计而言的,它特别强调人在设计过程中,特别是在总体方案设计结果中的主导性和创造性作用。MCD 是一门有待开发的新的设计技术和方法。由于技术专家们采用的工具和建立的结构学、运动学与动力学模型不同,但其实质是统一的。综合起来,MCD 基本过程主要由综合过程、选择过程和分析过程组成。

机械创新设计要求设计者充分发挥创造力,利用人类已有的相关科学技术成果(含理论、方法、技术原理等),进行创新构思、设计出具有新颖性、创造性及实用性的机构和机械产品(装置)。创新主要包含两个内容:一是改进完善生产或生活中现有机械产品的技术性能,如可靠性、经济性、实用性等;二是创造性设计出新机器、新产品以满足新的生产或生活需要。机械创新设计活动过程是建立在现有机械设计理论基础上,吸收相关学科的研究成果综合交叉形成。可见,大学生机械创新设计能力的培养并非是一两门课程就能解决的问题,它是一种观念,一个目标,一个过程。

如图 5.23 所示为中国的技术专家提出的机械创新设计的一般过程,它分为 4 个阶段。

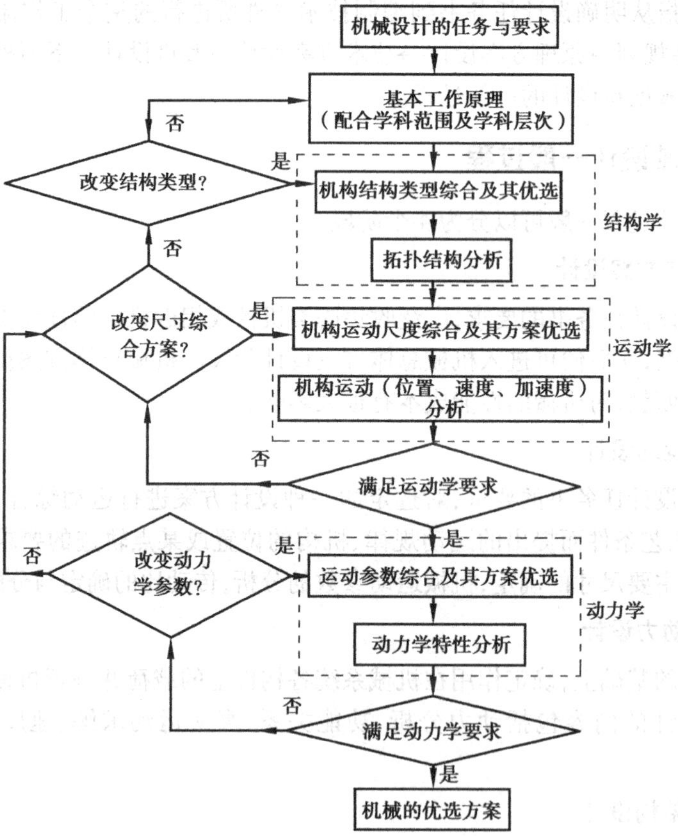

图 5.23 机械创新设计的一般过程

(1)确定(选定或发明)机械的基本原理

它可能涉及机械学对象的不同层次、不同类型的机构组合,或不同学科知识、技术的问题。

(2)机构尺寸综合及其运动参数优选

优选的结构类型对机械整体性能和经济性具有重大影响,它多伴随新机构的发明。

(3) 机构运动尺寸综合及其运动参数优选

其难点在于求得非线性方程组的完全解(或多解),为优选方案提供较大的空间。

(4) 机构动力参数综合及其动力参数优选

其难点在于参数量大、参数值变化域广的多维非线性动力学方程组的求解,这是一个亟待深入研究的课题。

完成上述机械工作原理、结构学、运动学、动力学分析与综合的 4 个阶段,便形成了机械设计优选方案,然后进入机械结构创新设计阶段,主要解决基于可靠性、工艺性、安全性、摩擦学的结构设计问题。

5.6.3　机械创新机构举例

下面再结合两个相关的例子来说明创新设计的原理和方法:如图 5.24 所示的是螺钉自动上料整列机构,它广泛应用于标准件生产企业。在螺钉没有车丝或搓丝以前,螺钉是无规则地盛放在料盘中,当左边的输送槽上下运动时,螺钉通过物料的自重进行整列,在槽身中令钉头向上,否则,在槽身上下运动时,令其重新掉入料盘,螺钉在左侧槽身中上升至与右侧贮料槽以备加工。如图 5.25 所示的胶丸(或子弹)整列机构也是利用被整列的物体自行做物料整列动作,从图中所示胶丸(或子弹)的构造形状可见:它的重心在圆柱形部分,当滑块左右移动时推移被整列的物体到达右方槽内尖角时便可以由物料的重心自行整列,使圆柱体朝下,尖端朝上。

这两个例子展示了重心原理的机构综合创新设计。这两个例子具有相似性,在创新设计时用了综合创新原理,而后者在创新设计中就能用信息联想法。同时还可以发现这两个机构都没有强制运动链,而是利用力学原理创新设计的。机构学本来就是从力学分离出来的,所以用力学原理来指导机构创新十分有意义。在解决整列物料的思路上设计者突破用什么强制运动链、纯刚体机构解决物料整列的束缚,将思路回归到起点,另寻捷径,想到用力学原理解决这一问题,这是还原创新原理的应用,当然将力学原理应用到机构学也应用了移植创新原理。

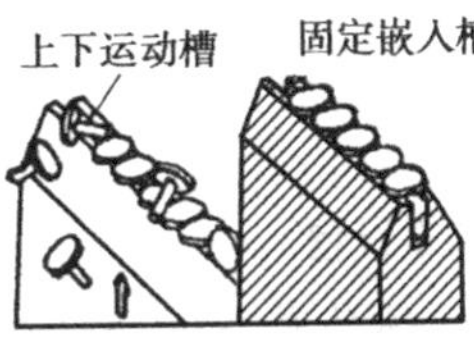

图 5.24　**螺钉自动上料整列机构**

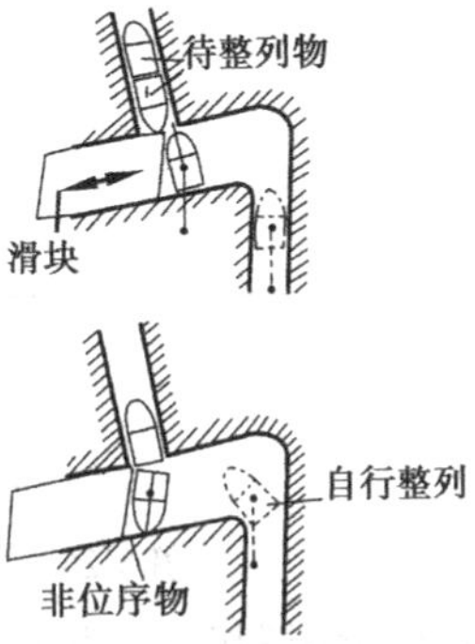

图 5.25　**胶丸整列机构**

综上所述,在进行机械创新设计的过程中,应该充分发挥正向和逆向思维的能力,灵活有机地综合运用创新设计的基本原理和方法,必要时只是以此为借鉴,不能被之束缚,要敢于尝试自己的方法。

5.7 机电一体化系统创新设计

5.7.1 机电一体化系统设计的内容和过程

由于机电一体化结合了机械、微电子、计算机的信息处理、自动控制、传感与测试、电力电子、伺服驱动、系统总体技术等高新技术,因此机电一体化系统设计包含的内容很多,主要从以下 3 个方面考虑。

①按实现运动和动作进行广义机构设计,其中包括驱动元件、传动和执行机构的选择。

②按被测对象物理量选择传感器,可分为机械、音响、频率、电气、磁、温度、光、射线、湿度、化学、生理信息等。

③选择控制及信息处理方法,信息的处理包括信息的传输、判断、处理、决策等。

最后,根据各评价系统进行机电一体化系统的综合选优来确定最佳方案,设计过程如图5.26所示。

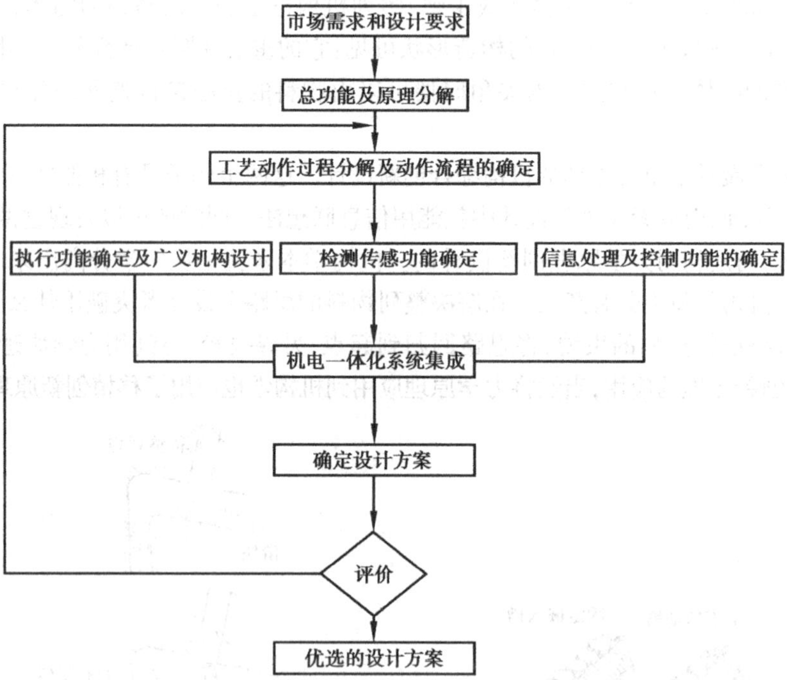

图 5.26 机电一体化系统的方案确定过程

以清扫车的清扫装置机电一体化设计为例,分析机电一体化装置的设计过程。

(1)功能分析

清扫装置是决定清扫车性能的最重要部分,其性能好坏决定着清扫车的清扫效率。因此,合理设计清扫装置并提高其性能是清扫车设计的关键。清扫装置总功能可以分解为以下3 类。

1）清扫功能

功能一：地面清扫干净（扫净）；功能二：把垃圾从地面撮起倒入斗中（撮起）；功能三：清除扫起的灰尘（除尘）。

2）传感检测功能

功能一：检测垃圾箱的荷重、物位和倾角；功能二：检测清扫用水；功能三：检测喷水的流量和速度。

3）控制功能

功能一：清扫过程由微机控制，对清扫过程中各任意组合的清扫状况进行控制；功能二：处理垃圾箱超重。

（2）功能设计

1）执行子系统

完成执行子系统的方法：在车辆的两边各装有一个大链轮，随着车轮的转动，左边大链轮由链条通过过桥齿轮带动滚扫高速转动，利用滚扫上的毛刷驱撵地面上的灰尘、垃圾在其前方堆积；同时，车轮链轮带动凸轮转动，通过凸轮摆杆机构使撮土板间歇上下运动，以抛射方式集撮垃圾到垃圾箱内；在清扫车右车轮上装有的链轮通过链条驱动带动左边的小链轮，小链轮固定同轴的大链轮又通过链条传动驱动排风扇，并使箱内空气低于外界大气压，箱内负压使灰尘不能向外逸出，达到完成清扫、撮集垃圾、消除灰尘 3 个目的。

2）传感检测子系统

传感器是实现自动控制或智能化必不可少的基本元件，通过这些元件，在控制中心可以获得不同工况、不同介质、不同部位、不同环境和不同功能的各类信息，控制中心根据获得的各种信息进行处理。

根据清扫装置的垃圾箱质量、位置以及水量、流量和流速分别选择下列 3 种传感器。

①选择荷重传感器，检测垃圾箱质量。

②选择物位和倾角传感器，检测垃圾箱位置。

③选择检测清扫用水传感器和检测喷水的流量和速度传感器，检测喷水的流量和速度。

3）信息处理及控制子系统

信息处理及控制子系统如图 5.27 所示，清扫过程由微机控制，对清扫过程中各任意组合的清扫状况进行控制，在控制过程中，微机在可编程控制器中起着主要作用，是控制系统的中心，通过各种传感器，从内、外部接收有关过程的信息，对信息进行处理，然后对执行机构发出控制指令。

（3）清扫装置机电一体化集成

将以上 3 大子系统集成起来，便完成了清扫车清扫部分的机电一体化设计。

5.7.2　机械系统常规设计与创新设计

在机械系统设计中，无论是确定技术原理、技术过程或者确定机器系统的功能、工作原理、结构布局乃至具体零件的尺寸、形状、制造方法等，都有个求解的问题。所谓求解，就是寻求消除不足之处，达到希望的结果或性能。而创新设计方法就是提出新方案，探求新解法，它

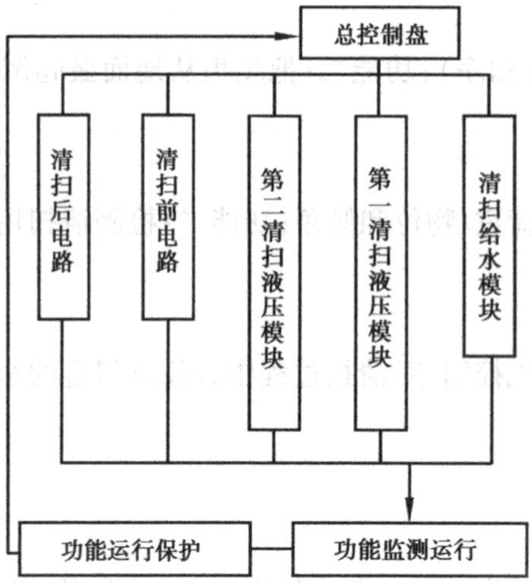

图 5.27 信息处理及控制子系统

是提高设计质量,开发创新产品的重要基础。爱因斯坦曾说过:“想象比知识更重要,现实世界只有一个,而想象力却可以创造千百个世界。”

(1)常规性设计与创新性设计

人类从事任何有目的的活动前都要有所构思或谋划,这种构思或谋划便是广义的设计。工程设计是广义设计在工程技术领域中的特有表现。工程设计按其性质可分为常规设计与创新设计。

常规设计以成熟结构为基础,运用常规方法进行产品设计。

创新设计是在设计中采用新的技术手段、技术原理和非常规的方法进行设计,以满足市场需求,提高产品的竞争能力。

机械系统设计,一般具有下面 3 个基本特征。

1)约束性

机械系统设计是在多种因素的限制和约束下进行的,其中包括科学、技术、经济等发展现状和水平的限制,也包括生产厂家所提出的特定要求和条件,同时还涉及环境、法律、社会心理、地域文化等因素。这些限制和要求构成了一组边界条件,形成了设计人员进行谋划和构思的“设计空间”。设计人员要想高水平地完成设计工作,就要善于协调各种关系,灵活处置、合理取舍、精心构思,而这些只有充分发挥自己的创造力才能办到。

2)多解性

一般来讲,解决同一技术问题的办法是多种多样的,要满足一定目的的技术方案通常也不是唯一的,任何设计对象本身都是包括多种要素构成的功能系统,其参数的选择、尺寸的确定、结构形式的构思等都有很强的可选择性,有很大的思维空间。

3)相对性

设计结论或者结果都是相对准确的,而不是绝对完备的。比如,利用优化技术对某一系统进行求解,其结果也只能是近似的,得到该系统的局部最优解或全局最优解,而且模型的建立会因人而异,也可能会因条件而异,其结果就会有差异。同时,设计者还会经常处于一种相互矛盾的情境之中,比如既要降低成本,又要增加安全性、可靠性功能。这种相互矛盾的要求给设计工作增加了难度,加上事先难以预料的一些因素和影响,使得设计者在对设计方案的选择和判定时,只能做到在一定条件下的相对满意和最佳。工程设计的这种相对性特征,一方面要求设计者必须学会辨别思考;另一方面,也给设计者提供了显示和发挥自己创造才能的机会。同样的设计要求,不同的人会做出水平不同的设计结果。

创造型设计在当代社会生产中起着非常重要的作用。首先,当前国际间的经济竞争非常激烈,其中关键是看能否生产出适销对路的产品,因而要求设计者必须打破常规,充分发挥自己的创造力。其次,大量新产品的问世,进一步刺激了人们的需求,不仅扩大了人们对商品的选择,同时也使需求层次不断提高。高新技术产品的生产大多具有小批量、多品种、多规格、生产工艺复杂、工作条件或环境特殊等特点,因而对高新技术产品的设计往往不能沿用传统产品设计的老方法,需要有针对性地进行创新设计。

设计的实质在于创造性的工作,不是简单地模仿、测绘,更重要的是革新和创造,把创造性贯穿于设计过程的始终。

(2)创新设计特征与一般过程

1)创新设计特征

①独创性

创新设计不是单独的重复和模仿,而是在自己、前人或他人已获得的研究成果基础上的新扩展、新开拓。它所追求的是新奇、独特和非重复性的结果,有敢于怀疑、打破框框,敢于突破陈规,独具一格的思维。

②综合性

善于进行综合思维,把已有的概念、事实、信息通过巧妙的结合,形成新的成果。

③人为目的性

任何形式的创新设计,其主体都是具有主观能动性的人,并且是一种有目的的活动。

④社会价值性

创新必须体现为一定的价值(这种价值可以是多方面的,包括学术价值、经济价值、审美价值等)。作为工程技术人员,技术发明和工程技术设计创造的价值主要看其经济价值以及是否具有实用性、有效性、可靠性。

⑤探索性

创新通常是在知识、手段、方法等不甚充分的条件下进行的探索活动。

⑥推理性

对于某一种现象或想法,善于由此及彼地进行纵向、横向、逆向推理。

⑦多向性

善于从不同的角度思考问题。通过发散(提出多种设想、答案)、换元(变换诸多因素中的某一个)、转向(转变受阻的思维方向)等途径,以获得新的思路和方案。

2)创新设计的过程

①准备期

准备期包括发现问题、明确创新目标、初步分析问题、搜集充分的资料等准备工作。

②酝酿期

通过思考与试验,对问题进行各种试探性解决。寻求满足设计目的要求的技术原理,常需要加以变换、分解、组合,对各种可能设计方案进行构思,如果原有技术原理不能解决问题,还必须通过大量实验、试验与理论分析探索新的原理,或将已有的科学理论开发成技术原理。

③发明期

经过长期的酝酿,或采用不同寻常的观念和办法,使问题一下子得到解决。创新设计中顿悟的出现,有时是受到偶然因素的启发产生的,有时以灵感的形式出现。

(3)创新思维——走进思维的新区

思维和感觉、知觉一样,是人脑对客观现实的反映,但是它们之间又有所不同,创造性思维是指有创新见解的思维,它不仅能揭示事物的本质,而且能提出新的、具有社会价值的产品。

1)思维类型

创新思维是整个创造活动中体现出来的思维方式,它是多种思维类型的复合体,把握创造性思维的关键是在认识不同思维类型的特点和功用的基础上,进行思维的辩证组合与综合运用。思维类型可依据不同的角度来划分:

①形象思维与抽象思维

形象思维所使用的材料是形象化的意象(意象是对同类事物形象的一般特征的反映),不是抽象的概念。例如,设计一个零件或一台机器时,设计者在头脑中浮现出该零件或机器的形状、颜色等外部特征,以及在头脑中将想象中的零件或机器进行分解、组装等的思维活动,就属于形象思维。在工程技术的创新活动中,形象思维是基本的思维活动,工程师在构思产品时,无论是新产品的外形设计,还是内部结构设计以及工作原理设计,形象思维都起着不可忽视作用。运用形象思维,可以激发人们的想象力和联想、类比能力。

抽象思维是以抽象概念和推论为形式的思维方式,概念是反映事物和现象的属性或本质的思维形式。掌握概念,是进行抽象思维、从事科学创新活动的最基本的手段。

形象思维具有灵活、新奇的特点,而抽象思维较为严密,在实际的创新活动中,应该把二者很好地结合起来,以发挥各自的优势,互相补充,相辅相成,创造出更多的成果。

②发散思维与集中思维

发散思维是指思维者根据问题提供的信息,不按常规,多方位地寻求问题的答案,如砖头可作建筑材料,还可作锤子、攻击武器等。

集中思维是一种在大量的设想或多种方案的基础上,引出一两个大家认为最好的答案。

这两种思维活动在一个完整的创造活动中是相互补充、相辅相成的,发散思维的能力越强,提出的可能方案就越多样化,因而才能在集中思维进行判断时,提供较为广阔的回旋余地,才能真正体现集中思维的意义。但反过来,如果只是毫无限制地发散而无集中思维,发散也就失去了意义,因为在严格的科学试验和工程技术等活动中,实验结果或设计方案最终只能是有限的几个。因此,一个创新成果的出现,既需要以充分的信息为基础,设想多种方案,又需要对各种信息进行综合、归纳,从多种方案中选出较好的解决方案,即通过多次的发散、收敛、再发散、再收敛的循环,才真正完成。

③逻辑思维与非逻辑思维

逻辑思维是严格遵循逻辑过程按部就班,有条不紊地进行思维的一种思维方式,它注重分析、综合、归纳与演绎。

非逻辑思维是与逻辑思维相对而言的另一类思维方式，它是一种不严格遵循逻辑规律，突破常规，更具灵活的自由思维方式，其思维方式是联想、想象、直觉和灵感。

④直达思维与旁通思维

直达思维始终靠近解决问题的要求而进行思考，它对于简单问题有效。旁通思维通过对问题的分析，将问题转化为另一个等价或中介问题间接求解。旁通思维与直达思维应互为补充，尤其有时只有通过旁通思维以后又返归到直达思维，才能较好地解决所提出来的问题。如美国的莫尔斯根据马车道每个驿站要换马的启发，采用设立放大站的方法，解决了有线电视里信号传递衰减的问题，就是旁通思维的例子。

2）创造性思维

①创造性思维的概念

创造性思维是指由创见性的思维，即通过思维不仅能揭示事物的本质，而且能在此基础上提出新的、具有社会价值的产品。创新性思维使人们突破各种束缚，在一切领域内开创新的局面，不断满足人类的精神与物质需要。

②创造性思维的特点

A.突破性与求异性

具备与前人、众人不同的独特见解，突破一般思维的常规惯例，提出新原理，创造新模式，贡献新方法。并联机床就是突破了传统机床床身和导轨的结构形式，采用了腿结构的杆式结构，从而使机床有一个质的飞跃。

独创性思维具有求异性，敢于对司空见惯或“完美无缺”的事物提出怀疑，敢于向传统的习惯挑战，敢于否定自己思想上的“框框”，从新的角度分析问题。

如电灯的开关许多年来一直是机械式的，随着科学技术的发展，出现了触摸式、感应式、声控式、光控式开关，能在一定暗度下使路灯自动点亮，而在天明时又自动熄灭。红外线开关在人进入室内时自动亮灯，并准确做到“人走灯灭”。

如图 5.28 所示的一种新型混凝土搅拌车，在建筑行业很受欢迎。这种车由拌筒 1、两侧支撑滚轮 2、支撑轴承 3、进料斗 4、卸料槽 5、液压马达 6、水箱 7 构成，采用了新的工作模式，从料场装料后，在运输途中开动搅拌槽搅拌料，到达工地后即可卸下合格的混凝土。混凝土搅拌车能同时完成搅拌与运输两项工作，效率高，效果好。

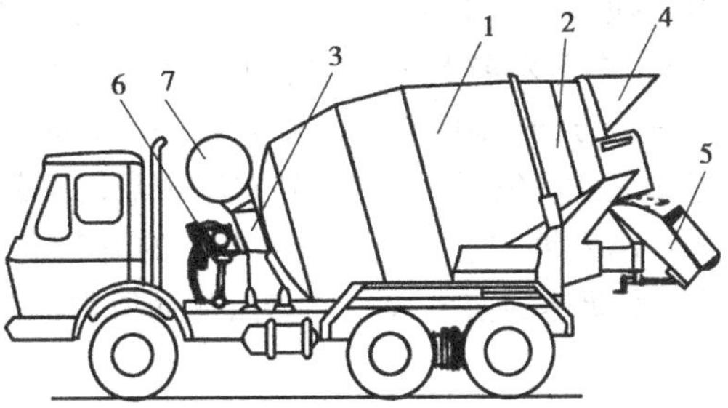

图 5.28　新型混凝土搅拌车

1—拌筒；2—两侧支撑滚轮；3—支撑轴承；4—进料斗；5—卸料槽；6—液压马达；7—水箱

20 世纪 50 年代在研究制造晶体管的原料的过程中，人们发现锗是一种比较理想的材料，但是需要提炼到很纯才能满足要求。各国科学家在锗的提纯工艺上做了很多探索但都未能成功,因为只要混进极少量杂质就会影响材料的性能。而日本科学家在对锗多次提纯失败后,采取了和别人完全不同的"求异"探索法。他们有计划地一点一点加入少量杂质,同时观察其性能,最后发现锗的纯度降低为原来一半时会形成一种性能优异的电晶体。此项发明轰动了世界,并使得该科学家获得诺贝尔物理学奖。

B.联动性

由此及彼的联动思维引导人们由已知探索未知,开阔了思路。联动思维表现为纵向联动、横向联动和逆向联动3种形式。

a.纵向联动是针对问题和现象纵向思考,探寻其原因和本质,从而得到新的启示。例如在一次突然停电时,正在切削工件的超硬质合金车刀在工件失去动力降速运转的过程中,牢固地黏结在工件上,使工件报废。有心人正是通过这起偶然事故,深入分析工件和车刀粘连的原因而发明了摩擦焊。

b.横向联动是根据某一现象联想到特点与其相似或者相关的事物,进行"特征转移"而进入新的领域。如针对面包多孔松软的特点进行横向联动的特征转移,从而开发出塑料海绵、多孔塑料、夹气混凝土等不同产品。

c.逆向联动思维是针对现象、问题或解法,分析其相反的方面,从顺推到逆推,从另一角度探寻新的途径。如法拉第把人们公认的"电流产生磁场"的原理从相反方面进行研究,针对磁能产生电的设想,提出了电磁感应定律,从而诞生了世界上第一台发电机;再如司马光砸缸救人,由"人离开水"到"水离开人"。

C.多向性

多向性即善于从不同的角度思考问题。这种思维的产生并获得成功主要依赖于以下几方面。

a.发散思维。即在一个问题面前,尽量提出多种设想、多种答案,以扩大选择余地。当今科学技术上有突出才能、获得过重要荣誉的人物,在创立新科学理论的过程中,多向思维都是异常突出的。创造性活动中成功的概率与设想出供选择的方案往往是成正比的。如要解决人和物的渡河问题,可以用横越水面或把水引开两种方法,针对横越水面可以采用桥、船、飞行器、空中索道等措施;而若想把水引开,可以截流使河流改道或设法把水抽干。对桥来说,可以设计成拱桥、高架桥、悬索桥或浮桥等,在充分提出各种可能的条件下,结合工作实际要求和经济性,才能选择较现实的渡河方案。

b.换元思维。即灵活地变换影响事物和量的诸多因素中的一个,从而产生新的思路,如通过形状、大小、数量、位置、顺序等变换得到各种构型的变形产品。

c.转向思维。即思维在一个方向受阻时,马上转向另一个方向。

d.创优思维。即用心寻找最优答案,不满足对问题和现象已有的解答或解释。

e.偶然性。在无意之中做出发明,这反映了偶然性中的洞察力。如居里夫人发现镭,诺贝尔发明甘油、炸药都是抓住了偶然的苗头,深入研究,从而取得成果。

D.综合性

对已有材料进行深入分析,综合概括出其规律,或把已有的信息、现象、概念等综合起来,形成新的技术思想或设计出新产品。

要成功地进行综合思维,必须具备以下能力。

a.智慧融合能力。即汲取前任智慧之精华,通过巧妙结合,形成新的成果。

b.思维统摄能力。即把概念、事实和观察材料综合在一起,加以概括整理,形成科学概念和系统。

c.辩证分析能力。它是一种综合性思维的能力,即对已有的材料进行深入分析,把握它们的个性特点,然后从这些特点中概括出事物的规律。

③创造性思维的误区

创造性思维要敢于冲破各种思想的束缚,走出以下思维的误区。

A.“我没有创造性,创造是那些天才或者聪明人做的事”“发明创造高深莫测,发明创造是科学家或者研究人员的事”。这些是典型的错误思想,事实上每个人都具有创造性,创造力是可以培养、训练和提高的。

B.只相信权威答案,盲目地相信专家,相信书本上的设计规则。要注意书本上的设计思想的应用范围,或者设计条件,专家的认识及思维也是在前任的基础上总结或者探索出来的。因此要敢于怀疑,冲破传统观念的束缚,努力寻找多个答案,并养成提出多种不同类型问题的习惯。

C.逃避风险,害怕失败,害怕麻烦、担心别人笑话等。要有一颗积极进取的心,失败乃成功之母。

D.创造无意义或危害他人身体健康的发明。

5.7.3　机械创新设计方法

在进行机械创新设计时,首先要分析社会大众的需求,否则再好的创新设计都没有生命力;其次要考虑所研究的课题是否科学、实用;然后才是通过不断实践,掌握创新设计的方法,最终实现创新设计的目的。

(1)搜索题材的方法

搜集题材是创新设计的关键,有了合理新颖的题材,创新设计就成功了一半。人们在创新设计实践中一般采用两种方法来搜寻题材。

1)向生活索取

世界上不存在尽善尽美的事物,向生活索取创新设计的题材就是一个在不完美中追求完美的过程。生活中用的门窗合页是“死结”,安装后再拆下来相当费事,给维修和清洁带来了很大的不便。针对这个问题,西北电讯工程学院附中学生陈延辉设计了一种一端可以插入和抽出的活动合页(见图 5.29),该活动合页虽然结构简单,但说明了该生对生活观察细致,善于动脑,并把这种品质应用于实践中,创造出经济实用、方便生活的创新作品。因此,创新源于生活。

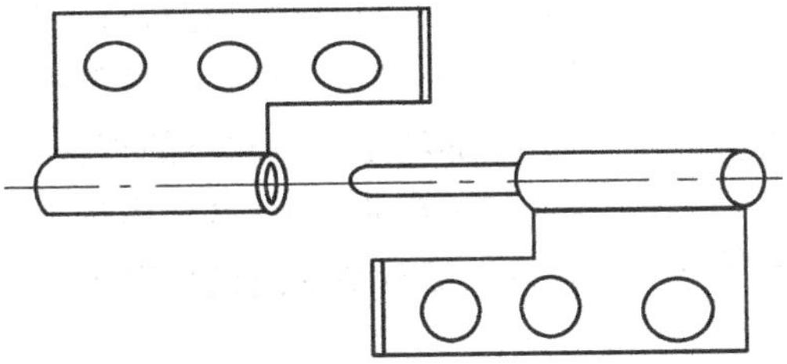

图 5.29　活动合页

2)到各自的工作领域去挖掘

一个人在长期从事某一工作的过程中,会对专业的现状相当熟悉;更能了解其中的不足以及在这个领域中真正需要的事物,这也为课题的选择提供了素材,而且成功的可能性也更大。

伞是人类生活中的必需品,但是普通伞的体积大,旅行时不容易携带,人们可能会想到能否将伞折叠起来以方便携带呢?1928 年德国工程师 Hans Haupt 巧妙地在伞上安装一根弹簧,就可以将伞折叠,轻巧地收藏起来,且弹簧拉力使得雨伞不外翻,由此发明了世界上第一把折叠式雨伞(见图 5.30),成立了 Knirps 雨伞公司,迄今它仍是全球最好的雨伞品牌之一。

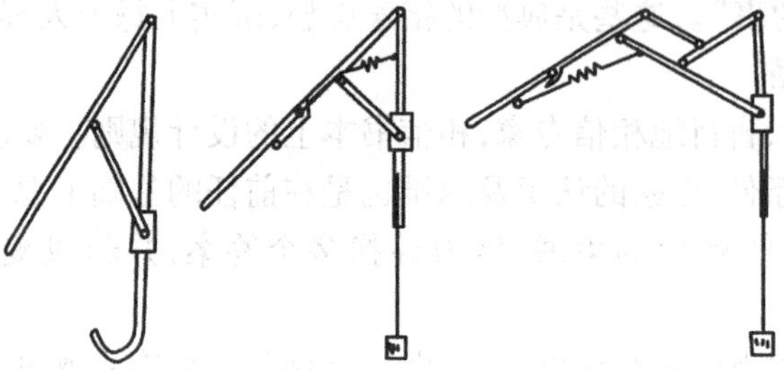

图 5.30　折叠伞

(2)机械创新设计的常用方法

1)缺点列举法

克服缺点就意味着进步,意味着更新。

如果有意识地将你所熟悉的事物的缺点一一列举出来,并进行分析,随时做笔记,找出你感受最深、最急需解决而又可能解决的问题,对症下药,作为创新发明的选题,这样便有可能创新,这种创新技法就称为缺点列举法。

要使用这种方法进行创新设计,首先要做到在生活中注意身边事物的缺点与不足;提出缺点(方法有征集用户意见,同类产品进行对比,召开缺点列举会等),然后分析整理缺点,确定创新目标。最后对主要缺点进行改进,运用各种创新思维与技法进行创新设计。

2)希望点列举法

希望是人们内心期待达到的某种目的或期待出现的某种情况,是人类需求心理的反映。

人们总是不满足于现状,对未来充满希望和向往。希望代表着人们的某种新企盼,希望点的背后隐藏着事物的新问题和新矛盾。将这些希望予以具体化,并列举、归类和概括出来,往往就成为一个可选的发明课题。

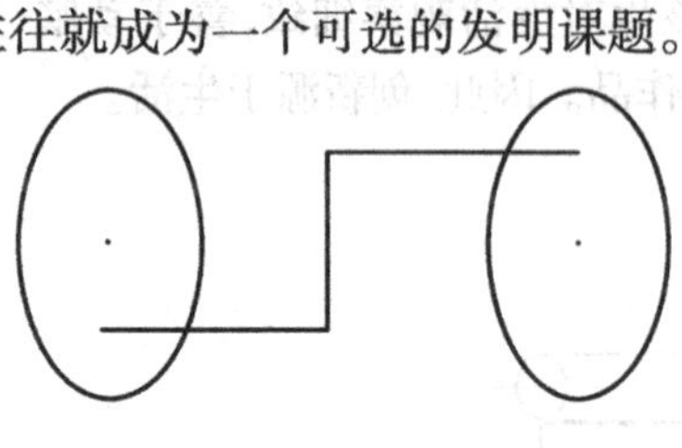

图 5.31　进退自如的脚踏玩具

例如,人们都知道自行车的曲轴可以随时向前踩或者向后踩,只是由于自行车上的棘轮机构,使得自行车只能单向前进。一位日本青年根据这个产生了一个很好的构想,那就是将二轮车的直轴直接改成曲轴,如图 5.31 所示,脚站在曲轴上,这样用脚去踩时,由于踩法不同,车子就可以随意地前进或后退了。

3)移植法

它是将其他领域中的原理、技术和方法移植到本领域里来形成创新构思的一种方法。如根据家具磁性门的原理而设计的磁性文具盒,还有将军事上的爆破技术移植到医学上,治疗人体各种结石疾病的医疗器械都是采用了移植法。在运用移植法时,不可机械行事,不能原封不动地照搬,要有所创新。比如一种“新型三通水管接头”,它是将都江堰分流坝的分流原理巧妙地移植过来,并根据水管的特点而设计的产品。

4)延伸法

延伸法是把现有产品稍加改进或不加改进,而可扩大它用途的方法。如用来挡雨的雨伞,可延伸到遮阳伞,称为夏日里人们外出的必备之物。利用现有和传统的产品,扬长避短,扩展长处,克服缺陷,增加产品功能和用途,便可有新的发明和创造,如“多功能活动扳手”“带起子的钢笔”“多功能婴儿车”等,只要平时留心,一些看起来功能单一、用途少的产品,通过延伸法可让它发挥更大的作用。

5)思维扩展法

人们在思考和办事时,总是习惯依照一定的常规去思考。如果打破常规,变换思维的角度或者习惯,往往可以收到意想不到的效果。

如图 5.32 所示的蛙式打夯机。它是带传动与连杆机构的组合。发明者巧妙地利用了一般认为有害的惯性力,在大带轮上设计一个重锤,借重锤离心力向外并向上甩,使夯靴提升离地;当重锤转到左侧,离心力帮助夯靴向前移动,重锤转至左下侧时,离心力迫使夯靴富有冲击力地打击地面,实现打夯功能。这种变害为利的设计,没有思维扩展是难以完成的。

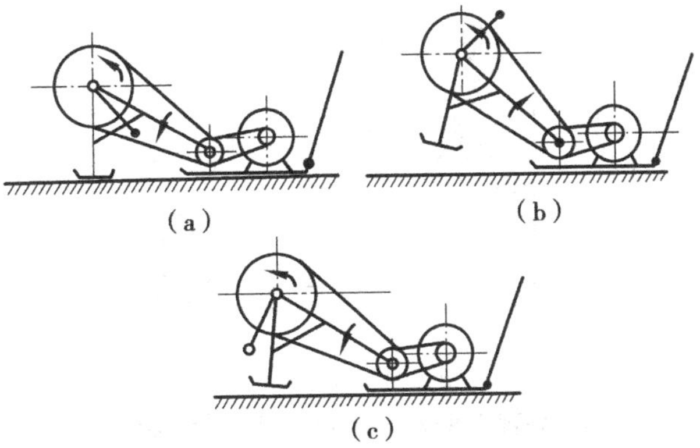

图 5.32　蛙式打夯机工作原理

6)仿生法

仿生法是指对自然界的某些生物特性进行分析和类比,直接或者间接模仿,而进行创新设计的方法。它包括形状模仿、结构模仿、动作模仿和功能模仿等。

仿生法是发展现代新技术的重要途径之一。例如,飞机构件中的螺窝结构、响尾蛇导弹的引导系统、模仿鸟类的飞机、模仿鱼类的潜水艇、根据萤火虫发光原理制作的反光交通提示牌,还有根据金钱豹与草丛相似的皮毛,为迷惑敌人、保护自己而发明的迷彩服等,都是运用仿生法进行创新设计的例子。在运用仿生法时,要求首先弄清某些生物现象的特征和科学道理,并大胆巧妙地运用到创造实践中去。另外,有些生物现象不能直接用于发明创新,而需要作相应的变动。总之,要用科学原理加以分析,在实践中仔细观察,才能得到仿生法的创造发明成果。

7)仿真与变异法

仿真是指模仿人或动物的动作,而变异是指突破模仿的动作另创新的动作,两者都可以实现创造性的设计。

如图5.33所示的挖掘机，它由工作装量Ⅰ、上部转台Ⅱ、行走装置Ⅲ、铲斗1、斗杆2、动臂液压包3、回转液压马达4、油箱5、发动机6、液压泵7、控制阀8、行走液压马达9组成，模仿人手挖土，是很成功的设计。如图5.34所示的搓元宵机也是构思巧妙地模仿人的动作而制成的，整个机构的动力由旋转圆盘输入，它装配在机架的一个斜圆孔内，通过装在圆盘外圈的球形铰链带动连杆与转动轴销及与连杆固接的工作箱作空间振摆运动，从而使工作箱内的元宵馅在稍微湿润的元宵粉中多方向滚动而制成元宵。

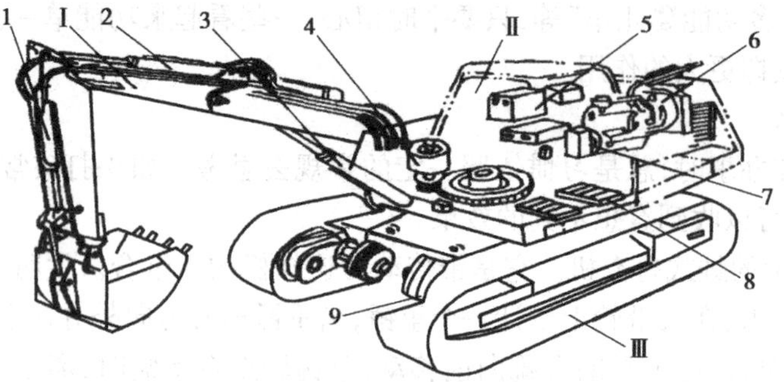

图5.33 挖掘机

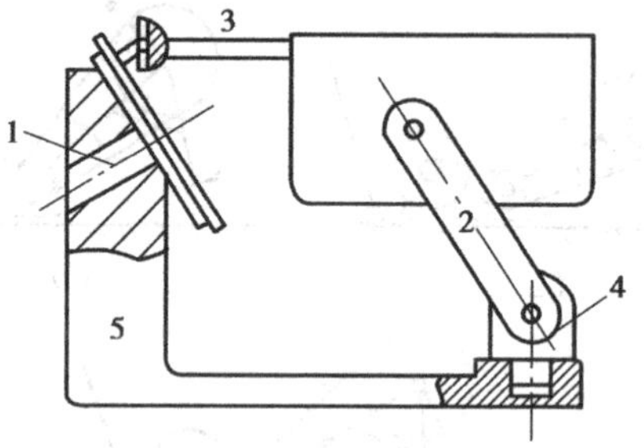

图5.34 搓元宵机

1—旋转圆盘；2,3—连杆；4,5—转动构件

但并不是所有模仿人动作的机器都能成功，例如缝纫机的发明在开始的50多年中，因为一味模仿人们千百年来穿针走线的动作，故始终无法设计出实用的缝纫机。最后，终于突破模仿人的动作，而采用面线和底线缝纫法，才发明了缝纫机。

8）系统设问法

针对事物系统地罗列问题，然后逐一加以研究、讨论，多方面扩展思路，就像原子的链式反应那样，从单一物品中萌生出许多新的设想，称为系统设问法。系统设问法可以从以下方面入手：转化、引申、改变、放大或缩小、复杂、精简、代替、重组、颠倒和组合。

①转化

转化就是根据存在的物品，设想它本身或经过稍微改变后是否能有其他的用途。

例如，农村水井打水用的手动唧筒（见图5.35（a））就是由滑块四杆机构（见图5.35（b））转化而来的应用实例。

②引申法

根据已知事物设问是否有与其相似的物品，从而引申设想出另一事物，实现创新。

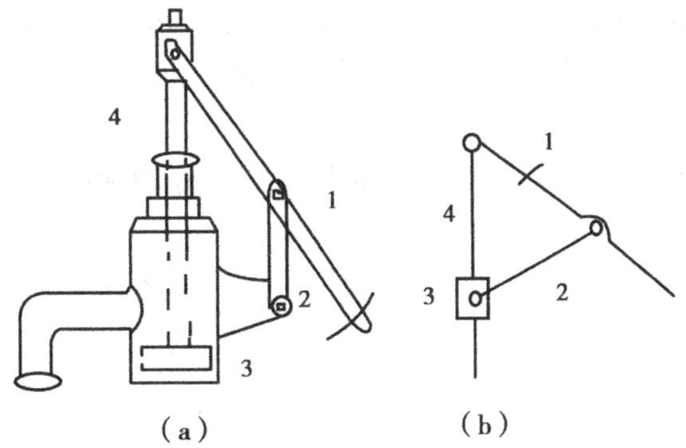

图 5.35　手动唧筒

1—手柄;2—杆件;3—抽水筒;4—活塞杆

港口用的起重机就是双摇杆机构引申来的,如图 5.36 所示,当 *AB* 杆摆动时,*CD* 杆也摆动,连杆 *CB* 上的 *E* 点作近似的水平运动,使其在起吊重物时减少能量的损失。

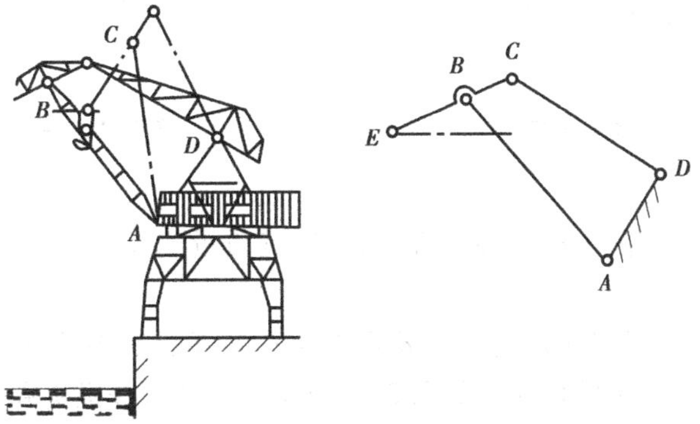

图 5.36　港口起重机

③改变法

设问改变已知事物的颜色、形状、气味、式样等特征时,能否产生创新。

如图 5.37 所示的为一车门启闭机构,利用反平行四边形引申而来。其运动特点为构件 1,3 作转向相反的转动,保证左、右车门同时启闭。其中的反平行四边形机构则是从平行四边形引申而来的。

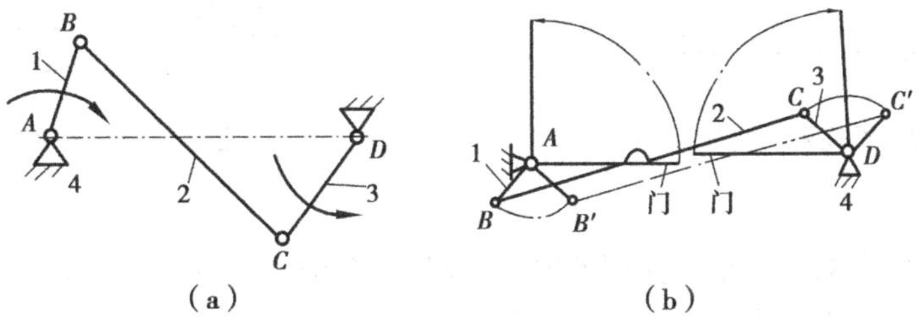

图 5.37　车门启闭机构

④放大或缩小法

设想将现存的事物,经过按比例放大或缩小,或是单向放大或缩小,能否得到新的事物。

汽车出现后,人们为下雨天开车时雨水会遮住驾驶员的视线而烦恼。为此有人利用“放大或缩小”这一方法设计出如图 5.38 所示的汽车前窗刮雨器。它是利用曲柄摇杆机构将摇杆的一端延长，利用摇杆延长部分的往复摆动实现刮雨动作。

⑤复杂化

设想在一个物品上加上别的东西，从而获得更加良好的性能和功能等，实现创新，如图 5.39所示。

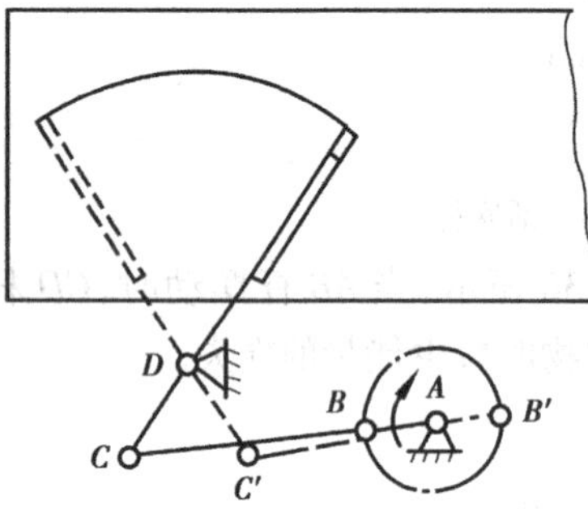

图 5.38 汽车前窗刮雨器

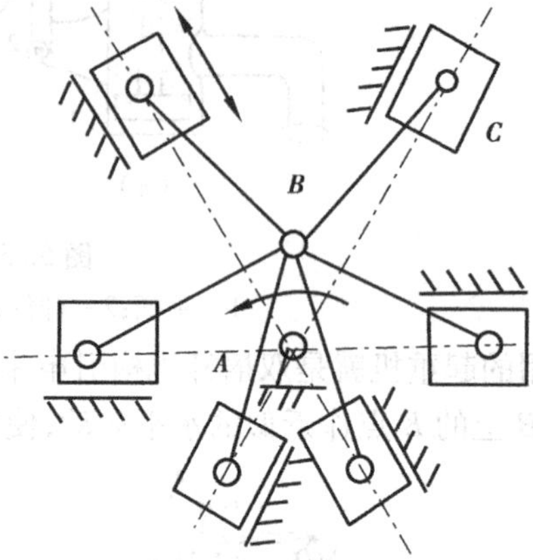

图 5.39 星形发动机

⑥精简法

精简就是设想从一物品上精简掉一部分，减轻其质量或复杂程度，从而设法得到创新的一种方法。

在创新设计实践中，可以在机构中将运动副精简，由柔性关节代替铰链，由结构本身的预期弹性变形来实现运动和力的传递。如图 5.40 所示的柔性四杆机构和如图 5.41 所示的手动夹钳即为新的柔性机构，它没有刚性运动副，不需装配，不需润滑，具有体积小、质量轻、制造和维修费用低、使用寿命长等优点。

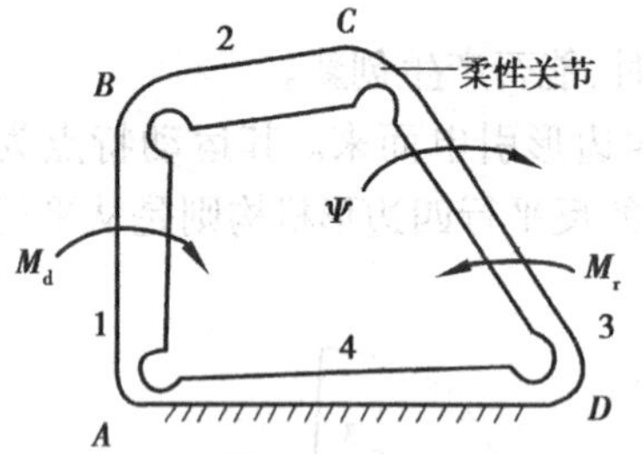

图 5.40 柔性四杆机构

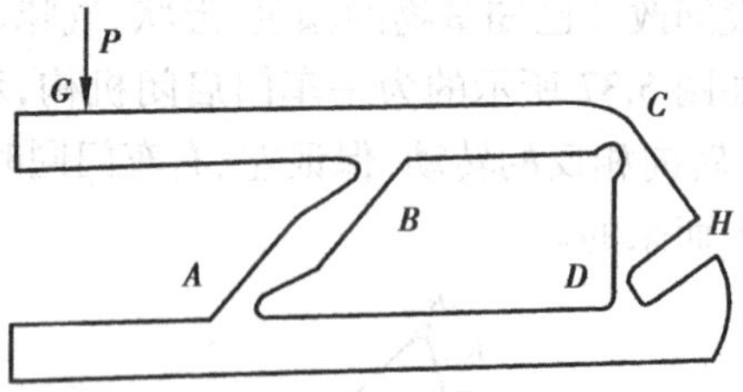

图 5.41 手动夹钳

⑦代替法

设想用一种物品来代替正在使用的物品，或是用其他材料、成分、过程或方法来代替此物品的材料、成分、过程或方法，从而实现创新。

例如，在曲柄滑块机构中，若需要曲柄较短，或需要滑块行程较小，这时可以使用盘状结构代替曲柄，这样就得到了如图 5.42 所示的偏心轮机构。回转中心 A 到偏心轮几何中心 B 的距离（称为偏心距）相当于曲柄滑块机构中的曲柄长度。偏心轮机构在剪床、冲床及鄂式破碎机等机械设备中得到广泛应用。

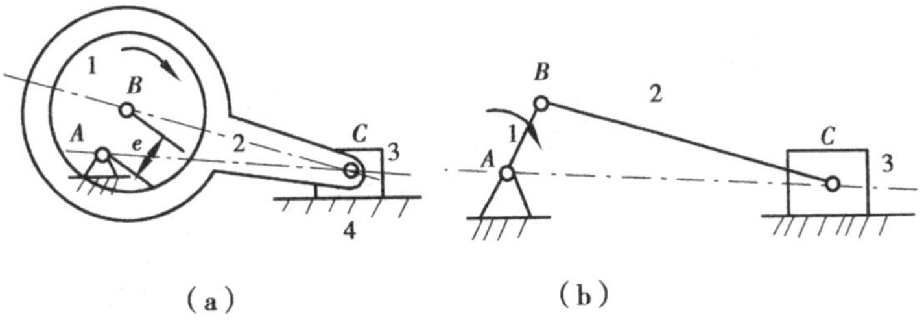

图 5.42　偏心轮机构

1—曲柄;2—连杆;3—滑块

⑧重组法

设想将一个物体的组成部分进行调换、重组,或是以一定的条件改变序列、因果关系和速率等,以产生一种新事物。

⑨颠倒法

设想将一种结构或功能正反互换来实现更多、更好的功能或是产生一种新结构。

如图 5.43 所示的可逆式折叠椅就是利用这种方法设计的,其椅面和靠背正反面分别做成硬的和软的两面,可以翻转,夏天坐硬面,冬天坐软面。

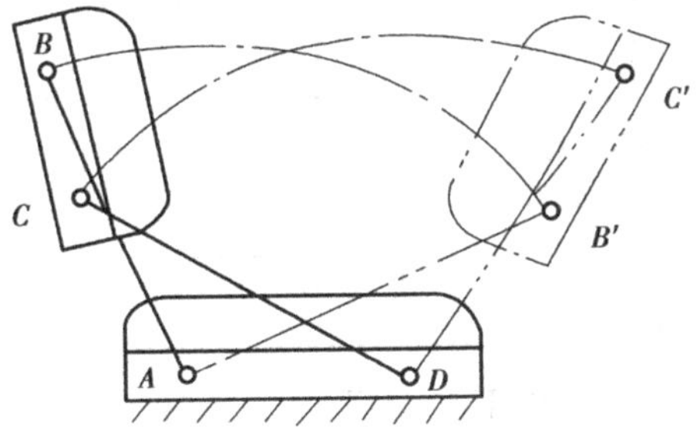

图 5.43　可逆式折叠椅

⑩组合法

设想将已知的物体与另一物体按照适当的方式组合起来,以加大其功能或是得到另一新事物。

如图 5.44 所示的织布机开口机构,它由曲柄滑块机构 3、4 和转动导杆机构 2 串联组合而成。曲柄 1 以等角速度转动时,机构 5 就能实现每转 180°后停歇的运动要求。

在机械创新设计实践中,运用系统设问法时应该以上述 10 个方面为参照,大胆提出设想,如果能像上述例子一样找到解决问题的答案,都可以作为创新设计的选题。

9) 专利文献选读法

从事机械创新设计,可以选择专利文献为主要媒体来获取信息,专利文献是最有代表性、数量最大的情报信息来源。通过阅读大量的专利文献,即可掌握现有发明的内容和思路,了解最新的发明成果,避免重复他人的工作和侵权行为,又可对不完善的部分加以改进,作为自己的课题,进行再发明。

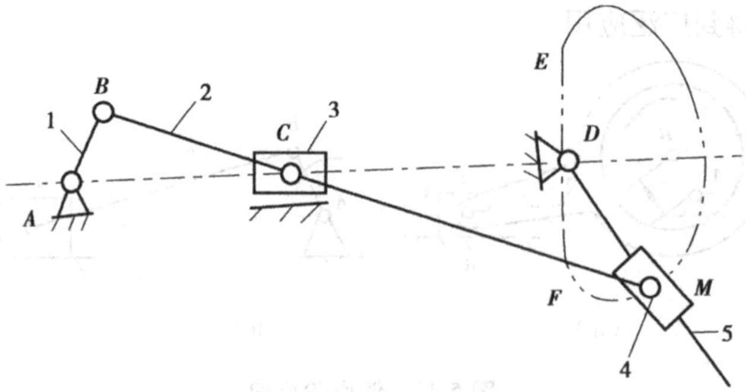

图 5.44 织布机开口机构

据资料统计,1985—1995 年中国发明协会向社会推荐和宣传的发明创造成果有 1 万多项,其中有 15%转化为生产力;而这 10 年中我国的专利实施率仅为 25%~30%。可见,采用专利文献法进行创新设计前景广阔,人们只要针对其中不实用的部分进行改进和完善,往往就会获得良好效果。

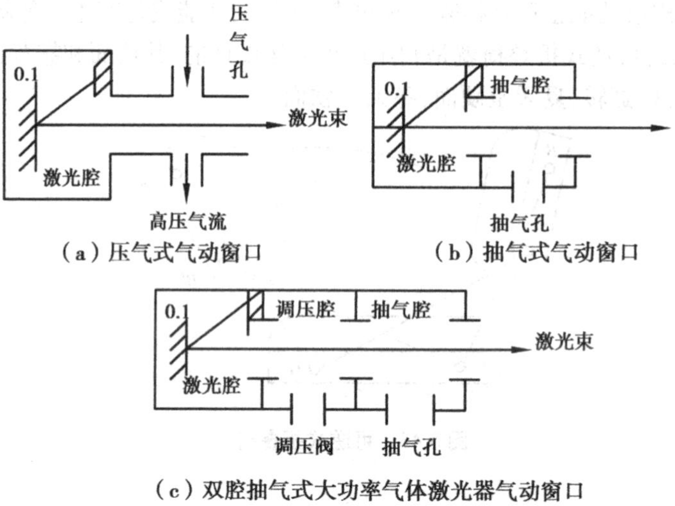

图 5.45 气动窗口示意图

20 世纪 80 年代初,国际科技情报联机系统还没有在我国投入使用,但是当时的年轻学者岳超瑜凭借着顽强的毅力,查阅了大量的专利文献,终于从浩如烟海的文献中找到了一些有关气动窗口的最新发明专利和报道,包括如图 5.45(a)所示的英国科学家发明的压气式气动窗口和如图 5.45(b)所示的美国人发明的抽气式气动窗口。其中,英国人的设计由于工作时会导致内腔污染,无法投入使用,而美国的发明存在造价高、激光质量差、结构和运行原理不足等缺点。岳超瑜对这两项发明进行分析和研究后,设计出如图 5.45(c)所示的双腔抽气式大功率气体激光器气动窗口,他的创新设计克服了上述两种设计的缺点,使腔内气流平衡,也密封了工作腔。

10)机械系统搜索法

利用机械系统的各种组成方法,如机构串联和并联组合,从中摸索出适合设计要求的新机构,进行创新设计。

11)功能原理法

分析所设计产品的总功能,将这些功能分解成一些分功能,然后根据这些分功能,设计合适的机构,将这些有分功能的机构组合成一个能实现所需总功能的新机械系统,完成机械系统的创新。

12)信息联想法

创新的发展重在突破,却也离不开继承,所以了解、继承他人或前人的成果非常重要。要提高创新能力,必须搜集信息,利用信息。

对自己每天耳闻目睹的大量信息加以筛选,从中挑出新的、奇的、与技术有关的科学发现和技术发明,通过思维加以联想,往往可以产生或提出一个新的发明问题。这种方法称为信息联想法。

联想的方式有:由一事物联想到空间或时间上与其相连通的另一事物;联想到与其对立的事物;联想到与其有类似特点(如功能、性质、结构)的另一事物;联想到与其有因果关系的另一事物;联想到与其有从属关系的另一事物;等等。

信息联想法是一种扩散性思维的方法,有以下 3 条原则:

①整体分解原则。先把整体加以分解,按序列得出要素,构成 x、y 轴。

②信息交合原则。各轴的每个要素逐一地与另一轴的各个要素相交合。

③结晶筛选原则。通过对方案的筛选,找出最优的方案。要注意方案的实用性、经济性、易生产性和市场可接受性等。

例如,一普通曲别针可用信息交合法创造性地得出千万种用途。如突破曲别针的勾、挂、别、连的特性,把曲别针总体信息分成材质、质量、体积、长度、截面、颜色、弹性、硬度、直边、弧边等 10 个要素,并将其用直线连成信息标(x 轴),然后再把与曲别针有关的人类实践进行要素分解,连成信息标(y 轴),x 轴与 y 轴的信息交合就可构成千万种用途。

13)集思广益法

集思广益法是美国创造工程学家奥斯本于 1945 年首次提出的,原文是“brain storming”,直译就是“头脑风暴”。这种方式是以开小型的交流讨论会来进行,与会人数一般为 5~10 人,要求与会者严格遵守下列规则:

①畅所欲言,想到就说,意见越多越好。

②静听别人的发言,从中受到启发,以使自己的意见更加完善。

③欢迎荒诞和使人发笑的言论,设想越奇越好,能否采用另当别论。

④禁止批评别人的发言,这一点很重要。

会后对会上的各种设想进行整理评价,选择最优的设想付诸实施。

运用上面介绍的 13 种方法,一般可以确定待发明的课题。这只是成功的开始,真正创新设计也是一个艰苦努力的过程。在进行创新设计时,需要联系实际需要,根据事物的品质、构造、功能、特征对各中构想或方案进行分析、比较、判断,先分析出最佳的方案,然后再运用创新的逆向思维和正向思维,对问题进行类比、综合、联想,集思广益,同时反复地进行绘图、试验、制作样品和模型,并不断改进,如此一个发明才有可能真正完成。

5.7.4 机构的创新设计

(1)简单机构运动特点的利用

利用简单机构的运动特点完成某一动作过程,是机构创新的一种有效方法。

1)平行四边形移动式抓取机构

如图 5.46 所示的平行四边形移动式抓取机构,当活塞 1 上的推杆 2 上移时,通过圆形齿轮 3 带动平行四边形机构 $OABO_1$,使手爪 5,6 作平行移动,而夹紧工件。图 5.46(b)为通过蜗杆、蜗轮带动平行四边形移动式抓取机构。

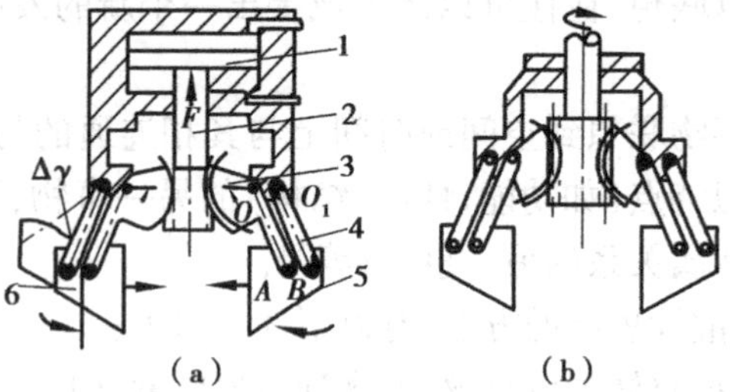

图 5.46 平行四边形移动式抓取机构

2)铸锭供料机构

如图 5.47 所示为铸锭供料机构,它的主机构是双摇杆机构 1—2—3—6,该机构利用连杆的特殊构形的位置与姿态,将加热炉中出料后的铸锭 8 运送到升降台 7 上。其中,构件 4,5 构成了液动机构。这种机构利用连杆机构运动特性构成了一种巧妙的出料机构。

(2)两构件相对运动关系的应用

利用两构件相对运动关系来完成独特的动作过程,使机构创新有一种全新的思路。如图 5.48 所示的铰链四杆机构,利用摇杆和连杆的特殊形状和运动关系得到一个分送工件的机构。图中,在Ⅰ位置上将一个圆柱形工件接住;在Ⅱ位置上将圆柱形工件送出,并且挡住料斗内其余工件,在Ⅲ位置上将圆柱形工件送到滑板 S 处滑下。这一构思是将铰链四杆机构中的连杆的运动功能与摇杆的运动功能两者有机地结合起来,达到分送工件的作用。这是通过简单的机构中两构件相对运动关系完成较为复杂的动作过程,其构思很巧妙。

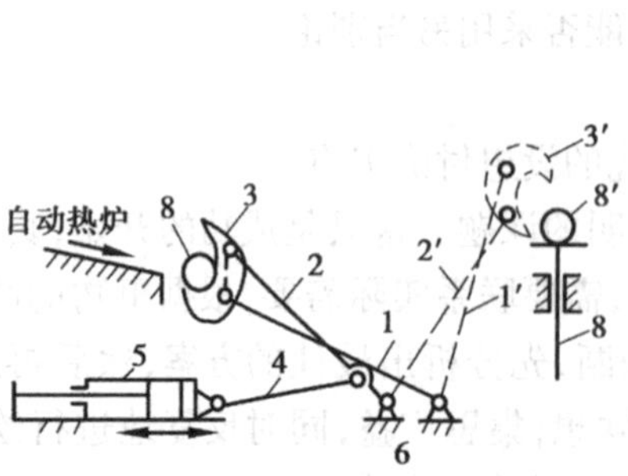

图 5.47 铸锭供料双摇杆机构

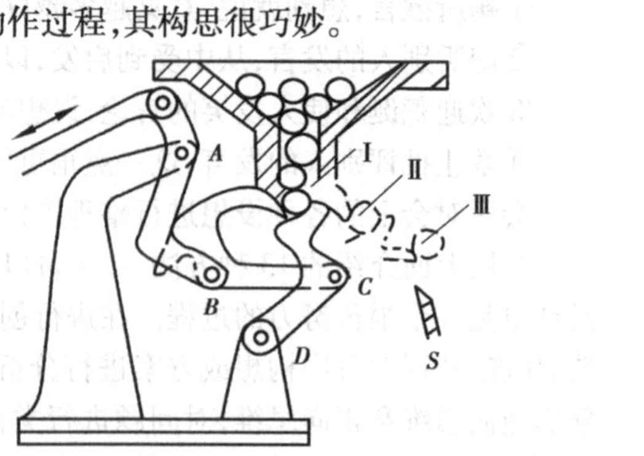

图 5.48 分送工件的铰链四杆机构

(3) 链传动的变异与创新

链条是人们很熟悉的常用的机械传动构件之一。链传动作为有中间挠性件的机械传动，其应用历史十分悠久，传统的链传动如图 5.49 所示，主要由链条和主动轮、从动轮组成。实际应用场合往往还配有张紧、润滑、安全保护等装置。

实际上链条作为机构元件应用，有着很广阔的发展空间，如突破传统的结构形式，可充分发挥链传动的优势，推动含有链条这种挠性结构元件的创新设计。

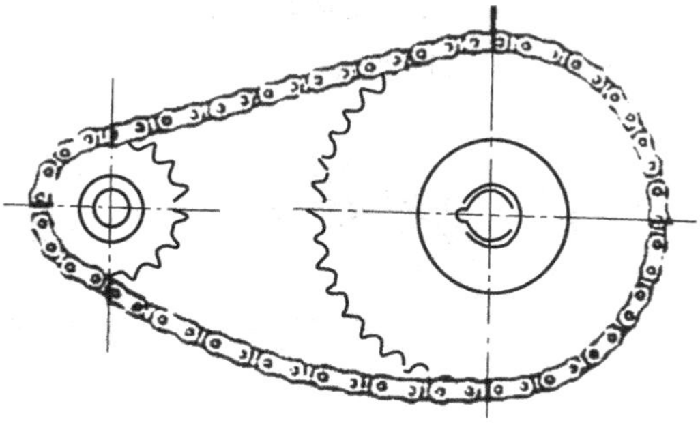

图 5.49　链传动

1) 传统结构形式的突破

链传动的传统模式是一根链条包绕在链轮上，用来把主动轴的回转运动（动力）传递到从动轴上。那么能否突破这种模式，由主动链轮驱动安放在轨道里的链条，由链条的链节或输出机构，输出复杂轨迹的运动，开创链传动新的应用领域。能否打破习惯上把链条局限在传动元件或输送元件的范围内研究的局限性，把链条这一特殊的机械挠性件看作机械元件来研究。

2) 创新设计

①把传动链装入一几何形状的导轨中，再配上与之相啮合的链轮作为主动轮，组成导轨链传动。主动轮可以作内啮合布置（见图 5.50），还可以作外啮合布置（见图 5.51）。

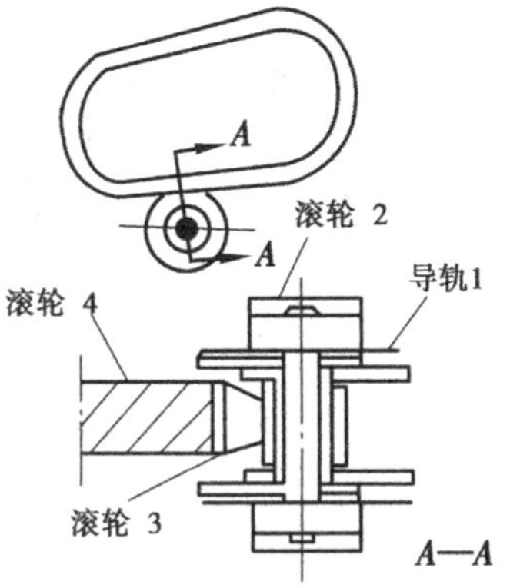

图 5.50　导轨链传动

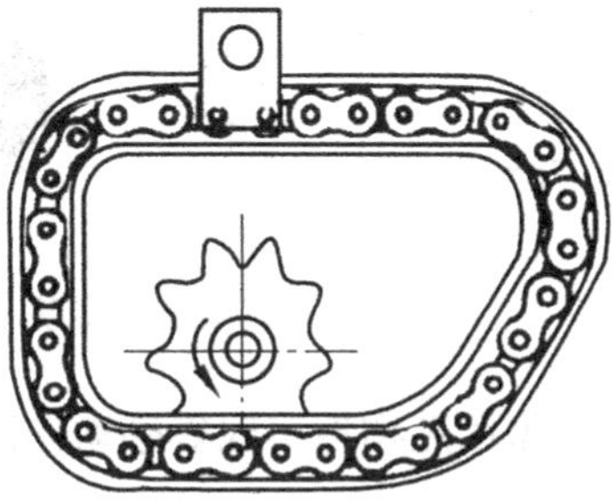

图 5.51　链条作为运动输出部件

从图 5.50 可知，销轴的两端装有滚轮 2，滚轮 2 与导轨 1 配合，以保证链条有与导轨相同的几何轨迹，链轮 4 仍与滚子 3 啮合。其滚子链条是在标准滚子链结构上派生出来的，是一种延长销轴滚子链。导轨链传动中没有从动轮,其运动输出直接利用链条本身就能得到各种几何形状的仿形运动,如将导轨链传动设计成各种输出机构,则可以实现给定的各种复杂规律(包括运动轨迹变化和速度变化)的运动输出。

②导轨链传动的运动输出机构很多,有如图 5.51 所示的直接利用链条本身输出运动的机构,还有如图 5.52 所示的利用滑块导槽机构、曲柄连杆机构、槽轮间隙机构输出运动的机构。其中,图 5.52(a)为配置有滑块导槽机构的导轨链传动,它可以用来输出直线往复运动,这种结构的导轨链传动在要求作长冲程的直线往复运动时有很大的优越性。如在石油行业的采油作业中,就采用了台导轨链传动的新式抽油机。

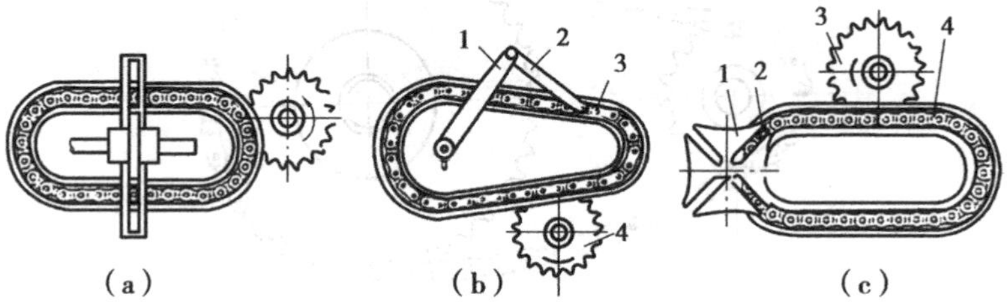

图 5.52　导轨链传动的运动输出机构

(b)1—曲柄;2—连杆;3—导槽机构;4—槽轮;(c)1,3—槽轮机构;2—导槽机构;4—导轨链

3)其他创新结构形式的链传动

①在传统的链传动基础上,把一个链轮(也可以是两个链轮)换成非圆链轮,则可组成如图 5.53 所示的非圆链轮(椭圆链轮)传动。非圆链轮传动是一种变速链传动,可把作匀速回转的主动轮的运动变成按某种规律变速回转的从动轮的运动。

非圆链轮可视需要设计与加工成各种形状,如把自行车中的大链轮改为非圆链轮,可使骑车者在某一区域感到轻松与省力。

②采用链条齿圈传动。链条齿圈传动的结构如图 5.54 所示,链条因是传动链围在大直径圆筒上并予以固定后组成,该传动宜在大直径圆柱体作低速回转的机械上采用,具有良好的经济性。

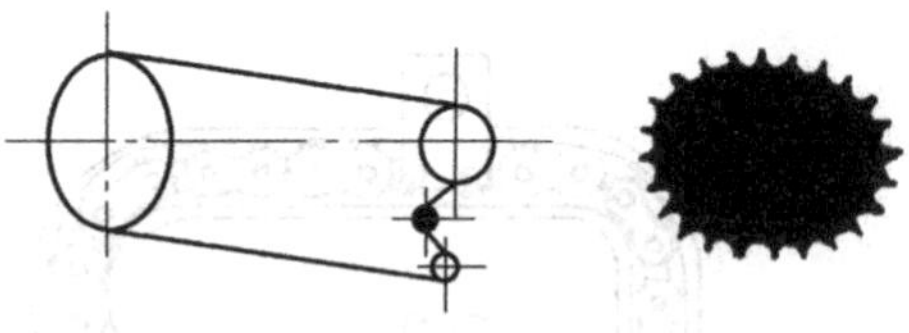

图 5.53　椭圆链轮传动

图 5.54　链条齿圈传动

(4)用成型固定构件实现复杂动作过程

糖果、饼干、香烟、香皂等的裹包和颗粒状、液体状食品的制袋充填等包装机械、食品机械的工艺动作,都比较复杂。如按通常的工艺动作过程分解方法,对每个动作采用一个执行机构来完成,那么机械中的机构形式就很多,结构将会很复杂。

如图 5.55 所示为象鼻成型器折弯成型式充填封口切断机示意图。平张的卷筒薄膜 1 经导辊至象鼻成型器 2(它是一个呈象鼻形状的固定模板)被折弯呈圆筒状,然后借助于等速回转的纵封辊 4 加压封合并连续向下牵引,使其成连续的圆筒状。物料由料斗 3 落入已封底的袋筒内。经不等速回转的横封辊 5,将该袋筒的上口封合,再经回转切刀 7 切断后排出机外。其袋形即为对接纵缝三面封口的扁平形。象鼻成型器将平张的薄膜逐渐折弯成圆筒形,使制袋机构大为简化。

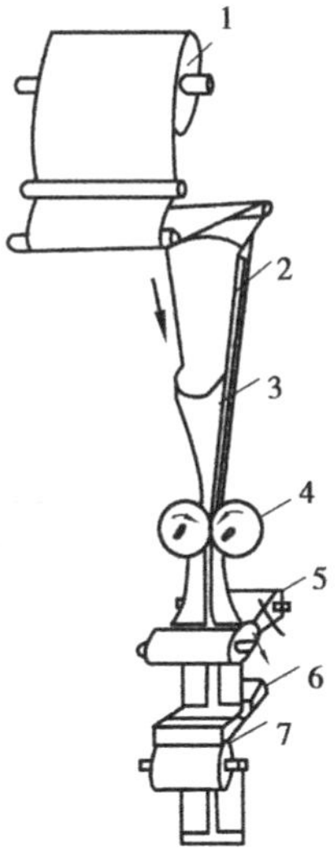

图 5.55　象鼻成型器折弯成型式充填封口切断机示意图

(5)应用交叉学科创造新的机构

为了使机构具有新颖、独特和高效,往往要摆脱纯机械模式,而采用光、电、液等工作原理来创造新机构。

①图 5.56 所示为"光电动机",其受光面是太阳能电池,8 只太阳能电池组成三角形与电动机的转子连接在一起。电动机一转动,太阳能电池也跟着旋转,动力就由电动机转子轴输出。由于受光面连成一个三角形,所以光的入射方向改变,也不会影响启动。这种将光能变为机械能的特殊机构,其构思很巧妙。

②图 5.57 为用于微型机械装配作业的微型抓取机构。该装置通过手臂 3 和弹性关节 2 组合而成的多关节"杆"机构,将压电晶体激励器 4 的微量伸缩(无负荷状态约为 3 μm/150 V)放大,以实现钳爪 1 的开闭。该多关节机构是从 0.15 mm 厚的镀青铜板上刻蚀方法制造出来的,每个钳爪有一片过关节机构,该钳爪全长 23 mm,质量为 4 g,钳爪的接近量为 20 μm/150V,所能夹持工件的质量(实测值)最大约为 80 mg。

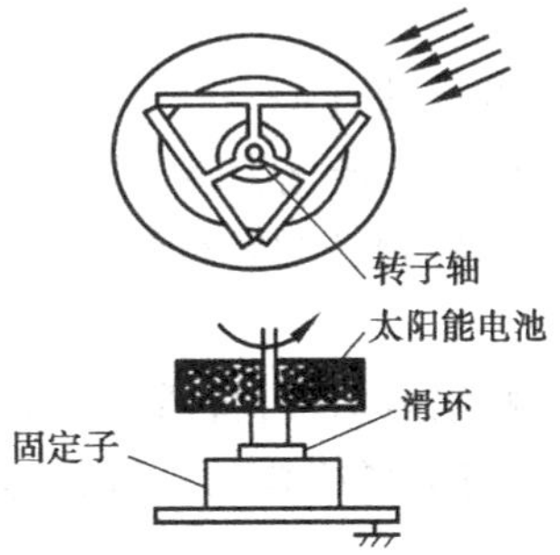

图 5.56　光电动机

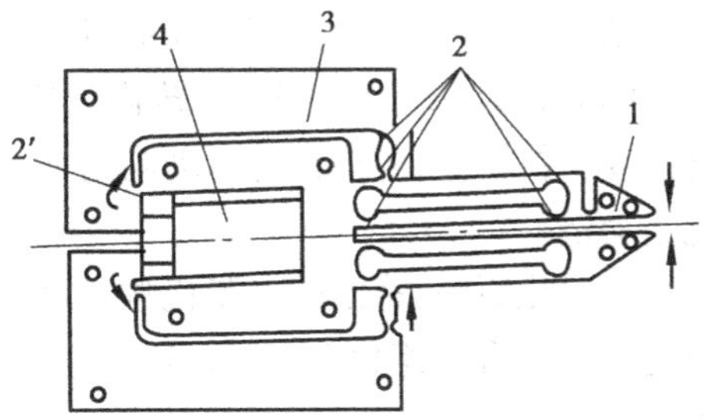

图 5.57　微型抓取机构

(6)机构类型变异创新设计

对于一个设计经验不多的设计人员来讲,在机构的构思和设计时要凭空想出一个能达到预期动作要求的新机构是非常困难的。可以凭借已有知识的学习,借助机构类型创新和变异的设计方法构思新的机构,以满足新的设计要求。

如图 5.58 为机构类型创新设计过程,根据该过程,设计人员可推导出所有与原始机构具有相同构造功能的新机构。

下面通过一个教练加紧机构创新设计的实例来说明机构类型创新的步骤与方法。

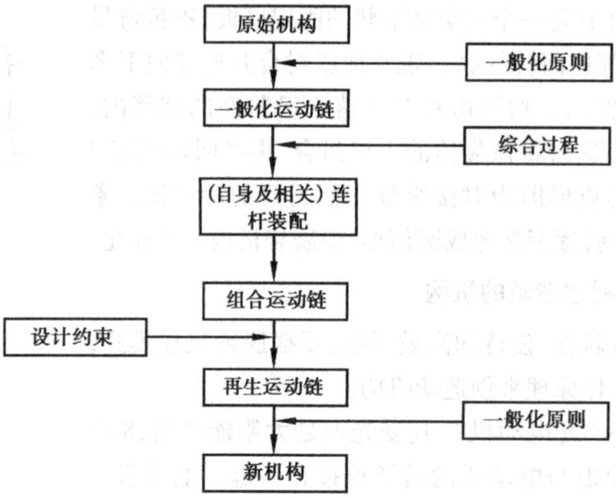

图 5.58 机构类型创新设计过程

1)原始机构

原始机构就是原有机构,如图 5.59 所示为一常用的铰链夹紧机构。在该机构中,1 为机架,2 和 3 分别为液压缸和活塞杆,5 为连杆,4 和 6 为连架杆。其中,6 是执行构件,用于夹紧工件 7。

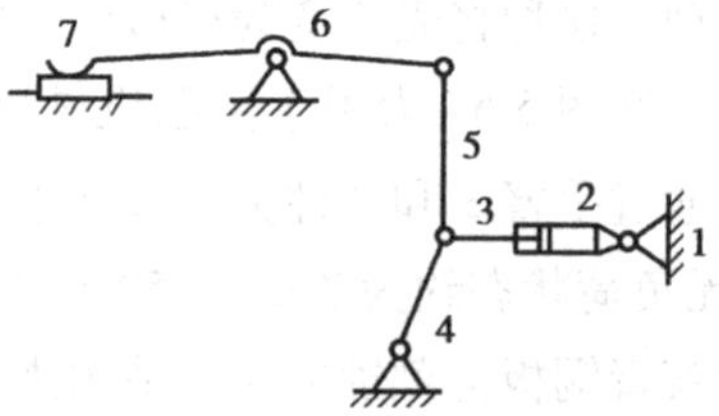

图 5.59 铰链夹紧机构

2)一般化运动链

一般化运动链的设计目的是为了产生包含不同类型构件和运动副的原动机构,形成具有一定数目构件和运动副的一般运动副,一些表面看似不相同的机构,可能具有相同的运动链。

一般化的原则为:所有"非连杆"转化为连杆,所有"非转动副"转化为转动副,而且要求机构的自由度保持不变,各构件与运动副的邻接保持不变,并将固定杆的约束解除,使机构成为一般化运动链。

按上述一般化原则,将铰链夹紧机构运动简图抽象为一般化运动链,将活塞杆 3 和液压缸 2 以标记为 P 的Ⅱ级组代替,并释放固定杆,由此所得的铰链夹紧机构的一般化运动链如图 5.60 所示。

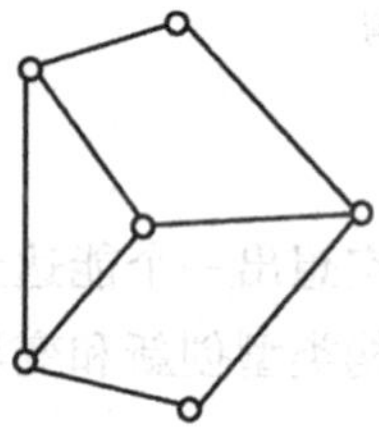

图 5.60 一般化运动链

3)设计约束

按照铰链夹紧机构的工作特性与具体要求,可定出下列设计约束,作为新机构型的依据。

①连杆总数 N 和运动副总数 J 均保持不变,即 $N=6$,$J=7$;

②必须含有一个液压缸;

③必须有一个固定杆,即机架;

④液压缸必须与机架连接或本身作为机架;

⑤活塞杆一端与液压缸组成移动副,其另一端不能与固定杆铰接;

⑥应有一双副杆作为执行件,它不能与活塞杆铰接,但必须与固定杆铰接。

4)运动链的发散

通过运动链的发散,将与图 5.60 所示运动链有相同的构件和运动副的运动链全部找寻出来,即可寻出铰链夹紧机构对应的单自由度、六杆、七转动副的非同构运动链,如图 5.61 所示的 1 型和 2 型两种形式。除此之外,还有 2 型的两种变异形式 3 型和 4 型。

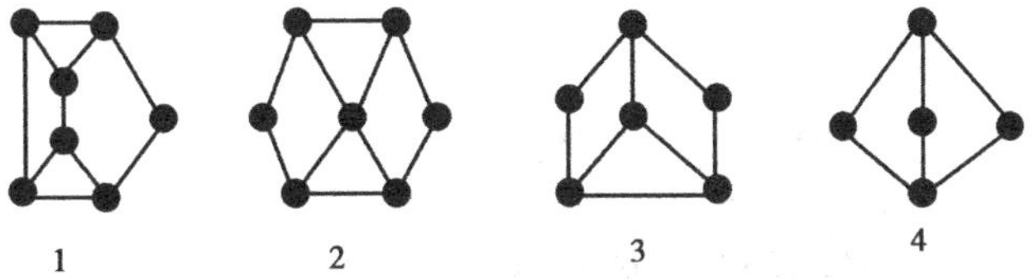

图 5.61　非同构运动链

5)再生运动链

按铰链夹紧机构的设计规则,可求得如图 5.61 所示的 4 种运动链衍生出的各种再生运动链。其步骤为:

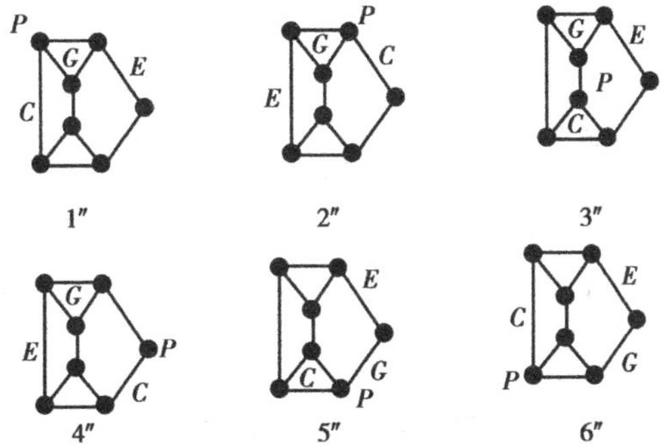

图 5.62　再生运动链

①选固定杆的一端与液压缸铰接,或者将液压缸本身作为固定杆;

②使活塞杆的一端与液压缸组成移动副,但另一端不能与固定杆相连;

③选一个双副杆作为执行件,它不能与活塞杆相连,但必须与固定杆铰接。

设以 C 表示固定杆(机架),E 表示执行件,G 表示活塞杆,P 表示由液压缸与活塞杆组成的移动副,则由六杆运动链 1 型衍生出如图 5.62 所示的 1"—4" 共 6 种再生运动链;由六杆组合运动链 2 型衍生出如图 5.63(a)所示的 7"—10" 共 4 种再生运动链;由六杆组合运动链 3 型衍生出如图 5.63(b)所示的 11"—20" 共 10 种再生运动链;由六杆组合运动链 4 型衍生出如图5.63(c)所示的 21" 一种再生运动链。

6)新型铰链夹紧机构运动简图

利用一般化原则的逆推程序,将由运动链再生获得的 21 种铰链夹紧机构型还原为具体机构,除去原有机构型,其余 20 种即为所有的新型铰链夹紧机构。设计者可根据主要技术性能指标及具体结构条件,通过分析比较,从中选取合理的结构形式,进而用机构尺度综合和优化设计方法确定该机构尺寸。

(7) 基于机构组合原理的创新

1)串联组合

如图 5.44 所示的织布机开口机构,它由曲柄滑块机构和转动导杆机构,通过 M 点和滑块

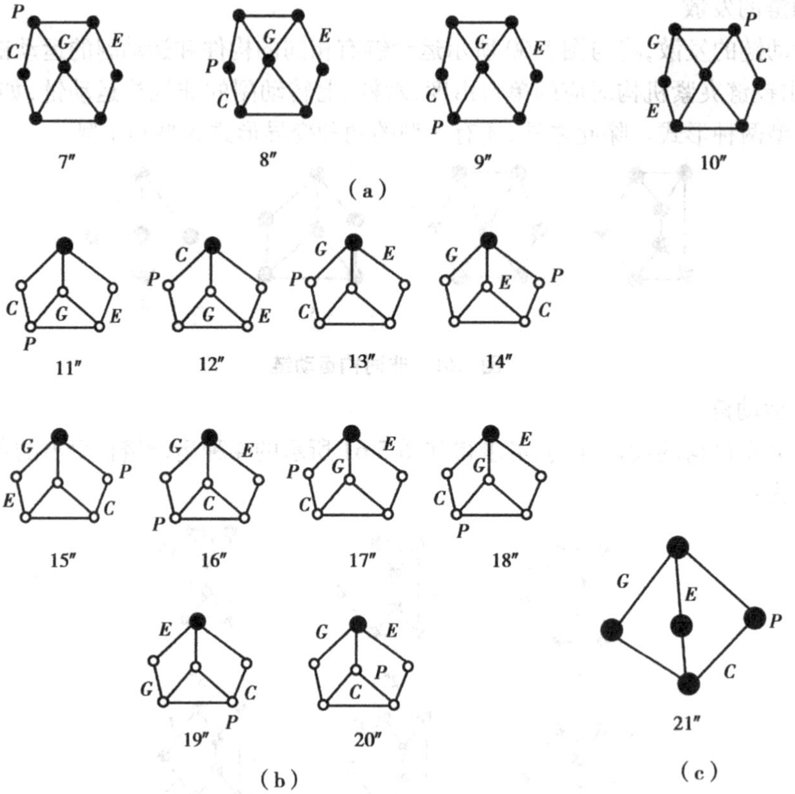

图 5.63　再生运动链

4 用铰链串联而成，当曲柄 1 以等角速转动时，构件 5 就能实现每转 180°后停歇的运动要求。

2）并联组合

如图 5.39 所示的星形发动机是由 6 个曲柄滑块组成的机构，6 个活塞的往复运动同时通过连杆传给公用曲柄 *A*，其输出传动是 6 个曲柄滑块机构输出传动的代数和，与单缸发动机相比，其输出扭矩波动小，并可以部分或全部地消除振动力。

3）机构的叠合

把一个机构叠装在另一机构的构件上，两机构各自进行运动，其输出运动则由两机构运动叠加而成。如图 5.64 所示的电动玩具马的主体运动机构，它模仿马的奔驰运动形态。这种电动马由曲柄摇块机构叠加在两杆机构的杆 4 上，两杆机构为运载机构，使马绕以 *O*—*O* 轴为圆心的圆周向前奔驰，而曲柄摇块机构中的导杆 2 的摇摆和伸缩则使马获得跃上、窜下、前俯、后仰的姿态。

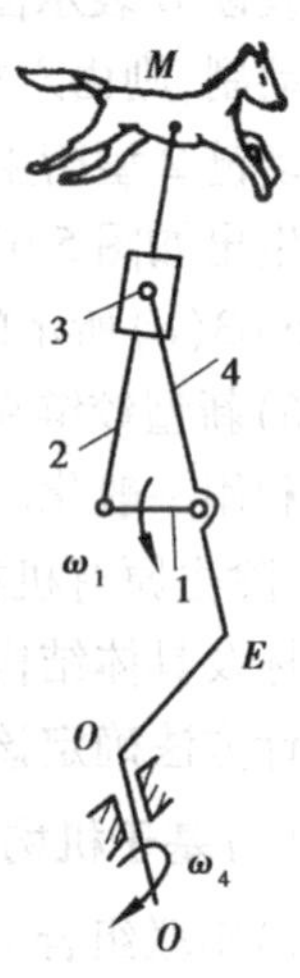

图 5.64　机构的叠合

（8）机构创新设计实例

1）虎钳的快速夹紧机构

如图 5.65 所示为一种快速夹紧机构，它可以提高虎钳夹持工件的效率。这种快速夹紧机构采用了一对具有相同曲面的转动凸轮和固定凸轮，手柄转动凸轮快进到预定位置。然后，螺旋机构进行夹紧，虎钳的钳口位置可以借助夹压间距调节手轮进行调节,以适应不同的材料厚度,同时也可调整夹紧力,该机构可用作铣床、镗床、装配夹具等的夹压机构,是一种夹紧力调节简单的快速夹紧装置。

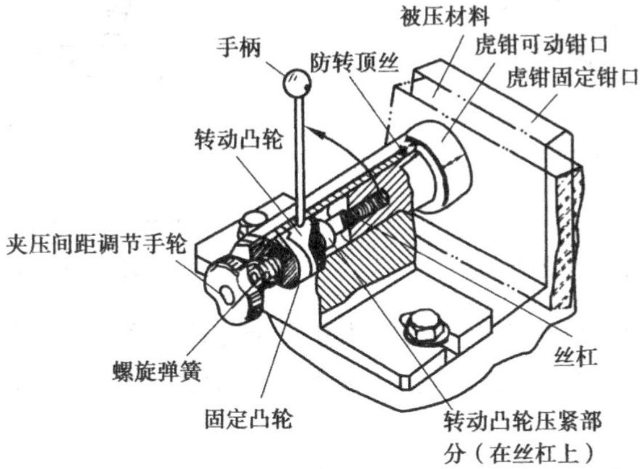

图 5.65　虎钳的快速夹紧机构

2)无死点机构

在曲柄滑块机构中,当滑块为主动件时,机构有死点出现。如何构思一个无死点机构?

①若采用图 5.66(a)所示结构形式,则无死点出现。再如蒸汽机动力设备是 90°开式双汽缸结构,这样的结构也可避开死点(见图 5.66(b))。

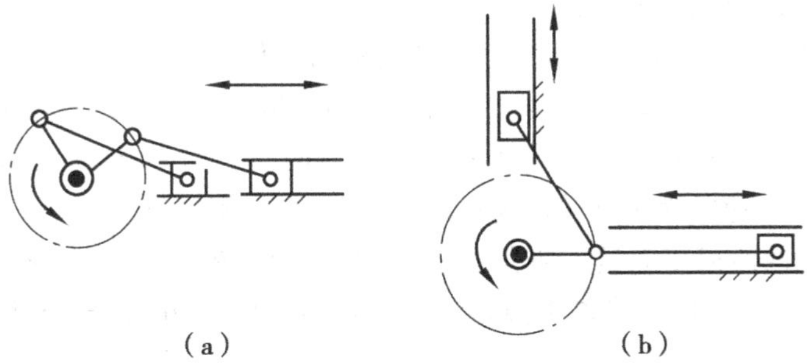

图 5.66　无死点机构

②图 5.67 所示为一种巧妙的无死点机构,其巧妙之处是滑板与活塞杆相连接,利用滑板上的曲线形长孔及与之配合的曲柄销驱动曲柄轮转动,在曲柄销的左右死点位置上,由于滑板的曲线形长孔的斜面与曲柄销接触,所以就能消除一般曲柄机构的死点问题。曲线形长孔的倾斜方向确定了曲柄轴的旋转方向,并使其保持固定的旋转方向。

3)深孔钻床进刀装置

钻探孔是一件较麻烦的工作。如图 5.68 所示为深孔钻床进刀装置,该装置在一次钻孔的自动循环中能多次进刀和退刀。在每次进刀终了时,钻头就自动退离工件并排出切屑。然后,钻头又在动力系统的作用下快速回到切削位置。

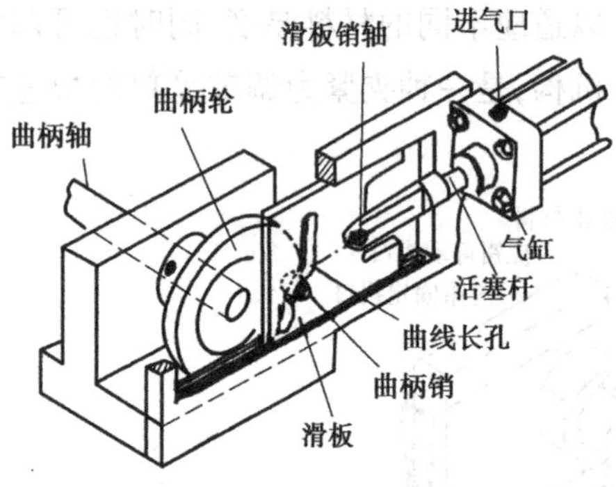

图 5.67 巧妙无死点机构

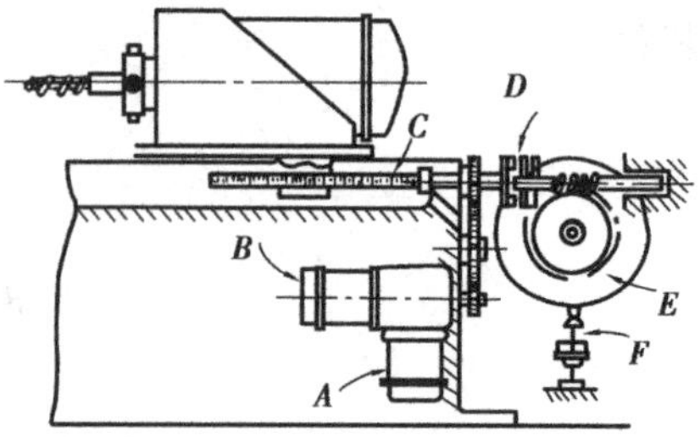

图 5.68 深孔钻床进刀装置

钻头的进给和快速移动,分别由电动机 A 和 B 通过齿轮系驱动螺杆来完成。在每次完成钻削进刀量以后,进给电动机 A 反转,同时,电动机 B 则在转矩控制系统(没画出)的作用下启动,使钻头快速退出工件。与此同时,电磁离合器 D 被结合,使螺杆 C 通过蜗轮系统而驱动凸轮 E 转动。当钻头快速移动到终端时,由一机构(没画出)使进给电动机 A 停止,且使电动机 B 反转。这样,钻头就快速移向工件,此时,凸轮 E 以相反的方向转动。当凸轮 E 回到其原来的正常位置时,凸轮 E 使开关 F 动作,使电动机 B 停止,同时离合器 D 脱开。这时,进给电动机 A 被重新启动,以进行下一次的钻削。

由于进给电动机 A 在钻头向工件快速趋近时不转动,所以当电动机 B 停止时,能保证钻头的前端与工件前一次钻削的孔底之间存在一个小的间隙。这样,就不会出现由于钻头快速移动的过进给而造成损坏钻头的现象。

活齿传动是利用一组中间可动件来实现传动的新型传动机构,简称活齿传动。活齿传动属于刚性啮合传动。它可用作直线传动,也可用作回转传动。活齿传动中啮合件的轮廓曲线也是根据等速共轭原理形成的,一般均为特殊包络线曲线。其中,以圆形针齿和具有直线齿廓的活齿,实现近似等速共轭运动的活齿针轮传动,最有实用价值。

如图 5.69 所示的活齿传动是一种利用偏心圆驱动径向销形活齿,使之与固定针齿相啮合的一种活齿传动。其全部传动装置由偏心圆微波器(J)、活齿齿轮(H)和固定针齿齿轮(G)组成。

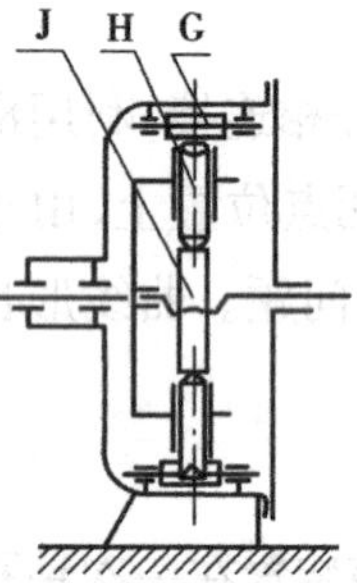

图 5.69 活齿传动简图

活齿传动原理是利用偏心圆激波器,周期性地激励可沿径向往复运动的销形活齿,使活齿的楔形齿头与固定针齿啮合,形成蛇腹蠕动式的切向波,实现驱动关系,并使 J—H—G 三构件具有一定规律的相对运动。如任意固定三构件中的一个构件,其余两构件可互为主、从动件,实现恒定传动比的减速或增速传动。如果以任意两构件作主动件,则第三构件获得差速传动。

设活齿传动中三构件的转速分别为 n_J,n_H,n_G,根据相对运动原理,可求得活齿传动的传动比计算公式为

$$i_{JG}^{H} = \frac{n_J - n_H}{n_G - n_H} = \frac{z_G}{z_G - z_H}$$

式中 z_G——固定针齿齿轮齿数;

z_H——活齿齿轮齿数。

若固定不同的构件，可到相应的传动比计算公式。若活齿传动的针齿齿轮固定，偏心圆波激波器为主动件，运动活齿齿轮输出，即 $n_G=0$，则传动比计算公式为

$$i_{JH}=\frac{-z_H}{z_G-z_H}$$

4）谐波齿轮传动

如图 5.70 所示的谐波齿轮传动，它是利用一个或几个构件可控制的弹性变形来实现机械运动的传递。谐波齿轮由固定的刚性内齿轮 b，可变形的柔轮 g，波发生器 H（一般装在柔性齿轮内，相当于转臂）组成。其传动原理为：设波发生器 H 为主动件，当 H 顺时针转动时，柔轮与刚轮的啮合区也随着波动，因而使柔轮产生一个移动的波形，传递所需的机械运动。若波发生器滚轮为 2，而 $z_b=202$，$z_g=200$，则当波发生器转一周时，其柔轮沿相反方向转过 2/200 周，则得减速传动，其传动比为 100。

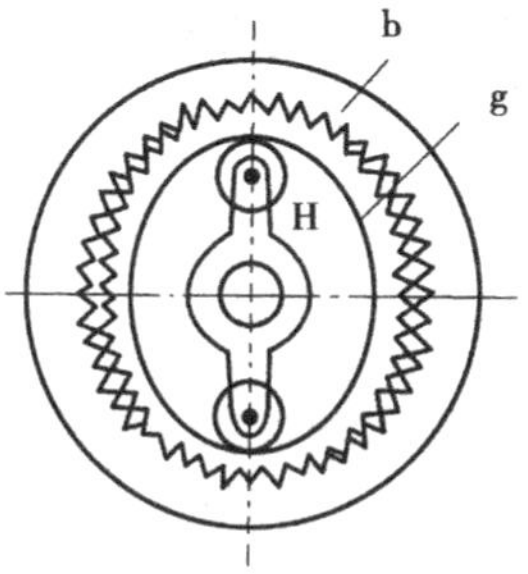

（a）

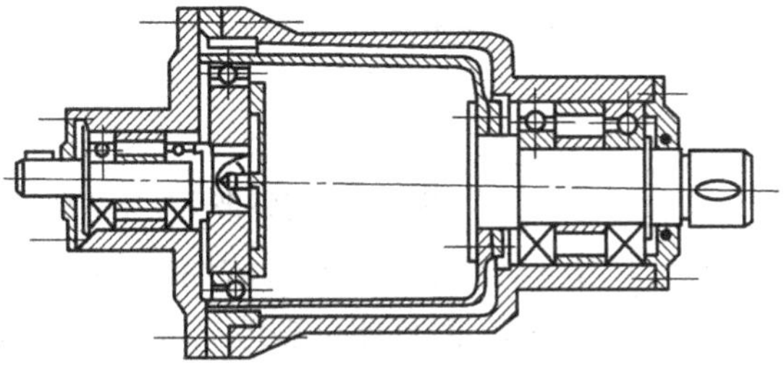

（b）

图 5.70　谐波齿轮传动

谐波齿轮传动与蜗轮传动、行星齿轮传动、摆线针轮传动相比有许多优点：

①因谐波齿轮传动中齿与齿的啮合是面接触，加上同时参加啮合齿数比较多（即重合度大，一般可达总齿数的 30%～40%），因而单位载荷比较小，承载能力较其他传动方式高。

②结构简单，为同轴传动，故容易装配，成本低，而且由于谐波齿轮传动承载能力高，在传递同等负载的条件下，结构可以做得较小，再加上本身零件数量少，因而比普通齿轮减速器体积小 20%～50%，质量相应也减轻了。

③谐波齿轮传动中齿轮的相对滑动速度较低，特别是受力最大的长轴处齿间不存在滑移，因此磨损小、轮齿寿命长、传动效率高，传动装置的总效率可达 80%～90%。

④单级谐波齿轮传动的传动比，可达 $i=50\sim500$，依赖三组构件达到如此大的传动比，是任何其他机械传动方式所不能达到的。若采用行星轮式发生器，传动比可达 150～4 000；若采用复波传动，传动比可达 10^7。

⑤谐波齿轮传动中，齿轮的齿侧间隙可以调整到零，加上同时参加啮合的齿数多，所以运动精度高、传动平稳、无冲击。

⑥因为传动效率高，用谐波齿轮传动代替圆柱齿轮、蜗轮蜗杆传动装置具有明显的节能优点。

⑦可用于化工系统中无泄漏密封传动（见图 5.71），这是其他传动装置不能实现的传动。

5）柔性及顺应型抓取机械手

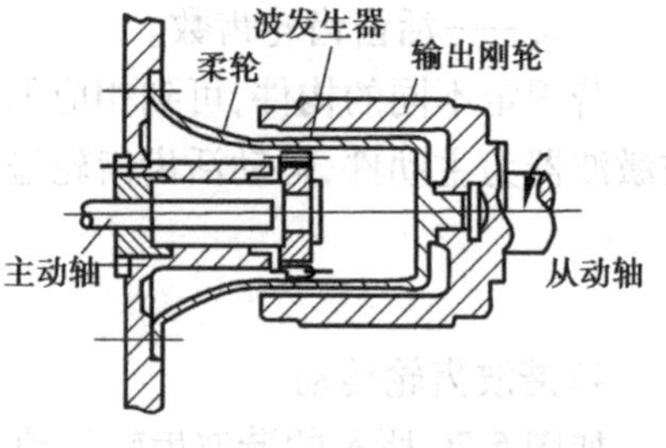

图 5.71　无泄漏密封传动的谐波齿轮传动

用挠性带绕在被抓取的物件上，把物件抓住，可以分散物件单位面积上的压力而不易损坏物件。在如图 5.72(a) 所示的机构中，挠性带 2 的一端有接头 1，另一端是夹紧接头 9，它通过固定台 8 的沟槽后固定在驱动接头 4 上。当活塞杆 5 向右移动将挠性带拉紧的同时，又通过缩放连杆 3 推动夹紧接头 9 向左收紧挠性带，从而把物件夹紧。它是一种用挠性带包在被抓取物表面的柔软手爪。当活塞杆向左移动时，将带松开。如图 5.72(b) 所示的机构，采用柔性杠杆作手爪，当活塞杆向右移动时，将手爪放开；反之，则夹紧。

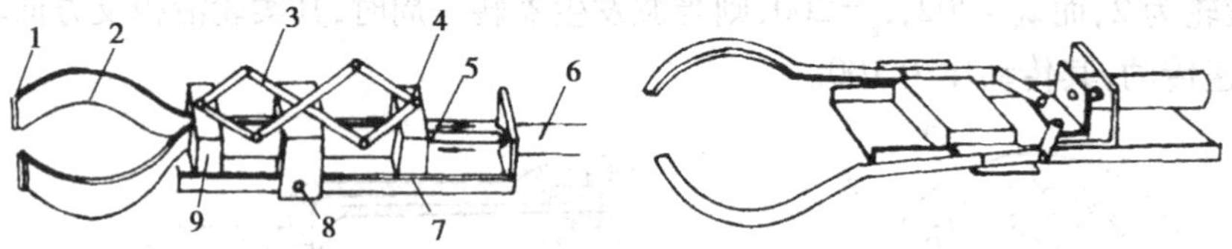

(a)　　(b)

图 5.72　挠性带柔软手抓取机械手

如图 5.73 所示为用一个自由度实现柔软性抓取的仿物体轮廓的柔性抓取机构，无论什么截面的二维物体，它都能包络，而且能可靠地抓取。当握紧电动机 1 运转时，接通离合器 2，将缆绳收紧，使其各链节包络工件：当放松电动机 3 运转时，接通离合器 2，将缆绳放松，而松开工件。

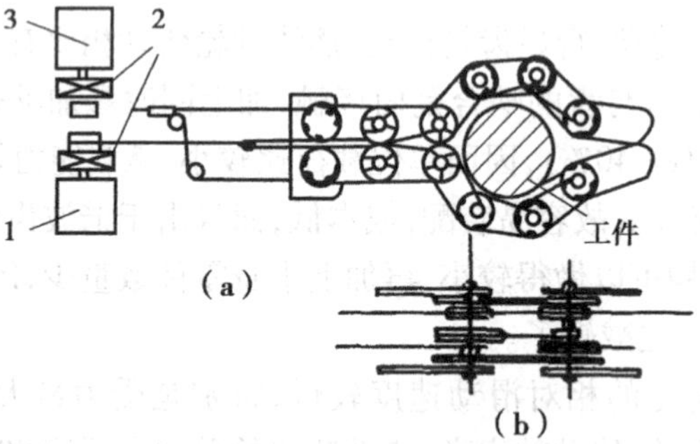

图 5.73　仿物体轮廓的柔性抓取机构

6）儿童玩具

如图 5.74 所示，通过某些特定构件可巧妙组合成一种儿童玩具。

7）无链传动自行车

如图 5.75 所示的自行车，采用曲柄摇杆机构代替了链传动，以摇杆为主动件，当脚踏摇杆时，自行车便可行进。

自行车有许多创新结构形式，如折叠式自行车、上坡省力自行车、自带打气筒自行车等。

8）仿动物动作机构

如图 5.76 所示为仿动物动作机构，它能由连杆机构产生弯曲与摇摆合成运动，因而可实

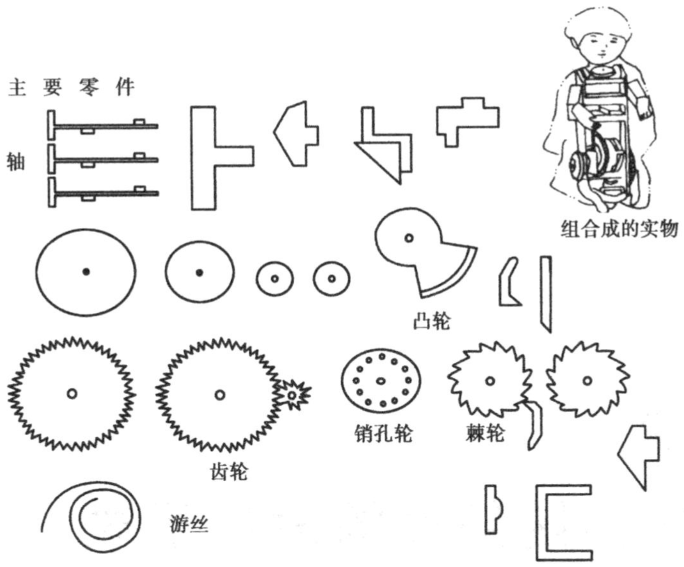

图 5.74　儿童玩具

现动物起立与摇头的动作。

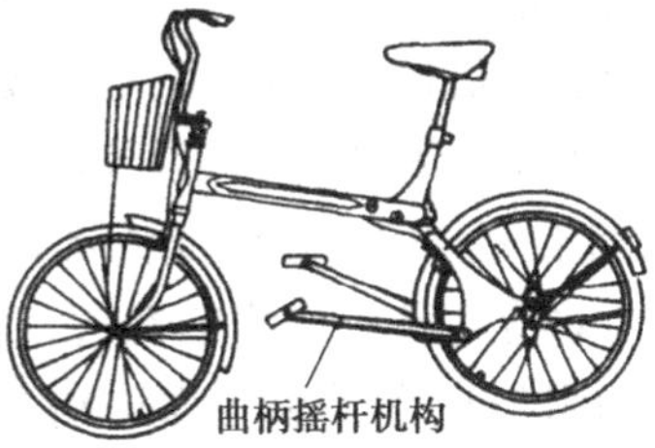

图 5.75　无链传动自行车

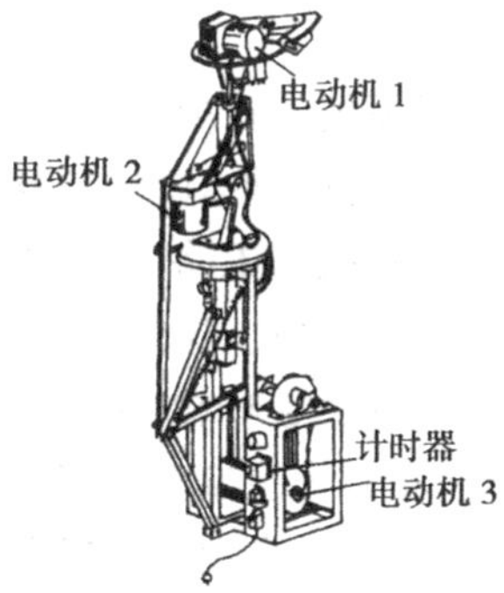

图 5.76　能仿动物动作的机构

第 6 章 典型机械系统部件的设计要求

与一般的机械系统设计要求相比,机电一体化系统的机械系统除要求具有较高的定位精度之外,还应具有良好的动态响应特性,即响应要快、稳定性要好。一个典型的机电一体化系统,通常由控制部件、接口电路、功率放大电路、执行元件、机械传动部件、导向支撑部件,以及检测传感部件等部分组成。这里所说的机械系统一般由减速器、丝杆螺母副、蜗轮蜗杆副等各种线性传动部件以及连杆机构、凸轮机构等非线性传动部件、导向支撑部件、旋转支撑部件、轴系及机架或箱体等组成。为确保机械系统的传动精度和工作稳定性,在设计中,常提出低摩擦、无间隙、低惯量、高刚度、高谐振频率、适当的阻尼比等要求。为达到上述要求,主要从几个方面采取措施。

①采用低摩擦阻力的传动部件和导向支承部件,如采用滚珠丝杠副、滚动导向支承、动(静)压导向支承等。

②缩短传动链,提高传动与支承刚度,如用预紧的方法提高滚珠丝杠副和滚动导轨副的传动与支承刚度;采用大扭矩、宽调速的直流或交流伺服电机直接与丝杠螺母副链接以减少中间传动机构;丝杠支承设计中采用两端轴向预紧或预拉伸支承结构等。

③选用最佳传动比,以达到提高系统分辨率,减少等效到执行元件输出轴上的等效转动惯量,尽可能提高加速能力。

④缩小反向死区误差,如采取消除传动间隙、减少支承变形的措施。

⑤改进支承及架体的结构设计以提高刚性、减少震动、降低噪声。如选用复合材料等来提高刚度和强度,减小质量、缩小体积使结构紧密化,以确保系统的小型化、轻量化、高速化和高可靠性。

这些措施反映了机电一体化系统设计的基本特点。在本章中主要介绍典型的传动部件、导向和旋转支承部件以及架体(机架或箱体)等结构设计与选择的基本问题。

6.1　机械传动部件的选择与设计

6.1.1　常见传动部件功能与要求

机械传动部件通常有螺旋传动、齿轮传动、同步带传动、高速带传动、各种非线性传动等，其主要功能是传递转矩和转速。因此，机械传动部件实质上是一种转矩、转速变换器，其目的是使执行元件与负载在转矩和转速方面得到最佳匹配。

机械传动部件对伺服系统的伺服特性有很大影响，特别是其传动类型、传动方式、传动刚性以及传动的可靠性对机电一体化系统的精度、稳定性和快速响应性有重大影响，特别是传动类型、传动方式、传动刚度以及传动的可靠性对机电一体化系统的精度、稳定性和快速响应性有重大影响。因此，应设计和选择传动间隙小、精度高、体积小、质量小、运动平稳、传递转矩大的传动部件。

机械传动部件中的传动机构以及传动功能见表 6.1。从表中可以看出，一种传动机构可以满足一项或同时满足几项功能要求。如齿轮齿条传动既可将直线运动或回转运动转换为回转运动或直线运动，又可将驱动力或转矩转换为转矩或驱动力；带传动、蜗轮蜗杆传动及各类齿轮减速器（如谐波齿轮减速器）既可进行升速或降速，又可进行转矩大小的变换。

表 6.1　传动机构及其功能

基本功能＼传动机构	运动的变换			动力的变换		
	形式	行程	方向	速度	大小	形式
丝杠螺母	▲				▲	▲
齿轮			▲	▲	▲	
链轮链条	▲					
带、带轮			▲	▲		
缆绳、绳轮	▲		▲	▲	▲	▲
杠杆机构		▲		▲	▲	
连杆机构		▲		▲	▲	
凸轮机构	▲	▲	▲	▲		
摩擦轮			▲	▲	▲	
万向节			▲			
软轴			▲			

续表

基本功能 / 传动机构	运动的变换			动力的变换		
	形式	行程	方向	速度	大小	形式
蜗轮蜗杆			▲	▲	▲	
间歇机构	▲					
齿轮齿条	▲					▲

注:▲表示有此功能。

对工作机种的传动机构,既要求能实现运动的变换,又要求能实现动力的变换;对信息机种的传动机构,则主要要求具有运动的变换功能,只要求克服惯性力(力矩)、各种摩擦阻力(力矩)及较小的负载即可。

随着机电一体化技术的发展,要求传动机构不断适应新的技术要求。具体讲有 3 个方面:

①精密化。对某种特定的机电一体化系统(或产品)来说,应根据其性能的需要提出适当的精密度要求。虽然不是越精密越好,但由于要适应产品的高定位精度等性能,对机械传动机构的精密度要求也越来越高。

②高速化。产品工作效率的高低,直接与机械传动部件的运动速度相关。因此,机械传动机构应能适应高速运动的要求。

③小型化、轻量化。随着机电一体化系统(或产品)精密化、高速化的发展,必然要求其传动机构的小型、轻量化,以提高运动的灵敏度(快速响应性)、减小冲击、降低能耗。为与微电子部件的微型化相适应,也要尽可能做到使机械传动部件短小轻薄化。

6.1.2 螺旋传动

(1)螺旋传动形式

丝杠螺母机构(螺旋传动机构)主要用来将旋转运动变换为直线运动或将直线运动变换为旋转运动。这些机构既有以传递能量为主的(如螺旋压力机、千斤顶等),也有以传递运动为主的(如工作台的进给丝杆),还有调整零件相对位置的(如螺旋传动机构)。

丝杠螺母机构有滑动摩擦机构和滚动摩擦机构之分。滑动丝杆螺母机构结构简单、加工方便、制造成本低、具有自锁功能,但其摩擦阻力矩大、传动效率低(30%~40%)。滚动丝杠螺母机构虽然结构复杂、制造成本高,但其最大优点是摩擦阻力矩小、传动效率高(92%~98%),因此在机电一体化系统中得到广泛应用。

根据丝杠和螺母相对运动的组合情况,其基本传动形式有如图 6.1 所示的 4 种类型。

①螺母固定,丝杠转动并移动,如图 6.1(a)所示。该传动形式因螺母本身起着支承作用,消除了丝杠轴承可能产生的附加轴向传动,结构较简单,可获得较高的传动精度。但其轴向尺寸不宜太长,刚性较差,因此只适用于形成较小的场合。

②丝杠转动，螺母移动，如图6.1(b)所示。该传动形式需要限制螺母的转动，故需要导向装置。其特点是结构紧凑、丝杠刚性较好，适用于工作形成较大的场合。

③螺母转动，丝杠移动，如图6.1(c)所示。该传动形式需要限制螺母移动和丝杠转动，由于结构较复杂且占用轴向空间较大，故应用较少。

④丝杠固定，螺母转动并移动，如图6.1(d)所示。该传动方式结构简单、紧凑，但在多数情况下，使用极不方便，故很少应用。

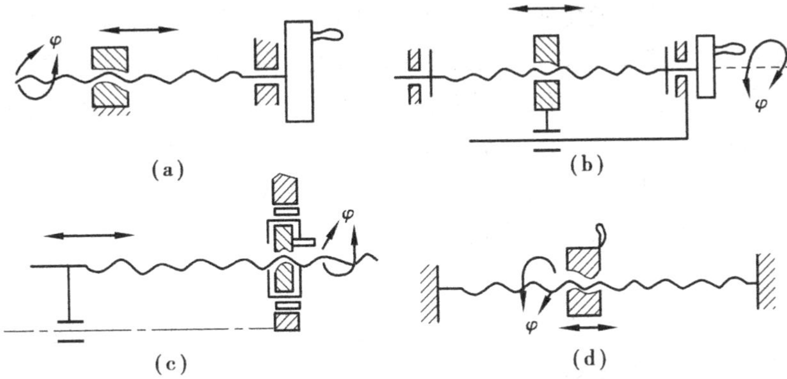

图6.1　丝杆螺母机构的基本传动形式

此外，还有差动传动方式，其传动原理如图6.2所示。该方式的丝杠上有基本导程（螺距）不同的（如P_{h1}，P_{h2}）两段螺纹，其方向相同。当丝杆2转动时，螺母1的移动距离为$\Delta\lambda = n(P_{h1}-P_{h2})$，如果两基本导程相差较小，则可获得较小的位移。因此，这种传动方式多用于各种微调机构中。

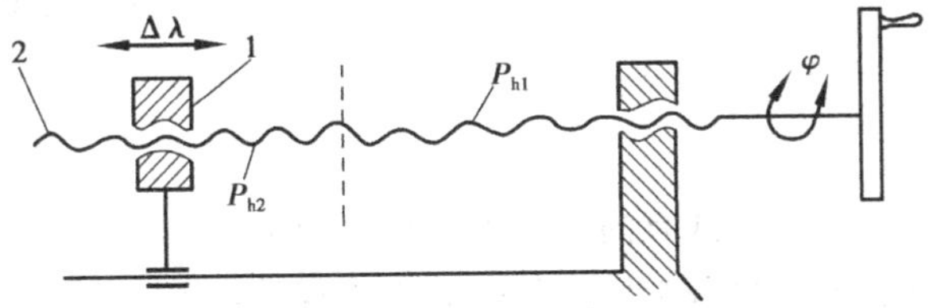

图6.2　差动传动原理

1—螺母；2—丝杠

(2)滚珠丝杠副传动部件

1)滚珠丝杠副的组成及特点

滚珠丝杠副是一种新型螺旋传动机构，其具有螺旋槽的丝杠与螺母之间装有中间元件——滚珠。如图6.3所示的滚珠丝杠螺母由反向器（滚珠循环反向装置）1、螺母2、丝杠3和滚珠4等四部分组成。当丝杠转动时，带动滚珠沿螺纹滚道滚动，为防止滚珠从滚道端面掉出，在螺母的螺旋槽两端设有滚珠回程引导装置构成滚珠的循环返回通道，从而形成滚珠流动的闭合通路。

与滑动丝杠相比，滚珠丝杠副除上述优点外，还具有轴向刚度高（即通过适当预紧可消除丝杠与螺母之间的轴向间隙）、运动平稳、传动精度高、不易磨损、使用寿命长等优点。但由于不能自锁，具有传动的可逆性，在用作升降传动机构时，需要采取制动措施。

2)滚珠丝杠副的典型结构类型

滚珠丝杠副的结构类型可以从螺纹滚道的截面形状、滚珠的循环方式和消除轴向间隙的调整方法进行区别。滚珠丝杠具有多种不同的结构形式。

①螺纹滚道型面(法向)的形状及主要尺寸

我国生产的滚珠丝杠副的螺纹滚道有单圆弧形和双圆弧形,如图 6.4 所示。滚道型面与滚珠接触点的法线与丝杠轴向的垂线间的夹角 α 称接触角,一般为 45°。单圆弧型螺纹滚道的接触角随轴向载荷大小的变化而变化,主要由轴向载荷所引起的接触变形的大小而定。α 增大时,传动效率、轴向刚度以及承载能力也随之增大。由于单圆弧型滚道加工用砂轮成形较简单,故容易得到较高的加工精度。单圆弧型面的滚道圆弧半径 R 稍大于滚珠半径 r_b。双圆弧型螺纹滚道的接触角 α 在工作过程中基本保持不变。两圆弧相交处有一小空隙,可使滚道底部与滚珠不接触,并能存储一定的润滑油以减少摩擦磨损。由于加工其型面的砂轮轮廓修整、加工、检验均较困难,故加工成本较高。

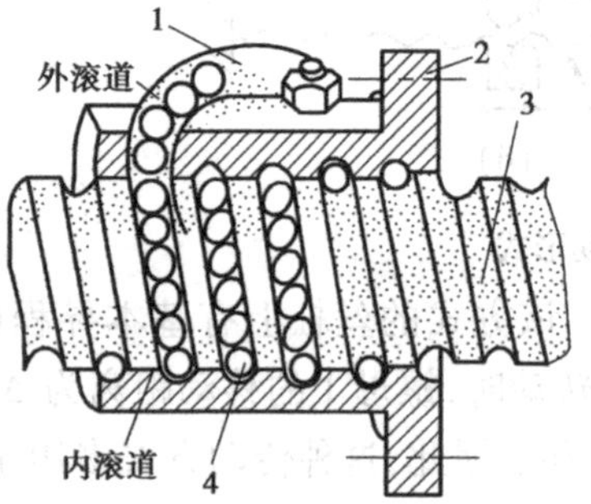

图 6.3 滚珠丝杠副工程原理

1—反向器;2—螺母;3—丝杆;4—滚珠

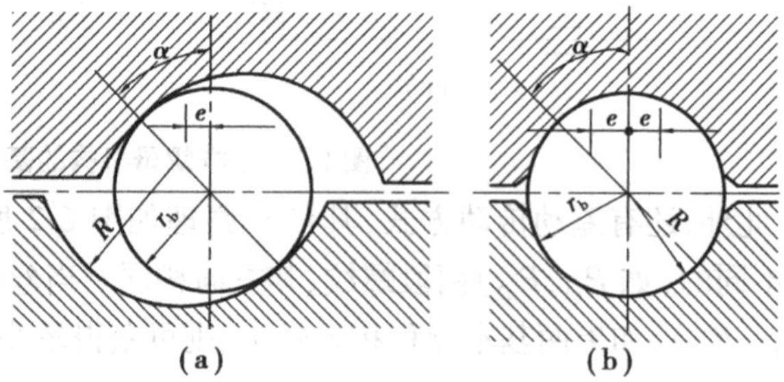

图 6.4 螺纹滚道法向截面形状

②滚珠的循环方式

滚珠丝杠副中滚珠的循环方式有内循环和外循环两种。

内循环方式的滚珠在循环过程中始终与丝杠表面保持接触。如图 6.5 所示,在螺母 2 的侧面孔内装有接通相邻滚道的反向器 4,利用反向器引导滚珠 3 越过丝杠 1 的螺纹顶部进入相邻滚道,形成一个循环回路。一般在同一螺母上装有 2~4 个滚珠用反向器,并沿螺母圆周均匀分布。内循环方式的优点是滚珠循环的回路短、流畅性好、效率高、螺母的径向尺寸也较小。其不足时反向器加工困难、装配调整不方便。

浮动式反向器的内循环滚珠丝杠副如图 6.6 所示。其结构特点是反向器 1 上的安装孔有 0.01~0.015 mm 的配合间隙,反向器弧面上加工有圆弧槽,槽内安装碟簧片 4,外有弹簧套 2,借助拱形簧片的弹力,始终给反向器一个径向推力,使位于回珠圆弧槽内的滚珠与丝杠 3 表面保持一定的压力,从而使槽内滚珠代替了定位键而对反向器起到自定位作用。这种反向器的优点为:在高频浮动中达到回珠圆弧槽进出口的自动对接,通道流畅、摩擦特性较好,更适用于高速、高灵敏度、高刚性的精密进给系统。

外循环方式中的滚珠在循环反向时,离开丝杠螺纹滚道,在螺母体内或体外循环运动。从结构上来看,外循环有以下三种形式。

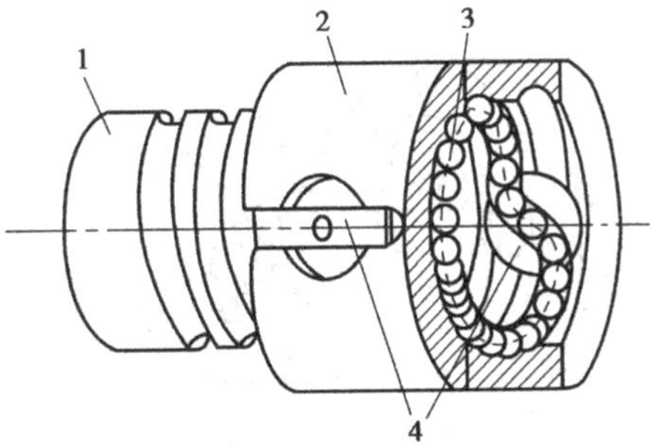

图 6.5　内循环

1—丝杠;2—螺母;3—滚珠;4—反向器

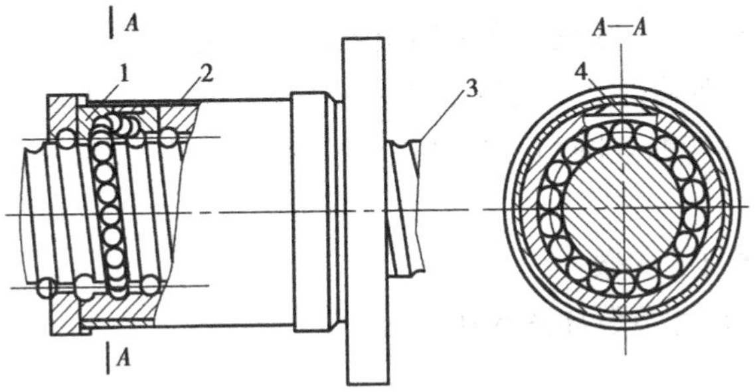

图 6.6　浮动式反向器的循环

1—反向器;2—弹簧套;3—丝杠;4—碟簧片

a.螺旋槽式:如图 6.7 所示。在螺母 2 的外圆表面上铣出螺纹凹槽,槽的两端钻出两个与螺纹滚道相切的通孔,螺纹滚道内装入两个挡珠器 4 引导滚珠 3 通过这两个孔,应用套筒 1 盖住凹槽,构成滚珠的循环回路。这种结构的特点是工艺简单、径向尺寸小、易于制造。但是挡珠器刚性差、易磨损。

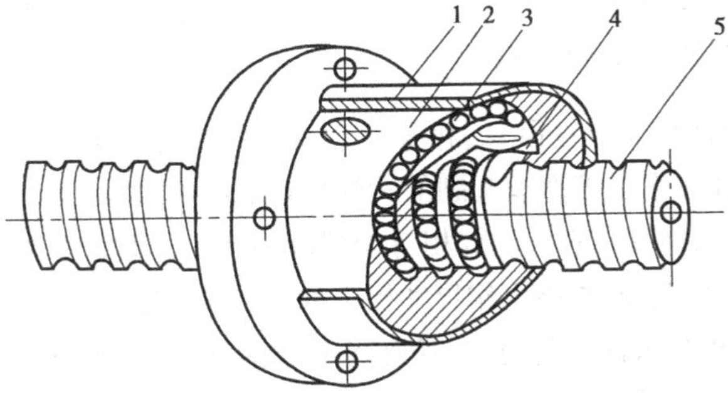

图 6.7　螺旋槽式外循环结构

1—套筒;2—螺母;3—滚珠;4—挡珠器;5—丝杠

b.插管式:如图 6.8 所示。用一弯管 1 代替螺纹凹槽,弯管的两端插入与螺纹滚道 5 相切的两个内孔,用弯管的端部引导滚珠 4 进入弯管,构成滚珠的循环回路,再用压板 2 和螺钉将弯管固定。插管式结构简单、容易制造;但是径向尺寸较大,弯管端部用作挡珠器比较容易磨损。

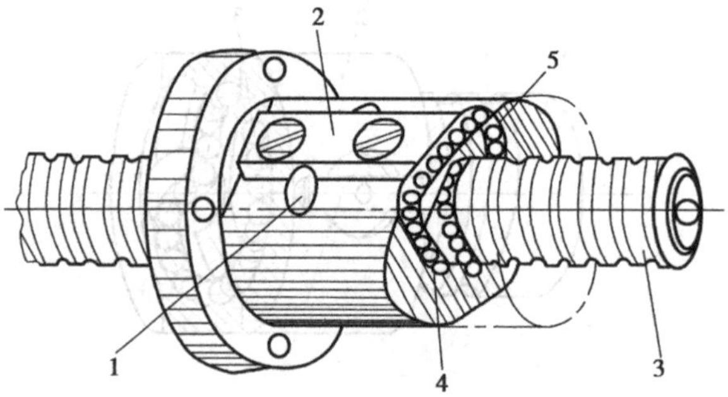

图 6.8　插管式外循环

1—弯管;2—压板;3—丝杠;4—滚珠;5—滚道

c.端盖式:如图 6.9 所示。在螺母 3 上钻出纵向孔作为滚珠回程滚道,螺母两端装有两块端盖 2,滚珠的回程道口在端盖上。滚道半径为滚珠直径的 1.4~1.6 倍。这种方式结构简单、工艺性好,但滚道吻接和弯曲处圆角不易准确制作而影响其性能,故应用较少。常以单螺母形式作升降传动机构。

3)滚珠丝杠的主要尺寸参数

滚珠丝杠副的主要尺寸参数如图 6.10 所示。

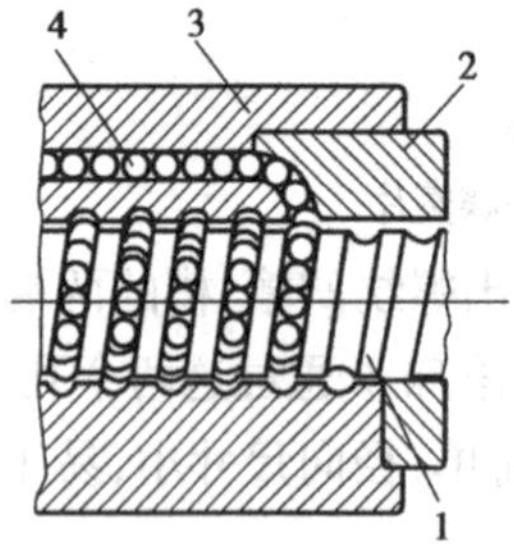

图 6.9　端盖式外循环

1—丝杠;2—端盖;3—螺母;4—滚珠

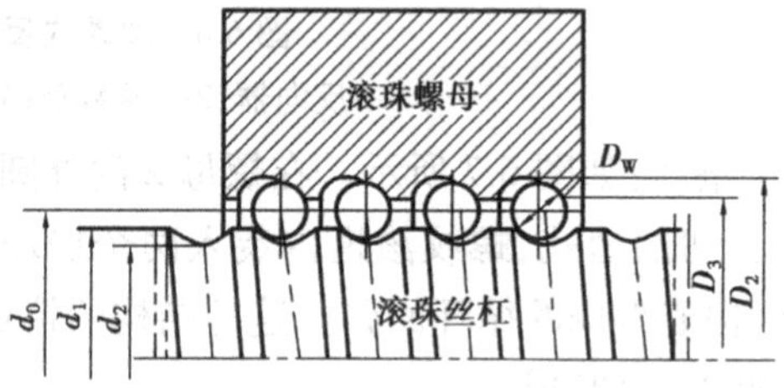

图 6.10　主要尺寸参数

公称直径(d_0):通常与节圆直径 D_{pw} 相等。它指滚珠与螺纹滚道在理论接触角状态时包络滚珠球心的圆柱直径。它是滚珠丝杠副的特征(或名义)尺寸。

基本导程(P_h)(或螺距 t):它指丝杠相对于螺母旋转 2π 弧度时的行程(或螺母上基准点的轴向位移)。公称导程 P_{h0} 通常指用作尺寸标志的导程值(无公差)。

行程 λ:转动滚珠丝杠或滚珠螺母时,滚珠丝杠或滚珠螺母的轴向位移量,即丝杠相对于螺母旋转任意弧度时,螺母上基准点的轴向位移。

此外还有丝杠螺纹大径 d_1、丝杠螺纹底径 d_2、滚珠直径 D_W、螺母螺纹底径 D_2、螺母螺纹内径 D_3、丝杠螺纹全长等。

导程的大小应根据机电一体化产品(系统)的精度要求确定。精度要求高时应选取较小的基本导程。滚珠的工作圈(或列)数和工作滚珠的数量 N 由试验可知:第一、第二和第三圈(或列)分别承受轴向载荷的 50%,30% 和 20% 左右。因此工作圈(或列)数一般取 2.5(或 2)~3.5(或 3)。滚珠总数 N 一般不超过 150 个。

4)滚珠丝杠副的精度等级及标注方法

①精度等级:根据 GB/T 17587.3—1998(与 ISO 3408-3:1992 同)标准,将滚珠丝杠副的精度分为 1,2,3,4,5,7,10 共 7 个等级,最高级为 1 级,最低级为 10 级。其行程偏差的验收检验项目见表 6.2,行程偏差和变动量见表 6.3。按实际使用要求,在每一精度等级内指定了导程精度的验收检验项目,未指定的检验项目其导程误差不得低于下一级精度的规定值。

表 6.2　行程偏差的验收检验项目

每一基准长度的行程偏差	滚珠丝杠副的类型	
	P(定位型)	T(传动型)
	检验序号	
有效形成 λ_u 内的行程补偿值 C	用户规定	$C=0$
目标行程公差 e_P	E1.1	E1.2
有效行程 λ_u 内允许的行程变动量 V_{uP}	E2	—
300 mm 行程内允许的行程变动量 V_{300P}	E3	E3
2π 弧度内允许的行程变动量 $V_{2\pi x}$	E4	—

表 6.3　行程偏差和变动量(部分)

序号	检查项目	允　差							
E1.1	有效行程 λ_u 内允许的行程偏差 e	定位滚珠丝杠副							
		有效行程 λ_u/mm	标准公差等级						
			1	2	3	4	5	7	10
			$e_P/\mu m$						
		≤315	6	8	12	16	23	—	—
		>315~400	7	9	13	18	25	—	—
		>400~500	8	10	15	20	27	—	—
		>500~630	9	11	16	22	32	—	—
		>630~800	10	13	18	25	36	—	—
		>800~1 000	11	15	21	29	40	—	—

续表

序号	检查项目	允差							
E1.2	有效行程 λ_u 内允许的行程偏差 e	传动滚珠丝杠副							
		标准公差等级							
			1	2	3	4	5	7	10
		$C=0$ $e_P=2\lambda_u V_{300P}/300$，$V_{300P}$ 见 E3							
E2	有效行程 λ_u 内允许的变动量 V_{uP}	定位滚珠丝杠副							
		有效行程 λ_u/mm	标准公差等级						
			1	2	3	4	5	7	10
			V_{uP}/μm						
		≤315	6	8	12	16	23	—	—
		>315~400	6	9	12	18	25	—	—
		>400~500	7	9	13	19	26	—	—
		>500~630	7	10	14	20	29	—	—
		>630~800	8	11	16	22	31	—	—
		>800~1 000	9	12	17	24	34	—	—
E3	任意 300 mm 行程内允许的行程变动量 V_{300P}	定位或传动滚珠丝杠副							
		标准公差等级							
			1	2	3	4	5	7	10
		V_{300P}/μm							
			6	8	12	16	23	52	210
E4	2π 弧度内允许的行程变动量 $V_{2\pi x}$	定位或传动滚珠丝杠副							
		标准公差等级							
			1	2	3	4	5	7	10
		$V_{2\pi x}$/μm							
			4	5	6	7	8	—	—

续表

<table>
<tr><td>序号</td><td>检查项目</td><td colspan="9">允　差</td></tr>
<tr><td rowspan="15">E5</td><td rowspan="15">每 λ（规定的测量间隙）长度处滚珠丝杠外径的径向跳动 $t5$，用以确定相对于 AA'（置滚珠丝杆于两个间距为 AA' 的 V 形铁上）的直线度</td><td colspan="9">定位或传动滚珠丝杠副</td></tr>
<tr><td rowspan="3">公称直径 d_0/mm</td><td rowspan="3">λ_5/mm</td><td colspan="7">标准公差等级</td></tr>
<tr><td>1</td><td>2</td><td>3</td><td>4</td><td>5</td><td>7</td><td>10</td></tr>
<tr><td colspan="7">λ_5 长度上的 t_{5p}/mm</td></tr>
<tr><td>≥6~12</td><td>80</td><td rowspan="5">20</td><td rowspan="5">22</td><td rowspan="5">25</td><td rowspan="5">28</td><td rowspan="5">32</td><td rowspan="5">40</td><td rowspan="5">80</td></tr>
<tr><td>>12~25</td><td>160</td></tr>
<tr><td>>25~50</td><td>315</td></tr>
<tr><td>>50~100</td><td>630</td></tr>
<tr><td>>100~200</td><td>1 250</td></tr>
<tr><td colspan="2">长径比 λ_1/d_0</td><td colspan="7">$\lambda_1 \geq 4\lambda_5$ 长度上的 t_{5maxp}/mm</td></tr>
<tr><td>≤40</td><td>40</td><td>45</td><td>50</td><td>57</td><td>64</td><td>80</td><td colspan="2">160</td></tr>
<tr><td>>50~60</td><td>60</td><td>67</td><td>75</td><td>85</td><td>96</td><td>120</td><td colspan="2">240</td></tr>
<tr><td>>60~80</td><td>100</td><td>112</td><td>125</td><td>142</td><td>160</td><td>200</td><td colspan="2">400</td></tr>
<tr><td>>80~100</td><td>160</td><td>180</td><td>200</td><td>225</td><td>256</td><td>320</td><td colspan="2">640</td></tr>
</table>

②标注方法：GB/T 17587.1—1998 规定滚珠丝杠副的标识符号应按图 6.11 给定顺序排列的内容标注。

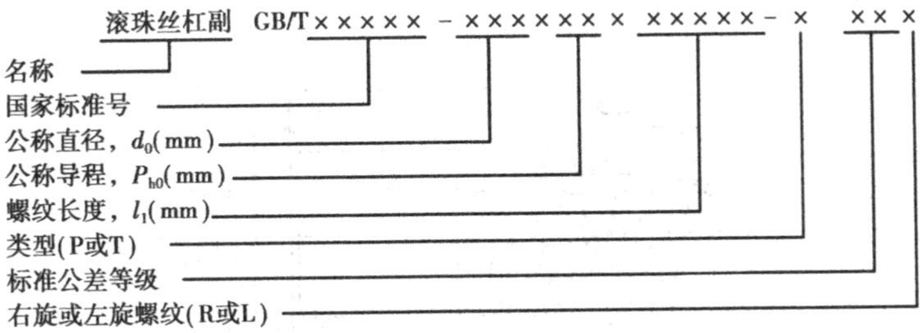

图 6.11　滚珠丝杠副的标注方法

③尺寸系列：国际标准化组织（ISO/DIS 3408-2—1991）和 GB/T 17587.2—1998 中规定：

公称直径（mm）：6，8，10，12，16，20，25，32，40，50，63，80，100，125，160 及 200。

公称基本导程（mm）：1，2，2.5，3，4，5，6，8，10，12，16，20，25，32，40。尽可能优先选用（mm）：2.5，5，10，20 及 40。

④推荐选用的精度等级：数控机床、精密机床和精密仪器等用于开环和闭环进给系统，根据定位精度和重复定位精度的要求可选出 1，2，3 级，一般动力传动可选 4，5 级，全闭环系统可选 2，3，4 级。

5)滚珠丝杠副轴向间隙的调整与预紧

滚珠丝杆副在有负载时,滚珠与滚道面接触点处将产生弹性变形。换向时,其轴向间隙会引起空回。这种空回是非连续的,既影响传动精度,又影响系统的稳定性。单螺母丝杆副的间隙消除相当困难。实际应用中,常采用以下几种调整预紧方法。

①双螺母螺纹预紧调整式,如图 6.12 所示。其中,螺母 3 的外端有凸缘,而螺母 4 的外端虽无凸缘,但制有螺纹,并通过两个圆螺母固定。调整时旋转圆螺母 2 消除轴向间隙并产生一定的预紧力,然后用锁紧螺母 1 锁紧。预紧后两个螺母中的滚珠相向受力(如图 6.12(b)所示),从而消除轴向间隙。其特点是结构简单、刚性好、预紧可靠,使用中调整方便,但不能精确定量地进行调整。

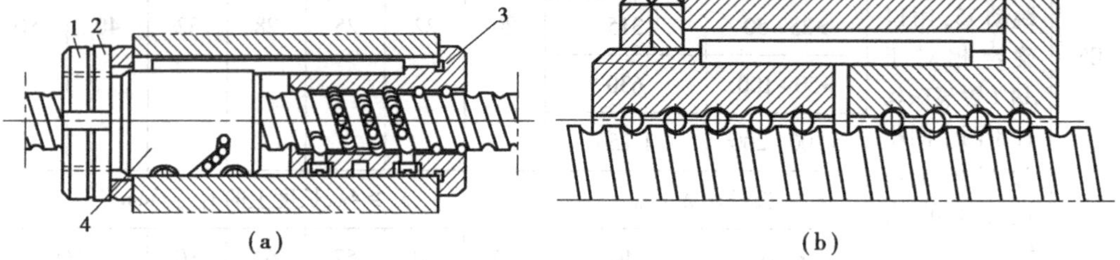

图 6.12　双螺母螺纹预紧调整式

1—锁紧螺母;2—调整螺母;3,4—滚珠螺母

②螺母齿差预紧调整式,如图 6.13 所示。丝杠 4 两端的两个螺母分别制有圆柱齿轮的螺母 3,两者齿数相差一个,通过两端的两个内齿轮 2 与上述圆柱齿轮相啮合,并用螺钉和定位销固定在套筒 1 上。调整时先取下两端的内齿轮 2,当两个滚珠螺母相对于套筒同一方向转动同一个齿后固定,则一个滚珠螺母相对于另一个滚珠螺母产生相对角位移,使两个滚珠螺母产生相对移动,从而消除间隙并产生一定的预紧力。其特点是可实现定量调整,即可进行精密微调(如 0.002 mm),使用中调整较方便。

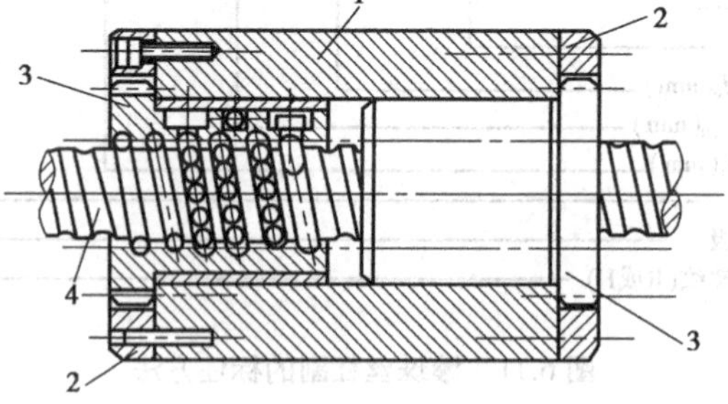

图 6.13　双螺母齿差预紧式

1—套筒;2—内齿轮;3—螺母;4—丝杠

③螺母垫片调整预紧式,如图 6.14 所示。调整垫片 1 的厚度,可使两螺母 2 产生相对位移,以达到消除间隙、产生预紧拉力之目的。其特点是结构简单、刚度高、预紧可靠,但使用中调整不方便。

④簧式自动调整预紧式,如图 6.15 所示。双螺母中,一个活动,另一个固定,用弹簧使其

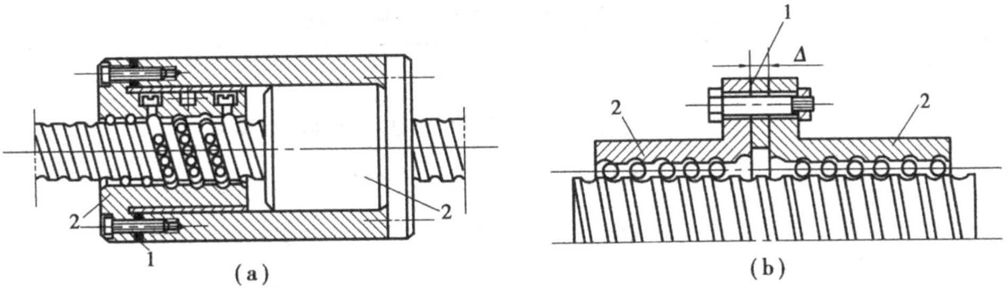

图 6.14　双螺母垫片预紧式

1—垫片;2—螺母

间始终具有产生轴向位移的推动力,从而获得预紧力。其特点是能消除使用过程中因磨损或弹性变形产生的间隙,但其结构复杂、轴向刚度低,适用于轻载场合。

⑤单螺母变位导程预紧式和单螺母滚珠过盈预紧式,单螺母变位导程预紧方式如图6.16所示。它是在滚珠螺母体内的两列循环滚珠链之间,使内螺纹滚道在轴向制作一个 ΔP_h 的导程突变量,从而使两列滚珠产生轴向错位而实现预紧,预紧力的大小取决于 ΔP_h 和单列滚珠的径向间隙。其特点是结构简单紧凑,但使用中不能调整,且制造困难。

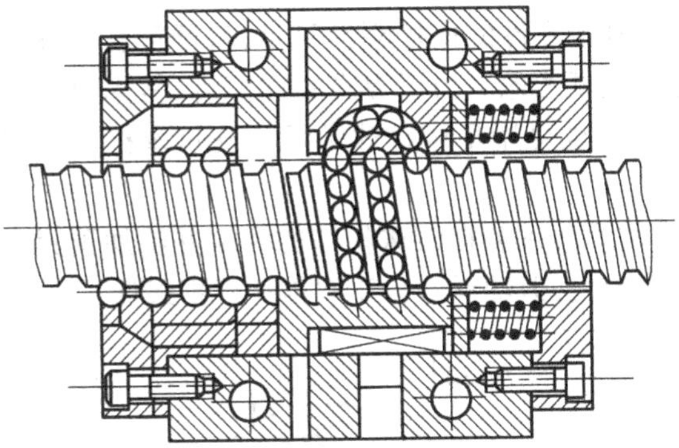

图 6.15　弹簧自动调整预紧式

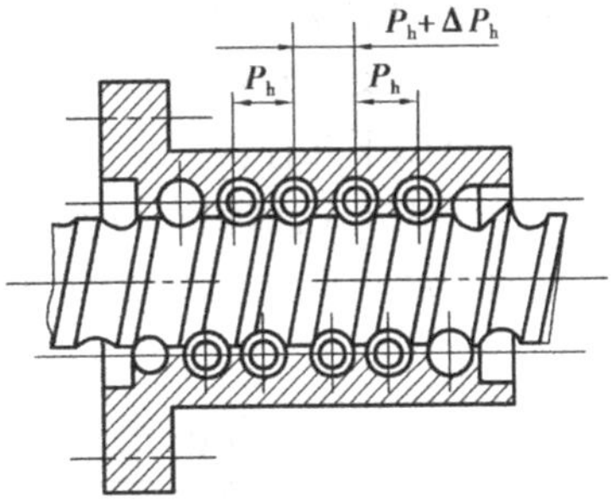

图 6.16　单螺母变位导程预紧式

目前市场上可见的滚珠丝杠副的预紧方式及其标记代号见表 6.4,滚珠丝杠副的外形、循环方式与预紧代号含义见表 6.5。

表 6.4　预紧方式及其标记代号

预紧方式	标记符号
双螺母螺纹预紧式 双螺母齿差预紧式	L Ch(或 C)
双螺母垫片预紧式 单螺母变位导程预紧式	D B
单螺母无预紧式	不标(或标 W)

表 6.5 型号(外形、循环方式与预紧)含义

型号(例)	含 义
FF	内循环浮动反向器法兰单螺母无预紧
FFB	内循环浮动反向器法兰单螺母变位导程预紧
FFZD	内循环浮动反向器法兰直筒组合双螺母垫片预紧
CMF	插管埋入式法兰单螺母无预紧
CMFB	插管埋入式单螺母变位导程预紧
CMFZD	插管式埋入法兰直筒组合双螺母垫片预紧
DGF	端盖式大导程法兰单螺母无预紧
DGZ	端盖式大导程直筒单螺母无预紧

6)滚珠丝杠副支承方式的选择

①支承方式

实践证明,丝杠的轴承组合、轴承座以及其他零件的连接刚性不足,将严重影响滚珠丝杠副的传动精度和刚度,因此,在设计安装时应认真考虑。为了提高轴向刚度,常用以推力轴承为主的轴承组合支承丝杠,当轴向载荷较小时,也可用角接触球轴承来支承丝杠。常用轴承的组合方式有以下几种。

a.单推—单推式,如图 6.17 所示。推力轴承分别装在滚珠丝杠的两端并施加预紧力。其特点是轴向刚度较高,预拉伸安装时,预紧力较大,但轴承寿命比双推—双推式低。

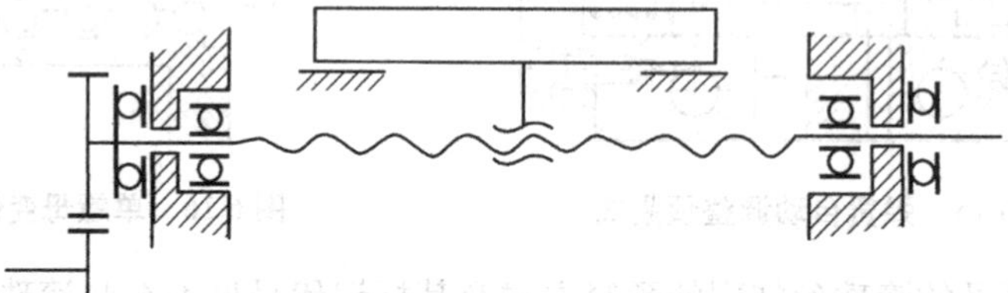

图 6.17 单推—单推式

b.双推—双推式,如图 6.18 所示。两端分别安装推力轴承与深沟球轴承的组合,并施加预紧力,其轴向刚度最高。该方式适合于高刚度、高转速、高精度的精密丝杠传动系统。但随温度的升高会使丝杠的预紧力增大,易造成两端支承的预紧力不对称。

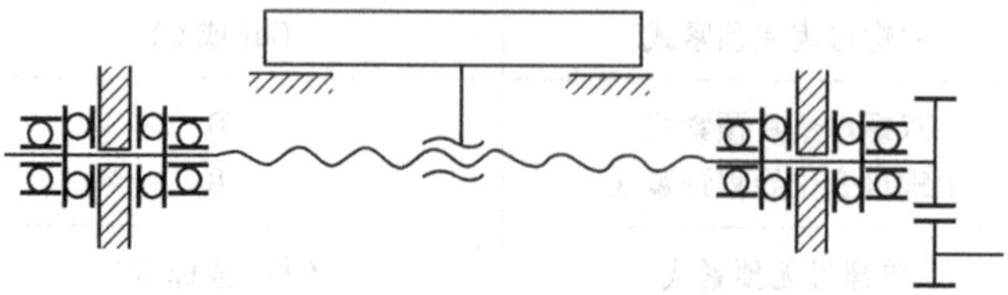

图 6.18 双推—双推式

c.双推—自由式,如图 6.19 所示。一端安装推力轴承与圆柱滚子轴承的组合,另一端悬

空呈自由状态,故轴向刚度和承载能力低,多用于轻载、低速的垂直安装的丝杠传动系统。

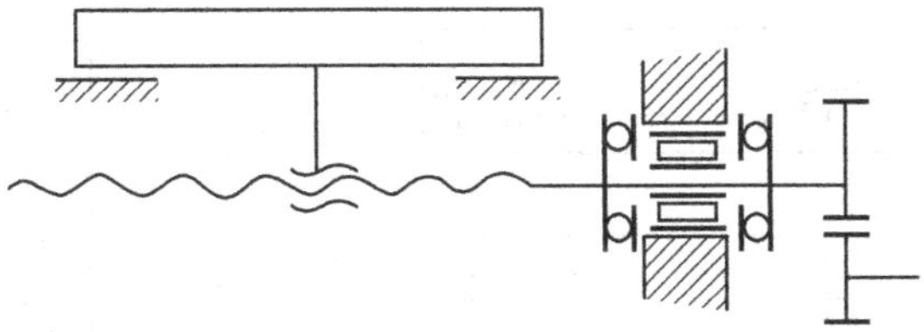

图 6.19　双推—自由式

d.双推—简支式,如图 6.20 所示。一端安装推力轴承与深沟球轴承的组合,另一端仅安装深沟球轴承,其轴向刚度较低,使用时应注意减少丝杠热变形的影响。双推端可预拉伸安装,预紧力小,轴承寿命较高,适用于中速、传动精度较高的长丝杠传动系统。

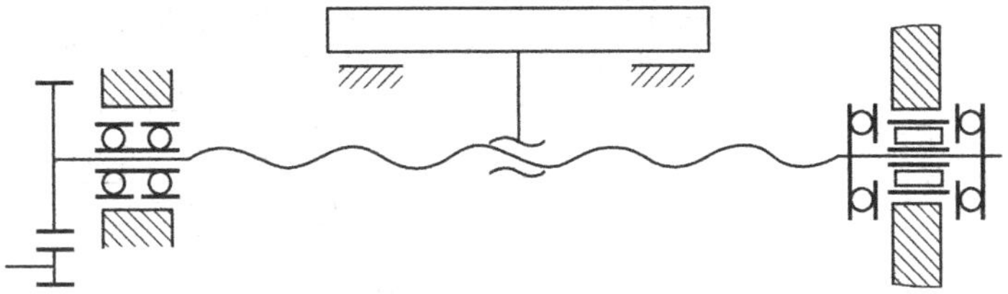

图 6.20　双推—简支式

轴承的组合安装支承示例如图 6.21~图 6.24 所示。

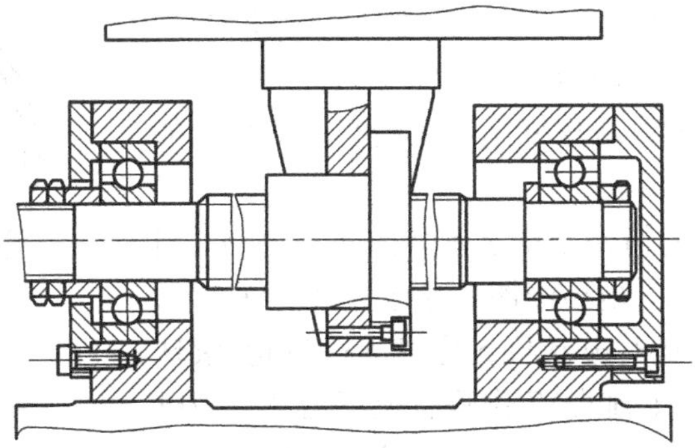

图 6.21　简易单推—单推式支承

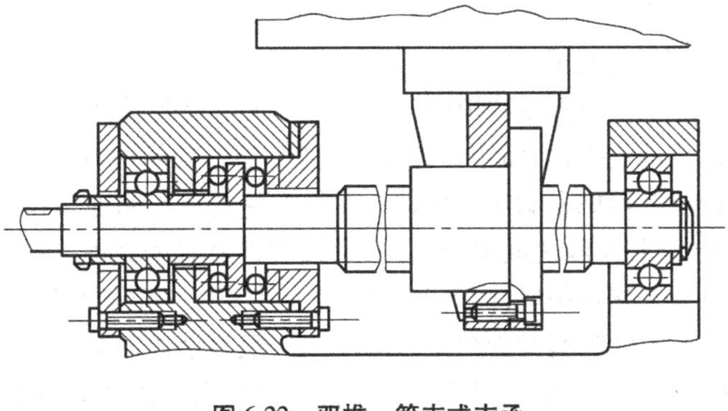

图 6.22　双推—简支式支承

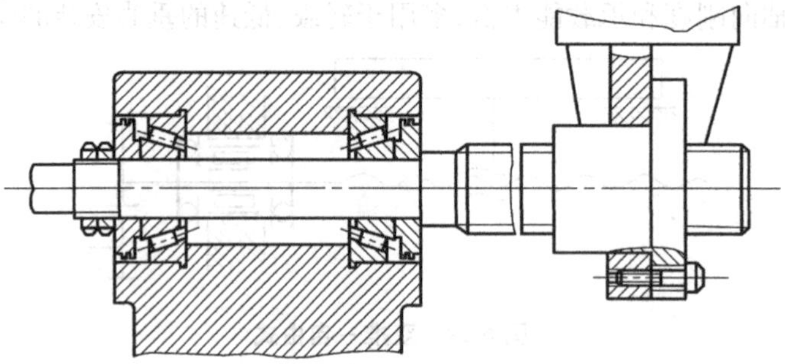

图 6.23 双推—自由支式

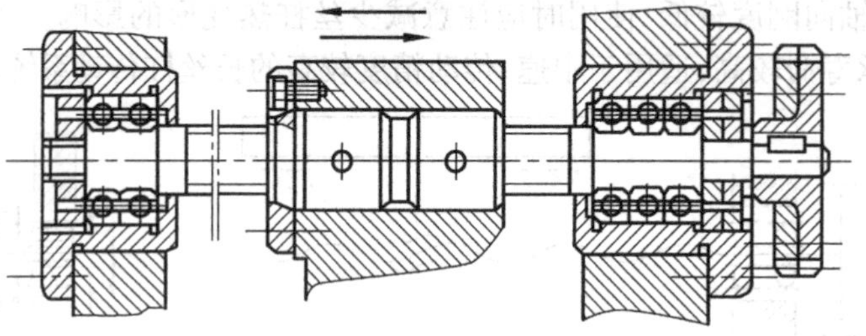

图 6.24 双推—双推式

②制动装置

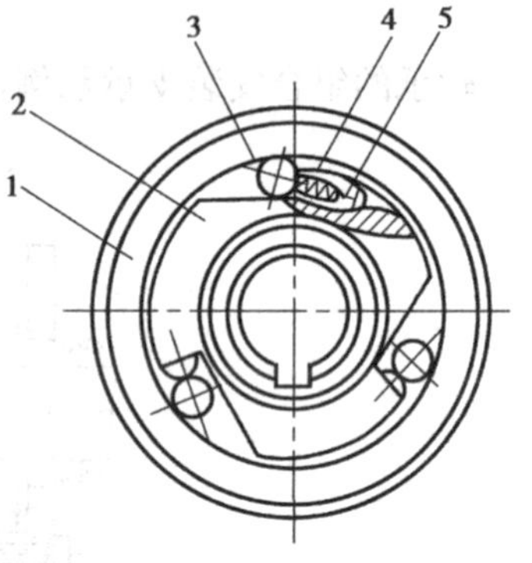

图 6.25 超越离合器

1—外圈;2—行星轮;3—滚柱;4—活销;5—弹簧

因滚珠丝杠传动效率高,无自锁作用,故在垂直安装状态,必须设置防止因驱动力中断而发生逆传动的自锁、制动或重力平衡装置。常用的制动装置有体积小、质量轻、易于安装的超越离合器。选购滚珠丝杠副时可同时选购相应的超越离合器,如图 6.25 所示。

单推—单推式支承的简易制动装置如图 6.26 所示,当主轴 7 作上、下进给运动时,电磁线圈 2 通电并吸引铁芯 1,从而打开摩擦离合器 4,此时电动机 5 通过减速齿轮、滚珠丝杠副 6 带动运动部件(主轴头)7 作垂直上下运动。当电动机断电时,电磁线圈 2 也同时断电,在弹簧 3 的作用下摩擦离合器 4 压紧制动轮,使滚珠丝杠不能自由转动,从而防止运动部件因自重而下降。

7)滚珠丝杠副的密封与润滑

滚珠丝杠副可用防尘密封圈或防护套密封来防止灰尘及杂质进入滚珠丝杠副,使用润滑剂来提高其耐磨性及传动效率,从而维持其传动精度,延长其使用寿命。密封圈有接触式和非接触式两种,将其装在滚珠螺母的两端即可。非接触式密封圈通常由聚氯乙烯等塑料制成,其内孔螺纹表面与丝杠螺纹之间略有间隙,故又称迷宫式密封圈。接触式密封圈用具有弹性的耐油橡胶或尼龙等材料制成,因此有接触压力并产生一定的摩擦力矩,但其防尘效果好。常用的润滑剂有润滑油和润滑脂两类。润滑脂一般在装配时放进滚珠螺母滚道内定期润滑,而使用润滑油时应注意经常通过注油孔注油。防护套的形式有折叠式密封套、伸缩套管和伸缩挡板。防护套示例如图 6.27 所示。

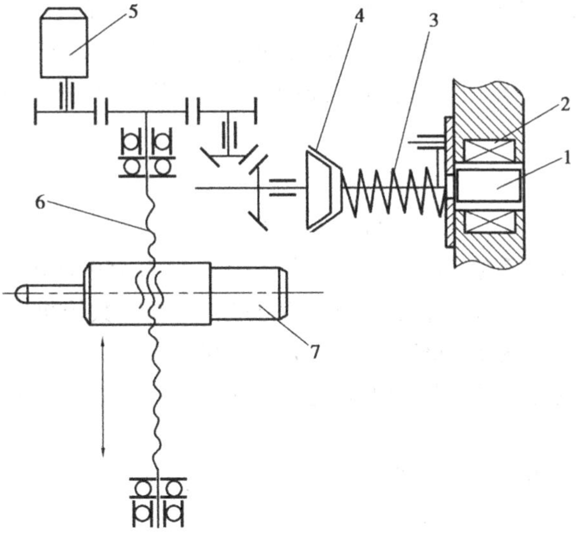

图6.26　电磁—摩擦制动装置

1—铁芯;2—电磁线圈;3—弹簧;4—摩擦离合器;5—电动机;6—滚珠丝杠副;7—主轴头

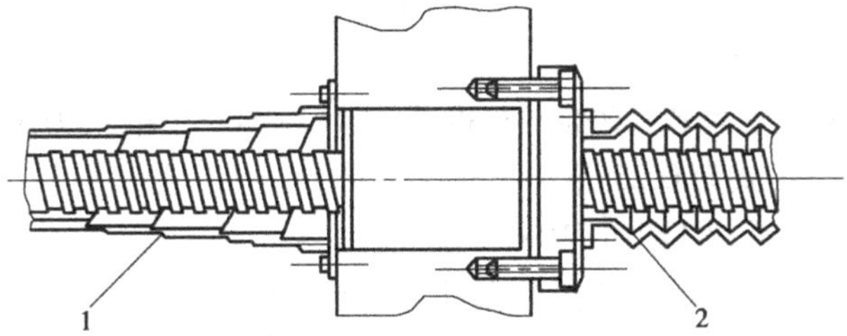

图6.27　防护套示例

1—螺旋弹簧钢带式伸缩套管;2—波纹管密封套

8)滚珠丝杠副的选择方法

①滚珠丝杠副结构的选择

根据防尘防护条件以及对调隙及预紧的要求,可选择适当的结构形式。例如,当允许有间隙存在时(如垂直运动),可选用具有单圆弧形螺纹滚道的单螺母滚珠丝杠副;当必须有预紧或在使用过程中因磨损而需要定期调整时,应采用双螺母螺纹预紧或齿差预紧式结构;当具备良好的防尘条件,且只需在装配时调整间隙及预紧力时,可采用结构简单的双螺母垫片调整预紧式结构。

②滚珠丝杠副结构尺寸的选择

选用滚珠丝杠副时通常主要选择丝杠的公称直径 d_0 和基本导程 P_h。公称直径 d_0 应根据轴向最大载荷按滚珠丝杠副尺寸系列选择。螺纹长度 l_1 在允许的情况下要尽量短,一般取 l_1/d_0 小于30为宜;基本导程 P_h(或螺距 t)应按承载能力、传动精度及传动速度选取,导程 P_h 大承载能力也大,导程 P_h 小传动精度较高。要求传动速度快时,可选用大导程滚珠丝杠副。

③滚珠丝杠副的选择步骤

在选用滚珠丝杠副时,必须知道实际的工作条件:最大的工作载荷 F_{max}(或平均工作载荷

F_{cp})(N)作用下的使用寿命 T(h)、丝杠的工作长度(或螺母的有效行程)l(mm)、丝杠的转速 n(或平均转速 n_{cp})(r/min)、滚道的硬度 HRC 及丝杠的工况,然后按下列步骤进行选择。

a.承载能力选择。计算作用于丝杠轴向最大动载荷 F_Q(N),然后根据 F_Q 值选择丝杠副的型号。

$$F_Q = \sqrt[3]{L} f_H f_W F_{max}$$

式中 L——滚珠丝杠寿命系数(单位为 10^6 转,如 1.5 则为 150 万转),$L=60nT/10^6$(其中 T 为使用寿命时间,h),普通机械为 5 000~10 000、数控机床及其他机电一体化设备及仪器装置为 15 000,航空机械为 1 000;

f_W——载荷系数(平稳或轻度冲击时为 1.0~1.2,中等冲击为 1.2~1.5,较大冲击或震动时为 1.5~2.5);

f_H——硬度系数(HRC≥58 时为 1.0,等于 55 时为 1.11,等于 52.5 时为 1.35,等于 50 时为 1.56,等于 45 为 2.40)。

b.压杆稳定性核算

$$F_k = f_k \pi^2 \frac{EI}{K} \geqslant F_{max}$$

式中 F_k——实际承受载荷的能力,N;

f_k——压杆稳定支承系数(双推—双推式为 4,单推—单推式为 1,双推—简支式为 2,双推—自由式为 0.25);

E——钢的弹性模量,2.1×10^5 MPa;

I——滚珠丝杠底径 d_2 的抗弯截面惯性矩,$I=\pi/64$;

K——压杆稳定安全系数,一般取 2.5~4,垂直安装时取小值。

如果 $F_k<F_{max}$ 时,会使丝杠失去稳定易发生翘曲。两端装推力轴承与向心轴承时,丝杠一般不会发生失稳现象。

对于低速运转($n<10$ r/min)的滚珠丝杠,无须计算其最大动载荷 F_Q 值,而只考虑其最大静负载是否充分大于最大工作负载 F_{max}。这是因为若最大接触应力超过材料的弹性极限就要产生塑形变形。塑形变形超过一定限度就会破坏滚珠丝杠副的正常工作。一般允许其塑性变形量不超过滚珠直径 D_w 的 1/10 000,产生这样大的塑性变形的载荷称为最大静载荷 F_{Q0}。

c.刚度验算。滚珠丝杠在轴向力的作用下,将产生伸长或缩短,在扭矩的作用下将产生扭转而影响丝杠导程的变化,从而影响传动精度及定位精度,故应验算满载时的变形量。其验算公式如下:滚珠丝杠在工作负载 F 和扭矩 T 共同作用下,所引起的每一导程的变形量 ΔL(cm)为

$$\Delta L = \pm \frac{FP_h}{EA} \pm \frac{TR_h^2}{2\pi IE}$$

式中 E——钢的弹性模量,2×10^5 MPa;

A——丝杠的最小截面积,cm^2;

T——扭矩,N · cm;

I——丝杠底径 d_2 的抗弯截面惯性矩；

“+”号用于拉伸时，“-”号用于压缩时。

在丝杠副精度标准中一般规定每一米弹性变形所允许的基本导程误差值。

6.1.3　齿轮传动部件

齿轮传动部件可以说一种转矩、转速和转向的变换器。这里仅就机电一体化系统设计中常常遇到问题作分析。

(1)齿轮传动形式及其传动比的最佳匹配选择

常用的齿轮减速装置由一级、二级、三级等传动形式，如图 6.28 所示。

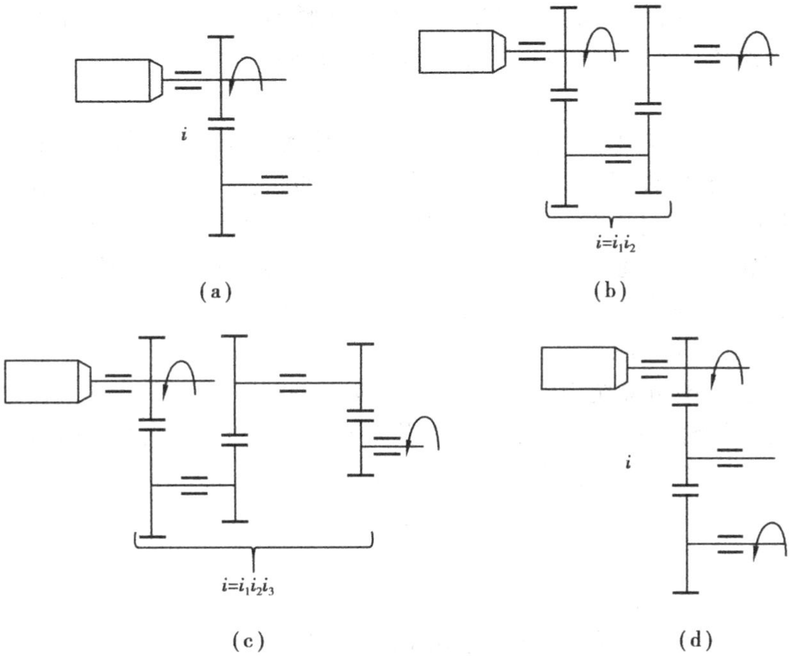

图 6.28　常用减速装置的传动形式

齿轮传动比 i 应满足驱动部件与负载之间的位移及转矩、转速的匹配要求，用于伺服系统的齿轮减速器是一个力矩变换器，其输入电动机为高转速、低转矩，而输出则为低转速、高转矩。因此，不按要求齿轮传动系统传递转矩时，要有足够的刚度，还要求其转动惯量尽量小，以便在获得同一加速度时所需转矩小，即在同一驱动功率时，其加速度响应为最大。因此齿轮的啮合间隙会造成传动死区(失动量)，若该死区是在闭环系统中，则可能造成系统不稳定，常会使系统产生 1~5 倍间隙而进行的低频振荡。为此尽量采用齿侧间隙较小，精度较高的齿轮传动副。但为了降低制造成本，则多采用各种调整齿侧间隙方法来消除或减小啮合间隙，以提高传动精度和系统的稳定性。由于负载特性和工作条件的不同，最佳传动比有各种各样的选择方法，在伺服电机驱动负载的传动系统中常采用使负载加速度最大的方法。如图 6.29 所示，额定转矩 T_m、转子转动惯量为 J_m 达到直流伺服电机通过减速比为 i 的齿轮减速器带动转动惯量为 J_L、负载转矩 T_{LF}的负载，其最佳传动比如下：

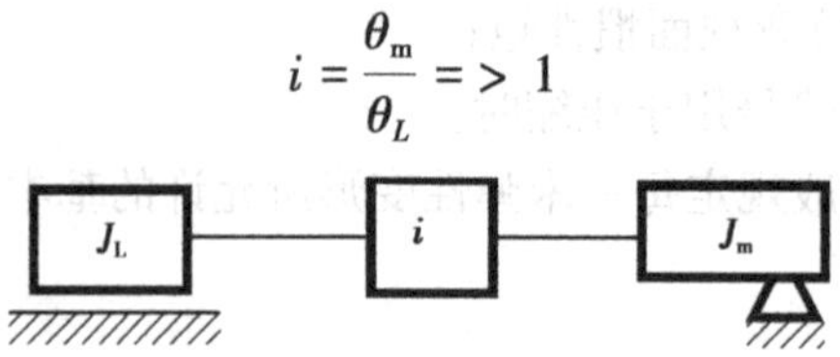

图 6.29 负载惯量模型

实际上,为提高抗干扰力矩的能力常选用较大的传动比。当选定执行元件(步进电机)步距角 α、系统脉冲当量 δ 和丝杆基本导程 P_h 之后,其减速比 i 应满足匹配关系为 $i=\alpha P_h/(360\delta)$。

(2)各级传动比的最佳分配原则

当计算出传动比之后,常常为了使减速系统结构紧凑,满足动态性能和提高传动精度的要求,常常对各级传动比进行合理分配,其分配原则如下:

1)质量最轻原则

对于小功率传动系统,使各级传动相等,即可使传动装置的质量最轻。由于这个结论是在假定各主动小齿轮模数、齿数均相同的条件下导出的,故所有大齿轮的齿数、模数也相同,每级齿轮副的中心距离也相同。上述结论对于大功率传动系统是不适用的,因其传递扭矩大,故要考虑齿轮模数、齿轮齿宽等参数要逐级增加的情况,此时应根据经验、类比方法以及结构紧凑的要求进行综合考虑。各级传动比一般应以"先大后小"原则处理。

2)输出转角误差最小原则

为了提高机电一体化系统齿轮传动系统传递运动的精度,各级传动比应按先小后大的原则分配,以便降低齿轮的加工误差、安装误差及回转误差对输出转角精度的影响。设齿轮传动系统中各级齿轮的转角误差换算到末级输出轴上的总转角误差为 $\Delta\Phi_{max}$,则

$$\Delta\Phi=\sum_{i=1}^{n}\frac{\Delta\Phi_k}{i_{kn}}$$

式中 $\Delta\Phi_k$——第 k 个齿轮所具有的转角误差;

i_{kn}——第 k 个齿轮的转轴至 n 级输出轴的传动比。

则四级齿轮传动系统各个齿轮的转角误差($\Delta\Phi_1,\Delta\Phi_2,\Delta\Phi_3,\cdots,\Delta\Phi_8$)换算到末级输出轴上的总转角误差为

$$\Delta\Phi_{max}=\frac{\Delta\Phi_1}{i}+\frac{\Delta\Phi_2+\Delta\Phi_3}{i_1i_2i_3}+\frac{\Delta\Phi_4+\Delta\Phi_5}{i_3i_4}+\frac{\Delta\Phi_6+\Delta\Phi_7}{i_4}+\Delta\Phi_8$$

由此可知,总转角误差取决于最末一级齿轮的转角误差和传动比的大小。在设计中最末两级的传动比应取大一些,并尽量提高最末级齿轮副的加工精度。

3)等效转动惯量最小原则

在机电一体化系统中,为既满足传动比的要求,又使结构紧凑,常采用多级齿轮副机构组成传动链。电动机的输出一般为高转速、低转矩,而其所驱负载常常为低转速、高转矩,因此,齿轮传动机构必须实现减速增距的要求,另外,随着对系统传动品质的要求的不断提高,传动系统还必须具备良好的动态品质,即具有良好的响应速度,较低的换向冲击和稳定的工作状态。

提高响应速度,减小惯性冲击最直接的方法就是减小齿轮系统的转动惯量,这一设计原

则即为减小齿轮系统的转动惯量,这一设计原则即为等效转动惯量最小原则,也即利用该原则所设计的齿轮传动系统,换算到电动机轴上的等效转动惯量为最小。

设有一小功率电动机驱动的二级齿轮减速系统,如图 6.30 所示。折其总传动比为 $i=i_1 i_2$。若先假设各主动小齿轮具有相同的转动惯量,各齿轮近似看成实心圆柱体,分度圆直径 d、齿宽 B、密度 γ 均相同,其转动惯量 J,如不计轴和轴承的转动惯量,则等效到电动机轴上的等效转动惯量为

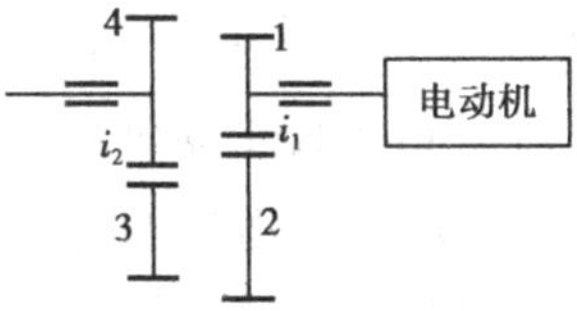

图 6.30 二级齿轮减速器

$$J_{me} = J_1 + \frac{J_2 + J_3}{i_1^2} + \frac{J_4}{i_1^2 i_2^2}$$

因
$$J_1 = \frac{\pi B\gamma}{32g} d_1^4 = J_3$$

则
$$J_2 = J_1 i_1^4, \quad J_4 = J_1 i_2^4 = J_1\left(\frac{i}{i_1}\right)^4$$

由理论力学的动能定理可知,在忽略各种能量损失的条件下,等效部件的总动能等于各运动部件的动能之和,因此有

$$J_{me} = \frac{J_1 + (J_1 i_1^4 + J_1)}{i_1^2} + \frac{J_1\left(\frac{i}{i_1}\right)^4}{i_1^2\left(\frac{i^2}{i_1^2}\right)} = J_1\left(1 + i_1^2 + \frac{1}{i_1^2} + \frac{i^2}{i_1^4}\right)$$

令 $\frac{\alpha J_{mg}}{\alpha i_1} = 0$,则 $i_1^6 - i_1^2 - 2i^2 = 0$,

由此可得,$i_2 = \sqrt{(i_1^4 - 1)} / \sqrt{2}$,当 $i_1^4 \gg 1$ 时,可简化为

$$i_2 \approx i_1^2 / \sqrt{2} \text{ 或 } i_1 = (\sqrt{2} i_2)^{1/2}$$

因此,$i_1 \approx (\sqrt{2} i)^{\frac{1}{3}} = (2i^2)^{1/6}$

同理,可得 n 级齿轮传动各级传动比的通式如下

$$i_1 = 2^{\frac{2n-n-1}{2(2m-1)}} i^{\frac{1}{2n-1}}, i_k = \sqrt{2}\left(\frac{i}{2^{n/2}}\right)^{\frac{2(n-1)}{2n-1}}$$

在计算中,各级传动比不必精确到几位小数,因在系统机构设计时还要作适当调整。按此原则计算的各级传动比也是按“先小后大的顺序”进行分配,可使其结构紧凑。该分配原则中的假设对大功率传动的齿轮传动系统不适用,其计算公式不能通用,但其分配次序则应符合“从小到大”的分配顺序。

综上所述,在设计中应根据上述原则并结合实际情况的可行性和经济性对转动惯量、结构尺寸和传动精度提出适当要求。具体来讲有以下几点:①对于要求体积小、质量轻的齿轮传动系统可用最轻原则。②对于要求运动平稳、起停频繁和动态性能好的伺服系统的减速齿轮系,可按最小等效转动惯量和总转角误差最小的原则来处理。对于变负载的传动齿轮系统的各级传动比最好采用不可约的传动齿轮系,避免同期啮合以降低噪声和震动。③对于提高传动精度和减小回程误差为主的传动齿轮系,可按总转角最小误差最小原则。对于增速转

动,由于增速时容易破坏传动齿轮系工作的平稳性,应在开始几级就增速,并且要求每级增速比最好大于 1∶3,以利于增加轮系刚度、减小传动误差。④对于相当大的传动比,并且要求传动精度与传动效率高、传动平稳、体积小、质量轻时,可选用新型的谐波齿轮传动。

(3)谐波齿轮传动

谐波齿轮是随空间宇航技术的发展需要而发展起来的,并由行星齿轮传动演变而来。与普通齿轮相比,谐波齿轮传动具有传动比大(几十至几百)、速比范围宽、传动精度高、回程误差小、噪声小、传动平稳、承载能力强、效率高等优点,故在工业机器人、航空、火箭等机电系统中得到广泛应用。

1)谐波齿轮传动的原理及结构

谐波齿轮传动与少齿差行星齿轮传动十分相似。它是依靠柔性齿轮产生的可控变形波引起齿间的相对错齿来传递动力和运动的。它与一般的齿轮传动具有本质的差别。如图 6.31所示,谐波齿轮传动由波形发生器 3(H)和刚轮 1、柔轮 2 组成。若刚轮 1 为固定件,波形发生器 3(H)为主动件,由一个转臂和几个辊子组成,如图 6.31(a)所示,或者由一个椭圆盘和一个柔性球轴承组成,如图 6.31(b)所示,刚轮或柔轮为从动件。刚轮有内齿圈,柔轮有外齿圈,其齿形为渐开线或三角形,齿距 t 相同而齿数不同,刚轮的齿数 z_g 比柔轮的齿数 z_r 多。柔轮是薄圆筒形,由于波形发生器的长径比柔轮内径略大,故装配在一起时就将柔轮撑成椭圆形,迫使柔轮在椭圆的长轴方向与固定的刚轮完全啮合(A,B 处),在短轴方向的齿完全分离(C,D 处),当波发生器回转时,柔轮长轴和短轴的位置随之不断变化。从而齿的啮合处和托开处也随之连续改变,故柔轮的变形在柔轮圆周的展开图上是连续的简谐波形,故称为谐波传动。工程上最常用的波形发生器有 2 个触头,双波发生器,也有 3 个触头的。刚轮和柔轮的齿数差应等于波的整数倍,通常取其等于波数。具有双波发生器的谐波减速器,其刚轮和柔轮的齿数之差为 $z_g-z_r=2$。当波形发生器逆时针转一圈时,两轮相对位移为 2 个齿距。当刚轮固定时,则柔轮的回转方向与波形发生器回转方向相反。

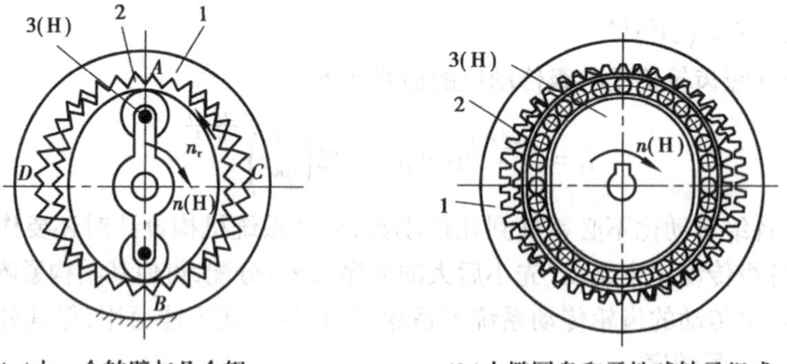

(a)由一个转臂与几个辊子组成的波形发生器

(b)由椭圆盘和柔性球轴承组成的波形发生器

图 6.31 谐波齿轮的组成及其传动原理

1—刚轮;2—柔轮;3—(H)波形发生器

2)谐波齿轮传动的出动比

谐波齿轮传动的波发生器相当于行星轮系的转臂,柔轮相当于行星轮,刚轮则相当于中心轮,故谐波齿轮传动装置(谐波减速器)的传动比可以应用于行星轮系求传动比的方式来计算。设 $\omega_g,\omega_r,\omega_H$ 分别为刚轮、柔轮和波发生器的角速度,则

$$i_{rg}^{H}=\frac{\omega_r-\omega_H}{\omega_g-\omega_H}=\frac{z_g}{z_r}$$

①当柔轮固定时,$\omega_r=0$,则

$$i_{rg}^{H}=\frac{-\omega_H}{\omega_g-\omega_H}=\frac{z_g}{z_r},\frac{\omega_g}{\omega_H}=1-\frac{z_r}{z_g}=\frac{z_g-z_r}{z_g},i_{Hg}=\frac{\omega_H}{\omega_g}=\frac{z_g}{z_g-z_r}$$

设 $z_r=200,z_g=202$ 时,则 $i_{Hg}=101$。结果为正值,说明刚轮与波形发生器转向相同。

②当刚轮固定时,$\omega_g=0$,则

$$\frac{\omega_r-\omega_H}{\alpha-\omega_H}=\frac{z_g}{z_r},1-\frac{\omega_r}{\omega_H}=\frac{z_g}{z_r},i_{Hr}=\frac{\omega_H}{\omega_r}=\frac{z_r}{z_r-z_g}$$

设 $z_r=200,z_g=202$ 时,则 $i_{Hr}=100$,负值说明柔轮与波发生器的转向相反。

③谐波齿轮减速器产品及选用

目前谐波减速器尚无国家标准,不同生产厂家标准代号也不尽相同。以 XB1 型通用谐波减速器为例,其标记代号如图 6.32 所示。表 6.6 为 XB1 型通用谐波减速器产品系列。例如:XB1-120100-6-G:表示单级卧式安装,具有水平输出轴,机型为 120,减速比为 100,最大回差为 6′,G 表示润脂润滑。

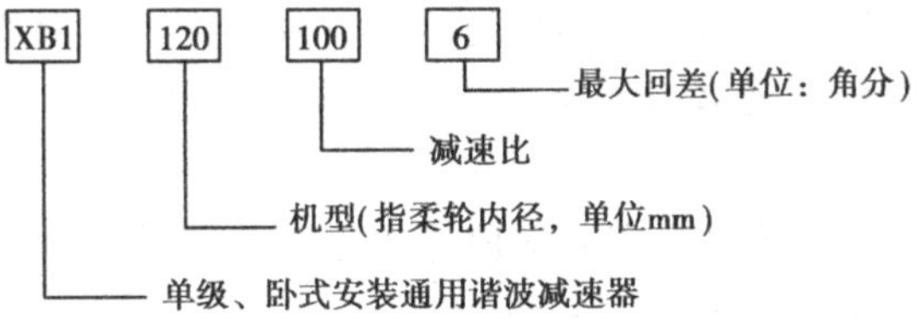

图 6.32 谐波减速器标记代号示例

表 6.6 谐波减速器标记代号示例

型 号	减速比	额定输入转速/($r\cdot min^{-1}$)	额定输出转速/($r\cdot min^{-1}$)
XB1-25	63	3 000	2
XB1-32	64,80	3 000	6
XB1-40	80,100	3 000	15
XB1-50	83,100,125	3 000	30
XB1-60	100,120,150	3 000	50
XB1-80	80,100,135	3 000	120
XB1-100	83,100,125,165	3 000	240
XB1-120	100,120,200	3 000	450
XB1-160	80,100,160,200,300	1 500	1 000
XB1-200	100,125,200,250	1 500	2 000

(4)齿轮传动间隙调整方法

设计者也可根据需要单独购买不同减速比、不同输出转矩的谐波减速器中的3大构件(见图6.33),并根据其安装尺寸与系统的机械构件相连接。图6.34为小型谐波齿轮减速器结构示意图。

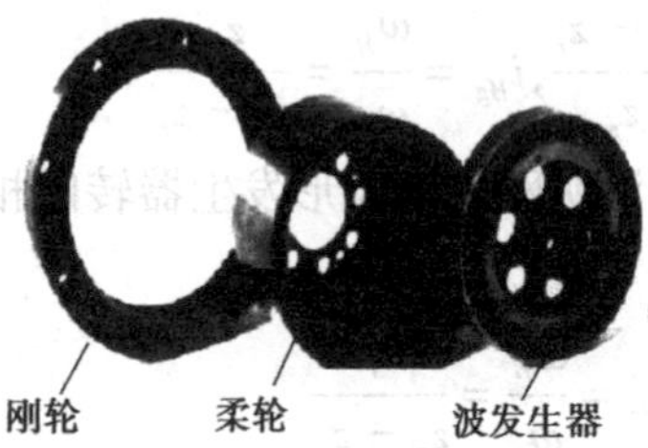

图6.33 谐波减速器中的3大构件

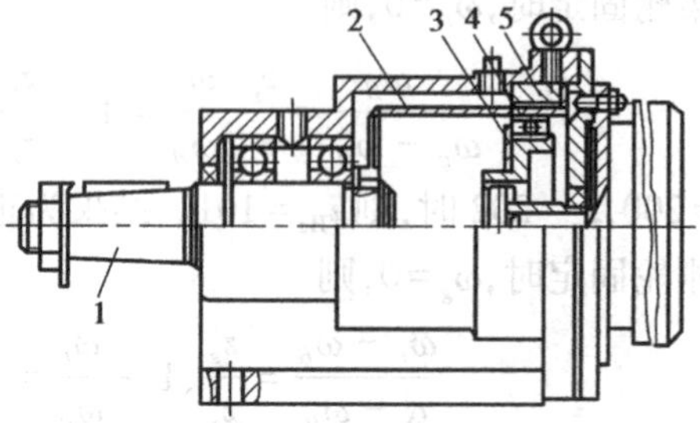

图6.34 谐波齿轮减速器典型结构

1—输入轴;2—柔轮;3—波发生器凸轮;4—柔性轴承;5—刚轮

机电系统的控制对象是机械,从执行驱动原件到受控对象往往通过机械传动,机械传动机构是伺服系统的重要组成部分。本质上也是一种转矩转速变换器,是实现驱动装置与负载之间转矩和转速合理匹配的必不可少的组成部分。

机械传动部件的种类很多,在实际使用中选用哪种类型,要根据传动机构在机电系统中的作用、结构以及性能指标等诸多因素来决定。下面介绍齿轮传动机构特点及间隙调整措施。

齿轮传动机构是数控机床等机电产品伺服进给系统常用的传动装置,为了使丝杠、工作台的惯量在系统中的比例较小,同时可使高转速、低转矩的伺服驱动装置的输出变为低转速、大转矩,从而可以适应驱动执行元件的需要。另外,开环系统中还可以计算所需的脉冲当量。在设计齿轮传动装置时,除考虑满足强度、精度之外,还应考虑其他速比分配及传动级数对传动件的转动惯量和执行元件的失动的影响。增加传动级数,可以减小转动惯量。但级数增加,使传动装置结构复杂,降低了传动效率,增大了噪声,同时也加大了传动间隙和摩擦损失,对伺服系统不利,此外还增加了生产成本。因此不能单纯根据转动惯量来选取传动级数,要综合考虑,选区最佳的传动级数和各级的速比。齿轮速比分配及传动级数对失动的影响规律为:级数越多,存在传动间隙累计越大;若传动链中齿轮速比按递减原则分配,则传动链的间隙影响较小,末端的间隙影响大。

由于传动齿轮副存在间隙,在开环进给伺服系统中会造成进给运动的位移值滞后于指令值;反向时,会出现反向死区,影响加工精度。在闭环系统中,由于反馈作用,滞后量虽可得到补偿,但反向会使系统产生震荡而不稳定。为了提高伺服系统的性能,设计时须采取相应措施,使间隙减小到允许的范围内,通常采取下列方法消除间隙。

1)刚性消除法

刚性消除法包括偏心套(轴)调整法、轴向垫片调整法及斜齿轮垫片调整法等。

①偏心套(轴)调整法

如图6.35所示,将相互啮合的一对齿轮中的一个齿轮4装在电动机2输出轴上,并将电动机 2 安装在偏心套(偏心轴)上,通过转动偏心套(偏心轴)的转角,就可调节啮合齿轮的转矩,从而消除圆柱齿轮正、反转时的齿侧间隙。其特点是结构简单,但侧隙不能自动补偿。

②轴向垫片调整法

如图 6.36 所示,齿轮 1 和齿轮 2 相啮合,其分度元弧齿厚沿轴线反向略有难度,因此可以用轴向垫片 3 使齿轮 2 沿轴向移动,从而消除两齿齿侧间隙。装配时轴向垫片 3 的厚度应使得齿轮 1 和齿轮 2 之间不但齿侧间隙小,运转又灵活。其特点是结构简单,但侧隙不能自动补偿。此法不如偏心套调整方便。

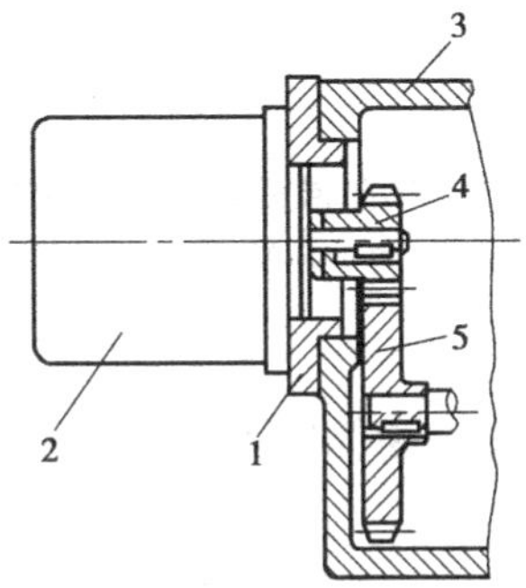

图 6.35 偏心套(轴)调整法

1—偏心套;2—电动机;3—箱体;4,5—齿轮

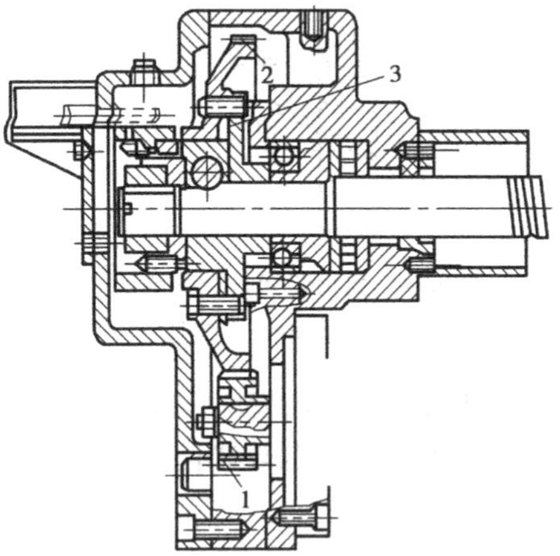

图 6.36 圆柱齿轮轴向垫片调整法

1,2—齿轮;3—垫片

③斜齿轮垫片调整法

消除斜齿轮传动侧隙的方法是用两个薄片齿轮与一个宽齿轮啮合,只是在两个薄片斜齿轮的中间隔开了一小段距离,这样它们的螺旋线便能错开。如图 6.37 所示为垫片调整法,其特点是结构比较简单,但调整较费时,且齿侧间隙不能自动补偿。

2)柔性消隙法

①双片薄齿轮错齿调整法

这种消除间隙的方法是将其中一个支撑宽齿轮,另一个用两片薄齿轮组成。采取措施使一个薄齿轮的左齿侧和另一个薄齿轮的右齿侧分别紧贴在宽齿轮槽的左右两侧,以消除齿侧间隙,反向时不会出现死区,其措施如下:

A.轴向弹簧式错齿调整法(见图 6.38)

在两个薄片齿轮 3 和 4 上各开了几条周向圆弧槽,并在齿轮 3 和 4 的端面上有安装弹簧 2 的短柱 1。在弹簧 2 的作用下使薄片齿轮 3 和 4 错位而消除齿侧间隙。这种结构形式中的弹簧 2 的拉力须足以克服驱动转矩才能起作用。因该方法受到周向圆弧槽及弹簧尺寸限制,故仅适用于读数装置而不适用于驱动装置。

B.可调拉簧式错齿调整法(见图 6.39)

在两个薄片齿轮 1 和 2 上装有凸耳 3,弹簧的一端钩在凸耳 3 上,另一端钩在螺钉 7 上。弹簧 4 的拉力大小可以用螺母 5 调节螺钉 7 的伸出长度,调整好后再用螺母 6 锁紧。

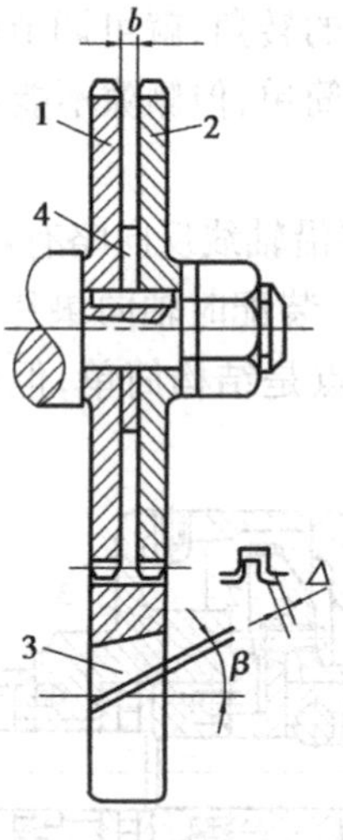

图 6.37 斜齿轮垫片调整法

1,2,3—斜齿轮;4—垫片

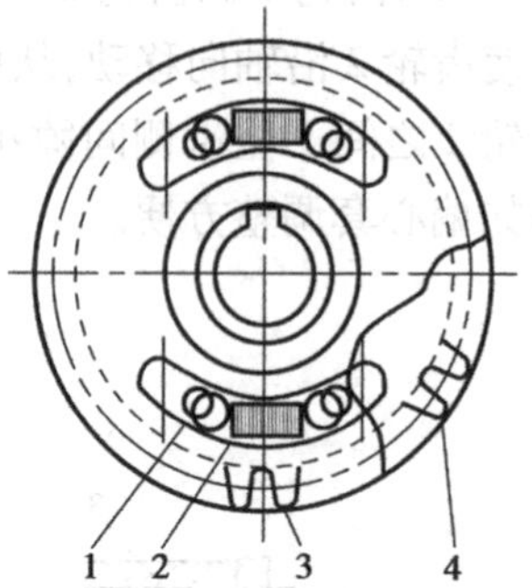

图 6.38 轴向弹簧式错齿调整法

1—短柱;2—弹簧 3,4—齿轮

②斜齿轮轴向压簧错齿调整法

如图 6.40 所示为斜齿轮轴向压簧错齿调整法,其特点是齿侧隙可以自动补偿,但轴向尺寸较大,结构欠紧凑。

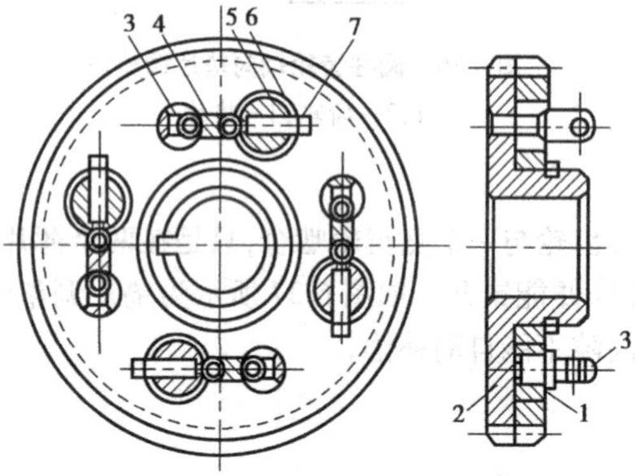

图 6.39 可调拉簧式错齿调整法

1,2—齿轮;3—凸耳;4—弹簧;5,6—螺母;7—螺钉

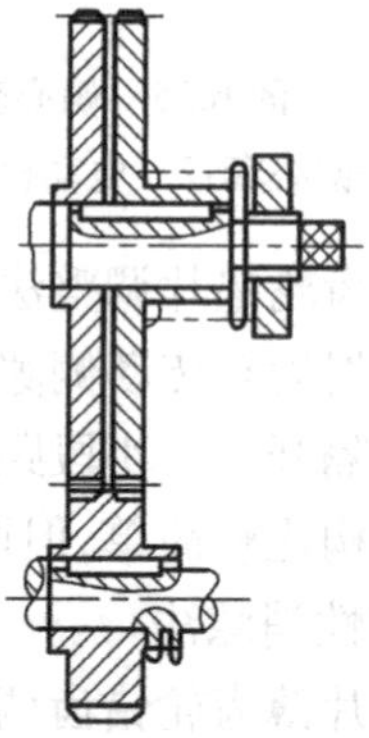

图 6.40 斜齿轮轴向压簧错齿调整法

6.1.4 扰性传动部件

除滚珠丝杠副、齿轮副等传动部件之外,机电一体化系统中还大量使用同步带、钢带、链条、钢丝绳及尼龙绳等扰性传动部件。

(1)同步带传动

同步带传动是综合了普通传动和链轮链条传动优点的一种新型传动。它在带的工作面及带轮外周上均制有啮合齿,通过带齿与轮齿作啮合传动。为保证和带轮无滑差的同步传动,其带采用了承载后无弹性变形的高强力材料,以保证带的节距不变。故它具有传动比准确、传动效率高(0.98)、能吸振、噪声低、传动平稳、能高速传动、维护保养方便等优点,故使用范围较广。其主要缺点是安装精度要求高、中心距要求高，具有一定的蠕变性。图 6.41 为同步带在打印车送进系统的应用实例。

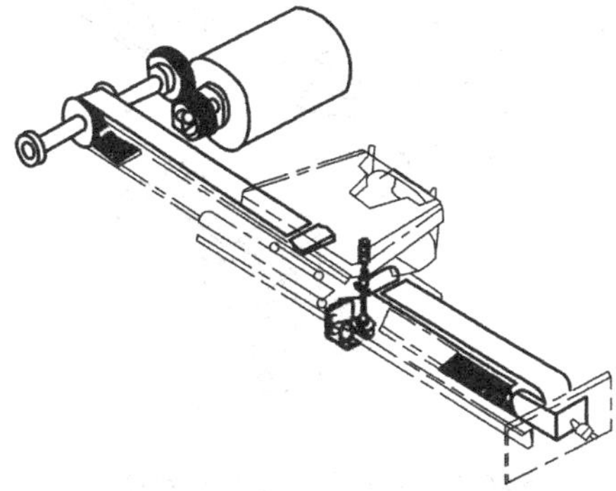

图 6.41 打印机中的同步带传动系统

梯形齿同步带结构如图 6.42 所示，它由包布层、带齿、带背和加强筋组成。带轮结构如图 6.43 所示，带轮齿形有梯形齿形和圆弧齿形。国内有同步带传动部件的 GB 11616—1989，GB 11363—1989 等国家标准，专门供生产厂家选用。

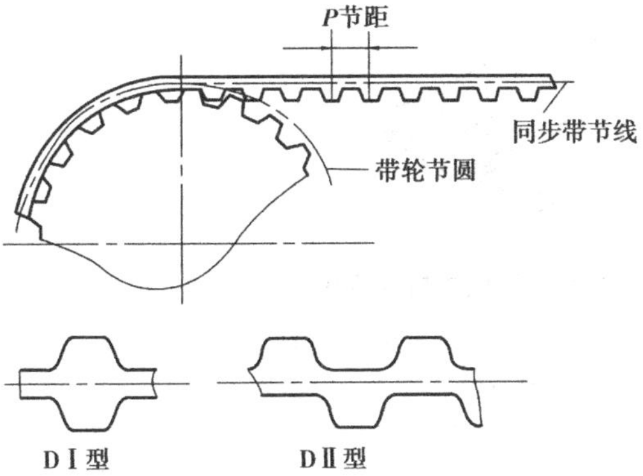

图 6.42 梯形齿同步带结构

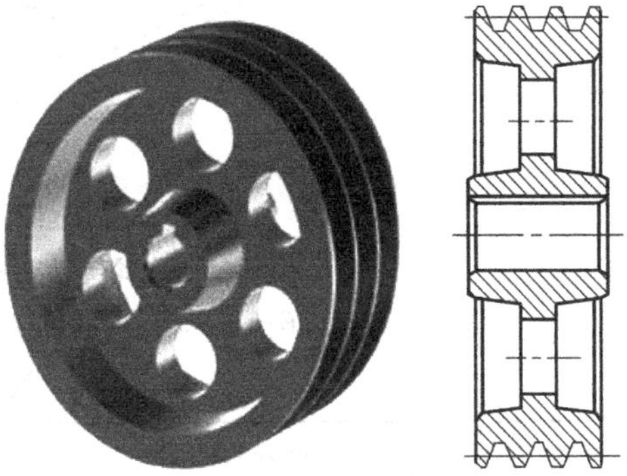

图 6.43 带轮结构

(2) 钢带传动

钢带传动的特点是钢带与带轮间接触面积大、无间隙、摩擦阻力大无滑动，结构简单紧凑、运行可靠、噪声低、驱动力大、寿命长，钢带无蠕变。图 6.44 所示为钢带传动在磁头定位机构中的应用实例，α 形钢带挂在驱动轮上，磁头固定在往复运动的钢带上，结构紧凑，磁头移动迅速，运行可靠。

(3) 绳轮传动

绳轮传动具有结构简单、传动刚度大、结构柔软、成本较低、噪声低等优点。其缺点是带轮较大，安装面积大，加速度不宜太高。图 6.45 为打字机车的绳轮传动送进机构图。

挠性传动方式比较见表 6.7。

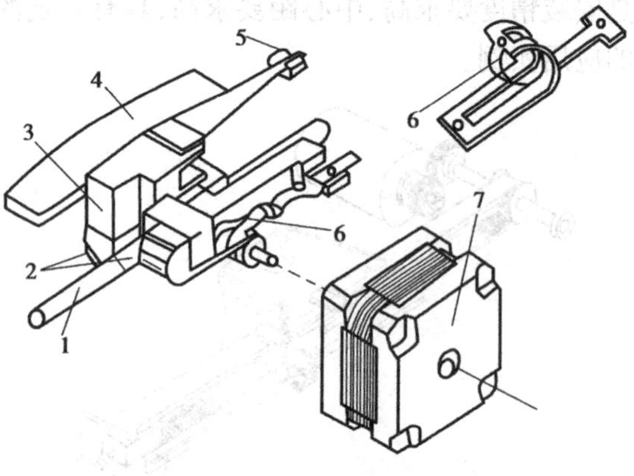

图 6.44 α 钢带传动定位机构

1—导杆;2—轴承;3—小车;4—导轨;5—磁头;6—钢带;7—步进电机

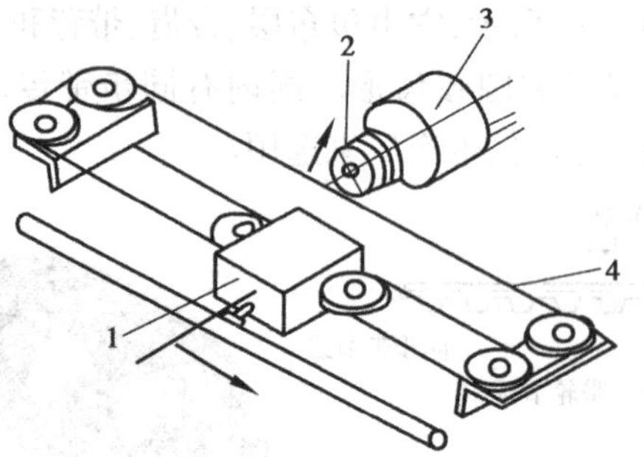

图 6.45 绳轮传动在打印机字车送进机构的应用

1—字车;2—绳轮(电动机输出轴上);3—伺服电机;4—钢丝绳

表 6.7 扰性传动方式比较

传动方式	传动带	带 轮	传动刚度	蠕 变	结 构
同步带传动	同步带	齿形轮	中等	有	简单
钢带传动	钢带	无齿带轮	大	无	简单
绳轮传动	钢丝绳(尼龙绳)	开槽绳轮	大(小)	有	较简单

6.1.5 间歇传动机构

常用的间歇传动机构有棘轮传动、槽轮传动、蜗形凸轮传动等。这些机构可将原动机构的连续运动转换为间歇运动。其基本要求是移位迅速、移位过程中无冲击、停位准确。

(1)棘轮传动机构

棘轮传动机构主要由棘轮和棘爪组成,其工作原理如图 6.46(a)所示。棘爪 2 装在摇杆 1 上,能围绕 O 点转动,摇杆空套在棘轮凸缘上做往复摆动。当摇杆(主动件)做逆时针方向摆动时,棘爪 2 与棘轮 3 的齿啮合,克服棘轮轴上的外加力矩 T,推动棘轮朝逆时针方向转动,此时止动爪 4(或称止回爪、闸爪)在棘轮齿上打滑。当摇杆摆过一定角度 ω 而反向做顺时针方向摆动时,止动爪 4 把棘轮闸住,使其不致因外力矩 T 作用而随摇杆一起做反向转动,此时棘爪 1 在棘轮齿上打滑而返回到起始位置。摇杆如此往复不停地摆动时,棘轮就不断地按逆时针方向间歇地转动。扭簧 5 用于帮助棘爪与棘轮齿啮合。

如图 6.46 所示,棘轮传动机构有外齿式(a)、内齿式(b)和端齿式(c)。它由棘轮 3 和棘爪 2 组成,棘爪为主动件,棘轮为从动件。棘爪的运动可从连杆机构、凸轮机构、油(气)缸等的运动获得。棘轮传动有噪声、磨损快,但由于结构简单、制造容易,故应用广泛。棘爪每往复一次推过的棘轮齿数与棘轮转角的关系如下:

$$\omega = 360° \frac{k}{z}$$

式中　ω——棘轮回转角(根据工作要求而定);

k——棘爪每往复一次推过的棘轮齿数;

z——棘轮齿数。

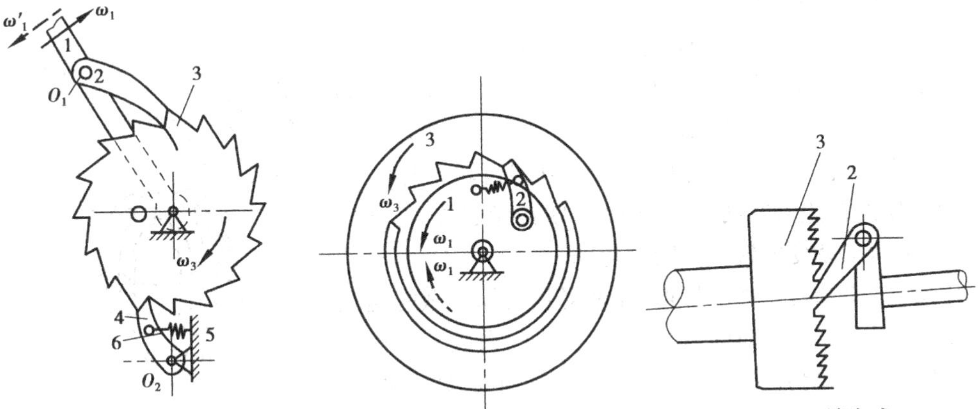

图 6.46　齿式棘轮机构的形式

1—主动摆件;2—棘爪;4—止动爪;3—棘轮;5—机架

(2)槽轮传动机构

槽轮传动机构又称马尔他(马氏)机构。如图 6.47 所示,它由拨销盘(或曲柄)1 和槽轮 3 组成。其工作原理如下:拨销盘(主动件)以不变的角速度 ω_0 旋转,拨销转过 2β 角时,槽轮转过相邻两槽的夹角 2α,见图 6.47(b)。在拨销转过其余部分的角 $2(\pi-\beta)$ 时,槽轮静止不动,见图 6.47(c),直到拨销进入下一个槽内,又重复上述动作。这样,将拨销的连续运动变为槽轮(从动件)的间隙运动。为保证槽轮静止时间内的位置准确,在拨销盘和槽轮上分别作出锁紧弧面和定位弧面来锁住槽轮。

槽轮传动机构具有结构简单、转位迅速、从动件能在较短时间内转过较大的角度、传动效率高、槽轮转位时间与静止时间之比为定值等优点。但是,由于槽轮的角速度不是常数,在转动开始与终了时,有一定大小的角加速度,从而产生一定的冲击;又由于利用锁紧弧与定位弧定位,其定位精度往往不能满足要求,在要求工作盘的定位精度较高时,需要另加定位装置;

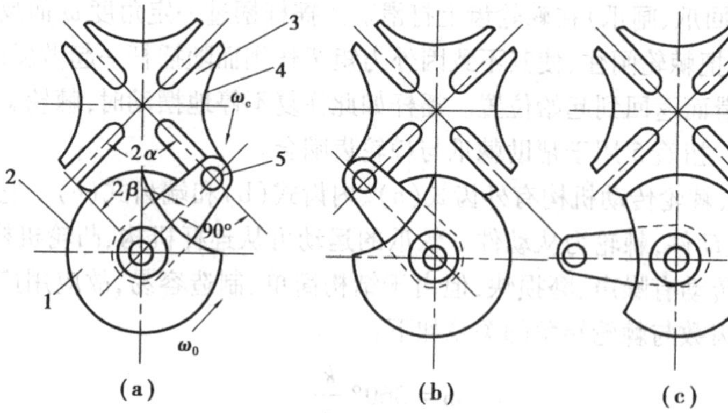

图 6.47　槽轮的结构

1—拨销盘；2—槽轮；3—槽轮；4—定位弧；5—拨销

制造和装配精度要求较高。

(3)蜗形凸轮传动机构

如图 6.48 所示为蜗形凸轮机构。它由转盘 3 和安装在转盘上的滚子 2 和蜗形凸轮 1 组成蜗形凸轮 1 以角速度 ω 连续旋转时，当凸轮转过角 θ，转盘就转过 φ 角，即相邻滚子间的夹角，在凸轮转过其余的角度$(2\pi-\theta)$时，转盘停止不动，并靠凸轮的棱边卡在两个滚子中间，使转盘定位。这样，凸轮的连续运动就变成转盘的间歇运动。

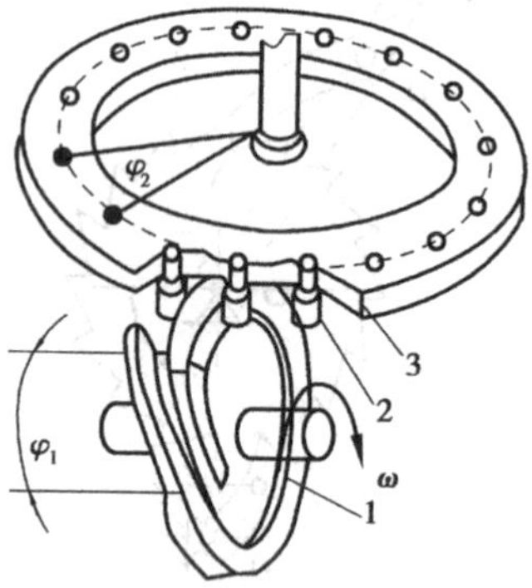

图 6.48　蜗形凸轮传动机构

1—蜗形凸轮；2—滚子；3—转盘

蜗形凸轮机构具有如下特点：能够得到实际中做能遇到的任意转位时间与静止时间之比，其工作时间系数 K 工作比槽轮机构的要小；能够实现转盘所要求的各种运动规律；与槽轮机构比较，能够用于工位数较多的设备上，而不需加入其他的传动机构；一般情况下，凸轮棱边的定位精度已能满足要求，而不需要其他定位装置；有足够高的刚度；装配方便；不足之处是它的加工工作量特别大，成本较高。

6.2　导向支承部件的选择与设计

6.2.1　导轨副的组成、种类及其应满足的要求

导向支承部件的作用是支承和限制运动部件按给定的运动要求和规定的运动方向运动，这样的部件通常称导轨副，简称导轨。

(1)导轨副的种类

导轨副主要由承导件 1 和运动件 2 两大部分组成，如图 6.49 所示。运动方向为直线的称直线运动导轨副，运动方向为回转的称回转运动导轨副。常用的导轨副的种类很多，按其接

触面的摩擦性质可分为互动导轨、滚动导轨、液体介质摩擦导轨等，如下所示。

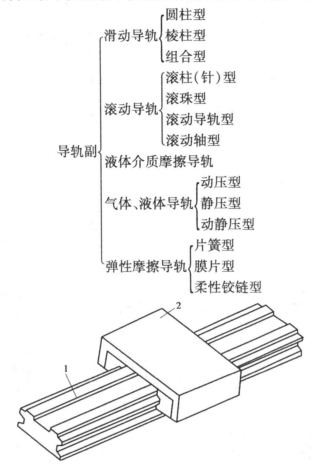

- 导轨副
  - 滑动导轨
    - 圆柱型
    - 棱柱型
    - 组合型
  - 滚动导轨
    - 滚柱（针）型
    - 滚珠型
    - 滚动导轨型
    - 滚动轴型
  - 液体介质摩擦导轨
  - 气体、液体导轨
    - 动压型
    - 静压型
    - 动静压型
  - 弹性摩擦导轨
    - 片簧型
    - 膜片型
    - 柔性铰链型

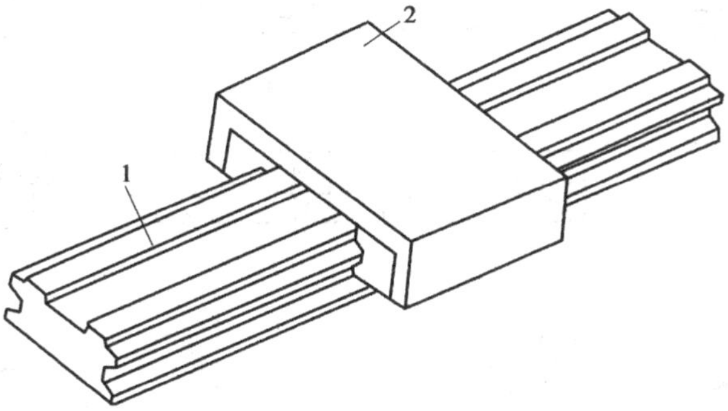

图6.49　导轨副的组成

1—承导件；2—运动件

按其结构特点可分为开式（借助重力或弹簧力保证运动件与承导面之间的接触）导轨和闭式（只靠导轨本身的结构形状保证运动部件与承导面之间的接触）导轨。常用导轨结构形式如图6.50所示，其性能比较见表6.8。

表6.8　常用导轨性能比较

导轨类型	结构工艺性	方向精度	摩擦力	对温度变化的敏感性	承载能力	耐磨性	成本
开式圆柱面导轨	好	高	较大	不敏感	小	较差	低
闭式圆柱面导轨	好	较高	较大	较敏感	较小	较差	低
燕尾导轨	较差	高	大	敏感	大	好	较高
闭式直角导轨	较差	较低	较小	较敏感	大	较好	较低

续表

导轨类型	结构工艺性	方向精度	摩擦力	对温度变化的敏感性	承载能力	耐磨性	成本
开式V形导轨	较差	较高	较大	不敏感	大	好	较高
开式滚珠导轨	较差	较高	小	不敏感	较小	较好	较高
闭式滚珠导轨	差	高	较小	不敏感	较小	较好	高
开式滚柱导轨	较差	较高	小	不敏感	较大	较好	较高
滚动轴承导轨	较差	较高	小	不敏感	较大	好	较高
液体静压导轨	差	高	很小	不敏感	大	很好	很高

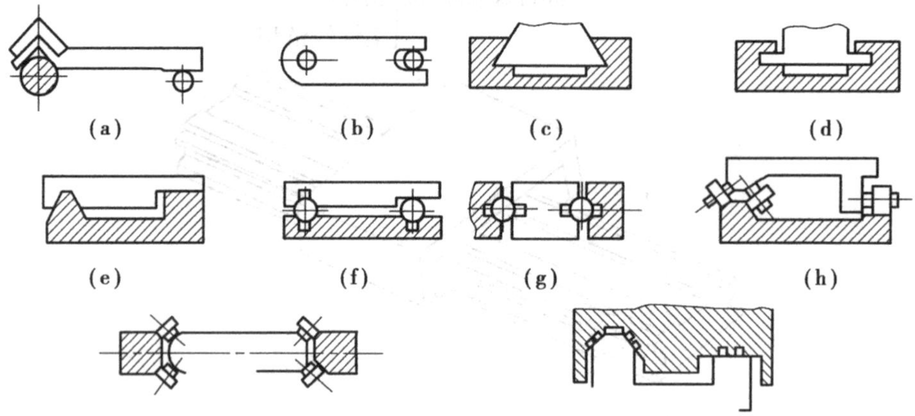

图 6.50　常用导轨结构示意图

(2)导轨副应满足的基本条件

机电一体化系统对导轨的基本要求是导向精度高、刚性好、运动轻便平稳、耐磨性好、温度变化影响小以及结构工艺性好等。

对精度要求高的直线运动导轨,还要求导轨的承载面与导向面严格分开;当运动件较重时,必须设有卸荷装置,运动件的支承必须符合三点定位原理。

1)导向精度

导向精度是指动导轨按给定方向作直线运动的准确程度。导向精度的高低主要取决于导轨的结构类型,导轨的几何精度和接触精度,导轨的配合间隙、油膜厚度和油膜刚度,导轨和基础件的刚度及热变形等。

直线运动导轨的几何精度(见图 6.51),一般有下列几项规定:

①导轨在垂直平面内的直线度(即导轨纵向直线度),如图 6.51(a)所示。

②导轨在水平平面内的直线度(即导轨横向直线度),如图 6.51(b)所示,理想的导轨

与垂直和水平截面上的交线，均应是一条直线，但由于制造的误差，使实际轮廓线偏离理想的直线，测得实际包容线的两平行直线间的宽度 ΔV、ΔH，即为导轨在垂直平面内或水平平面内的直线度。在这两种精度中，一般规定导轨全长上的直线度或导轨在一定长度上的直线度。

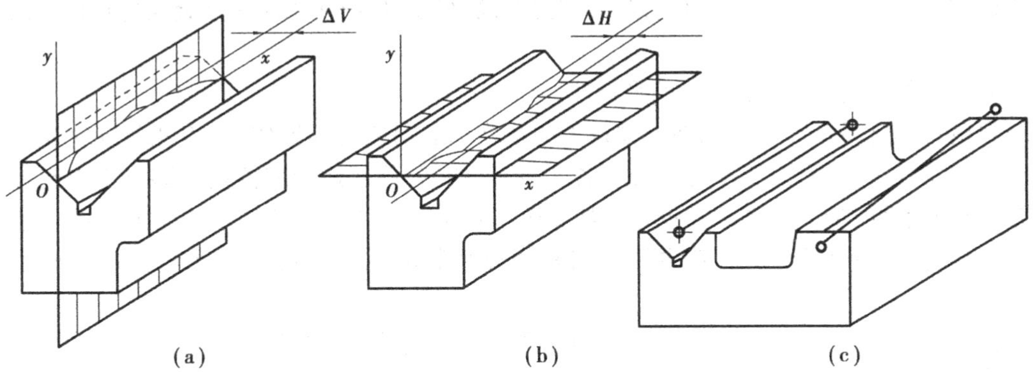

图 6.51　直线运动导轨的几何精度

③两导轨面间的平行度，也称为扭曲度。这项误差一般规定用在导轨一定长度上或全长上横向扭曲值表示。

2）刚度

导轨的刚度就是抵抗载荷的能力。抵抗恒定载荷的能力称为静刚度，抵抗交变载荷的能力称为动刚度。下面介绍静刚度。

在恒定载荷作用下，物体变形的大小，表示静刚度的好坏。导轨变形一般有自身、局部和接触这 3 种变形。

自身变形。由于作用在导轨面上的零部件重量（包括自重）而引起，它主要与导轨的类型、尺寸及材料等相关。因此，为了加强导轨自身刚度，常用增大尺寸和合理布置筋和筋板等措施解决。

导轨局部变形发生在载荷集中的地方，因此必须加强导轨的局部刚度。如图 6.52 所示，在两个平面接触处，由于加工造成的微观不平度，使其实际接触面积仅是名义接触面积的很小一部分，因而产生接触变形。由于接触面积是随机的，故接触变形不是定值，基础刚度也不是定值，但在实际应用时，接触刚度必须是定值。为此，对于活动接触面（动导轨与支承导轨），需施加预载荷，以增加接触面积，提高接触刚度，预载荷一般等于运动件及其上的工件等重量。为了保证导轨副的刚度，导轨副应有一定的接触精度。导轨的接触精度以导轨表面的实际接触面积占理论接触面积的百分比或在 25 mm×25 mm 面积上接触点的数目和分布状态来表示。这项精度一般根据精刨、磨削、刮研等加工方法按标准规定。

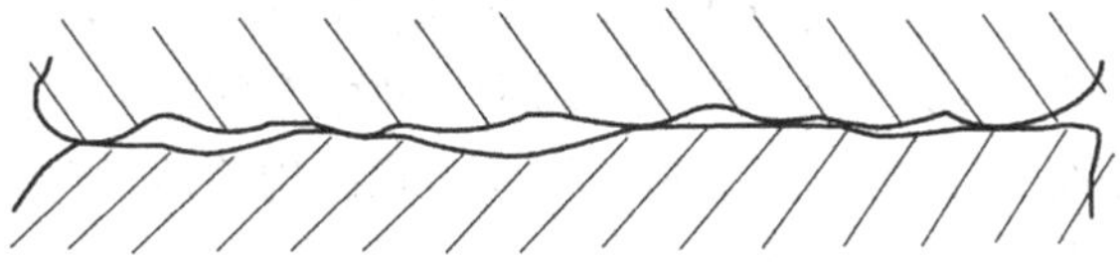

图 6.52　导轨的实际接触面积

3)耐磨性

精度的保持性主要由导轨的耐磨性决定。导轨的耐磨性是指导轨在长期使用后,应能保持一定的导向精度。导轨的耐磨性主要取决于导轨的结构、材料、摩擦性质、表面粗糙度、表面硬度、表面润滑及受力情况等,提高导轨的精度保持性,必须进行正确的润滑与保护。采用独立的润滑系统自动润滑已被普遍采用。防护方法很多,目前多采用多层金属薄板伸缩式防护罩进行防护。

4)运动的灵活性和低速运动的平稳性

机电一体化系统和计算机外围设备等的精度和运动速度都比较高,因此其导轨应具有较好的灵活性和平稳性,工作时应轻便省力,速度均匀,低速运动或微量位移时不出现爬行现象,高速运动时应无振动。在低速(如 0.05 mm/min)运行时,往往不是作连续的匀速运动而是时走时停(即爬行)。其主要原因是摩擦系数随运动速度的变化和传动系统刚性不足。

图 6.53 中传动系统 2 带动运动件 3 在静导轨 4 上运动时,作用在导轨副内的摩擦力是变化的。导轨副相对静止时,静摩擦系数较大。在运动开始的低速阶段,动摩擦系数随导轨副相对滑动速度的增大而降低,直到相对速度增大到某一临界值,动摩擦系数才随相对速度的减小而增加。由此来分析如图 6.53 所示的运动系统:匀速运动的主动件 1,通过压缩弹簧推动静止的运动件 3,当运动件 3 受到的逐渐增大的弹簧力小于静摩擦力 F 时,运动件 3 不动。直到弹簧力刚刚大于静摩擦力 F 时,运动件 3 才开始运动,动摩擦力随着动摩擦系数的降低而变小,运动件 3 的速度相应增大,同时弹簧相应伸长,作用在运动件 3 上的弹簧力逐渐减小,运动件 3 产生负加速度,速度降低,动摩擦力相应增大,速度逐渐下降,直到运动件 3 停止运动,主动件 1 这时再重新压缩弹簧,爬行现象进入下一个周期。

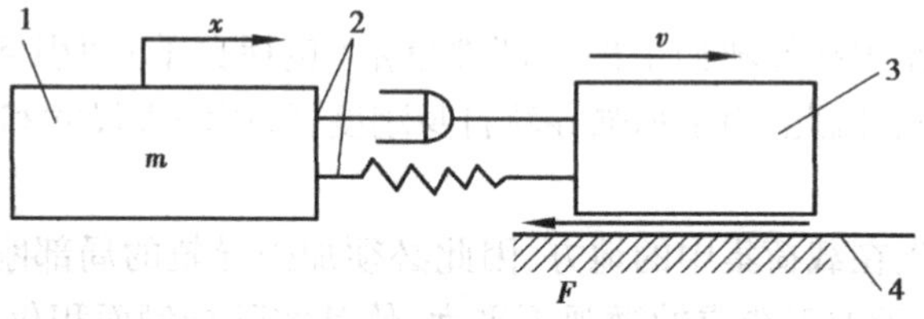

图 6.53 弹簧—阻尼系统

1—主动件;2—弹簧—阻尼;3—运动件;4—静导轨

为防止爬行现象的出现,可同时采取以下几项措施:采用滚动导轨、静压导轨、卸荷导轨、贴塑料层导轨等;在普通滑动导轨上使用含有极性添加剂的导轨油;用减小接合面、增大结构尺寸、缩短传动链、减少传动副等方法来提高传动系统的刚度。

5)对温度的敏感性和结构的工艺性

导轨在环境温度变化的情况下,应能正常工作,既不“卡死”,又不影响系统的运动精度。导轨对温度变化的敏感性,主要取决于导轨材料和导轨配合间隙的选择。

结构工艺性是指系统在正常工作的条件下,应力求结构简单,制造容易,装拆、调整、维修及检测方便,从而最大限度地降低成本。

(3)导轨副的设计内容

设计导轨应包括以下几个方面的内容。

①根据工作条件，选择合适的导轨类型。

②选择导轨的截面形状，以保证导向精度。

③选择适当的导轨结构及尺寸，使其在给定的载荷及工作温度范围内，有足够的刚度、良好的耐磨性及运动轻便和低速平稳性。

④选择导轨的补偿及调整装置，经长期使用后，通过调整能保证所需的导向精度。

⑤选择含量的耐磨涂料、润滑方法和防护装置，使导轨有良好的工作条件，以减少摩擦和磨损。

⑥制定保证导轨所必需的技术条件，如选择适当的材料，以及热处理、精加工和测量方法等。

6.2.2　滑动导轨副的结构及选择

(1)导轨副的截面形状及其特点

常见的导轨截面形状，有三角形(分对称、不对称两类)、矩形、燕尾形及圆形 4 种，每种又分为凸形和凹形两类。凸形导轨不易积存切屑等脏物，也不易储存润滑油，宜在低速下工作；凹形导轨则相反，可用于高速，但必须有良好的防护装置，以防切屑等脏物落入导轨。各种导轨的特点如表 6.9 所示。

表 6.9　各种导轨的特点

	对称三角形	不对称三角形	矩　形	燕尾形	圆　形
凸形	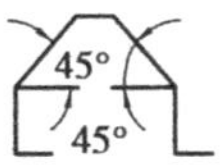	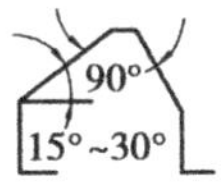	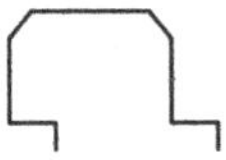	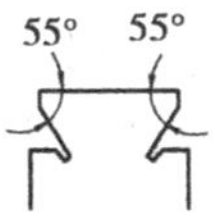	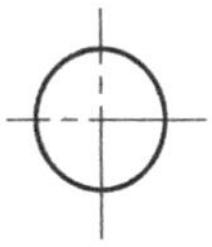
凹形	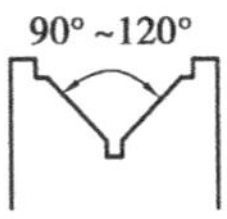	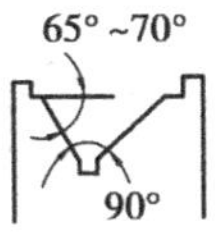	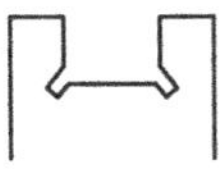	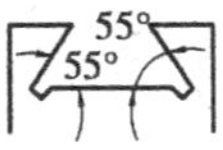	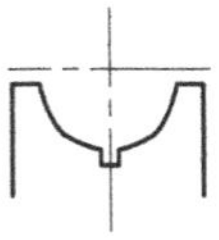

1)三角形导轨

导轨尖顶朝上的称为三角形导轨，导轨尖顶朝下的称为 V 形导轨。该导轨在垂直载荷的作用下，磨损后能自动补偿，不会产生间隙，故导向精度较高。但压板面仍需有间隙调整装置。它的截面角度由载荷大小及导向要求而定，一般为 90°。为增加承载面积，减小比压，在导轨高度不变的条件下，应采用较大的顶角(110°~120°)；为提高导向性，可采用较小的顶角(60°)。如果导轨上所受的力在两个方向上的分力相差很大，应采用不对称三角形，以使力的作用方向尽可能垂直于导轨面。此外，导轨水平与垂直方向误差相互影响，给制造、检验和修理带来困难。

2)矩形导轨

此类导轨的特点是结构简单,制造、检验和修理方便,导轨面较宽,承载能力大,刚度高,故应用广泛。

矩形导轨的导向精度没有三角形导轨高,磨损后不能自动补偿,需有调整间隙装置,但水平和垂直方向上的位置各不相关,即一方向上的调整不会影响另一方向的位移,因此安装调整均较方便。在导轨的材料、载荷、宽度相同的情况下,矩形导轨的摩擦阻力和接触变形都比三角形导轨小。

3)燕尾形导轨

此类导轨磨损后不能自动补偿间隙,需设调整间隙装置。两燕尾面起压板面作用,用一根镶条就可调节水平与垂直方向的间隙,且高度小,结构紧凑,可以承受颠覆力矩。但刚度较差,摩擦力较大,制造、检验和维修都不方便。用于运动速度不高、受力不大、高度尺寸受到限制的场合。

4)圆柱形导轨

此类导轨制造方便,外圆采用磨削,内孔经过珩磨,可达到精密配合,但磨损后很难调整和补偿间隙。圆柱形导轨有两个自由度,适用于同时作直线运动和转动的地方。若要限制转动,可在圆柱表面开键槽或加工出平面,但不能承受大的扭矩,也可采用双圆柱形导轨。圆柱形导轨用于承受轴向载荷的场合。

(2)导轨副的组合形式

1)双三角形导轨组合

两条三角形导轨同时起支承和导向作用,如图6.54所示。由于结构对称,驱动元件可对称地放在两导轨中间,并且两条导轨磨损均匀,磨损后相对位置不变,能自动补偿垂直和水平方向的磨损,故导向性和精度保持性都高,接触刚度好;但工艺性差,对导轨的4个表面刮削或磨削也难以完全接触,如果床身和运动部件热变形不同,也很难保证4个面同时接触。因此其多用于精度要求高的机床设备。

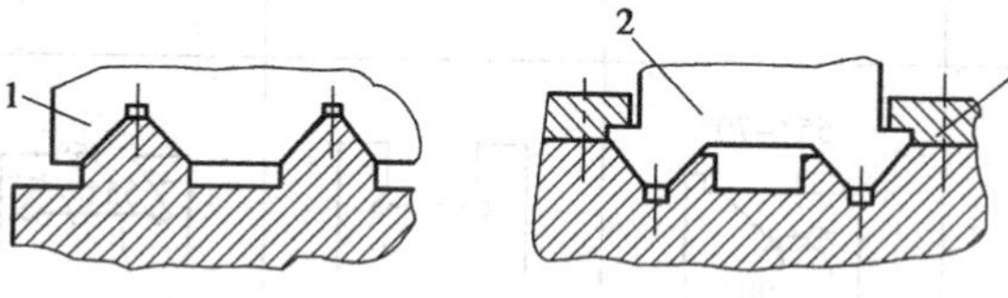

图6.54 双三角形导轨

1—三角形导轨;2—V形导轨;3—压板

2)矩形和矩形导轨组合

承载面1和导向面2分开(见图6.55),因而制造与调整简单,导向面的间隙用镶条调节,接触刚度低。闭式结构由辅助导轨面3,其间隙用压板调节。采用矩形和矩形组合时,应合理选择导向面。如图6.55(a)所示,以两侧面作导向面时,间距L_1大,热变形大,要求间隙大,因而导向精度低,但承载能力大;以内外侧面作导向面,如图6.55(b)所示,其间距L_2较小,加工测量方便,容易获得较高的平行度,热变形小,可选用较小的间隙,因而导向精度高;以两内侧面作导向面,如图6.55(c)所示,导向面2对称分布在导轨中部,当传动件位于对称中心线上时,避免了由于牵引力与导向中心线补充和而引起的偏转,不致在改变运动方向时引起位置误差,故导向精度高。

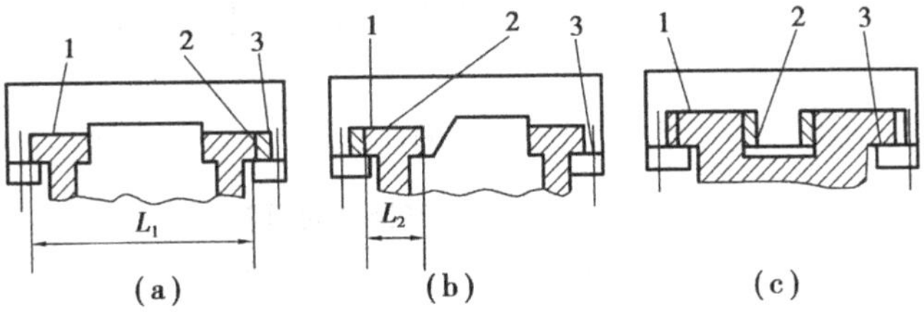

图 6.55　矩形与矩形组合导轨

3)三角形导轨和矩形导轨组合

此类组合形式如图 6.56 所示,它兼有三角形导轨的导向性好、矩形导轨的制造方便及刚性好等优点,并避免了由于热变形所引起的配合变化。但导轨磨损不均匀,一般是三角形导轨比矩形导轨磨损快,磨损后又不能通过调节来补偿,故对位置精度有一定的影响,闭合导轨压板面,能承受颠覆力矩。

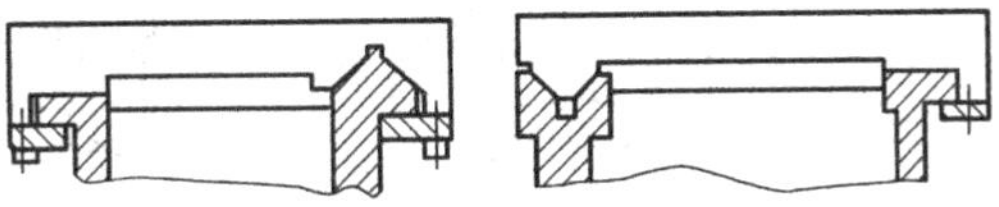

图 6.56　三角形和矩形导轨的组合

上述组合方式有 V—矩、棱—矩两种形式。V—矩组合导轨易储存润滑油,低、高速都能采用。棱—矩组合不能储存润滑油,只用于低速移动。

4)三角形和平面导轨组合

图 6.57 为三角形和平面导轨组合,它具有三角形和矩形组合导轨的基本特点,但由于没有闭合导轨装置,因此只能用于受力向下的场合。

对于三角形和矩形、三角形和平面组合导轨,由于三角形和矩形(或平面)导轨的摩擦阻力不相等,因此在布置牵引力的位置时,应使导轨的摩擦阻力的合力与牵引力在同一直线上,否则会产生力矩,使三角形导轨对角接触,影响运动件的导向精度和运动的灵活性。

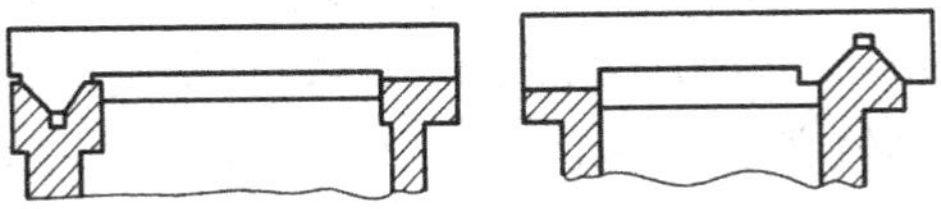

图 6.57　三角形和平面导轨的组合

5)燕尾形导轨及其组合

如图 6.58(a)所示为整体式燕尾形导轨;如图 6.58(b)所示为装配式燕尾形导轨,其特点是制造、调试方便;如图 6.58(c)所示为燕尾与矩形组合,它兼有调整方便和能承受较大力矩的优点,多用于横梁、立柱和摇臂等导轨。

(3)导轨间隙的调整

为保证导轨正常工作,导轨滑动表面之间应保持适当的间隙。间隙过小,会增加摩擦阻力;间隙过大,会降低导向精度。导轨的间隙如依靠刮研来保证,需要很大的劳动量,而且导轨经长期使用后,会因磨损而增大间隙,需要及时调整,故导轨应用间隙调整装置。矩形导轨

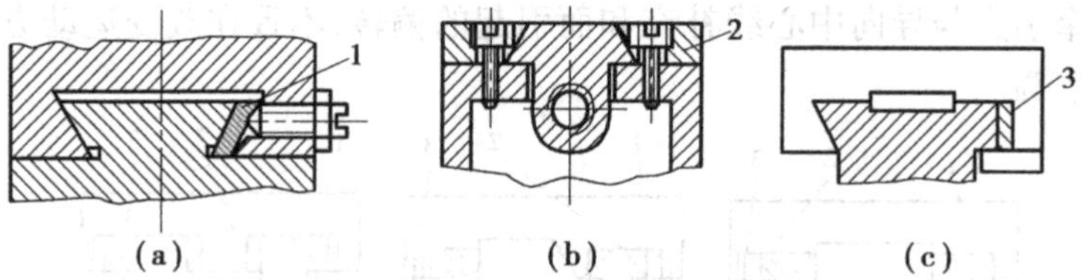

图 6.58 燕尾形导轨及其组合的间隙调整

1—斜镶条;2—压板;3—直镶条

需要在垂直和水平两个方向上调整间隙。

常用的调整方法有压板和镶条法两种。对燕尾形导轨可采用镶条(垫片)法同时调整垂直和水平两个方向的间隙,如图 6.58(a)所示。对矩形导轨可采用修刮压板、修刮调整垫片的厚度或调整螺钉的方法进行间隙调整,如图 6.59 所示。

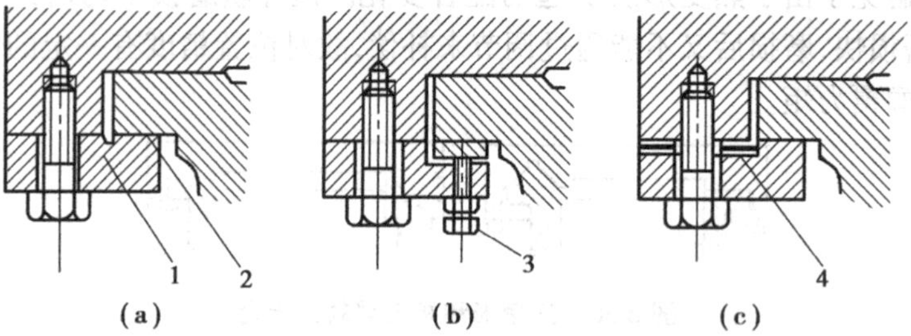

图 6.59 矩形导轨垂直方向间隙的调整

1—压板;2—接合面;3—调整螺钉;4—调整垫片

如图 6.60(a)所示为采用平镶条调整导轨侧面间隙的结构。平镶条横截面积为矩形或平行四边形(用于燕尾形导轨),以镶条的横向位移来调整间隙。平镶条一般放在受力小的一侧,用螺钉调节,螺母锁紧。因螺钉单独拧紧,收紧力不易一致,使镶条在螺钉的着力点有扰度,使接触不均匀,刚性差,易变形,调整较麻烦,故用于受力较小或短的导轨。如图 6.60(b)、(c)所示为采用两根斜镶条调整导轨侧面间隙的结构。调整时拧动螺钉,使斜镶条纵向(平行运动方向)移动来调整间隙。为了缩短斜镶条的长度,一般将镶条放在移动件上。斜镶条是全长上支承、其斜度为 1∶40～1∶100,镶条长度 L 越长,斜度应越小,以免两端厚度相差过大。一般 $L/H<10$ 时(H 为导轨高度),取 1∶40;$L/H>100$ 时,取 1∶100。

采用斜镶条的优点是:镶条两侧面与导轨面全部接触,故刚性好,虽然斜镶条必须加工成斜形,制造比较困难,但使用可靠,调整方便,故应用较广。三角形导轨上滑动面能自动补偿,下滑动面的间隙调整和矩形导轨的下压板调整底面间隙相同。圆形导轨间隙不能调整。

(4)导轨副材料的选择

导轨常用材料有铸铁、钢、非铁金属和塑料凳。常使用铸铁—铸铁、铸铁—钢的导轨。

1)铸铁

铸铁具有耐磨性和减振性好、热稳定性高、易于铸造和切削加工、成本低等特点,因此在滑动导轨中被广泛应用。常用的铸铁有 HT200 和高磷铸铁(含磷 w_C 为 0.3%～0.65%的灰铸铁),其耐磨性比 HT200 高约 1 倍。

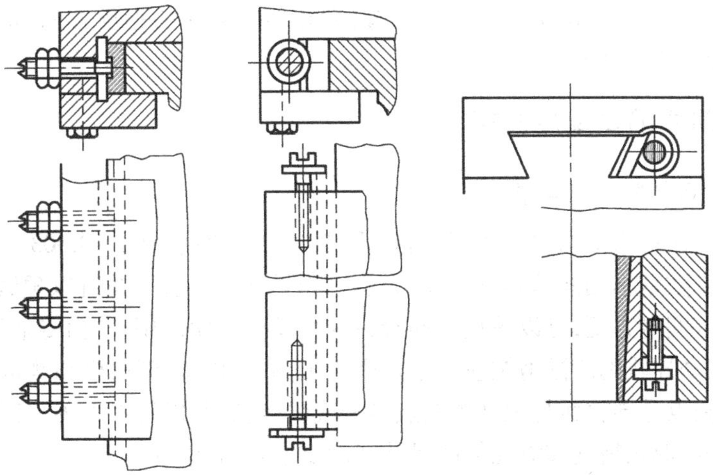

图 6.60　矩形和燕尾形导轨水平间隙的调整

2)钢

为提高导轨的耐磨性,可以采用淬硬的钢导轨。淬火的钢导轨都是镶装或焊接上去的。淬硬钢导轨的耐磨性比不淬硬铸铁导轨高 5~10 倍。一般要求的导轨,常用的钢有 45,40Cr,T10A,GCr15 等,表面淬火或全淬,硬度为 52~58HRC。要求高的导轨常用的钢有 20Cr,20CrMnTi,15 等渗碳淬硬至 56~62HRC。

3)非铁金属

常用的非铁金属有黄铜、锡青铜、铝青铜和锌合金、超硬铝及铸铝等,其中以铝青铜较好。

4)塑料

镶装塑料导轨具有耐磨性好、抗振性能好,工作温度适应范围广(-200~260 ℃),抗撕伤能力强,动、静摩擦系数低,差别小,可降低低速运动的临界速度,加工性和化学稳定性好,工艺简单,成本低等优点,目前在各类机床的动导轨及图形发生器工作台的导轨上都有应用。塑料导轨多与不淬火的铸铁导轨搭配。

(5)提高导轨副耐磨性的措施

导轨的使用命取决于导轨的结构、材料、制造质量、热处理方法以及使用与维护。提高导轨的耐磨性,使其在较长时期内保持一定的导向精度,就能延长设备的使用寿命。

1)采用镶嵌导轨

为了提高导轨的耐磨性,又要导轨的制造工艺简单、修理方便、成本低等,往往采用镶装导轨,即在支承导轨上镶装淬硬钢条、钢板或钢带;在动导轨上镶装塑料或非铁金属板。

2)提高导轨的精度与改善表面粗糙度

其目的是减少导轨的摩擦和磨损,从而提高耐磨性。

3)减小导轨单位面积上的压力

要减小导轨面压强,应减轻运动部件的质量和增大导轨支承面的面积。减小梁导轨面之间的中心距,可以减小外形尺寸和减轻运动部件的质量。但减小中心距受到结构尺寸的限制,同时,中心距太小,将导致运动不稳定。

降低导轨压强的一个办法是采用卸荷装置,即在导轨载荷的相反方向,增加弹簧或液压作用力,以抵消导轨所承受的部分载荷。

6.2.3 滚动导轨副的类型及选择

(1)滚动导轨副的特点及要求

滚动导轨作为滚动摩擦副的一类,具有许多特点:①摩擦系数小(0.003~0.005),运动灵活;②动、静摩擦系数基本相同,因而启动阻力小,而不易产生爬行;③可以预紧,刚度高;④寿命长;⑤精度高;⑥润滑方便,可以采用脂润滑,一次装填,长期使用;⑦由专业厂生产,可以外购选用。因此,滚动导轨副广泛地被应用于精密机床、数控机床、测量机和测量仪器等。

滚动导轨的缺点是导轨面与滚动体是点接触或线接触,所以抗振性差,接触应力大;对导轨的表面硬度、表面形状精度和滚动体的尺寸精度要求高,若滚动体的直径不一致,导轨表面有高低,会使运动部件倾斜,产生振动,影响运动精度;结构复杂,制造困难,成本较高;对脏物比较敏感,必须有良好的防护装置。

对滚动导轨副的基本要求如下:

①导向精度。导向精度是导轨副最基本的性能指标。移动件在沿导轨运动时,不论有无载荷,都应保证移动轨迹的直线性及其位置的精确性。这是保证机床运行工作质量的关键。各种机床对导轨副本身平面度、垂直度及等高、等距的要求都有规定或标准。

②耐磨性。导轨副应在预定的使用期内,保持其导向精度。精密滚动导轨副的主要失效形式是磨损,因此耐磨性是衡量滚动导轨副性能的主要指标之一。

③刚度。为了保证足够的刚度,应选用最合适的导轨类型、尺寸及其组合。选用可调间隙和预紧的导轨副可以提高刚度。

④工艺性。导轨副要便于装配、调整、测量、防尘、润滑和维修保养。

(2)滚动导轨副的分类

直线运动滚动导轨副的滚动体有循环体和不循环体两种类型。根据直线运动导轨,这两种类型将导轨副分成多种形式,如表6.10所示。

表6.10 直线运动滚动导轨副的分类

滚动体不循环	滚珠导轨副
	滚针导轨副
	圆柱滚子导轨副
滚动体循环	直线滚动导轨副
	筏子导轨块
	滚动花键副
	直线运动球轴承及其支承
	滚珠导轨块

1)滚动体不循环的滚动导轨副

如图 6.61 所示,这种导轨的滚动体可以是滚珠、滚针或圆柱滚子。它们的特点是滚动体不循环,因而行程不能太长。这种导轨结构简单、制造容易,成本较低,但有时难以施加预紧力,刚度较低,抗振性能差,不能承受冲击载荷。

这类导轨中的滚珠导轨副(见图 6.61(a)、(b))的特点是摩擦阻力小,但承受能力差,刚度低;不能承受大的颠覆力矩和水平力;经常工作的滚珠接触部位,容易压出凹坑,使导轨副丧失精度。这种导轨适用于载荷不超过 200 N 的小型部件。设计时应注意尽量使驱动力和外加载荷作用点位于两条导轨副的中间。

滚针和滚柱导轨副(见图 6.61(c)、(d)、(e)、(f)、(g)、(h))的特点是承载能力比滚珠导轨副高近 10 倍;刚度也比滚珠导轨副高;其中的交叉滚柱导轨副(见图 6.61(e))4 个方向均能承受载荷,导向性能也高。但是,滚针和滚柱对辊面的平行度误差比较敏感,其容易侧向偏移和滑动,加剧磨损。

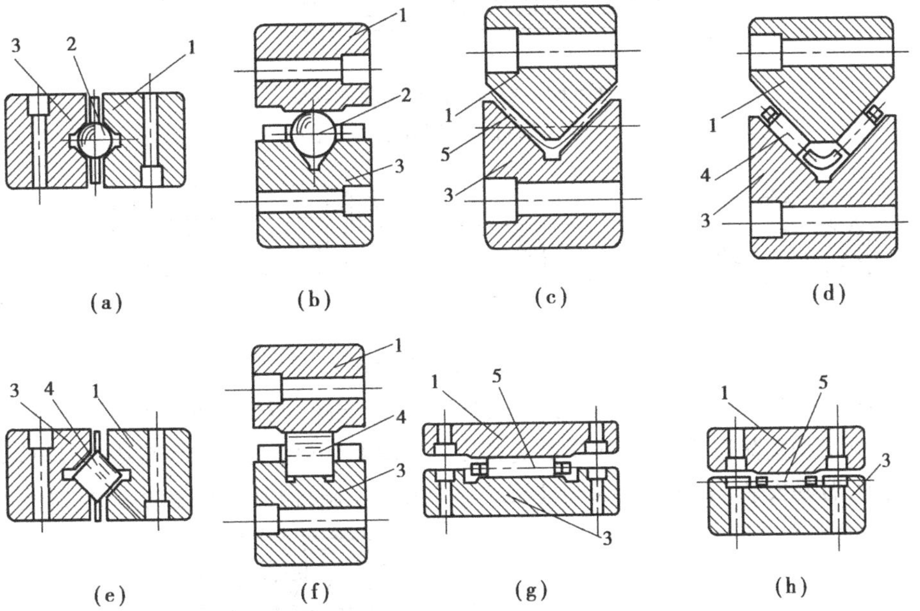

图 6.61　滚动体不循环的滚动导轨副

1—动导轨;2—滚珠;3—定导轨;4—滚柱;5—滚针

如图 6.62 所示为无须加载的三角—平面滚柱导轨,结构简单,制造方便,用于轻载、小颠覆力矩条件下。如图 6.63 所示为有预加载荷的双三角形滚柱导轨,结构较简单,制造较方便,用于中载和中等颠覆力矩的条件下。导轨面做成双圆弧,可提高承载能力。如图 6.64 所示为有预紧载荷的双三角形交叉滚柱导轨,结构较复杂,刚度高,若不用保持架以增加滚柱数量则刚度更高,适于较大颠覆力矩的条件。

2)滚动体循环的滚动导轨副

如图 6.65 为行程无限的标准滚动导轨副。这种导轨副用于重载条件下,但结构较复杂,装卸、调整不方便。

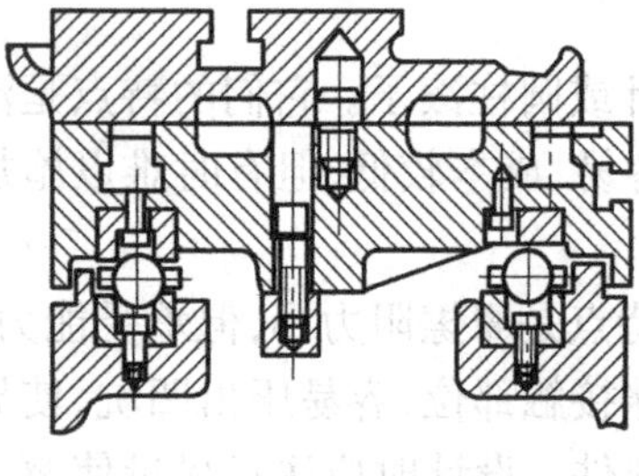

图 6.62 三角—平面滚珠导轨

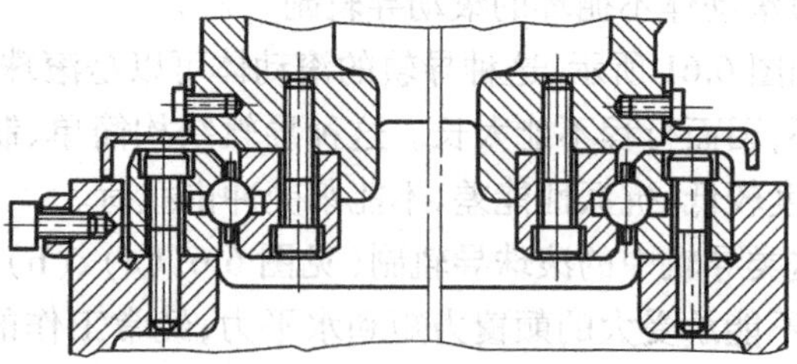

图 6.63 双三角形滚珠导轨

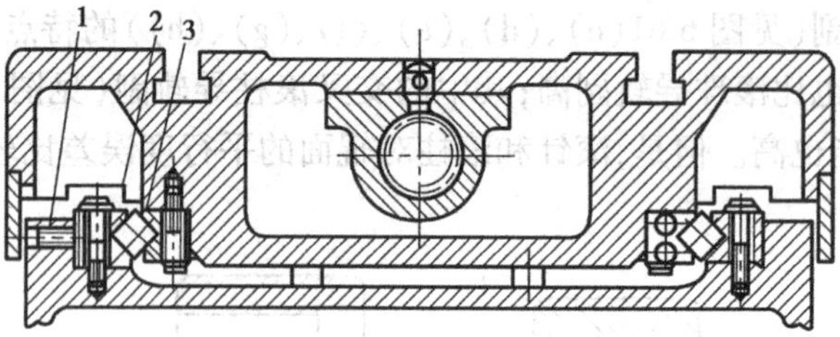

图 6.64 双三角形交叉滚柱导轨

1—调整螺钉;2—定导轨;3—滚柱

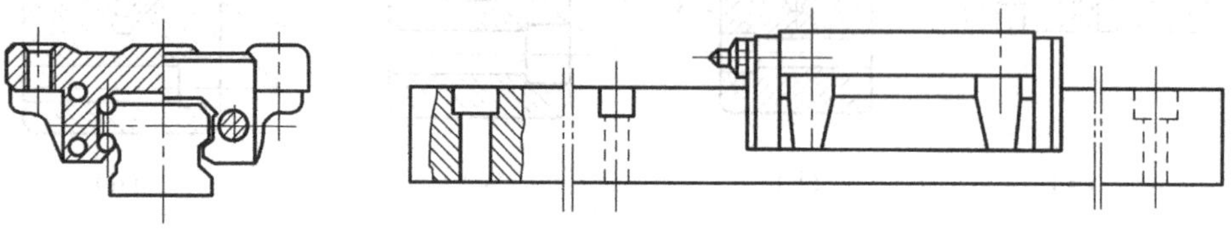

图 6.65 滚动导轨副

图 6.66 为标准化的滚动导轨块,其特点是行程长,装卸、调整方便。图 6.66(a)为滚柱导轨块,可按额定动负荷选用,其基本参数为高度 H。图 6.66(b)为滚珠导轨块,其结构紧凑,尤其是高度小,容易安装,滚柱不会像圆柱滚子那样发生歪斜;但其承载能力差,抗振性也略低。

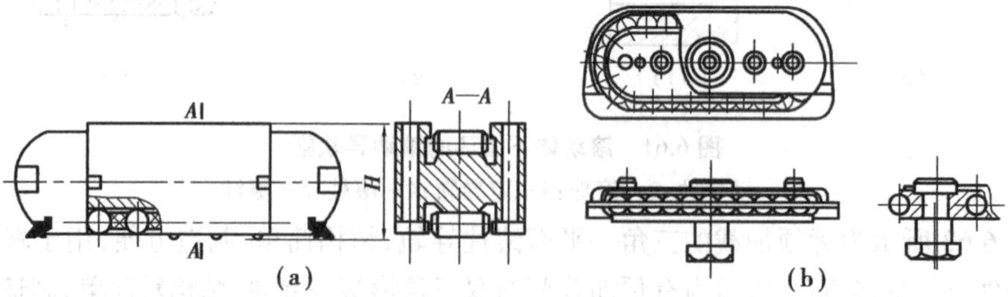

图 6.66 滚动导轨块

3)滚动轴承导轨

滚动轴承导轨与滚珠、滚柱导轨的主要区别是:它不仅起着滚动体的作用,而且还代替了导轨。它的主要特点是摩擦力矩小,运动平稳、灵活、承载能力大,调节方便,导轨面积小,加工工艺性好,能长久地保持较高的精度。但其精度直接受到轴承精度的影响。滚动轴承导轨在精密机械设备和仪器中均有采用,如精缩机、万能工具显微镜、测长仪等。

6.3 旋转支承部件的类型与选择

6.3.1 旋转支承部件的种类及基本要求

旋转支承中的运动件相对于支承导件转动或摆动时，按其相互摩擦的性质可分为滑动、滚动、弹性、气体（或液体）摩擦支承。滑动摩擦支承按其结构特点可分为圆柱、圆锥、球面和顶针支承；滚动摩擦支承按其结构特点，分为填入式滚珠支承和刀口支承 。各种支承结构简图如图 6.67 所示，图 6.67(a)为圆柱支承、图 6.67(b)为圆锥支承、图 6.67(c)为球面支承、图 6.67(d)为顶针支承、图 6.67(e)为填入式滚柱支承、图 6.67(f)为刀口支承、图 6.67(g)为气或液体摩擦支承、图 6.67(h)为弹簧支承。设计选用哪种类型应视机械系统对支承的要求而定。对支承的要求应包括：方向精度和置中精度、摩擦阻力矩的大小、许用载荷、对温度变化的敏感性、耐磨性及磨损的可补偿性、抗振性、成本的高低。其中方向精度是指运动件转动时，其轴线与承导件的轴线产生倾斜的程度。置中精度是指在任意截面上，运动件的中心与承导件的中心之间产生偏移的程度。支承对温度变化的敏感性是指温度变化时，由于承导件和运动件尺寸的变化，引起支承中摩擦阻力矩的增大或运动不灵活的现象。

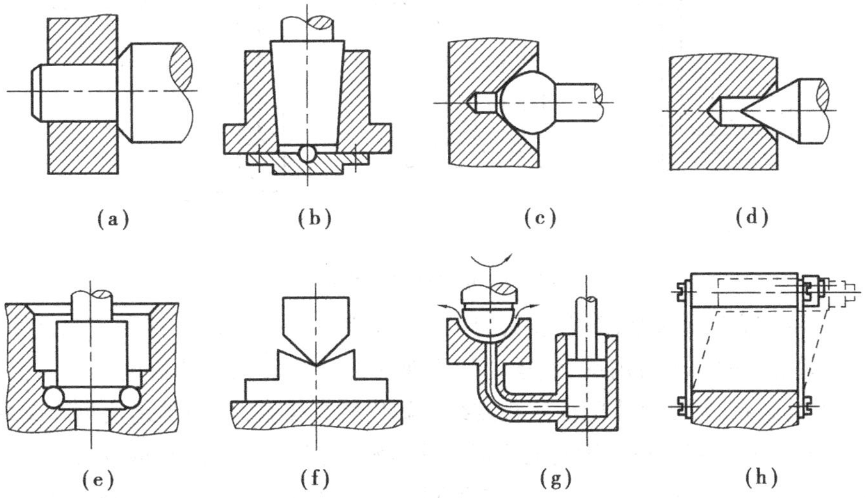

图 6.67　各种支承结构简图

6.3.2 圆柱支承

这种支承具有较大的接触表面，承受载荷大。但其方向精度和置中精度较差，且摩擦力矩较大。圆柱支承是滑动摩擦支承中应用最广泛的一种，其结构如图 6.68 所示，配合孔直接作用在支承座体 4 或在其中镶入的轴套 2 上。为了存储润滑油，孔的一端应制作锥孔 3 或球面凹坑。为承受轴向力或防止运动件的轴向移动，常在轴上制作轴肩 1，其倒角用以储存润滑油，有利于降低摩擦力矩。

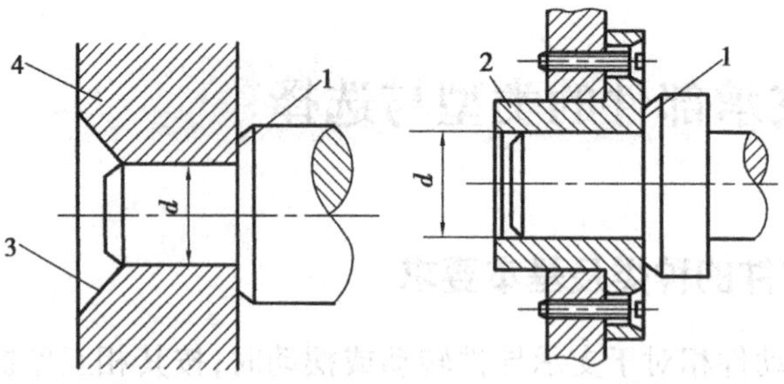

图 6.68 圆柱支承结构

1—轴肩;2—轴套;3—锥孔;4—支承座体

当需要准确的轴向定位时,常在运动件的中心孔和止推面之间放一滚柱作轴向定位,如图 6.69(a)所示。若利用轴套端面的滚珠作轴向定位(图 6.69(b)),则具有较大的承载能力,且运动件稍有偏心时,不会引起晃动,提高了机构的稳定性。

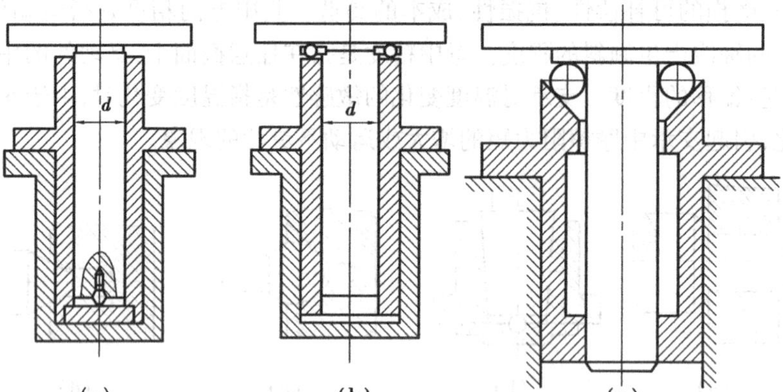

图 6.69 止推圆柱支承结构

对置中精度和方向精度要求很高时,应采用运动学式圆柱支承。这种支承是 5 个适当的支点,限制其运动件的 5 个自由度,使运动件只保留一个绕其轴线的自由度。为了克服点接触局部压力大的缺点,常采用小的面接触或线接触代替点接触,成为半运动学式圆柱支承,如图 6.69(c)所示。它利用滚珠与轴套的锥形表面接触,实现轴的定向和承载;利用轴套下部的短圆柱面与轴接触定中心。由于采用点和面限制运动件的自由度,并且滚珠和轴接触定中心。由于采用点和面限制运动件的自由度,并且滚珠和轴套锥面具有自动定心左右,故间隙对轴晃动的影响比标准圆柱支承小,因而精度较高。

6.3.3 圆锥支承

圆锥支承的方向精度和置中精度较高,承载能力较强,但摩擦力矩较大。圆锥支承由锥形轴颈和具有圆锥孔的轴承组成(见图 6.70),其置中精度比圆柱支承好,轴磨损后,可借助轴向位移自动补偿间隙。其缺点是摩擦阻力矩大,对温度变化比较敏感,制造成本较高。

圆锥支承常用于铅垂轴且承受轴向力。由图 6.70 可知,在轴向载荷 F_Q 的作用下,正压

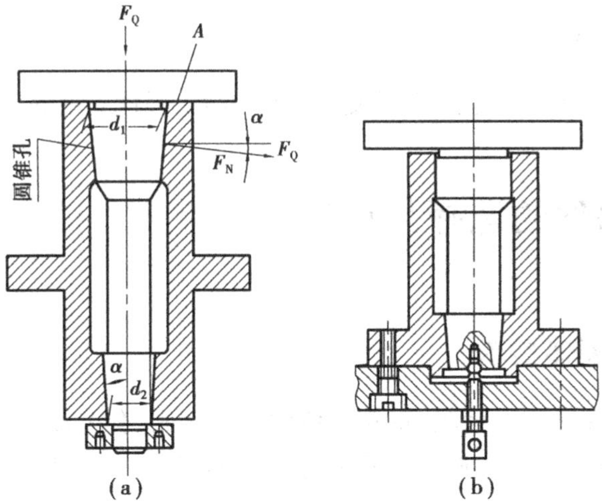

图 6.70　圆锥支承结构

力 $F_N = F_Q/\sin\alpha$，半锥角 α 越小，正压力 F_N 越大，摩擦阻力矩也越大，转动灵活性就越差。为保证较高的置中精度，通常 α 角取的较小，但此时即使轴向载荷不大，也会在接触面上产生很大的法向压力。这将使摩擦阻力矩过大，转动不灵活，并使接触面很快磨损。为改善这种情况，常用图 6.69(a)所示修刮断面 A 或图 6.70(b)所示的用止推螺钉承受轴向力的办法。这是，圆锥配合表面将主要用来保证置中精度。圆锥支承的锥角 2α 越小，置中精度越高，但反向压力会越大，灵活性越差。2α 一般取 4°~15°，4°多用于精密支承。圆锥支承在装配时常进行成对研配，以保证与轴套锥面的良好接触。

6.3.4　填入式滚动支承

滚动支承摩擦阻力矩小，耐磨性好，承载能力较大，温度剧烈变化时影响小，以及能在振动条件下工作，故可在高速、重载情况下使用，但成本较高。当标准滚珠轴承不能满足结构的使用要求时，常采用非标准滚珠轴承(即填入式滚动支承)。这种结构一般没有内圈和外圈，仅在相对运动的零件上加工出滚道面，用标准滚珠散装在滚道内。填入式支承常用的典型形式如图 6.71 所示。图 6.71(a)截面面积小，其摩擦阻力矩较另外两种小，但所承受的载荷也较小，在耐磨性方面也不及后两种结构好。图 6.71(b)所示结构能受较大载荷，但摩擦阻力矩较大。图 6.71(c)在承受载荷和摩擦阻力矩方面，介于前两者之间。

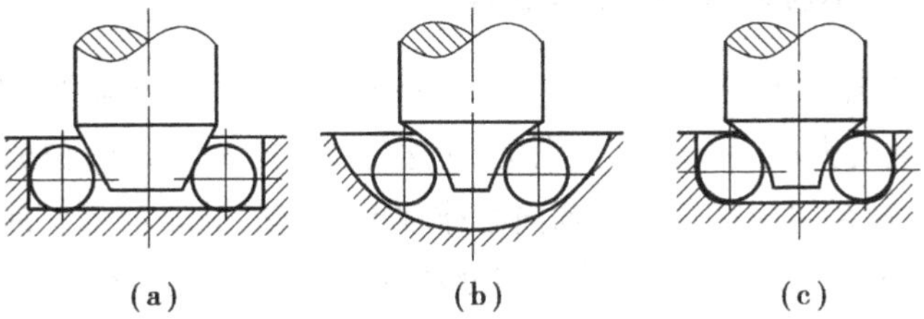

图 6.71　填入式滚动支承形式

6.3.5 其他形式支承

其他形式支承主要有球面支承、顶针支承、刀口支承、弹性支承等。

6.4 轴系部件的选择与设计

6.4.1 轴系设计的基本要求

轴系由轴及安装在轴上的齿轮、带轮等传动部件组成，有主轴轴系和中间传动轴轴系。轴系的主要作用是传递转矩及精确的回转运动，它直接承受外力（力矩）。

对于中间传动轴系一般要求不高，而对于完成主要作用的主轴轴系的旋转精度、刚度、热变形及抗振性等的要求较高。

①旋转精度是指在装配之后，在无负载、低速旋转的条件下轴前端的径向跳动和轴向传动量。其大小取决于轴系各组成零件及支承部件的制造精度与装配调整精度。如采用高精密金刚石车刀的切削加工机床的主轴轴端径向跳动量为 0.025 μm 时，才能达到零件加工表面粗糙度 $Ra<0.05$ μm 的要求。在工作转速下，其旋转精度即它的运动精度取决于其转速、轴承性能以及轴系的动平衡状态。

②刚度，轴系的刚度反映了轴系组件抵抗静、动载荷变形的能力。

③抗振性，轴系的振动表现为受迫振动和自激振动两种形式。其振动原因有轴系组件质量不匀引起的动不平衡、轴的刚度及单向受力等；它们直接影响旋转精度和轴承寿命。

④热变形，轴系的受热会使轴伸长或使轴系零件间隙发生变化，影响整个传动系统的传动精度、旋转精度及位置精度。又由于温度的上升会使润滑油的黏度发生变化，使滑动或滚动轴承的承载能力降低。

⑤轴上零件的布置，轴上运动件的布置是否合理对轴的受力变形、热变形及振动影响较大。因此在通过带轮将运动传入轴系尾部时，应该采用卸荷结构，使带的拉力不直接作用在轴端，另外传动齿轮应尽可能安置在靠近支承处，以减少轴的弯曲和扭转变形。

6.4.2 轴系（主轴）用轴承的类型与选择

滚动轴承已标准化、系列化，有向心轴承、向心推力轴承和推力轴承，共 10 种类型。在轴承设计中应根据承载的大小、旋转精度、刚度、转速等要求选用合适的轴承类型。

①深沟球轴承，轴系用球轴承有单列向心球轴承和角接触球轴承。前者一般仅能承受较小的轴向力，且间隙不能调整，常用于旋转精度和刚度要求不高的场合，后者既能承受径向载荷也能承受轴向载荷，并且可以通过内外圈之间的相对位移来调整其间隙的大小，因此在轻载时应用广泛。

②双列向心圆柱滚子轴承，如图 6.72 所示。图 6.72(a) 为常见的 NN3000 系列轴承，其滚

道开在内圈上，图 6.72(b)为 4162900 系列轴承，其滚道开在外圈上。这两类轴承的圆柱滚子数目多、密度大，分两列交叉排列，旋转时支承刚度变化较小，内圈上均有 1∶2 的锥孔与带锥度的轴颈配合，内圈相对于轴颈作轴向移动时，内圈被胀大，从而可调整轴承的径向间隙或实现预紧。因此其承载能力大、支承刚度高，但只能承受径向载荷，与其他推力轴承组合使用，可用于较大载荷、较高转速的场合。

③圆锥滚子轴承，如图 6.73 所示为 35000 系列双向圆锥滚子轴承。它由外圈 1、内圈 4 和 5、隔套 2 及圆锥滚子 3 组成。外圈一侧有凸沿，可将箱体座孔设计成通孔修磨隔套 2 的厚度便可以实现间隙调整和预紧。该轴承能承受较大载荷，用起代替圆柱滚子轴承和推力轴承，则刚度提高，虽极限转速有所降低，但仍能得到高精度的要求。

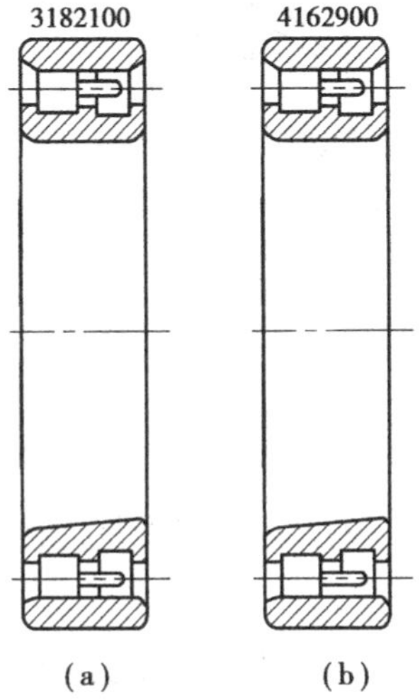

图 6.72　双列向心圆柱滚子轴承

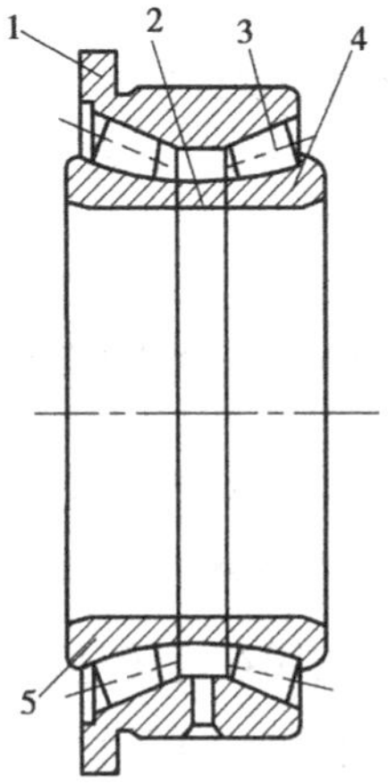

图 6.73　双向圆锥滚子轴承

1—外圈；2—隔套；3—圆锥滚子；4,5—内圈

④推力轴承，51000 系列(单向)和 52000 系列(双向)推力球轴承，其轴向承载能力很强，支承刚度很大，但极限转速降低，运动噪声较大。图 6.74 为新发展起来的 230000 系列为 60°接触角双列推力球轴承，它由内圈 1、球 2、外圈 3 和隔套 4 组成，其外径与同轴径的 NN3000 轴承相同，但外径公差在零线下，因此与箱体座孔配合轻松，目的在于不承受径向载荷，仅承受轴向推力。修磨隔套 4 可实现轴承间隙的调整和预紧。它与双列向心圆柱滚子轴承的组合配套使用获得广泛应用。

如图 6.75 双列向心圆柱滚子轴承的配套应用实例所示。双列向心短圆柱滚子轴承的径向间隙调整，是先将螺母 6 松开、转动螺母 1，拉主轴 7 向左推动轴承内圈，利用内圈胀大以消除间隙或预紧。这种轴承只能承受径向载荷。轴向载荷由双列推力球轴承 2 承受，用螺母 1 调整间隙。轴向力的传递见图中箭头所示，轴向刚度较高。这种推力轴承的制造精度已达 B 级，适用于各种精度的主轴轴系。其预紧力和间隙大小调整用隔套 3 来实现。外围开有油槽和油孔 4，以利于润滑油进入轴承。

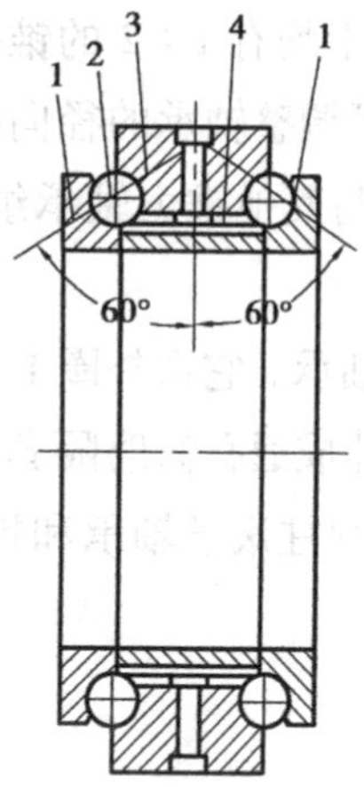

图 6.74　双列推力球轴承

1—内圈;2—球;3—外圈;4—隔套

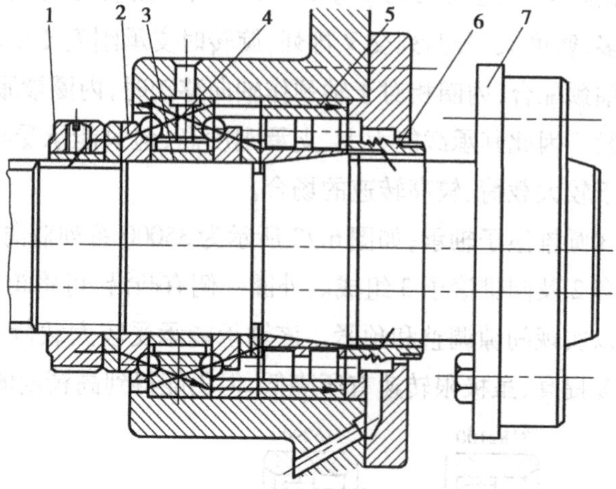

图 6.75　配套应用实例

1—螺母;2—双列推力球轴承;3—隔套;4—油孔;
5—套筒;6—调整螺母;7—主轴

6.4.3　提高轴系部件性能的措施

(1)提高轴系部件的旋转精度

轴承(如主轴)的旋转精度中的径向跳动主要由被测表面的几何形状误差,被测表面对旋转轴线的偏心,旋转轴线在旋转过程中的径向漂移等因素引起。

轴系轴端的轴向传动主要由被测端面的几何形状误差,被测端面对轴心线的不垂直度,旋转轴线的轴向传动等三项误差引起。

提高其旋转精度的主要措施有:①提高轴颈与架体(或箱体)支承的加工精度;②用选配法提高轴承装配与预紧精度;③轴系组件装配后对输出端轴的外径、端面及内孔通过互为基准进行精加工。

(2)提高轴系组件的抗振性

轴系组件有受迫振动和自激振动,前者是由轴系组件的不平衡、齿轮及带轮质量分布不均匀以及负载变化引起的,后者是由传动系统本身的失稳引起的。

提高其抗振性的主要措施有:①提高轴系组件的固有振动频率、刚度和阻尼,通过计算或试验来预测其固有振动频率,当阻尼很小时,应使其固有振动频率远离受迫振动频率,以防止共振。一般来讲,刚度越高、阻尼越大,则激起的振幅越小。②消除或减少受迫振动振源的干扰作用。构成轴系的主要零部件均应进行静态和动态平衡,选用传动平稳的传动件、对轴承进行合理预紧等。③采用吸振、隔振和消振装置。

6.5　机电一体化系统的基座或机架

6.5.1　机座或机架的作用及基本要求

机座或机架是支承其他零部件的基础部件。它承受起零部件的质量和工作载荷，同时又起保证各零部件相对位置的基准作用。机座多采用铸件，机架多由型材装配或焊接构成。其基本特点是尺寸较大、结构复杂、加工面多，几何精度和相对位置精度要求较高。在设计时，首先应对某些表面及其相对位置精度提出相应的精度要求，以保证产品总体精度。其次，机架或机座的变形和振动将直接影响产品的质量和正常运转，故应对其刚度和抗振性提出下列基本要求。

(1) 刚度与抗振性

抵抗恒定载荷变形的能力称静刚度；抵抗交变载荷变形的能力称动刚度。静刚度是衡量载荷变形的主要指标，动刚度是衡量抗振性的主要指标。如果基础部件的刚性不足，则在工件的重力、夹紧力、摩擦力、惯性力和工作载荷等的作用下，就会产生变形、振动或爬行，从而影响产品的定位精度、加工精度及其他性能。机座或机架的静刚度主要指它们的结构刚度和接触刚度。动刚度与静刚度、材料阻尼及固有振动频率有关。在共振条件下的动刚度 K_ω 可用下式表示

$$K_\omega = 2K\zeta = 2K\frac{B}{\omega_n}$$

式中　K——静刚度，N/m；

ζ——阻尼比；

B——阻尼系数；

ω_n——固有振动频率，1/s。

动刚度是衡量抗振性的主要指标，在一般情况下，动刚度越大，抗振性越好。抗振性是指承受受迫振动时的能力。受迫振动的振源可能存在于系统（或产品）内部，如为驱动电动机转子或转动部件旋转时的不平衡等。振源也可能来源于外部，如邻近机器设备、运行车辆、人员活动以及恒温设备等。因此为提高机架或机座的抗振性，可采取如下措施：①提高静刚度，即从提高固有振动频率入手，以避免产生共振；②增加阻尼，增加阻尼对提高动刚度的作用很大，如液（气）动、静压导轨的阻尼比滚动导轨的大，故抗振性能好；③在不降低机架或机座静刚度的前提下，减小质量可提高固有振动频率，如适当减小壁厚、增加筋和隔板、采用钢材焊接代替铸件等；④采取隔振措施，如加减振橡胶垫脚、用空气弹簧隔板等。

(2) 热变形

系统运动时，电动机、强光源、烘箱等热源散发的热量，零部件间相对运动而摩擦生热，电子元器件发热等，都将传到机座或机架上。如果热量分布不均匀，散热性能不同，就会由于不同部位的温差而产生热变形，影响其原有精度。为减小热变形其主要措施是控制热源或者采用热平衡的方法。

(3)提高稳定性

机座或机架的稳定性是指长时间地保持其几何尺寸和主要表面相对位置的精度,以防止产品原有精度的丧失。为此,对铸件机座应进行时效热处理来消除产生机座变形的应力。时效常用方法是自然时效和人工时效。振动时效是将铸件或焊接件在其固有振动频率下共振10~40 min。其优势是时间短,设备费用低,消耗动力少;结构轻巧,操作简便,可消除热处理无法处理的非金属材料的应力;时效后无氧化皮和尺寸变化,也不会引起新的应力。

(4)其他要求

除上述要求之外,还应考虑工艺性、经济性及人机工程等方面的要求。

6.5.2 机座或机架的结构设计要点

机座或机架的结构设计必须保证其自身刚度、连接处刚度和局部刚度,同时要考虑安装方式、材料选择、结构工艺性以及节省材料、降低成本和缩短生产周期等问题。

(1)保证自身刚度的措施

1)合理选择截面形状和尺寸

机座虽受力复杂,但不外是拉、压、弯、扭的作用。当受简单拉、压作用时,变形只和截面面积有关,设计时主要根据拉力或压力的大小选择合理的结构尺寸。如果受弯曲和扭转载荷,机座的变形不但与截面面积有关,还与截面形状有关。合理的截面形状,可以提高机座自身的刚度。一般来说,封闭空心截面结构的自身刚度比实心的大;无论实心还是空心截面,都是矩形的抗弯刚度最大,圆形的最小,而且抗扭刚度则相反,圆形最大,矩形的最小;保持截面面积不变,减小壁厚、增大轮廓尺寸,可提高刚度;封闭截面比不封闭截面的抗扭刚度大得多。

2)合理布置筋板和加强板

如上所述,封闭空心截面的刚度较高,但为了便于铸造清砂及其内部零件的装配与调整,需要在机座上开"窗口",结果使其刚度显著降低。为了提高其刚度,则应增加筋板或筋条。

3)合理地开孔和加盖

在机座壁上开窗孔,将显著降低机座的刚度,特别是扭转刚度。实践证明,当$b_0/b<0.2$时,如图6.76所示,其刚度降低很少。在开一孔后在对面壁上开孔,其刚度下降幅度也较小。因此开孔应沿机座或机架壁中心线排列,或在中心线附近交错排列,孔宽(径)以不大于机座或机架壁宽的0.25倍为佳,即$b_0/b>0.25$。在开孔上加盖板,并用螺钉紧固,则可将弯曲刚度恢复到接近开孔时的刚度,而对提高抗扭刚度无明显效果。

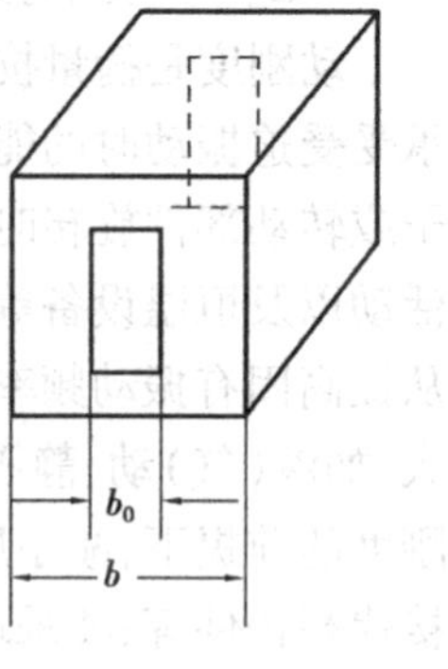

图6.76 面壁开孔

(2)提高机座连接处的接触刚度

在两个平面接触处,由于微观的不平度,实际接触的只是凸起部分。当受外力作用时,接触点的压力增大,产生一定变形,这种变形称接触变形。

为了提高连接处的接触刚度,固定接触面的表面粗糙度应小于2.5 μm,以便增加实际接触面积;固定螺钉应在接触面上造成一个预压力,压强一般为2 MPa,并据此设计固定螺钉的直径和数量,以及拧紧螺母的扭矩(其大小在装配时用测力扳手控制);如图6.77所示,在安装螺钉处加厚凸缘(图(a)),或用壁龛式螺钉孔(图(b)),或采用添加加强筋(图(c))的办法来增加局部刚度,提高连接刚度。

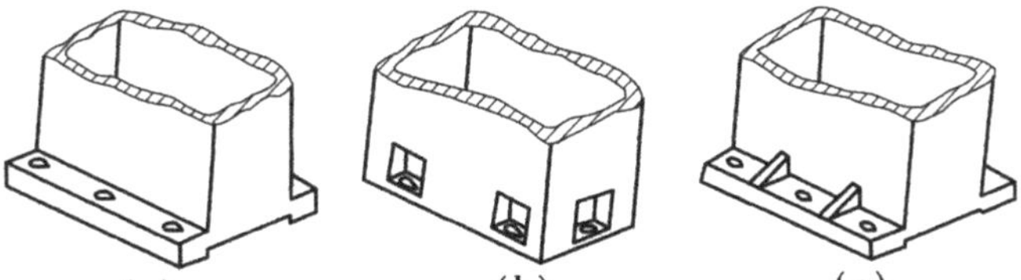

图 6.77　提高连接刚度

(3)机座的模型刚度试验

由于机座的机构形状复杂,用力学方法计算刚度很困难。采用模型试验方法,则可测得与实际相接近的变形量。

(4)机座的结构工艺性

一般的机座体积较大、结构复杂、成本高,尤其要注意其结构工艺性,以便于制造和降低成本,在保证刚度的条件下,应力求铸件形状简单,拔模容易,泥芯要少,便于支承和制造。机座壁厚要均匀,力求避免截面急剧变化、凸起过大、壁厚过薄、过长的分型线和金属的局部堆积等。铸件要便于清砂,为此必须开有足够大的清砂口,或几个清砂口。在同一侧面的加工表面,应处于同一个平面上,以便一起刨出或铣出。如图 6.78 所示,图 6.78(b)的结构比图 6.78(a)的好。

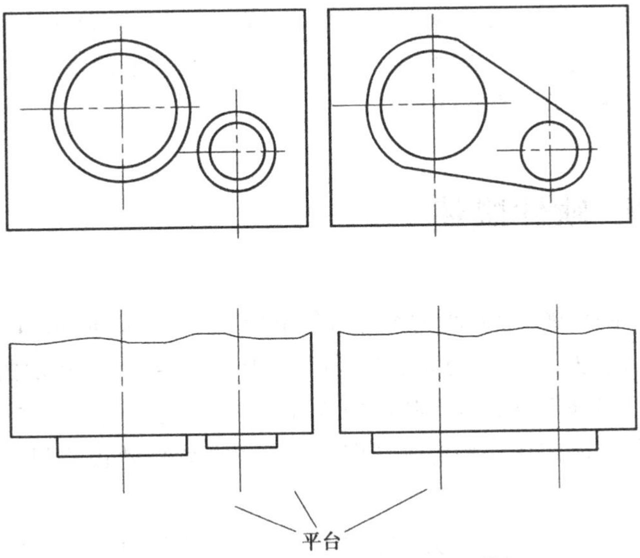

图 6.78　加工面要在同一平面上

(5)机座材料的选择

机座材料应根据结构、工艺、成本、生产批量和生产周期等要求选择,常用的材料是铸铁和钢,近几年也有用石材、陶瓷等材料的。

第 7 章 机械系统仿真

机械设计过程实际上是一个发现矛盾、分析矛盾和处理矛盾的过程,也是一个优化过程。传统的机械设计需经过图纸设计、样机制造、测试改进、定型生产等步骤,为了使产品满足设计要求,往往要多次制造样机,反复测试,费时费力,成本高昂。随着计算机技术的发展,在设计过程中运用计算机仿真技术可以大大缩短研发周期,降低研发成本,能够快速响应市场,下面介绍两款常用的机械系统仿真软件。

7.1 ADAMS 软件概述

ADAMS 软件,即机械系统动力学自动分析软件(Automatic Dynamic Analysis of Mechanical Systems),是美国 MDI 公司(Mechanical Dynamics Inc.)开发的虚拟样机分析软件。目前,ADAMS 已经被全世界各行各业的数百家主要制造商采用。根据 1999 年机械系统动态仿真分析软件国际市场份额的统计资料,ADAMS 软件销售总额近 8 000 万美元,占据了 51%的份额。

ADAMS 软件使用交互式图形环境和零件库、约束库、力库,创建完全参数化的机械系统几何模型,其求解器采用多刚体系统动力学理论中的拉格朗日方程方法,建立系统动力学方程,对虚拟机械系统进行静力学、运动学和动力学分析,输出位移、速度、加速度和反作用力曲线。ADAMS 软件的仿真可用于预测机械系统的性能、运动范围、碰撞检测、峰值载荷以及计算有限元的输入载荷等。

ADAMS 一方面是虚拟样机分析的应用软件,用户可以运用该软件非常方便地对虚拟机械系统进行静力学、运动学和动力学分析。另一方面，它又是虚拟样机分析开发工具，其开放性的程序结构和多种接口，可以成为特殊行业用户进行特殊类型虚拟样机分析的二次开发工具平台。ADAMS 软件有两种操作系统的版本：UNIX 版和 Windows 7 版。本书将以 Windows 7 版的 ADAMS 12.0 为蓝本。

ADAMS 软件由基本模块、扩展模块、接口模块、专业领域模块及工具箱 5 类模块组成，见表 7.1。用户不仅可以采用通用模块对一般的机械系统进行仿真，而且可以采用专用模块针对特定工业应用领域的问题进行快速有效的建模与仿真分析。

表 7.1　ADAMS 软件模块

基本模块	用户界面模块	ADAMS/View
	求解器模块	ADAMS/Solver
	后处理模块	ADAMS/PostProcessor
扩展模块	液压系统模块	ADAMS/Hydraulics
	振动分析模块	ADAMS/Vibration
	线性化分析模块	ADAMS/Linear
	高速动画模块	ADAMS/Animation
	试验设计与分析模块	ADAMS/Insight
	耐久性分析模块	ADAMS/Durability
	数字化装配回放模块	ADAMS/DMU Replay
接口模块	柔性分析模块	ADAMS/Flex
	控制模块	ADAMS/Controls
	图形接口模块	ADAMS/Exchange
	CATIA 专业接口模块	CAT/ADAMS
	Pro/E 接口模块	Mechanical/Pro
专业领域模块	轿车模块	ADAMS/Car
	悬架设计软件包	Suspension Design
	概念化悬架模块	CSM
	驾驶员模块	ADAMS/Driver
	动力传动系统模块	ADAMS/Driveline
	轮胎模块	ADAMS/Tire
	柔性环轮胎模块	FTire Module
	柔性体生成器模块	ADAMS/FBG

续表

专业领域模块	经验动力学模型	EDM
	发动机设计模块	ADAMS/Engine
	配气机构模块	ADAMS/Engine Valvetrain
	正时链模块	ADAMS/Engine Chain
	附件驱动模块	Accessory Drive Module
	铁路车辆模块	ADAMS/Rail
	FORD 汽车公司专用汽车模块	ADAMS/Pre(现改名为 Chassis)
工具箱	软件开发工具包	ADAMS/SDK
	虚拟试验工具箱	Virtual Test Lab
	虚拟试验模态分析工具箱	Virtual Experiment Modal Analysis
	钢板弹簧工具箱	Leafspring Toolkit
	飞机起落架工具箱	ADAMS/Landing Gear
	履带/轮胎式车辆工具箱	Tracked/Wheeled Vehicle
	齿轮传动工具箱	ADAMS/Gear Tool

7.1.1 ADAMS 软件基本模块

(1)用户界面模块(ADAMS/View)

ADAMS/View 是 ADAMS 系列产品的核心模块之一,采用以用户为中心的交互式图形环境,将图标操作、菜单操作、鼠标点取操作与交互式图形建模、仿真计算、动画显示、优化设计、*X-Y* 曲线图处理、结果分析和数据打印等功能集成在一起。

ADAMS/View 采用简单的分层方式完成建模工作。采用 Parasolid 内核进行实体建模,并提供了丰富的零件几何图形库、约束库和力/力矩库,并且支持布尔运算、支持 FORTRAN/77 和 FORTRAN/90 中的函数。除此之外,还提供了丰富的位移函数、速度函数、加速度函数、接触函数、样条函数、力/力矩函数、合力/力矩函数、数据元函数、若干用户子程序函数以及常量和变量等。

自 9.0 版后,ADAMS/View 采用用户熟悉的 Motif 界面(UNIX 系统)和 Windows 界面(NT 系统),从而大大提高了快速建模能力。在 ADAMS/View 中,用户利用 TABLE EDITOR,可像用 EXCEL 一样方便地编辑模型数据,同时还提供了 PLOT BROWSER 和 FUNCTION BUILDER 工具包。DS(设计研究)、DOE(实验设计)及 OPTIMIZE(优化)功能可使用户方便地进行优化工作。ADAMS/View 有自己的高级编程语言,支持命令行输入命令和 C++语言,有丰富的宏命令以及快捷方便的图标、菜单和对话框创建和修改工具包,而且具有在线帮助功能。ADAMS/View 模块界面如图 7.1 所示。

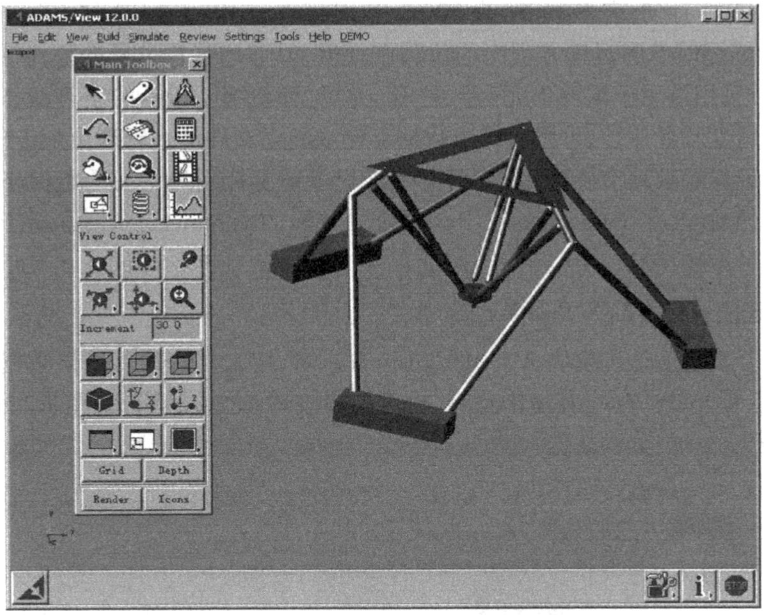

图 7.1　ADAMS/View 模块

ADAMS/View 新版采用了改进的动画/曲线图窗口，能够在同一窗口内同步显示模型的动画和曲线图；具有丰富的二维碰撞副，用户可以对具有摩擦的二维点—曲线、圆—曲线、平面—曲线、曲线—曲线、实体—实体等碰撞副自动定义接触力；具有实用的 Parasolid 输入/输出功能，可以输入 CAD 中生成的 Parasolid 文件，也可以把单个构件、整个模型或在某一指定的仿真时刻的模型输出到一个 Parasolid 文件中；具有新型数据库图形显示功能，能够在同一图形窗口内显示模型的拓扑结构，选择某一构件或约束(运动副或力)后显示与此项相关的全部数据；具有快速绘图功能，绘图速度是原版本的 20 倍以上；采用合理的数据库导向器，可以在一次作业中利用一个名称过滤器修改同一名称中多个对象的属性，便于修改某一个数据库对象的名称及其说明内容；具有精确的几何定位功能，可以在创建模型的过程中输入对象的坐标、精确地控制对象的位置；多种平台上采用统一的用户界面、提供合理的软件文档；支持 Intel Windows NT 平台的快速图形加速卡，确保 ADAMS/View 的用户可以利用高性能 OpenGL 图形卡提高软件的性能；命令行可以自动记录各种操作命令，进行自动检查。

(2)求解器模块(ADAMS/Solver)

ADAMS/Solver 是 ADAMS 系列产品的核心模块之一，是 ADAMS 产品系列中处于心脏地位的仿真器。该软件自动形成机械系统模型的动力学方程，提供静力学、运动学和动力学的解算结果。ADAMS/Solver 有各种建模和求解选项，以便精确有效地解决各种工程应用问题。

ADAMS/Solver 可以对刚体和弹性体进行仿真研究。为了进行有限元分析和控制系统研究，用户除要求软件输出位移、速度、加速度和力外，还可要求模块输出用户自己定义的数据。用户可以通过运动副、运动激励，高副接触、用户定义的子程序等添加不同的约束。用户同时可求解运动副之间的作用力和反作用力，或施加单点外力。

ADAMS/Solver 新版中对校正功能进行了改进，使得积分器能够根据模型的复杂程度自动调整参数,仿真计算速度提高了 30%;采用新的 S12 型积分器(Stabilized Index 2 intergrator),能够同时求解运动方程组的位移和速度,显著增强积分器的鲁棒性,提高复杂系统的解算速度;采用适用于柔性单元(梁、衬套、力场、弹簧-阻尼器)的新算法,可提高 S12 型积分器的求解精度和鲁棒性;可以将样条数据存储成独立文件使之管理更加方便,并且 spline 语句适用于各种样条数据文件,样条数据文件子程序还支持用户定义的数据格式;具有丰富的约束摩擦特性功能,在 Translational, Revolute, Hooks, Cylindrical, Spherical, Universal 等约束中可定义各种摩擦特性。

(3)后处理模块(ADAMS/Postprocessor)

MDI 公司开发的后处理模块 ADAMS/Postprocessor,用来处理仿真结果数据、显示仿真动画等,既可以在 ADAMS/View 环境中运行,也可脱离该环境独立运行,如图 7.2 所示。

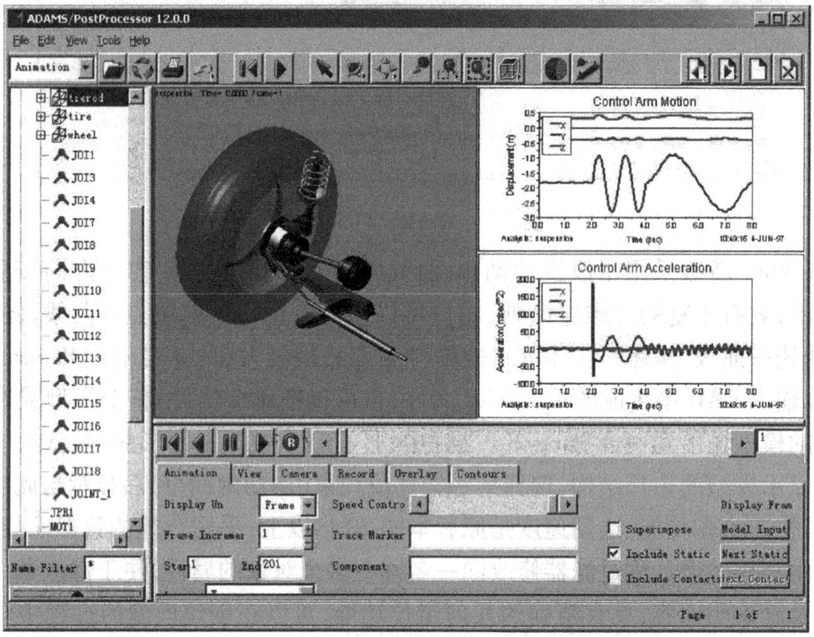

图 7.2 ADAMS/Postprocessor 模块

ADAMS/Postprocessor 的主要特点:采用快速高质量的动画显示,便于从可视化角度深入理解设计方案的有效性;使用树状搜索结构,层次清晰,并可快速检索对象;具有丰富的数据作图、数据处理及文件输出功能;具有灵活多变的窗口风格,支持多窗口画面分割显示及多页面存储;多视窗动画与曲线结果同步显示,并可录制成电影文件;具有完备的曲线数据统计功能:如均值、均方根、极值、斜率等;具有丰富的数据处理功能,能够进行曲线的代数运算、反向、偏置、缩放、编辑和生成波特图等;为光滑消隐的柔体动画提供了更优的内存管理模式;强化了曲线编辑工具栏功能;能支持模态形状动画,模态形状动画可记录的标准图形文件格式有 *.gif, *.jpg, *.bmp, *.xpm, *.avi 等;在日期、分析名称、页数等方面增加了图表动画功能;可进行几何属性的细节的动态演示。

ADAMS/Postprocessor 的主要功能包括:ADAMS/Postprocessor 为用户观察模型的运动提供了所需的环境,用户可以向前、向后播放动画,随时中断播放动画,而且可以选择最佳观察视角,从而使用户更容易地完成模型排错任务;为了验证 ADAMS 仿真分析结果数据的有效性,可以输入测试数据,将测试数据与仿真结果数据进行绘图比较,还可对数据结果进行数学运算、对输出进行统计分析;用户可以对多个模拟结果进行图解比较,选择合理的设计方案;可以帮助用户再现 ADAMS 中的仿真分析结果数据,以提高设计报告的质量;可以改变图表的形式,也可以添加标题和注释;可以载入实体动画,从而加强仿真分析结果数据的表达效果;还可以实现在播放三维动画的同时,显示曲线的数据位置,从而可以观察运动与参数变化的对应关系。

7.1.2　ADAMS 软件扩展模块

(1)液压系统模块(ADAMS/Hydraulics)

应用 ADAMS/Hydraulics 模块,用户能够精确地对由液压元件驱动的复杂机械系统进行动力学仿真分析。这类复杂机械系统包括:工程机械、汽车制动系统、汽车转向系统、飞机起落架等。运用 ADAMS/Hydraulics 模块可以提高机械工程师建立包括液压回路在内的机械系统动力学模型的能力,工程师利用 ADAMS/Hydraulics 和 ADAMS/Controls 模块相结合,就可以在同一仿真环境中建造、试验和观察包括机—电—液一体化的虚拟样机。ADAMS/Hydraulics 是选装模块,使用的前提条件是要具备 ADAMS/Solver 和 ADAMS/View 模块。

ADAMS/Hydraulics 可以帮助用户将系统性能仿真与液压系统设计无缝集成为一体。用户可以首先在 ADAMS/View 中建立液压回路框图,然后通过液压油缸将其连接到机械系统模型中,最后选取最适当的、功能最强的积分器仿真分析整个系统的性能。用户同时使用 ADAMS/Hydraulics 和 ADAMS/Controls,可以提供阀体的反馈控制输入。并且由于液压系统与机械系统之间的相互作用在计算机内被有机地集成为一体,因此可以方便地进行系统的装配和仿真试验。

用户应用 ADAMS/Hydraulics 模块,可以建造机械系统与液压回路之间相互作用的模型,并在计算机里设置系统的运行特性,进行各种静态、模态、瞬态和动态分析。例如:可以进行液压系统峰值压力和运行压力的分析、液压系统滞后特性的分析、液压系统控制的分析、功率消耗的分析、液压元件和管路尺寸的分析等。由于 ADAMS/Hydraulics 采用了与 ADAMS/View 相同的参数化功能和函数库,因此用户在液压元件设计中同样可以运用设计研究(DS)、试验设计(DOE)以及优化(OPTIMIZE)等技术。

(2)振动分析模块(ADAMS/Vibration)

ADAMS/Vibration 是进行频域分析的工具,可用来检测 ADAMS 模型的受迫振动(例如;检测汽车虚拟样机在颠簸不平的道路工况下行驶时的动态响应),所有输入输出都将在频域内以振动形式描述,该模块可作为 ADAMS 运动仿真模型从时域向频域转换的桥梁。

通过运用 ADAMS/Vibration 可以实现各种子系统的装配,并进行线性振动分析,然后利用功能强大的后处理模块 ADAMS/Postprocessor 可进一步作出因果分析与设计目标设置分析。

采用 ADAMS/Vibration 模块,可以在模型的不同测试点,进行受迫响应的频域分析;频域分析中可以包含液压、控制及用户系统等结果信息;能够快速准确将 ADAMS 线性化模型转入

Vibration 模块中；能够为振动分析开辟输入、输出通道，能定义频域输入函数，产生用户定义的力频谱；能求解所关注的频带范围的系统模型，评价频响函数的幅值大小及相位特征；能够动画演示受迫响应及各模态响应；能把系统模型中有关受迫振动响应的信息列表；为进一步分析能把 ADAMS 模型中的状态矩阵输出到 MATLAB 及 MATRIX 中；运用设计研究、DOE 及振动分析结果和参数化的振动输入数值优化系统综合性能。

运用 ADAMS/Vibration 能使工作变得快速简单，运用虚拟检测振动设备方便地替代实际振动研究中复杂的检测过程，从而避免了实际检测只能在设计的后期进行且费用高昂等弊病，缩短设计时间、降低设计成本。ADAMS/Vibration 输出的数据还可被用来研究预测汽车、火车、飞机等机动车辆的噪声对驾驶员及乘客的振动冲击，体现以人为本的现代设计趋势。

(3)线性化分析模块(ADAMS/Linear)

ADAMS/Linear 是 ADAMS 的一个集成可选模块，可以在进行系统仿真时将系统非线性的运动学或动力学方程进行线性化处理，以便快速计算系统的固有频率(特征值)、特征向量和状态空间矩阵，使用户能更快而较全面地了解系统的固有特性。

ADAMS/Linear 主要功能特点包括：可以在大位移的时域范围和小位移的频率范围间提供一座“桥梁”，方便考虑系统中零部件的弹性特性；利用它生成的状态空间矩阵可以对带有控制元件的机构进行实时控制仿真；利用求得的特征值和特征向量可以对系统进行稳定性研究。

(4)高速动画模块(ADAMS/Animation)

ADAMS/Animation 是 ADAMS 的一个集成可选模块，它使用户能借助于增强透视、半透明、彩色编辑及背景透视等方法精细加工所形成的动画，增强动力学仿真分析结果动画显示的真实感。用户既可以选择不同的光源，并交互地移动、对准和改变光源强度，还可以将多台摄像机置于不同的位置、角度同时观察仿真过程，从而得到更完善的运动图像。该模块还提供干涉检测工具，可以动态显示仿真过程中运动部件之间的接触干涉，帮助用户观察整个机械系统的干涉情况；同时还可以动态测试所选的两个运动部件在仿真过程中距离的变化。

该模块主要功能：采用基于 Motif/Windows 的界面，标准下拉式菜单和弹出式对话窗，易学易用；与 ADAMS/View 模块无缝集成，在 ADAMS/View 中只需点一下鼠标就可转换到 ADAMS/Animation；其使用的前提条件是必须要有 ADAMS/View 模块和 ADAMS/Solver 模块。

(5)试验设计与分析模块(ADAMS/Insight)

ADAMS/Insight 是基于网页技术的新模块，利用该模块，工程师可以方便地将仿真试验结果置于 Intranet 或 Extranet 网页上，这样，企业不同部门的人员(设计工程师、试验工程师、计划/采购/管理/销售部门人员)都可以共享分析成果，加速决策进程，最大限度地减少决策的风险。

应用 ADAMS/Insight，工程师可以规划和完成一系列仿真试验，从而精确地预测所设计的复杂机械系统在各种工作条件下的性能，并提供对试验结果进行各种专业化统计分析的工具。ADAMS/Insight 是选装模块，既可以在 ADAMS/View，ADAMS/Car，ADAMS/Pre 环境中运行，也可脱离 ADAMS 环境单独运行。工程师在拥有这些能力后，就可以对任何一种仿真进行试验方案设计，精确地预测设计的性能，得到高品质的设计方案。

ADAMS/Insight 采用的试验设计方法包括全参数法、部分参数法、对角线法、Box-Behnkn

法、Placket-Bruman 法和 D-Optimal 法等。当采用其他软件设计机械系统时，工程师可以直接输入或通过文件输入系统矩阵对设计方案进行试验设计；可以通过扫描识别影响系统性能的灵敏参数或参数组合；可以采用响应面法(Response Surface Methods)通过对试验数据进行数学回归分析，帮助工程师更好地理解产品的性能和系统内部各个零部件之间的相互作用；试验结果采用工程单位制，可以方便地输入其他试验结果进行工程分析；通过网页技术可以将仿真试验结果通过网页进行交流，便于企业各个部门评价和调整机械系统的性能。

另外，ADAMS/Insight 能帮助工程师更好地了解产品的性能，能有效地区分关键参数和非关键参数；能根据客户的不同要求提出各种设计方案，可以清晰地观察对产品性能的影响；在产品制造之前，可综合考虑各种制造因素的影响(例如：公差、装配误差、加工精度等)，大大地提高产品的实用性；能加深对产品技术要求的理解，强化在企业各个部门之间的合作。应用 ADAMS/Insight，工程师可以将许多不同的设计要求有机地集成为一体，提出最佳的设计方案，并保证试验分析结果具有足够的工程精度。

(6)耐久性分析模块(ADAMS/Durability)

耐久性试验是产品开发的一个关键步骤，耐久性试验能够解答"机构何时报废或零部件何时失效"这个问题，它对产品零部件性能、整机性能都具有重要影响。MDI 公司已经与 MTS 公司及 nCode 公司合作，共同开发 ADAMS/Durability，使之成为耐久性试验的完全解决方案。

ADAMS/Durability 按工业标准的耐久性文件格式对时间历程数据接口进行了一次全新的扩展。目前，该模块支持两种时间历程文件格式：nSoft 和 MTS 的 RPC3。ADAMS/Durability 可以把上述文件格式的数据直接输入到 ADAMS 仿真模块中去，或把 ADAMS 的仿真分析结果输出到这种文件格式中来。

ADAMS/Durability 集成了 VTL(Virtual Test Lab)技术，VTL 工具箱是由 MTS 与 MDI 公司设计及创建的标准机械检测系统，通过 MTS 的 RPC 图形用户接口可实施检测，并保留检测配置及操作问题，VTL 的检测结果将返回工业标准的 RPC 格式文件中，以便由标准分析应用程序使用。一旦得到实际检测结果，便可以执行预测分析及验证。

nCode 公司的 nSoft 耐久性分析软件可以进行应力寿命、局部应变寿命、裂隙扩展状况、多轴向疲劳及热疲劳特征、振动响应、各种焊接机构强度等分析。ADAMS/Durability 把以上技术集成在一起，从而使虚拟样机检测系统耐久性成为现实。

ADAMS/Durability 的主要功能是可以从 nSoft 的 DAC 及 RPC3 文件中提取时间记载数据，并将其内插入 ADAMS 仿真模块中进行分析，可以把 REQUEST 数据存储在 DAC 及 MTS RPC3 文件中，把 ADAMS 仿真结果及测量数据输出到 DAC 及 MTS RPC3 文件；可以查看 DAC 及 MTS RPC3 文件的头信息与数据；可以提取 DAC 及 MTS RPC3 文件中的数据并绘图，以此与 ADAMS 仿真结果相对照。

(7)数字化装配回放模块(ADAMS/DMU Replay)

ADAMS/DMU(Digital Mockup)Replay 模块是 MDI 公司与 Dassault Systems 合作，针对 CATIA 的用户推出的全新模块，是运行在 CATIA V5 中的应用程序，可通过 CATIA V5 的界面访问。该模块是 ADAMS 与 CATIA 之间数据通信的桥梁。利用它可以把其他 ADAMS 产品(如 CAT/ADAMS)中得到的分析结果导入到 CATIA 中进行动画显示。

ADAMS/DMU Replay 模块的主要功能是，能够把 ADAMS 的分析结果导入到 CATIA V5 中；能够调整 ADAMS 部件名称与 CATIA 几何体相一致以便于显示；能够用装配的 CATIA 几何体动画显示仿真结果；在运动情况下，能产生一般几何体部件的包络线，执行动态干涉检查。

7.1.3 ADAMS 软件接口模块

(1)柔性分析模块(ADAMS/Flex)

ADAMS/Flex 是 ADAMS 软件包中的一个集成可选模块，提供了与 ANSYS，MSC/NASTRAN，ABAQUS，I-DEAS 等软件的接口，可以方便地考虑零部件的弹性特征，建立多体动力学模型，以提高系统仿真的精度。ADAMS/Flex 模块支持有限元软件中的 MNF(模态中性文件)格式。结合 ADAMS/Linear 模块，可以对零部件的模态进行适当的筛选，去除对仿真结果影响极小的模态，并可以人为控制各阶模态的阻尼，进而大大提高仿真的速度。同时，利用 ADAMS/Flex 模块，还可以方便地向有限元软件输出系统仿真后的载荷谱和位移谱信息，利用有限元软件进行应力、应变以及疲劳寿命的评估分析和研究。

(2)控制模块(ADAMS/Controls)

ADAMS/Controls 是 ADAMS 软件包中的一个集成可选模块。在 ADAMS/Controls 中，设计师既可以通过简单的继电器、逻辑与非门、阻尼线圈等建立简单的控制机构，也可利用通用控制系统软件(如：MATLAB，MATRIX，EASY5)建立的控制系统框图，建立包括控制系统、液压系统、气动系统和运动机械系统的仿真模型。

在仿真计算过程中，ADAMS 采取两种工作方式：其一，机械系统采用 ADAMS 解算器，控制系统采用控制软件解算器，二者之间通过状态方程进行联系；其二，利用控制软件书写描述控制系统的控制框图，然后将该控制框图提交给 ADAMS，应用 ADAMS 解算器进行包括控制系统在内的复杂机械系统虚拟样机的同步仿真计算。

这样的机械-控制系统的联合仿真分析过程可以用于许多领域，例如汽车自动防抱死系统(ABS)、主动悬架、飞机起落架助动器、卫星姿态控制等。联合仿真计算可以是线性的，也可以是非线性的。使用 ADAMS/Controls 的前提是需要 ADAMS 与控制系统软件同时安装在相同的工作平台上。

(3)图形接口模块(ADAMS/Exchange)

ADAMS/Exchange 是 ADAMS/View 的一个集成可选模块，其功能是利用 IGES、STEP、STL、DWG/DXF 等产品数据交换库的标准文件格式完成 ADAMS 与其他 CAD/CAM/CAE 软件之间数据的双向传输，从而使 ADAMS 与 CAD/CAM/CAE 软件更紧密地集成在一起。

ADAMS/Exchange 可保证传输精度、节省用户时间、增强仿真能力。当用户将 CAD/CAM/CAE 软件中建立的模型向 ADAMS 传输时，ADAMS/Exchange 自动将图形文件转换成一组包含外形、标志和曲线的图形要素，通过控制传输时的精度，可获得较为精确的几何形状，并获得质量、质心和转动惯量等重要信息；用户可在其上添加约束、力和运动等，这样就减少了在 ADAMS 中重建零件几何外形的要求，节省建模时间，增强用户观察虚拟样机仿真模型的能力。

(4)CATIA 专业接口模块(CAT/ADAMS)

为了使 ADAMS 更方便地与 CATIA 进行数据交换,Dassault Systems 公司与美国 MDI 公司在柱面汽车公司 BMW,Chrysler 和 Peugeot 等的大力支持下开发了 CAT/ADAMS。

应用 CAT/ADAMS 可将 ADAMS 虚拟样机技术有机地融入 CATIA 之中,即同时将 CATIA 的运动学模型、几何图形和其他实体信息方便地传递至 ADAMS;可以对整个产品进行动力学分析,并将分析结果反馈给 CATIA;可以进行碰撞检测和间隙影响研究。采用这样的接口可以改进仿真精度、提高工程分析的速度和效率,从而快速评价多种设计方案。

(5)Pro/E 接口模块(Mechanical/Pro)

Mechanical/Pro 是连接 Pro/E 与 ADAMS 之间的桥梁。二者采用无缝连接的方式,使 Pro/E 用户不必退出其应用环境,就可以将装配的总成根据其运动关系定义为机构系统,进行系统的运动学仿真,并进行干涉检查、确定运动锁止的位置、计算运动副的作用力。

Mechanical/Pro 是采用 Pro/Develop 工具创建的,因此 Pro/E 用户可以在其熟悉的 CAD 环境中建立三维机械系统模型,并对其运动性能进行仿真分析。通过一个按键操作,可将数据传送到 ADAMS 中,进行全面的动力学分析。

7.2 Matlab 基础知识

数学建模和数学分析是工科类专业学生学习的基础,同时也是工程设计的首要工作,随着现代系统的大规模发展,所需的数学运算日益复杂,特别是对于矩阵运算的要求逐渐增多,这些工作已经难以以手工完成。因此,随着科学技术的前进以及计算机技术的日益完善,一些便于实现的仿真应用软件逐步在科技领域占据重要地位。仿真软件不同于编程软件,作为一种分析工具,它们在人机交互方面有着极大的优越性,人们不必下很大的功夫去学习编程所用的语言,从而可以节省大量的时间用于科学研究,提高了工作进程和效率。

Matlab 软件包最早由美国 Mathwork 公司于 1967 年推出,是"Matrix Laboratory"的缩写,早期是为了实现一些矩阵运算;而随着这种软件的逐步发展,它以计算及绘图功能强大的优势逐渐渗入各个工程领域,比如数学、物理、力学、信号分析以及数字信号处理等。目前该软件已经发展到了 Matlab 7.0 版本,是深受工程师们喜爱的一种分析工具。Matlab 大大降低了对使用者数学基础和计算机语言知识方面的要求,而且编程效率较高,还可以直接在计算机上输出结果和精美的图形。

7.2.1 Matlab 语言概述

(1)Matlab 语言的特点

1)编程效率高

作为一种面向工程的高级语言,Matlab 允许用数学形式的语言来编写程序,这种编程语言和其他诸如 C、Fortran 等语言相比,其语言格式更接近于我们平时的书写习惯,因此,Matlab 又被称为纸式算法语言。由于其编写程序简单,编程效率高,易学易懂,因此初学者在几小时之内便可以达到简单操作的程度。另外在 Matlab 中还可以调用 C 和 Fortran 子程序，而且调用格式非常简单。

2）采用交互式人机界面，用户使用方便

Matlab 语言为解释型操作，人们可以在每条指令之后马上得到该指令执行的结果；同时在执行的过程中如发现指令有错，在屏幕上马上会出现出错提示。该语言提供了丰富的在线帮助功能，想了解指令或操作的格式、功能等，只要在窗口输入“HELP 指令”，该指令的格式、功能等便能马上在屏幕上显示出来。

3）语句简单，涵盖丰富

Matlab 语言中有丰富库函数功能，这些函数功能和 C 语言中的函数一样使用方便，而且 Matlab 的函数调用起来要更方便，更接近于生活语言。这些函数包括常用的数学计算，绘图以及一些扩展工具箱。

4）具有多个功能强大的应用工具箱

Matlab 中包括了一些扩展的函数功能，一般称为工具箱，这些工具箱实际上是一些功能函数集，每一个工具箱适用于各自不同的科学分析领域。现在 Matlab 中已有系统分析、信号处理、图像处理、DSP 等多个工具箱，而且 Matlab 所包括的工具箱还在不断地被扩展。

5）方便的计算和绘图功能

Matlab 中的很多运算符不仅可以用于数值计算，而且有很多运算符只要增加一个“•”便可以用于矩阵运算。另外在 Matlab 中还给出了适用于不同领域的特殊函数，使得一些诸如卷积等的复杂运算也可以很方便的得到解决。Matlab 的绘图函数十分丰富，用适用于不同坐标系的绘图语句，还可方便地在所绘图形上标注横、纵坐标变量，图形名称等。另外，在调用绘图语句时，只需改变函数变量，就可以绘出不同颜色、不同风格的线或图。

（2）Matlab 命令的结构

Matlab 语言的典型结构为：Matlab 语言 = 窗口命令+M 文件

Matlab 的命令窗口就是其工作空间，也是 Matlab 运行的屏幕环境，在这种环境下输入的 Matlab 语句，称为“窗口命令”。所谓窗口命令，就是在上述环境下输入的 Matlab 语句并直接执行它们完成相应的运算、绘图等。

但对于复杂功能，Matlab 利用了 M 文件。M 文件由一系列 Matlab 语句组成，在 Matlab 的编辑窗口完成输入。它既可以是一系列窗口命令，也可以是由各种控制语句和说明语句构成的函数。Matlab 的程序可以向下兼容。

（3）Matlab 的库函数

库函数是系统根据需要编制好了，提供用户使用的函数。用户使用它们时，只要写出函数名，调整函数参量，无须再编写该函数的程序。

各种不同版本的 Matlab 都提供了一批库函数，但其提供的库函数的数目不同，函数名和函数功能也不完全一样。

常用的库函数包括一些基本数学函数、字符与字符串函数、输入输出函数等。除了基本库函数外，不同版本的 Matlab 还增加了不同的有专门功能的功能库函数，也称为工具箱，例如信号处理工具箱、控制系统工具箱等。

(4) Matlab 命令的执行

一般常用的有两个窗口,“命令窗口”和“调试窗口”。用户可以在“调试窗口”中输入自己编制的程序以及对程序进行修改和调试,程序输入后应该进行存盘操作,文件名按规定选择,开头必须为字母,长度不能超过 19 个字符,文件名前 19 个字符相同的文件按同一文件处理。在“命令窗口”中用户可以执行 Matlab 命令或将用户编制的文件以命令形式在界面上运行。

执行 M 文件的方法有两个,一是直接在“调试窗口”中利用功能菜单的调试命令完成;二是将在“调试窗口”中存好的 M 文件的文件名在“命令窗口”中输入后按回车即可。

(5) 数据的输入和结果输出

Matlab 的文件格式为固定格式,由于其数据输入极为简单,因而对少量的数据输入,不需要花费很多的时间。

Matlab 的结果输出有数据输出(包括表达式)和图形输出两种,数据结果会直接输出到命令窗口中,图形则在专门的图形窗口中显示。

(6) 环境参数

操作系统中的 PATH 是很常见的,MATLABPATH 也是 Matlab 中很重要的环境参数,设置好适当的 MATLABPATH 以后,Matlab 可以方便地调用任何地方的 M 文件和运行可执行文件。

如果在 Matlab 中输入一个名字,例如 abc,则 Matlab 会按以下顺序做:

①看 abc 是否为工作空间中的变量;

②检查 abc 是否是一个内部变量;

③在当前目录中寻找 abc.MEX 或 abc.M 文件,假若两个文件同时存在,则 abc.MEX 优先考虑;

④根据环境参数 MATLABPATH 指定的搜索路径来寻找包含 abc.MEX 或 abc.M 的目录。

MATLABPATH 已经在 Matlab 进行安装时自动设置好,它包括了除 Matlab 的工作目录(MATLAB/BIN)之外的所有其他 Matlab 的子目录。

用户也可以增加或修改 MATLABPATH 的内容来增加或修改搜索路径,以便建立一些特殊的、专用的文件库。修改 MATLABPATH 可以用 Matlab 的 PATH 命令,但是这种修改不能被保存下来,在退出 Matlab 后就自动取消,要保持 MATLABPATH 的设置可以通过编辑启动控制文件——MATLABC.M 来实现。

(7) 命令与文件的编辑和建立

1) 命令行的编辑

鼠标和键盘上的箭头等可以帮助修改输入的错误命令和重新显示前面输入过的命令行。例如准备输入:

```
y = square(pi * x);
```

而误将 square 拼写成了 squae,Matlab 将返回出错信息:

```
??? Undefined function or variable squae
```

其中??? 是出错信息的提示符,说明输入有 Matlab 不能识别的命令。此时只须按上下箭头,刚才输入的命令即可重新显示在屏幕上。这时利用鼠标或键盘,将光标置于 e 的位置,再输入字符 r 即可。回车后,屏幕将给出命令执行的结果。先前输入的命令存放在内存中。由于内存缓冲区的大小有限,只能容纳最后输入的一定量的命令行,因而可重新调用的也是后面输入的一定数据的命令行。Matlab 的编辑键及其功能见表 7.2。

表 7.2　Matlab 的编辑键及功能

命令行编辑和重新调出键	
↑	重新调出前一命令行
↓	重新调出后一命令行
←	光标左移一个字符
→	光标右移一个字符
ctrl+←	光标左移一个字
ctrl+→	光标右移一个字
Home	光标移到行首
End	光标移到行尾
Delete	删除光标所在位置的字符
Backspace	删除光标所在位置左边的一个字符

若在提示符下输入一些字符,则↑键将重新调出以这些字符为开头的命令行。

这里没有插入和改写的转换操作,因为光标所在处总是执行插入的功能。

如果使用鼠标,会使这些操作更为方便。把鼠标放到光标移到位置,并定位即完成光标移动。利用鼠标,还可以方便地完成字符串的选择、复制和删除。

2)文件的编辑与建立

一般常用的建立 M 文件的途径是利用 Matlab 提供的 M 文件窗口。

①建立新的 M 文件

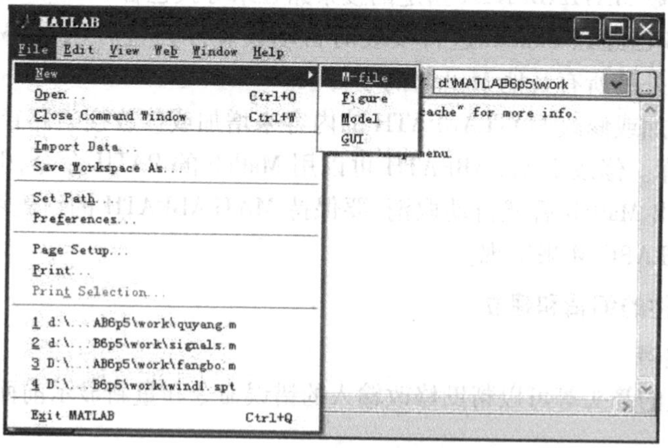

图 7.3　Matlab 命令窗口

选择 Matlab 命令窗口中的菜单 File—New—M-File 菜单,如图 7.3 所示,即可出现文件调试窗口,如图 7.4 所示,在此窗口中将用户程序输入。

退出该窗口时应存盘,文件名的命名按前所述,其扩展名必须为.M。

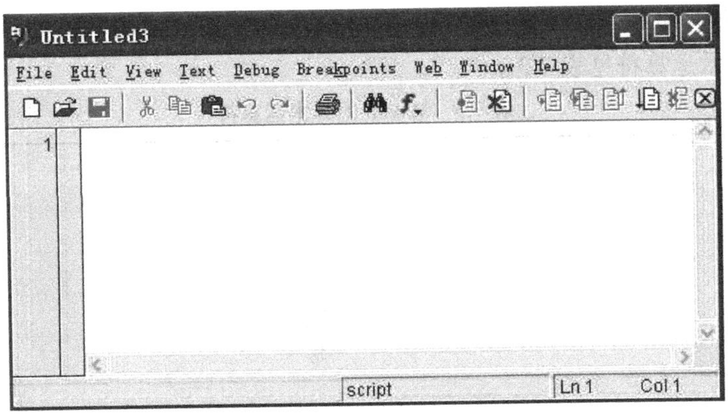

图 7.4　Matlab 调试窗口

②编辑已有的文件

选择 Matlab 命令窗口中的菜单 File—Open 命令，出现文件选择窗口，选择所需文件即可。

7.2.2　Matlab 的基本语法

(1)基础知识

1)语句和变量

Matlab 语句的通常形式为：

变量=表达式

简单的形式为：表达式

表达式由操作符或其他字符，函数和变量名组成，表达式的结果为一个矩阵，显示在屏幕上，同时输送到一个变量中并存放于工作空间中以备调用。如果变量名和“=”省略，则 ans 变量将自动建立，例如输入：1900/81

得到输出结果：

ans=

23.4568

如果在语句的末尾是“;”，则说明除了这一条命令外还有下一条命令等待输入，Matlab 这时将不给出中间运行结果，当所有命令输入完毕后，直接打回车键，则 Matlab 将给出最终的运行结果。

如果一条表达式很长，一行放不下则键入“…”后回车，即可在下一行继续输入。注意“…”前要有空格。

变量和函数名由字母或字母加数字组成，但最多不能超过 19 个字符，否则只有前 19 个字符被接受。

Matlab 的变量区分字母大小写，函数名则必须用小写字母，否则会被系统认为是未定义函数，也可以用 casesen 命令使 Matlab 不区分大小写。

2)数和算术表达式

惯用的十进制符号和小数点、负号等，在 Matlab 中可以同样使用。表示 10 的幂次要用符号 e 或 E。

在计算中使用IEEE算法精确度是eps，且数值允许在10^{-308} ~ 10^{308}间16位长的十进制数。Matlab的算术运算符见表7.3。

表7.3 Matlab的算术运算符

+	加
-	减
*	乘
/	右除
\	左除
^	幂

对于矩阵来说，这里左除和右除表示两种不同的除数矩阵和被除数矩阵的关系。对于标量，两种除法运算的结果相同。

3）输出格式

任何Matlab语句的执行结果都可以在屏幕上显示，同时赋值给指定变量时赋值给ans，数字显示格式可由format命令来控制。format只影响结果的显示，不影响其计算与存储。Matlab总是以双精度执行所有的运算。

（2）Help命令

Help命令很有用，它为Matlab绝大多数命令提供了联机帮助信息。

Help除了可以以菜单形式提供帮助外，还可以在命令窗口中输入“Help”来取得信息。

输入“help lsim”将得到特征函数lsim的信息。如图7.5所示。

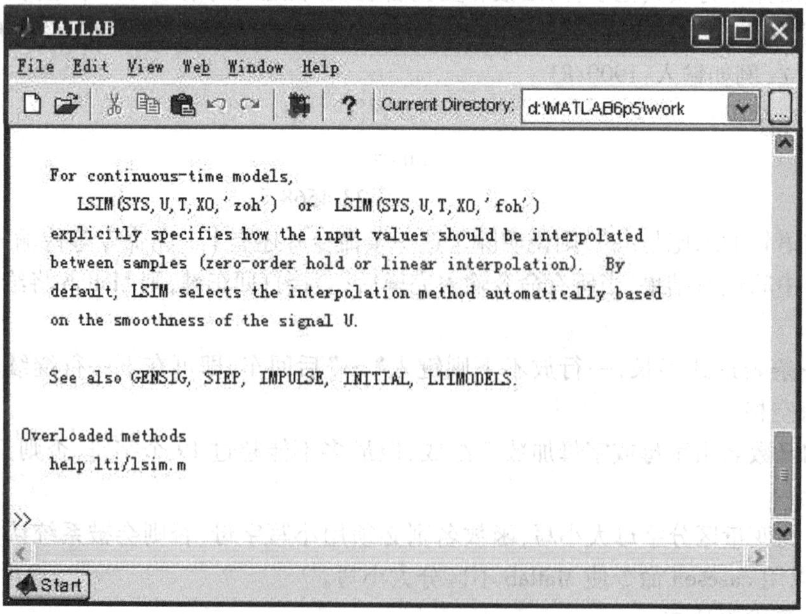

图7.5 help命令的使用

输入help 将显示如何使用方括号输入矩阵。

(3) **向量**

1)产生向量

在 Matlab 中“:”是一个重要的字符,如产生一个 1~5 单位增量的行向量:在命令窗口中输入

```
x = 1:5
```

回车后得到结果:

```
x =
        1   2   3   4   5
```

也可以产生一个单位增量小于 1 的行向量,方法是把增量放在起始和结尾量的中间,如在命令窗口中输入:

```
t=0:0.2:1
```

回车将得到以下结果:

```
t =
    0   0.2000   0.4000   0.6000   0.8000   1.0000
```

“:”也可以用来产生简易的表格。为了产生纵向表格形式,首先可形成行向量,而后转置得到,即可与另一列向量合成两列的一个矩阵,如

在 Matlab 命令窗口中输入如下语句:

```
t=(0:0.1:1)';
y1=exp(-t);
[t  y1]
```

命令窗口中将会显示结果如下:

```
ans =
         0    1.0000
    0.1000    0.9048
    0.2000    0.8187
    0.3000    0.7408
    0.4000    0.6703
    0.5000    0.6065
    0.6000    0.5488
    0.7000    0.4966
    0.8000    0.4493
    0.9000    0.4066
    1.0       0.3679
```

由结果可以看到,简单的命令语句便可以生成一个十一行两列的矩阵。

2)下标

单个的矩阵元素可在括号中用下标来表达。例如已知:

```
A=
    1  2  3
    4  5  6
    7  8  9
```

其中元素 $A(3,3)=9$,$A(1,2)=2$ 等。如用语句 A(3,2)=A(1,1)+A(2,1),则产生的新矩阵为:

```
A=
    1  2  3
    4  5  6
    7  5  9
```

下标也可以是一个向量。例如若 $\boldsymbol{x}$ 和 $\boldsymbol{v}$ 是向量,则 $\boldsymbol{x}(\boldsymbol{v})$ 也是一个向量;[$\boldsymbol{x}(\boldsymbol{v}(1))\boldsymbol{x}(\boldsymbol{v}(2))\cdots\boldsymbol{x}(\boldsymbol{v}(\boldsymbol{n}))$]。对于矩阵来说,向量下标可以将矩阵中邻近或不邻近元素构成一新的子矩阵,假设 $\boldsymbol{A}$ 是一个 10 * 10 的矩阵,则 $\boldsymbol{A}$(1:5,3) 指 $\boldsymbol{A}$ 中由前五行对应第三列元素组成的 5 * 1子矩阵。

又如 $\boldsymbol{A}$(1:5,7:10)是前 5 行对应最后四列组成的 5 * 4 子矩阵。使用“:”代替下标,可以表示所有的行或列。如:$\boldsymbol{A}$(:,3)代表第三列元素组成的子矩阵,$\boldsymbol{A}$(1:5,:)代表由前 5 行所有元素组成的子矩阵。对于子矩阵的赋值语句,“:”有更明显的优越性。如 $\boldsymbol{A}$(:,[3,5,10])= B(:,1:3)表示将矩阵的前三列,赋值给矩阵的第三、五、十列。

(4)数组运算

数组和矩阵是两个完全不同的概念,虽然在 Matlab 中它们在形式上有很多的一致性,但它们实际上遵循着不同的运算规则。Matlab 数组运算符由矩阵运算符前面加一个“.”来表示,如“.*”“./”等。

(5)数学函数

一组基本函数作用在一个数组上,如

```
A=[1  2  3;4  5  6]
B=fix(pi*A)
C=cos(pi*B)
```

运算将按函数分别作用于数组的每一个元素进行,其结果为:

```
A =
      1    2    3
      4    5    6
B =
      3    6    9
     12   15   18
C =
     -1    1   -1
      1   -1    1
```

Matlab 所提供的数学函数见表 7.4。

表 7.4　Matlab 的主要数学函数

三角函数	
sin	正弦
cos	余弦
tan	正切
asin	反正弦
acos	反余弦
atan	反正切
atan2	第四象限的反正切
sinh	双曲正弦
cosh	双曲余弦
tanh	双曲正切
asinh	反双曲正弦
acosh	反双曲余弦
atanh	反双曲正切

另外还有一些以此为基础的基本数学函数见表 7.5。

表 7.5　Matlab 的基本数学函数

基本数学函数	
abs	绝对值或复数模
angle	相角
sqrt	开平方
real	实部
imag	虚部
conj	复数共轭
round	四舍五入到最近的整数
fix	朝零方向取整
floor	朝负无穷方向取整
ceil	朝正无穷方向取整
sign	正负符号函数
rem	除后余数
exp	以 e 为底的指数
log	自然对数
log10	以 10 为底的对数

一些特殊的数学函数见表 7.6。

表 7.6 Matlab 的特殊函数

特殊函数	
bassel	贝塞尔函数
gamma	完整和非完整的 γ 函数
rat	有理逼近
ert	误差函数
invert	逆误差函数
ellipk	第一类完整椭圆积分
ellipj	雅可比椭圆函数

以及在此基础上扩充的特殊数学函数。

7.2.3 绘图

在 Matlab 中把数据绘成图形的命令有多种，主要绘图命令见表 7.7。

表 7.7 Matlab 的主要绘图命令

绘图命令	
plot	线性 X—Y 坐标图
loglog	双对数坐标图
semilogx	X 轴对数半对数坐标图
semilogy	Y 轴对数半对数坐标图
polar	极坐标图
mesh	三维消隐图
contour	等高线图
bar	条形图
stairs	阶梯图

除了可以在屏幕上显示图形外，还可以对屏幕上已有的图形加注释、题头或坐标网格。主要命令见表 7.8。

表 7.8 Matlab 的主要图形注解函数命令

图形加注	
title	标题头
xlabel	X 轴标注
ylabel	Y 轴标注
text	任意定位的标注
gtext	鼠标定位标注
grid	网格

关于坐标轴尺寸的选择和图形处理等控制命令见表 7.9。

表 7.9　Matlab 的主要图形控制命令

图形控制命令	
axis	人工选择坐标轴尺寸
clr	清除图形窗口
ginput	利用鼠标的十字准线输入
hold	保持图形
shg	显示图形窗口
subplot	将图形窗口分成 N 块子窗

还有很多此类命令，在以后的学习中大家可以逐步掌握。

(1) X—Y 绘图

plot 命令绘制坐标图，loglog 命令绘制双对数坐标图，semilogx 和 semilogy 命令绘制半对数坐标图，polar 命令绘制极坐标图。具体命令的格式及使用方法可以利用 help 在线帮助详细了解。

如果 $\boldsymbol{y}$ 是一个向量，那么绘制一个 y 元素和 y 元素排列序号之间关系的线性坐标图。例如要画 y 元素的序号 1,2,3,4,5,6,7 和对应的 y 元素值分别为 0,0.48,0.84,1,0.91,0.6,0.14 的图形，则输入命令：

```
y=[0  0.48  0.84  1  0.91  0.6  0.14];
plot(y)
```

则结果如图 7.6 所示。

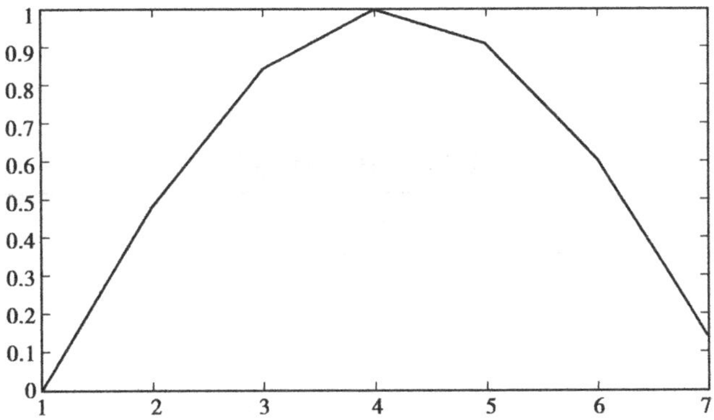

图 7.6　曲线波形图

图中坐标轴是软件自动给出的，也可任意对图形加注，当输入以下命令：

```
title('my first plot');      % 输入题头
xlabel('x');                 %输入 x 轴标注
ylabel('y');                 %输入 y 轴标注
grid                         %加网格
```

则图形显示如图 7.7 所示。(注意 x 和 y 应是同样长度的向量)

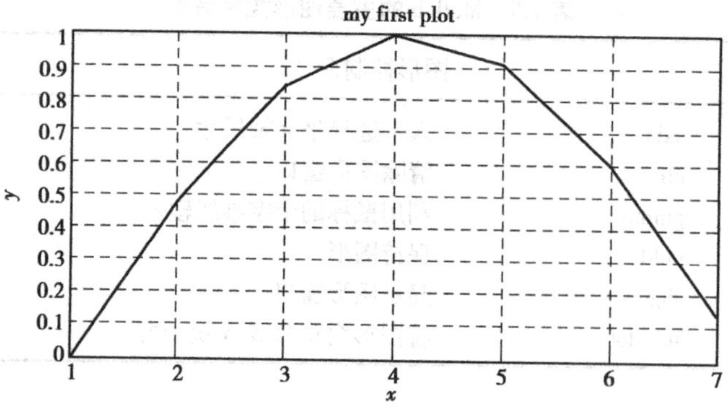

图 7.7 选定坐标的波形图

(2)图线形式和颜色

1)形式

如果不使用缺省条件,可以选择不同的线条或点形式作图,对应符号及效果见表 7.10。

表 7.10 绘图曲线格式及命令

线方式		点方式	
实线	-	点	.
虚线	……	加号	+
冒号线	:	星	*
点画线	- ·-·	小圆	○
		x 形式	x

2)颜色

图形颜色命令及效果见表 7.11。

表 7.11 图形颜色命令

颜　色	
黄	y
洋红	m
青	c
红	r
绿	g
蓝	b
白	w
黑	k

第 8 章 机械系统电气控制线路基础

在机械加工的过程中由于工艺的要求,机床必须具有多种的机械运动配合,而这些机械运动往往是通过电气系统对电动机的控制来配合实现的。

将各种有触点的按钮、继电器、接触器等低压控制电器,用导线按一定的要求和方法连接起来,并能实现某种功能的线路称为电气控制线路。它的作用:实现对电力拖动系统的启动、调速、反转和制动等运行性能的控制;实现对拖动系统的保护;满足生产工艺的要求;实现生产过程自动化。优点是电路图较直观形象,装置结构简单,价格便宜,抗干扰能力强,运行可靠,可以方便地实现简单和复杂、集中和远距离生产过程的自动控制。缺点是采用固定接线形式,通用性和灵活性较差;采用有触点的开关电器,触点易发生故障。尽管如此,目前电气控制仍然是各类机械设备最基本的控制形式之一。

8.1 电气控制线路的绘制

为了表达生产机械电气控制线路的结构、原理等设计意图,同时也便于进行电气元件的安装、调整、使用和维修,需要将电气控制线路中各种电器元件及其连接用规定的图形表达出来,这种图就是电气控制线路图。

电气控制线路图有 3 种:电气原理图、电气元件布置图和电气安装接线图。各种图纸有其不同的用途和规定的画法,下面分别介绍。

8.1.1 电气控制线路常用的图形符号和文字符号

电气控制线路图是工程技术的通用语言,为了便于交流与沟通,在绘制电气线路图时,电气元件的图形、文字符号必须符合国家标准。近年来,随着我国经济改革开放,相应地引进了许多国外先进设备。为了便于掌握引进的先进技术和先进设备,便于国际交流和满足国际市场的需要,国家标准化管理委员会参照国际电工委员会(IEC)颁布的有关文件,制定了我国电气设备有关国家标准,颁布了 GB 4728—1984《电气图用图形符号》、GB 6988—1987《电气制图》和 GB 7159—1987《电气技术中的文字符号制订通则》。要求从 1990 年 1 月 1 日起,电气控制线路中的图形符号、文字符号必须符合最新的国家标准。表 8.1 至表 8.3 列出了三部分常用的电气图形符号和基本文字符号,实际使用时如需要更详细的资料,可查阅有关国家标准。

表 8.1　常用电气图形符号和文字符号

名称		新标准	
		图形符号	文字符号
一般三相电源开关		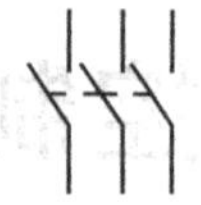	QK
低压断路器		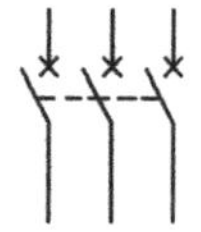	QF
位置开关	常开触点		SQ
	常闭触点		
	复合触点	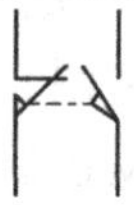	
熔断器			FU
按钮	启动		SB
	停止		
	复合	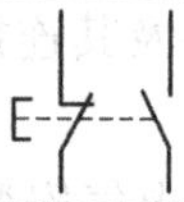	
接触器	线圈	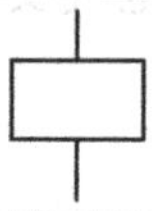	KM

名称		新标准	
		图形符号	文字符号
接触器	主触头		KM
	常开辅助触头		
	常闭辅助触头		
速度继电器	常开触头	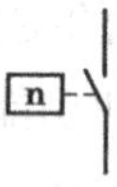	KS
	常闭触头	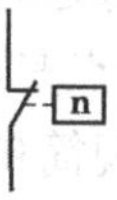	
时间继电器	线圈	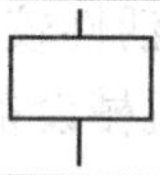	KT
	常开延时闭合触头	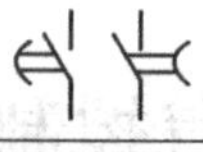	
	常闭延时打开触头	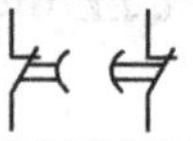	
	常闭延时闭合触头	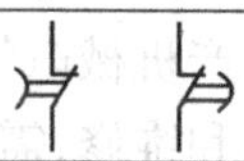	
	常开延时打开触头	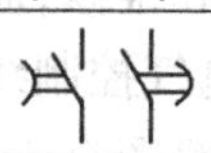	
热继电器	热元件	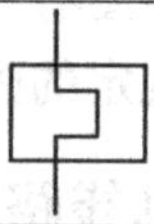	FR

表 8.2　电气技术中常用基本文字符号

符　号	描　述	符　号	描　述	符　号	描　述
C	电容器	EH	发热器件	EL	照明电
EV	空气调节器	FA	带瞬时动作的限流保护器件	FR	带延时动作的限流保护器件
FS	带瞬时、延时动作的限流保护器件	FU	熔断器	FV	限压保护器件
GS	同步发电机	GA	异步发电机	GB	蓄电池
HA	报警器	HL	指示灯	KA	过流继电器
KM	接触器	KR	热继电器	KT	延时继电器
L	电感器	M	电动机	MS	同步电动机
MT	力矩电动机	PA	电流表	PJ	电度表
PS	记录仪表	PV	电压表	QF	断路器
QM	电动机保护开关	QS	隔离开关	TA	电流互感器
TC	电源互感器	TV	电压互感器	XB	连接片
XJ	测试插孔	XP	插头	XS	插座
XT	端子排	YA	电磁铁	YM	电动阀
YV	电磁阀				

表 8.3　电气技术中常用辅助文字符号

符　号	描　述	符　号	描　述	符　号	描　述
A	电流、模拟	AC	交流	AUT	自动
ACC	加速	ADD	附加	ADJ	可调
AUX	辅助	ASY	异步	BRK	制动
BK	黑	BL	蓝	BW	向后
C	控制	CW	顺时针	CCW	逆时针
D	延时、数字	DC	直流	DEC	减
E	接地	EM	紧急	F	快速
FB	反馈	FW	向前	GN	绿
H	高	IN	输入	INC	增

续表

符 号	描 述	符 号	描 述	符 号	描 述
IND	感应	L	低、限制	LA	闭锁
M	主、中间线	MAN	手动	N	中性线
OFF	断开	ON	闭合+	OUT	输出
P	压力、保护	PE	保护接地	PEN	保护接地与中性共用
PU	不接地保护	R	记录、反	RD	红
RST	复位	RES	备用	RUN	运行
S	信号	ST	启动	SET	置位、定位
SAT	饱和	STE	步进	STP	停止
SYN	同步	T	温度、时间	TE	无干扰接地
V	速度、电压、真空	WH	白	YE	黄

在 GB 7159—1987《电气技术中的文字符号制订通则》中，规定了电气工程图中的文字符号，分为基本文字符号和辅助文字符号。基本文字符号有单字母和双字母之分。单字母符号表示电气设备、装置和元件的大类，如 K 为继电器类元件这一大类；双字母符号由一个大类的单字母符号与另一个表示元器件某些特性的字母组成，如 KT 为继电器类元件中的时间继电器，KM 为继电器类元件中的接触器。辅助文字符号用来进一步表示电气元器件的功能、状态和特性。

8.1.2 电气原理图

电气原理图是为了便于阅读与分析控制线路，根据简单清晰易懂的原则，采用电气元件展开的形式绘制而成。图中包括所有电气元件的导电部件和接线端点，并不按照电气元件的实际位置来绘制，也不反映电气元件的形状和大小。电气原理图结构简单，层次分明，便于研究和分析线路的工作原理，所以无论在设计部门或生产现场都得到了广泛的应用。现以图 8.1所示的某机床电气原理图为例来说明电气原理图的规定画法和应注意的事项。

(1)电气原理图的绘制

①电气原理图分主电路和辅助电路两个部分。主电路就是从电源到电动机，强电流通过的电路。辅助电路包括控制回路、信号电路、保护电路和照明电路。辅助电路中通过的电流较小，主要由继电器和接触器的线圈、继电器的触头、接触器的辅助触头、按钮、照明灯、信号灯及控制变压器等电器元件组成。

②电气原理图中，各电器元件不绘实际的外形图，而采用国家统一规定的图形符号和文字符号来表示。

③在电气原理图中，同一电器的不同部分(如线圈、触点)分散在图中，为了表示同一电

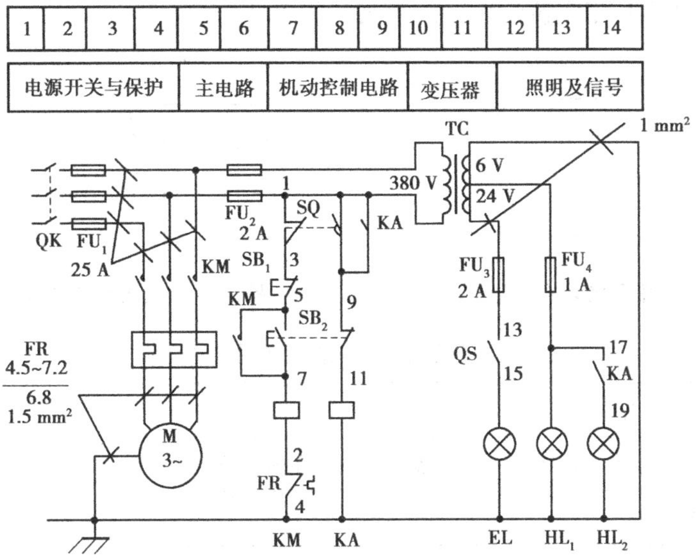

图 8.1　某机床电气原理图

器，要在电器的不同部分使用同一文字符号来标明。对于几个同类电器，在表示名称的文字符号后用下标加上一个数字符号，以示区别。

④所有电器的可动部分均以自然状态绘出。所谓自然状态是指各种电器在没有通电和没有外力作用时的初始开闭状态。对于继电器、接触器的触点，按吸引线圈不通电时的状态绘出，控制器的手柄按处于零位时的状态绘出，按钮、位置开关触点按尚未被压合的状态绘出。

⑤在电气原理图中，无论是主电路还是辅助电路，各电气元件一般按动作顺序从上而下，从左到右依次排列，可水平布置或垂直布置。

⑥电气原理图上应尽可能减少线条和避免线条交叉。有直接电联系的交叉导线连接点，要用黑色圆点表示。

(2) 图面区域的划分

在图 8.1 中，图纸上方的数字编号 1,2,3,…是区域编号，它是为了便于检索电气线路，方便读图分析避免遗漏而设置的。图区编号也可以设置在图的下方。

(3) 符号位置的索引

符号位置的索引用图号、页号和图区号的组号索引法，索引代号的组成如图 8.2 所示。

当某一元件相关的各符号元素出现在不同图号的图纸上，同时每个图号仅有一张图纸时，索引代号中的页号可省去；当某一元件相关的各符号元素出现在同一图号的图纸上，而该图号有几张图纸时，可省去图号；当某一元件相关的各符号元素出现在同一张图纸上的不同图区时，可省略图号和页号。

电气原理图中，接触器和继电器线圈与触点的从属关系如图 8.3 所示，即在原理图中相应线圈的下方，给出触点的文字符号，并在其下面注明相应触点的索引代号，对未使用的触点用“×”表示，有时也可采用上述省去触点的表示方法。在图 8.3 中，KM 线圈及 K 线圈下方的是接触器 KM 和继电器 K 相应触点的索引，其各栏的含义见表 8.4。

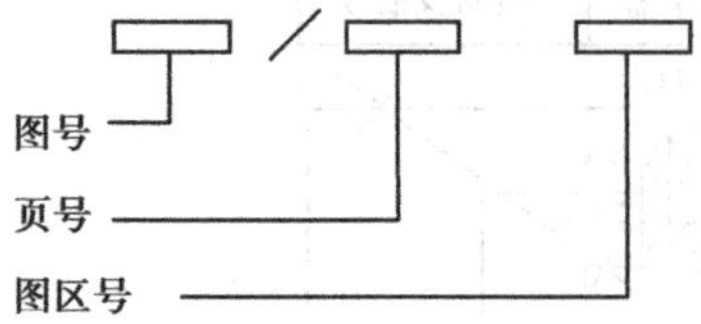

图 8.2　索引代号的组成

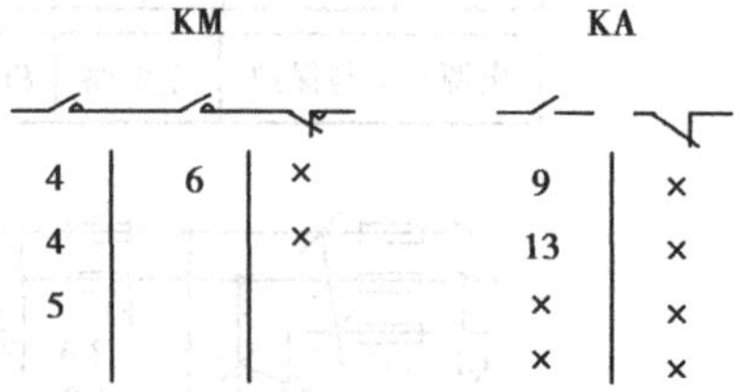

图 8.3　接触器和继电器触点位置

表 8.4　接触器和继电器相应触点的索引

器　件	左　栏	中　栏	右　栏
接触器 KM	主触点所在图区号	辅助常开触点所在图区号	辅助常闭触点所在图区号
继电器 K	常开触点所在图区号		常闭触点所在图区号

8.1.3　电器元件布置图

电器元件布置图主要是用来表明电气设备上所有电器元件的实际位置，为生产机械电气控制设备的制造、安装、维修提供必要的资料。以机床的电器元件布置图为例，它主要由机床电气设备布置图、控制柜及控制板电气设备布置图、操纵台及悬挂操纵箱电气设备布置图等组成。电器元件布置图可按电气控制系统的复杂程度集中绘制或单独绘制。但在绘制这类图形时，机床轮廓线用细实线或点画线表示，所有可见到的以及需要表示清楚的电气设备，均用粗实线绘制出简单的外形轮廓。

8.1.4　电气安装接线图

电气安装接线图是按照电器元件的实际位置和实际接线绘制的，根据电器元件布置最合理，连接导线最经济等原则来设计的。它为安装电气设备、电器元件之间进行配线及检修电气故障等提供了必要的依据。图 8.4 是根据图 8.1 电气原理图绘制的接线图。它表示机床电气设备各个单元之间的接线关系，并标注出外部接线所需要的数据。根据机床设备的接线图就可以进行机床电气设备的总装接线。图 8.4 的虚线方框中部件的接线可根据电气原理图进行。对于某些较为复杂的电器设备，电器安装板上元件较多时，还可绘出安装板的接线图。对于简单设备，仅绘出接线图就可以了。实际工作中，接线图常与电气原理图结合起来使用。

图 8.4 表明了电气设备中电源进线、按钮板、照明灯、位置开关、电动机与机床安装板接线端之间的连接关系，也标注了所使用的包塑金属软管的直径和长度，连接导线的根数、截面积及颜色。如按钮板与电器安装板的连接，按钮板上有 SB_1，SB_2，HL_1 及 HL_2 四个元件，根据图 8.1 电气原理图，SB_1 和 SB_2 有一端相连为“3”，HL_1 与 HL_2 有一端相连为“地”。其余的 2，3，4，6，7，15，16 通过 $7\times1\ mm^2$ 的红色线接到安装板上相应的接线端，与安装板上的元件相连。黄绿双色线是接到接地铜线上，所使用的包塑金属软管的直径为 15 mm，长度为 1 m。

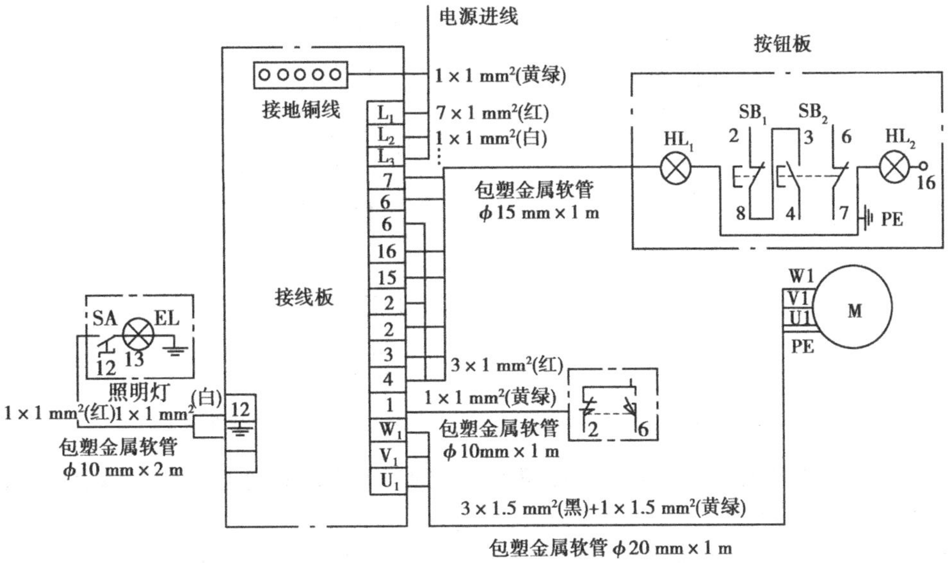

图 8.4　某机床电气接线图

8.2　三相笼型异步电动机启动控制线路

三相笼型异步电动机控制线路有全压启动和降压启动两种方式，本节先介绍全压启动的控制线路。

8.2.1　三相笼型异步电动机全压启动的控制线路

在变压器容量允许的情况下，笼型异步电动机应尽可能采用全压启动控制。全压启动的优点是电气设备少，线路简单，这样可提高控制线路的可靠性和减少电气元件的维修量。缺点是启动电流大，引起供电系统电压波动，可能干扰其他用电设备的正常工作。

(1) 刀开关全压启动控制

刀开关全压启动控制线路如图 8.5 所示。

工作过程如下：合上刀开关 QK，电动机 M 接通电源全压启动运行；打开刀开关 QK，电动机 M 断电停止运行。这种控制线路适用于小容量，启动不频繁的笼型电动机，如小型台钻、冷却泵、砂轮机等。熔断器在线路中起短路保护作用。

(2) 接触器全压启动控制

1) 点动控制

点动控制线路如图 8.6 所示。主电路由刀开关 QK、熔断器 FU、交流接触器 KM 的主触点和电动机 M 组成；控制电路由启动按钮 SB 和交流接触器 KM 的线圈组成。

工作过程如下：

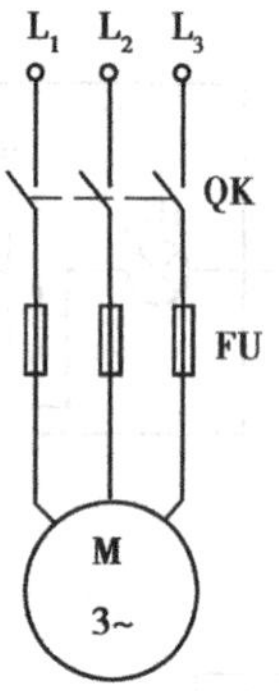

图 8.5 刀开关控制线路

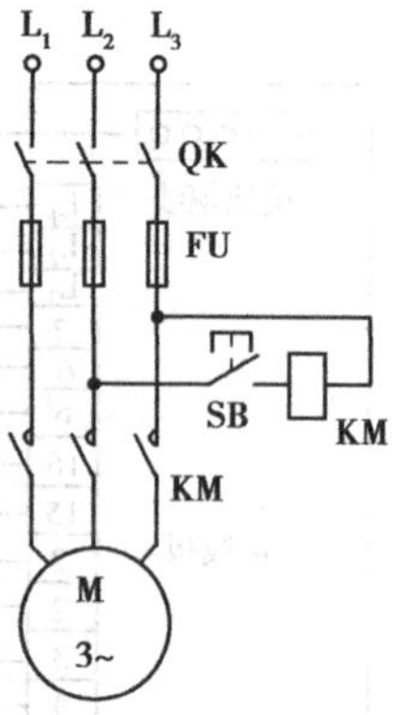

图 8.6 点动控制线路

启动:先合上刀开关 QK,按下启动按钮 SB,接触器 KM 线圈通电,KM 主触点闭合,电动机 M 通电全压启动运行。

停机:松开启动按钮 SB,KM 线圈断电,KM 主触点断开,电动机 M 停转。

由以上分析可知,按下启动按钮,电动机启动运行,松开启动按钮,电动机停转,这种控制就称为点动控制,常用于机床的对刀调整和电动葫芦等。

2)连续控制

图 8.7 是一个常用的最简单、最基本的电动机连续运行控制线路,又称长动控制线路。主电路由刀开关 QK、熔断器 FU、接触器 KM 的主触点、热继电器 FR 的发热元件和电动机 M 组成。控制电路由停止按钮 SB_1、启动按钮 SB_2、接触器 KM 的常开辅助触点和线圈、热继电器 FR 的常闭触点组成。

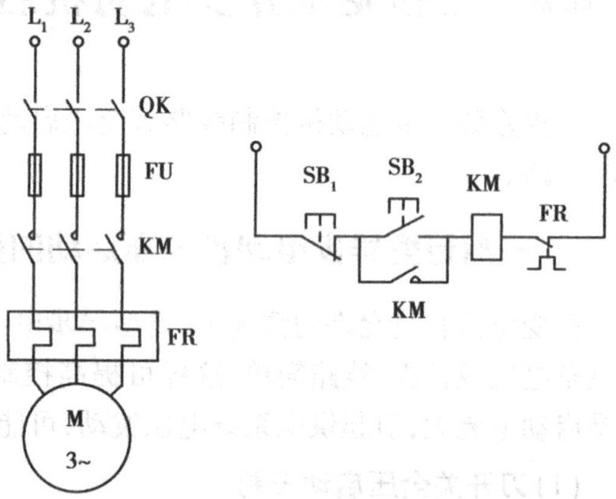

图 8.7 连续运行控制线路

工作过程如下:

启动:合上 QK,按下 SB_2,KM 线圈通电,KM 主触点闭合电动机接通电源启动运行,同时 KM 辅助触点闭合,松开 SB_2,自锁或自保。

在连续控制中,当松开 SB_2 后,KM 的辅助常开触点闭合仍继续保持通电,从而保证电动机的连续运行,这种依靠接触器自身辅助常开触点而使线圈保持通电的控制方式,称为自锁或自保。起自锁或自保的触点称为自锁或自保触点。

停机:按下 SB_1,KM 线圈断电,主触点及辅助常开触点断开,电动机 M 断电停转。

线路的保护环节

短路保护:短路时熔断器 FU 的熔体熔断切断电路起短路保护。

过载保护:采用热继电器 FR。由于热继电器的热惯性比较大,即使发热元件流过几倍于额定值的电流,热继电器也不会立即动作。因为在电动机启动时间不会太长的情况下,热继电器是经得起电动机启动电流冲击而不动作的。只有在电动机长期过载时,热继电器才会动作，用它的常闭触点使控制电路断开。

欠电压与失电压保护：依靠接触器 KM 的自锁环节来实现。当电源电压低到一定程度或失电压时，接触器 KM 释放，电动机停止转动。当电源电压恢复正常时，接触器线圈也不会自行通电，只有在操作人员重新按下启动按钮后，电动机才能启动，这又称零电压保护。

控制线路具备了欠电压和失电压保护功能之后，有如下 3 个方面的优点：

①防止电源电压严重下降时电动机欠电压运行。

②防止电源电压恢复时，电动机自行启动而造成设备和人员事故。

③避免多台电动机同时启动造成电网电压的严重下降。

(3) 点动与长动控制

在生产实践中，有的生产机械需要点动控制，有的生产机械既需要点动控制，又需要长动控制。图 8.8 示出了几种实现点动的控制线路。

图 8.8(a) 所示是实现点动的几种控制线路的主电路。

图 8.8(b) 所示是最基本的点动控制。按下按钮 SB，接触器 KM 线圈通电，电动机启动运行；松开按钮 SB，接触器 KM 线圈断电释放，电动机停止运行。

图 8.8(c) 所示是带手动开关 SA 的点动控制线路。当需要点动时将开关 SA 打开，由按钮 SB_2 来进行点动控制。当需要连续工作时合上开关 SA，将接触器 KM 的自锁触点接入，即可实现连续控制。

图 8.8(d) 增加了一个复合按钮 SB_3 来实现点动控制。需要点动控制时，按下按钮 SB_3，其常闭触点先断开自锁电路，再闭合常开触点，接通启动控制线路，接触器 KM 线圈通电，其主触点闭合，电动机 M 启动运行；当松开按钮 SB_3 时，接触器 KM 线圈断电，主触点断开，电动机停止运行。若需要电动机连续运行，则按下按钮 SB_2 即可，停机时需按下停止按钮 SB_1。

图 8.8(e) 所示是利用中间继电器实现点动的控制线路。利用点动启动按钮 SB_2 控制中间继电器 KA，KA 的常开触点并联在按钮 SB_3 两端控制接触器 KM，再控制电动机实现点动。当需要连续控制时按下按钮 SB_3 即可，但停机时需按下停止按钮 SB_1。

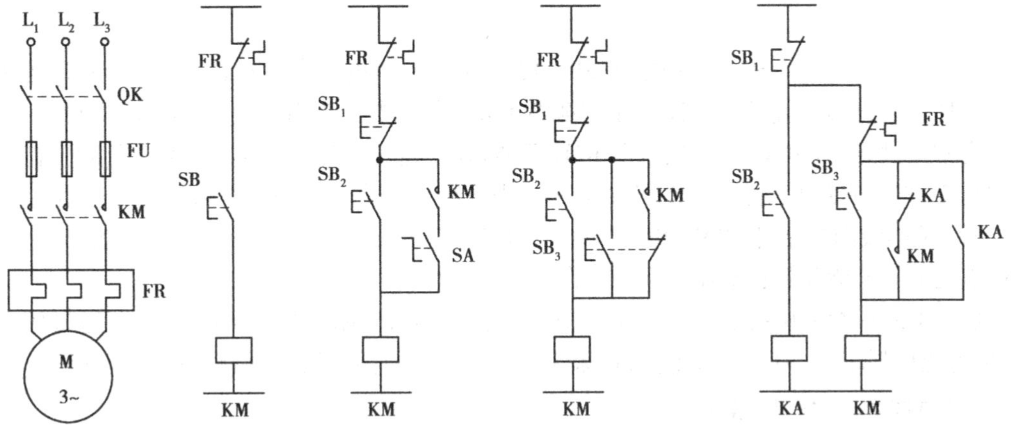

(a)　(b)　(c)　(d)　(e)

图 8.8　实现点动的几种控制线路

8.2.2 三相笼型异步电动机降压启动控制电路

三相笼型异步电动机全压启动控制线路简单、经济、操作方便，但对于容量较大的笼型异步电动机（大于 10 kW）来说，由于启动电流大，会引起较大的电网压降，所以一般采用降压启动的方法，以限制启动电流。降压启动虽可以减小启动电流，但也降低了启动转矩，因此降压启动适用于空载或轻载启动。

三相笼型异步电动机的降压启动方法有定子绕组串电阻（或电抗器）启动、自耦变压器降压启动、Y-△降压启动、延边三角形降压启动等。

（1）定子绕组串电阻降压启动控制

按时间原则控制定子绕组串电阻降压启动控制线路如图 8.9 所示。启动时，在三相定子绕组中串电阻 R，使电动机定子绕组电压降低，启动结束后再将电阻短接，电动机在额定电压下正常运行。

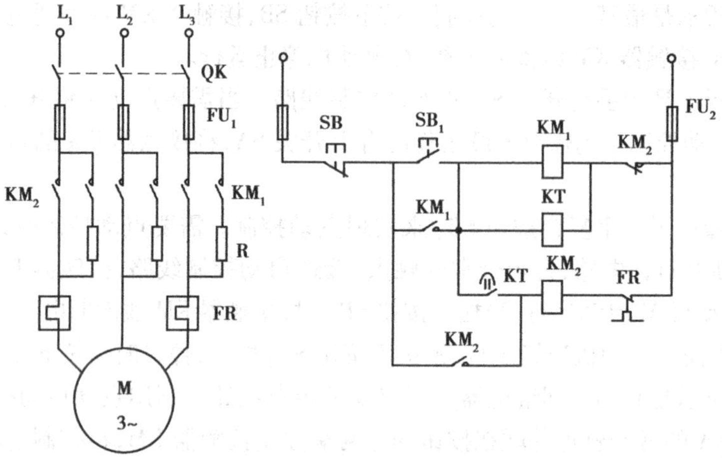

图 8.9　串电阻降压启动控制线路

启动过程如下：

合上电源开关 QK，按下启动按钮 SB_1，接触器 KM_1 得电吸合并自锁，接触器 KM_1 的主触点闭合使电动机 M 串电阻 R 启动，在接触器 KM_1 得电同时，时间继电器 KT 得电吸合，其延时闭合常开触点的延时闭合使接触器 KM_2 不能得电，经一段时间延时后，接触器 KM_2 得电动作并自锁，将主回路 R 短接，电动机在全压下进入稳定正常运行，同时 KM_2 的常闭触点断开 KM_1 和 KT 的线圈电路，使 KM_1 和 KT 释放，即将已完成工作任务的电器从控制线路中切除，其优点是节省电能和延长电器的使用寿命。

启动电阻一般采用由电阻丝绕制的板式电阻或铸铁电阻，电阻功率大，能够通过较大电流，但电能损耗较大，为了节省电能，可采用电抗器代替电阻，但其价格较贵，成本较高。

（2）自耦变压器降压启动

启动时电动机定子绕组串入自耦变压器，定子绕组得到的电压为自耦变压器的二次电压，启动完毕，自耦变压器被切除，额定电压加于定子绕组，电动机以全压投入运行。按时间原则控制线路如图 8.10 所示。

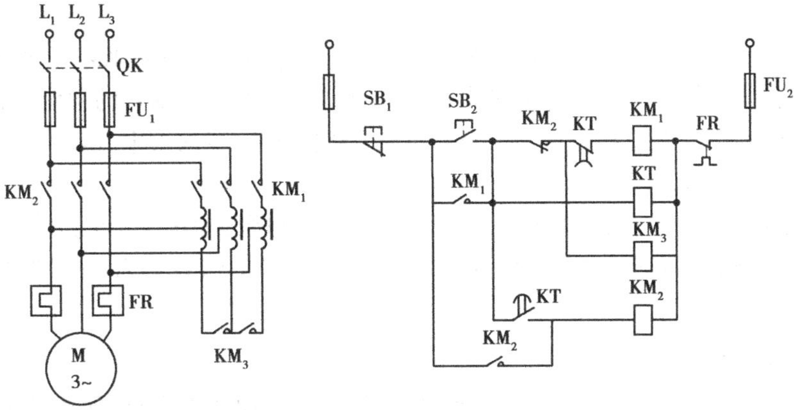

图 8.10　自耦变压器控制线路

启动过程如下：

合上刀开关 QK，按下启动按钮 SB_2，接触器 KM_1，KM_3 和时间继电器 KT 的线圈通电，接触器 KM_1 常开辅助触头闭合自锁，接触器 KM_1，KM_3 主触点闭合将电动机定子绕组经自耦变压器接至电源开始降压启动。时间继电器经一定延时后，其延时常闭触点打开，使接触器 KM_1，KM_3 线圈断电，接触器 KM_1，KM_3 主触点断开，将自耦变压器从电网上切除。而延时常开触点闭合，使接触器 KM_2 线圈得电，于是电动机直接接到电网上全压运行，完成了整个启动过程。

该控制线路对电网的电流冲击小，损耗功率也小，但是自耦变压器价格较贵，主要用于启动较大容量的电动机。

(3) Y-△降压启动控制

电动机绕组接成三角形时，每相绕组承受的电压是电源的线电压（380 V）；而接成星形时，每相绕组承受的电压是电源的相电压（220 V）。因此，对于正常运行时定子绕组接成三角形的笼型异步电动机，启动时将电动机定子绕组接成星形，加在电动机每相绕组上的电压为额定电压的 $1/\sqrt{3}$，从而减小了启动电流（星形启动电流只是原来三角形接法的 $1/\sqrt{3}$）。待启动后按预先整定的时间换接成三角形接法，使电动机在额定电压下正常运行。按时间原则实现 Y-△降压启动控制线路如图 8.11 所示。

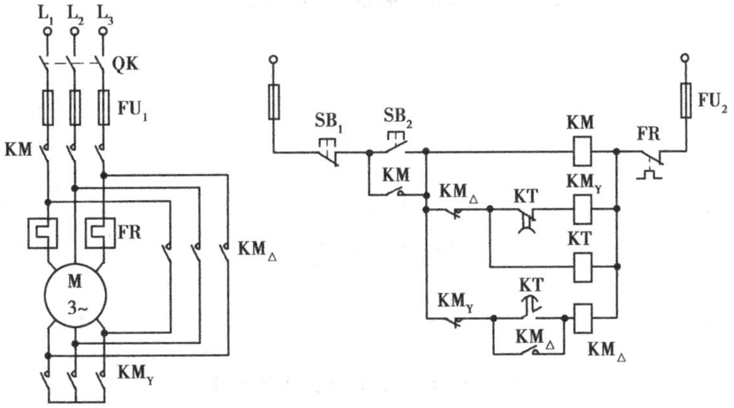

图 8.11　Y-△降压启动控制线路

启动过程如下：

当启动电动机时，合上刀开关 QK，按下启动按钮 SB_2，接触器 KM，KM_Y 与时间继电器 KT 的线圈同时得电，接触器 KM_Y 的主触点将电动机接成星形并经过 KM 的主触点接至电源，电动机降压启动。当 KT 的延时值到达时，KM_Y 线圈失电，$KM_\triangle$ 线圈得电，电动机主电路换接为三角形接法，电动机投入正常运转。

该线路结构简单、价格低。缺点是启动转矩也相应下降为原来三角形接法的 1/3，转矩特性差，因而本线路适用于电网电压 380 V，额定电压 660/380 V，Y/△接法的电动机轻载启动的场合。

(4) 延边三角形降压启动控制

上面介绍的 Y-△启动控制有很多优点，但不足的是启动转矩太小，如要求兼取星形连接启动电流小，三角形连接启动转矩大的优点，则可采用延边三角形降压启动。延边三角形降压启动控制线路如图 8.12 所示。它适用于定子绕组特别设计的电动机，这种电动机共有 9 个出线头。延边三角形绕组的连接如图 8.13 所示。启动时将电动机定子绕组接成延边三角形，启动结束后，再换成三角形接法，投入全电压正常运行。

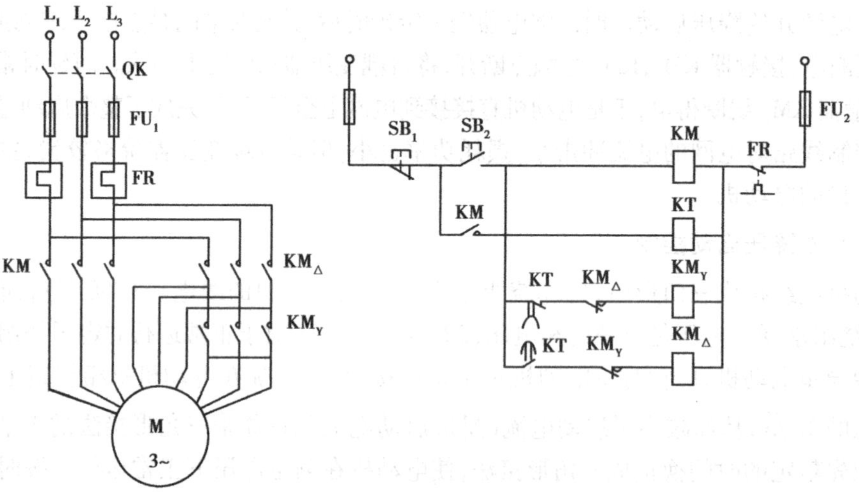

图 8.12　延边三角形降压启动控制线路

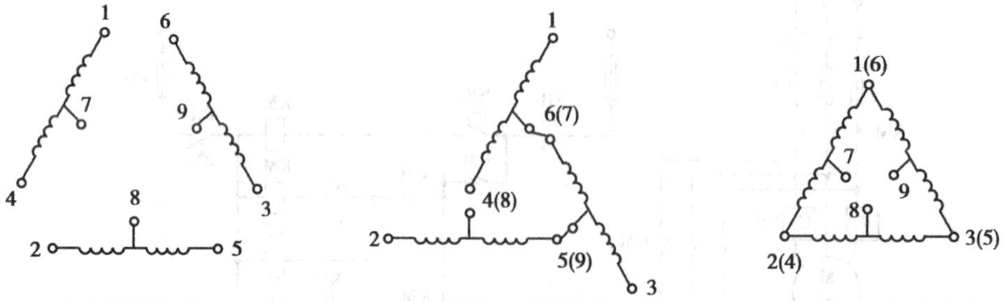

(a) 原始状态　　(b) 延边三角形连接　　(c) 三角形连接

图 8.13　延边三角形绕组的连接

启动过程如下：

合上刀开关 QK，按下启动按钮 SB_2，接触器 KM，KM_Y 与时间继电器 KT 同时得电，电动机定子绕组接成延边三角形，并通过 KM 的主触点将绕组 1，2，3 分别接至三相电源进行降压启动。当 KT 的延时值到达时，接触器 KM_Y 线圈失电，KM_Δ 线圈得电，定子绕组接成三角形，电动机加额定电压运行。延边三角形的启动与 Y-△接法相比，兼顾了二者优点；与自耦变压器接法相比，结构简单，因而这种降压启动的方式得到越来越广泛的应用。

综合以上 4 种降压启动控制线路可见，一般均采用时间继电器，按照时间原则切换电压实现降压启动。由于这种线路工作可靠，受外界因素（如负载，飞轮转动惯量以及电网电压）变化时的影响较小，线路及时间继电器的结构都比较简单，因而被广泛采用。

8.2.3　三相绕线转子电动机启动控制

三相绕线转子电动机的优点之一是可以在转子绕组中串接电阻或频敏变阻器进行启动，由此达到减小启动电流，提高转子电路的功率因数和启动转矩的目的。在启动转矩要求较高的场合，绕线转子异步电动机得到了广泛的应用。

(1) 转子绕组串接电阻启动控制

串接在三相转子电路中的启动电阻，一般都接成星形。在启动前，启动电阻全部接入电路，启动过程中电阻逐段地短接。电阻被短接的方式有三相电阻不平衡短接法和三相电阻平衡短接法两种，所谓不平衡短接是每相的启动电阻轮流被短接，而平衡短接是三相的启动电阻同时被短接。使用凸轮控制器来短接电阻宜采用不平衡短接法，因为凸轮控制器中各对触点闭合顺序一般是按不平衡短接法来设计的，故控制线路简单，如桥式起重机就是采用这种控制方式。使用接触器来短接电阻时宜采用平衡短接法。下面介绍使用接触器控制的平衡短接法启动控制。

转子绕组串接电阻启动控制线路如图 8.14 所示。该线路按照电流原则实现控制，利用电流继电器根据电动机转子电流大小的变化来控制电阻的分级切除。KI_1 ~ KI_3 为欠电流继电器，其线圈串接于转子电路中。KI_1 ~ KI_3 这 3 个电流继电器的吸合电流值相同，而释放电流值不同，KI_1 的释放电流最大，先释放，KI_2 次之，KI_3 的释放电流值最小，最后释放。电动机刚启动时启动电流较大，KI_1 ~ KI_3 同时吸合动作，使全部电阻投入。随着电动机转速升高电流减小，KI_1 ~ KI_3 依次释放，分别短接电阻，直到将转子串接的电阻全部短接。

启动过程如下：

合上刀开关 QK→按下启动按钮 SB_2→接触器 KM 通电，电动机 M 转子电路串入全部电阻（$R_1+R_2+R_3$）启动→中间继电器 KA 通电，为接触器 KM_1 ~ KM_3 通电作准备→随着转速的升高，启动电流逐步减小，首先 KI_1 释放→KI_1 常闭触点闭合→KM_1 通电，转子电路中 KM_1 常开触点闭合→切除第一级电阻 R_1→然后 KI_2 释放→KI_2 常闭触点闭合→KM_2 通电，转子电路中 KM_2 常开触点闭合→切除第二级电阻 R_2→KI_3 最后释放→KI_3 常闭触点闭合→KM_3 通电，转子电路中 KM_3 常开触点闭合→切除最后一级电阻 R_3，电动机启动过程结束。

控制线路中设置中间继电器 KA，是为了保证转子串入全部电阻后电动机才能启动。若没有 KA，当启动电流由零上升在尚未到达电流继电器的吸合电流值时，KI_1 ~ KI_3 不能吸合，将使接触器 KM_1 ~ KM_3 同时通电，则转子电路中的电阻（$R_1+R_2+R_3$）全部被切除，则电动机直接启动。设置 KA 后，在 KM 通电后才能使 KA 通电，KA 常开触点闭合，此时启动电流已达到

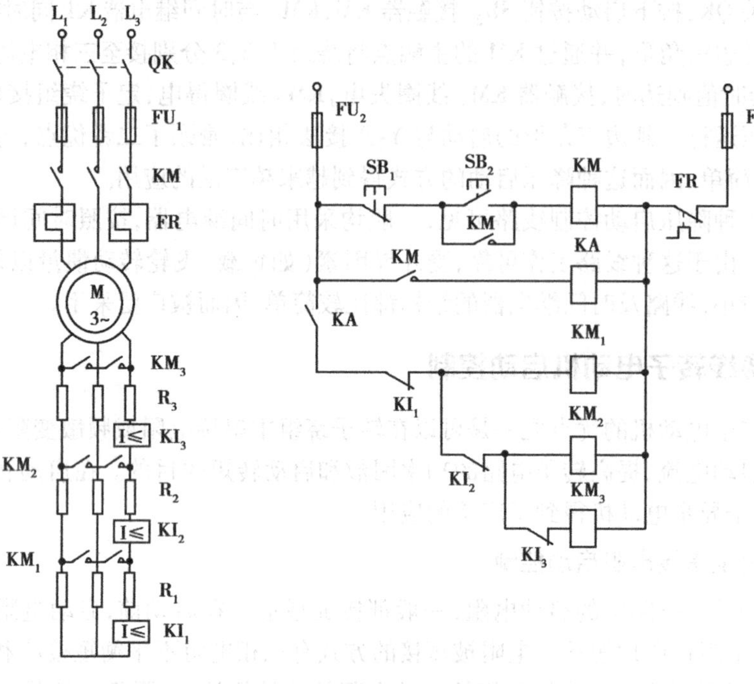

图 8.14 转子绕组串接电阻启动控制线路

欠电流继电器的吸合值，其常闭触点全部断开，使 $KM_1 \sim KM_3$ 均处于断电状态，确保转子电路中串入全部电阻，防止电动机直接启动。

(2)转子绕组串接频敏变阻器启动控制

在绕线转子电动机的转子绕组串接电阻启动过程中，由于逐级减小电阻，启动电流和转矩突然增加，故产生一定的机械冲击力。同时由于串接电阻启动线路复杂，工作不可靠，而且电阻本身比较笨重，能耗大，使控制箱体积较大。因此，从 20 世纪 60 年代开始，我国开始推广应用自己研制的频敏变阻器。频敏变阻器的阻抗能够随着转子电流频率的下降自动减小，所以它是绕线转子异步电动机较为理想的一种启动设备。常用于较大容量的绕线式异步电动机的启动控制。

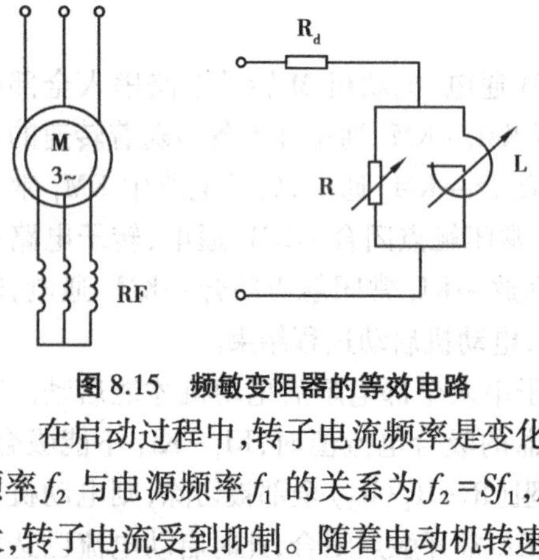

图 8.15 频敏变阻器的等效电路

频敏变阻器实质上是一个铁芯损耗非常大的三相电抗器。它由数片 E 形钢板叠成，具有铁芯和线圈两个部分，分为三相三柱式，每个铁芯柱上套有一个绕组，三相绕组连接成星形，将其串接于电动机转子电路中，相当于转子绕组接入一个铁损较大的电抗器。频敏变阻器的等效电路如图 8.15 所示。图中 R_d 为绕组直流电阻，R 为铁损等效电阻、L 为等效电感，R，L 值与转子电流频率有关。

在启动过程中，转子电流频率是变化的。刚启动时，转速等于 0，转差率 $S=1$，转子电流的频率 f_2 与电源频率 f_1 的关系为 $f_2=Sf_1$，所以刚启动时 $f_2=f_1$，频敏变阻器的电感和电阻为最大，转子电流受到抑制。随着电动机转速的升高而 S 减小，f_2 下降，频敏变阻器的阻抗也随之减小。所以,绕线转子电动机转子串接频敏电阻器启动时,随着电动机转速的升高,变阻器阻抗也自动逐渐减小,实现了平滑的无级启动。此种启动方式在桥式起重机和空气压缩机等电气设备中获得广泛的应用。

转子绕组串接频敏变阻器的启动控制线路如图 8.16 所示。该线路可以实现自动和手动控制,自动控制时将开关 SC 置“自动”位置,手动控制时将开关 SC 置“手动”位置。在主电路中,TA 为电流互感器,作用是将主电路中的大电流变换成小电流进行测量。另外,在启动过程中,为避免因启动时间较长而使热继电器 FR 误动作,因而在主电路中,用 KA 的常闭触点将 FR 的发热元件短接,启动结束投入正常运行时 FR 的发热元件才接入电路。

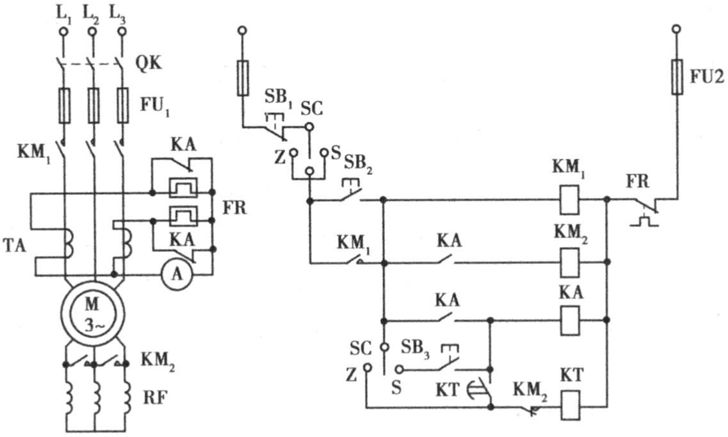

图 8.16　转子绕组串接频敏变阻器的启动控制线路

启动过程如下:

自动控制:将转换开关 SC 置于“Z”位置→合上刀开关 QK→按下启动按钮 SB_2→接触器 KM_1 和时间继电器 KT 同时得电→接触器 KM_1 主触点闭合→电动机 M 转子电路串入频敏变阻器启动。时间继电器设置时间到达时延时常开触点闭合→中间继电器 KA 得到自锁→KA 的常开触点闭合→接触器 KM_2 通电→KM_2 主触点闭合→切除频敏变阻器→时间继电器 KT 断电,启动过程结束。

手动控制:将转换开关 SC 置于“S”位置→按下启动按钮 SB_2→接触器 KM_1 通电→KM_1 主触点闭合,电动机 M 转子电路中串入频敏变阻器启动→待电动机启动结束。按下启动按钮 SB_3→中间继电器通电并自锁→接触器 KM_2 通电→KM_2 主触点闭合→切除频敏变阻器,启动过程结束。

8.3　三相异步电动机的正反转控制

在实际应用中,往往要求生产机械能够实现可逆运行,如工作台前进与后退,主轴的正转与反转,吊钩的上升与下降等。这就要求电动机可以正反向工作,由三相异步电动机转动原理可知,若将接至电动机的三相电源进线中的任意两相对调,即可使电动机反转,所以可逆运行控制线路实质上是两个方向相反的单向运行线路,如图 8.17(b)所示。

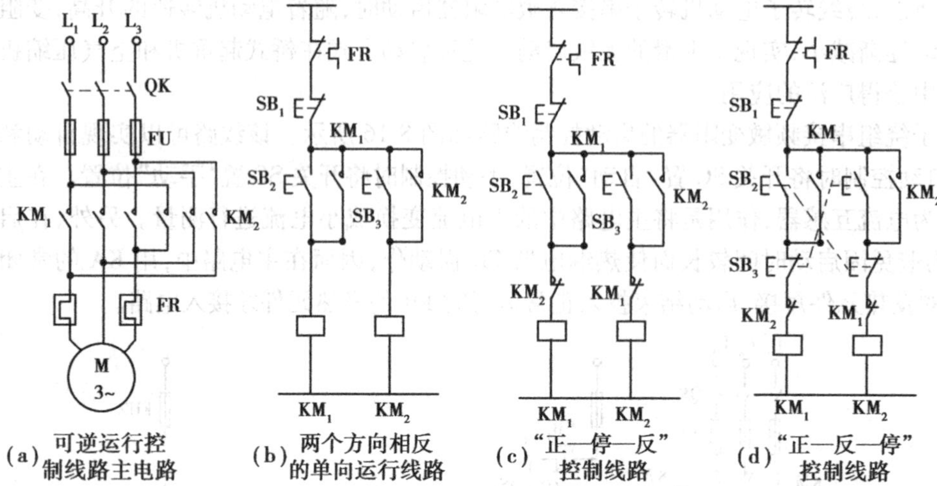

图 8.17 可逆运行控制线路

若采用如图 8.17(b)控制线路,当误操作同时按下正反向启动按钮 SB_2 和 SB_3 时,将造成相间短路故障。为了避免误操作引起电源相间短路,在这两个各相反方向的单向运行线路中加设了必要的互锁。按电动机可逆操作顺序的不同,有"正—停—反"和"正—反—停"两种控制线路。

(1)电动机"正—停—反"控制

电动机"正—停—反"控制线路如图 8.17(c)所示。该图为利用两个接触器的常闭触点 KM_1,KM_2 起相互控制作用,即一个接触器通电时,利用其常闭辅助触点的断开来锁住对方线圈的电路。这种利用两个接触器的常闭辅助触点互相控制的方式,称为"电气互锁",或称"电气联锁"。而两对起互锁作用的常闭触点便称为互锁触点。另外,该线路只能实现"正—停—反"或者"反—停—正"控制,即电动机在正转或反转时必须按下停止按钮后,再反向或正向启动。

(2)电动机"正—反—停"控制

在生产实际中,为了提高劳动生产率,减少辅助工时,往往要求直接实现正反转的变换控制。常利用复合按钮组成"正—反—停"的互锁控制,其控制线路如图 8.17(d)所示。复合按钮的常闭触点同样起到互锁的作用,这种互锁称为"机械互锁",或称"机械联锁"。

在这个线路中,正转启动按钮 SB_2 的常开触点用来使正向接触器 KM_1 的线圈瞬时通电,其常闭触点则串联在反转接触器 KM_2 线圈的电路中,用来使之释放。反转启动按钮 SB_3 也按 SB_2 同样安排。当按下 SB_2 或 SB_3 时,首先是常闭触点断开,然后才是常开触点闭合。这样在需要改变电动机运转方向时,就不必按 SB_1 停止按钮了,可直接操作正反转按钮即能实现电动机正反转的改变。该线路既有接触器常闭触点的"电气互锁",又有复合按钮常闭触点的"机械互锁",即具有双重互锁。该线路操作方便,安全可靠,故应用广泛。

8.4　三相异步电动机的调速控制

异步电动机调速常用来改善机床的调速性能和简化机械变速装置。根据三相异步电动机的转速公式

$$n = 60f_1(1 - s)/p$$

三相异步电动机的调速方法有:改变电动机定子绕组的磁极对数 p;改变转差率 s;改变电源频率 f_1。改变转差率调速,又可分为:绕线转子电动机在转子电路串电阻调速;绕线转子电动机串级调速;异步电动机交流调压调速;电磁离合器调速。改变电源频率 f_1 调速,即变频调速,变频调速就是通过改变电动机定子绕组供电的频率来达到调速的目的。当前电气调速的主流是使用变频器。下面介绍几种常用的异步电动机调速控制线路。

8.4.1　三相异步电动机的变级调速控制

三相笼型电动机采用改变磁极对数调速,改变定子极数时,转子极数也同时改变,笼型转子本身没有固定的极数,它的极数随定子极数而定。

改变定子绕组极对数的方法有:

①装一套定子绕组,改变它的连接方式就得到不同的极对数;

②定子槽里装两套极对数不一样的独立绕组;

③定子槽里装两套极对数不一样的独立绕组,而每套绕组本身又可以改变其连接方式,得到不同的极对数。

多速电动机一般有双速、三速、四速之分。双速电动机定子装有一套绕组,三速和四速电动机则装有两套绕组。双速电动机三相绕组连接如图 8.18 所示。应当注意,当三角形或星形连接时,$p=2$(低速),各相绕组互为 240°电角度;当双星形连接时,$p=1$(高速),各相绕组互为 120°电角度。为保持变速前后转向不变,改变磁极对数时必须改变电源时序。

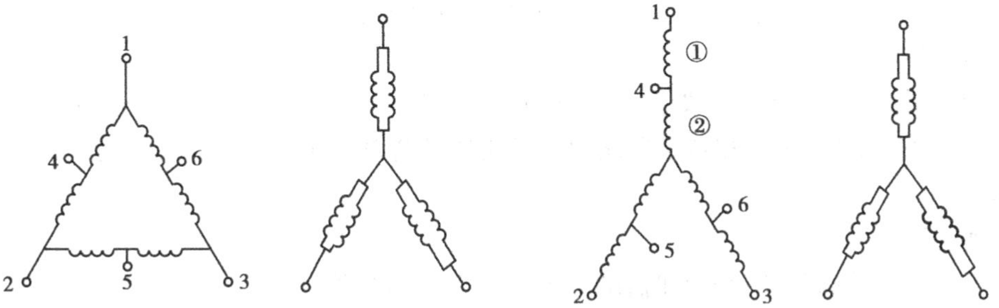

(a)三角形与双星形连接法　　(b)星形与双星形连接法

图 8.18　双速电动机三相绕组连接图

双速电动机调速控制线路如图 8.19 所示。图中 SC 为转换开关,置于"低速"位置时,电动机连接成三角形,低速运行;SC 置于"高速"位置时,电动机连接成双星形,高速运行。

启动过程如下:

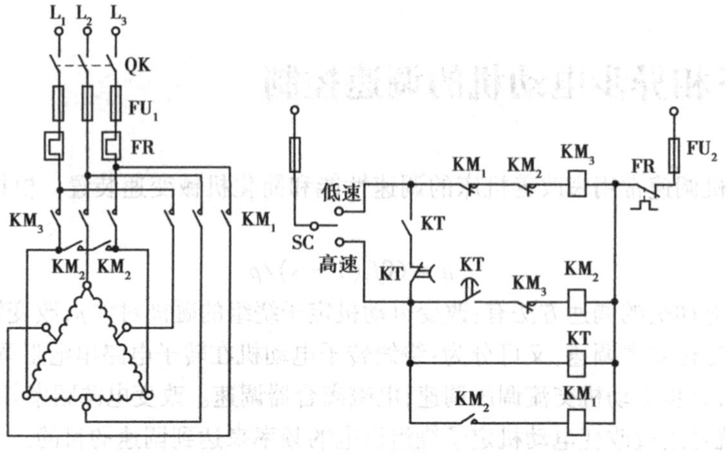

图 8.19 双速电动机调速控制线路

低速运行：合上刀开关 QK，SC 置于“低速”位置→接触器 KM_3 通电→KM_3 主触点闭合→电动机 M 连接成三角形低速启动运行。

高速运行：SC 置于“高速”位置→时间继电器 KT 通电→接触器 KM_3 通电→电动机 M 先连接成三角形低速启动→KT 设置延时值到达时，KT 延时常闭触点打开→KM_3 断电→KT 延时常开触点闭合→接触器 KM_2 通电→接触器 KM_1 通电→电动机连接成双星形高速运行。电动机实现低速启动高速运行的控制，目的是限制启动电流。

8.4.2 绕线转子电动机串电阻的调速控制

绕线转子电动机可采用转子串电阻的方法调速。随着转子所串电阻的增大，电动机转速降低，转差率增大，使电动机工作在不同的人为特性上，以获得不同的转速，实现调速的目的。

绕线转子电动机一般采用凸轮控制器进行调速控制，目前在吊车、起重机一类的生产机械上被普遍采用。

采用凸轮控制器控制的电动机正反转和调速的线路如图 8.20 所示。在电动机 M 的转子电路中，串接三相不对称电阻，作启动和调速用。转子电路的电阻和定子电路相关部分与凸轮控制器的各触点相连。

凸轮控制器的触点展开图如图 8.20(c)所示，有黑点表示该位置触点接通，无黑点则表示触点不通。触点 KT_1 ~ KT_5 和转子电路串接的电阻相连接，用于短接电阻控制电动机的启动和调速。

启动过程如下：

凸轮控制器手柄置“0”位，KT_{10}，KT_{11}，KT_{12}三对触点接通→合上刀开关 QK→按启动按钮 SB_2→接触器 KM 通电→接触器 KM 主触点闭合→把凸轮控制器手柄置正向“1”位→触点 KT_{12}，KT_6，KT_8 闭合→电动机 M 接通电源，转子串入全部电阻($R_1+R_2+R_3+R_4$)正向低速启动→把手柄置正向“2”位→KT_{12}，KT_6，KT_8，KT_5 四对触点闭合→电阻 R_1 被切除，电动机转速上升。当手柄从正向“2”位依次置“3”“4”“5”位时，触点 KT_4 ~ KT_1 先后闭合，电阻 R_2 ~ R_4 被依次切除，电动机转速逐步升高，直至以额定转速运行。

当手柄由“0”位置反向“1”位时，触点 KT_{10}，KT_9，KT_7 闭合，电动机 M 电源相序改变而反

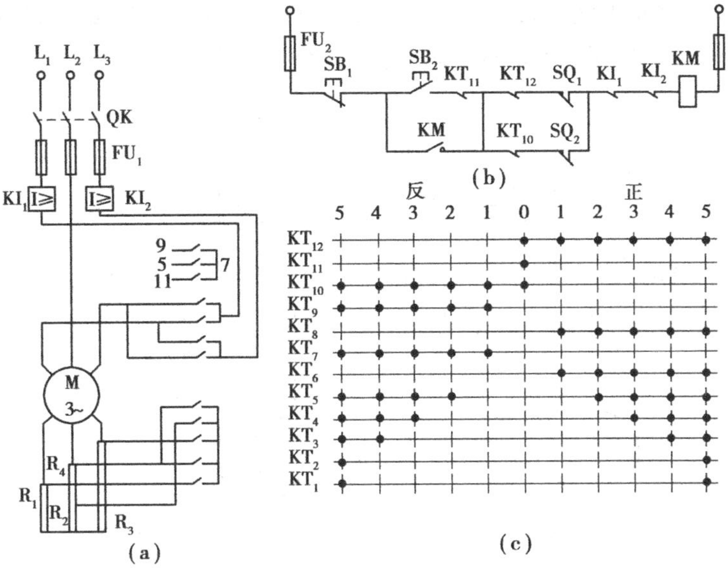

图 8.20　采用凸轮控制器控制的电动机正反转和调速的线路

向启动。手柄位置从反向“1”位依次置到“5”位时，电动机转子所串电阻依次切除，电动机转速逐步升高，过程与正转相同。

另外，为了安全运行，在终端位置设置了两个限位开关 SQ_1，SQ_2 分别与触点 KT_{12}，KT_{10} 串联，在电动机正转、反转过程中，当运动机构到达终端位置时，挡块压动位置开关，切断控制电路电源，使接触器 KM 断电，切断电动机电源而停止运行。

8.5　三相异步电动机的制动控制

三相异步电动机从切断电源到完全停止旋转，由于惯性的关系总要经过一段时间，这往往不能满足某些生产机械工艺的要求。在实际生产中，为了实现快速、准确停车，缩短时间，提高生产效率，对要求停转的电动机强迫其迅速停车，必须采取制动措施。

三相异步电动机的制动方法有机械制动和电气制动两种。

机械制动是利用机械装置使电动机迅速停转。常用的机械装置是电磁抱闸，抱闸装置由制动电磁铁和闸瓦制动器构成，分通电制动和断电制动。制动时，将制动电磁铁的线圈接通或断开电源，通过机械抱闸制动电动机。

电气制动有反接制动、能耗制动、发电制动和电容制动等。

8.5.1　三相异步电动机反接制动控制

反接制动是利用改变电动机电源相序，使定子绕组产生的旋转磁场与转子旋转方向相反，因而产生制动力矩的一种制动方法。应当注意的是，当电动机转速接近零时，必须立即断开电源，否则电动机将反向旋转。

另外，由于反接制动电流较大，制动时需在定子回路中串入电阻以限制制动电流。反接制动电阻的接法分对称电阻和不对称电阻两种，如图 8.21 所示。

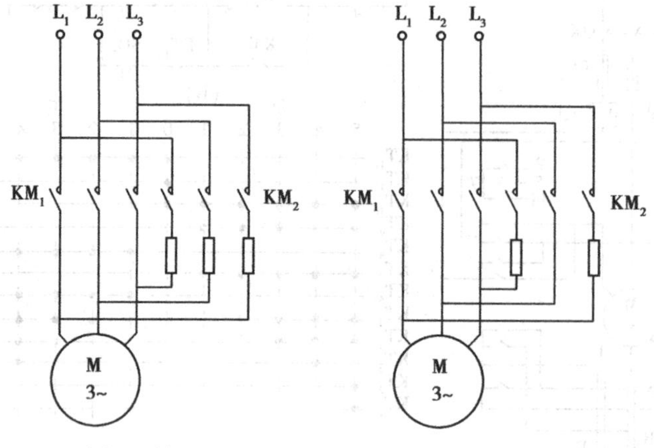

(a)对称电阻接法　　(b)不对称电阻接法

图 8.21　三相异步电动机反接制动电阻接法

单向运行的三相异步电动机反接制动控制线路如图 8.22 所示。控制线路按速度原则实现控制，通常采用速度继电器。速度继电器与电动机同轴相连，在 120~3 000 r/min 速度继电器触点动作，当转速低于 100 r/min 时，其触点复位。

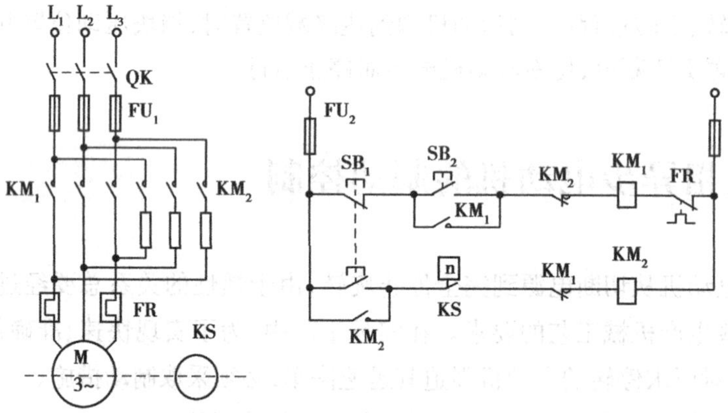

图 8.22　单向运行的三相异步电动机反接制动控制线路

工作过程如下：

合上刀开关 QK→按下启动按钮 SB_2→接触器 KM_1 通电→电动机 M 启动运行→速度继电器 KS 常开触点闭合，为制动作准备。制动时按下停止按钮 SB_1→KM_1 断电→KM_2 通电（KS 常开触点尚未打开）→KM_2 主触点闭合，定子绕组串入制动电阻 R 进行反接制动→$n\approx0$ 时，KS 常开触点打开→KM_2 断电，电动机制动结束。

电动机可逆运行的反接制动控制线路如图 8.23 所示。图中 KS_F 和 KS_R 是速度继电器 KS 的两组常开触点，正转时 KS_F 闭合，反转时 KS_R 闭合，启动过程请读者自行分析。

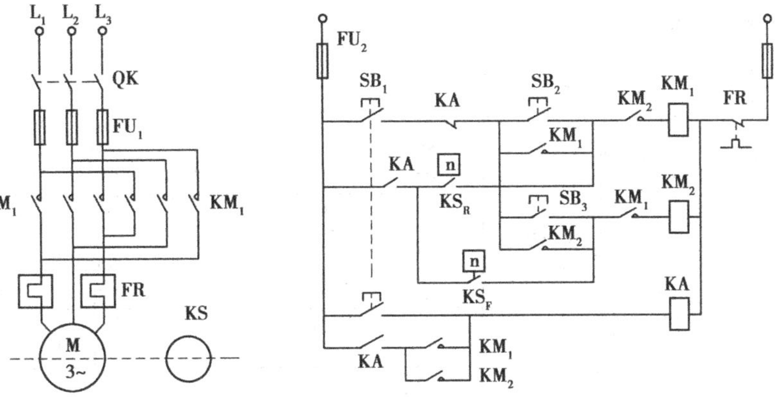

图 8.23　电动机可逆运行的反接制动控制线路

8.5.2　三相异步电动机能耗制动控制

三相异步电动机能耗制动时，切断定子绕组的交流电源后，在定子绕组任意两相通入直流电流，形成一固定磁场，与旋转着的转子中的感应电流相互作用产生制动力矩。制动结束后，必须及时切断直流电源。能耗制动控制线路如图 8.24 所示。

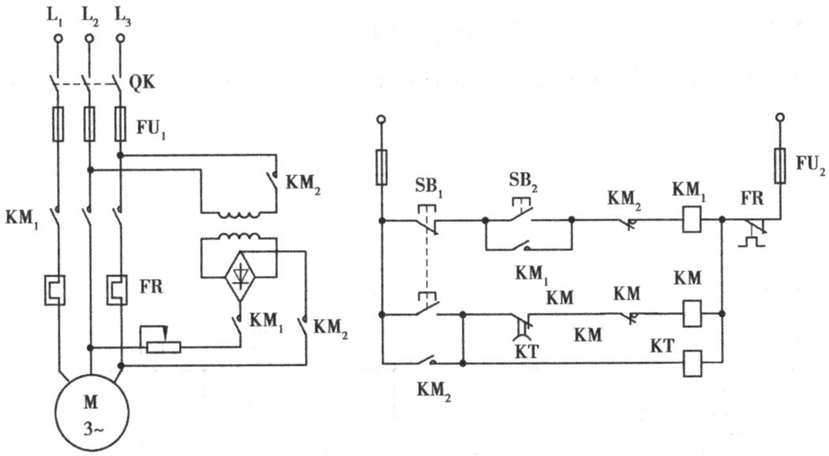

图 8.24　能耗制动控制线路

工作过程如下：

合上刀开关 QK→按下启动按钮 SB_2→接触器 KM_1 通电→电动机 M 启动运行。制动时，按下复合按钮 SB_1→首先 KM_1 断电→电动机 M 断开交流电源，接着接触器 KM_2 和时间继电器 KT 同时通电，KM_2 主触点闭合→电动机 M 两相定子绕组通入直流电，开始能耗制动。当 KT 达到设定值时，延时常闭触点打开→KM_2 断电→切断电动机 M 的直流电→能耗制动结束。

该控制电路制动效果好，但对于较大功率的电动机要采用三相整流电路，则所需设备多，投资成本高。对于 10 kW 以下的电动机，在制动要求不高的场合，可采用无变压器单相半波整流控制线路，如图 8.25 所示。

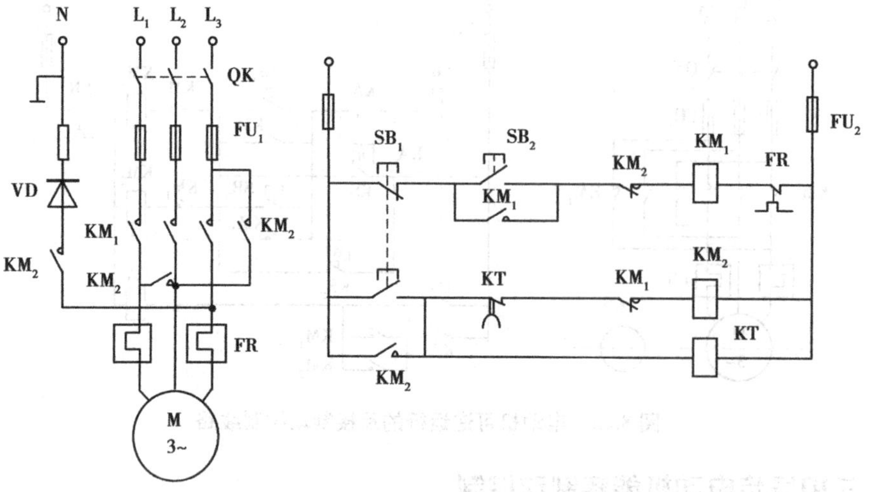

图 8.25　无变压器单相半波整流控制线路

8.5.3　三相异步电动机电容制动

电容制动是在切断三相异步电动机的交流电源后，在定子绕组上接入电容器，转子内剩磁切割定子绕组产生感应电流，向电容器充电，充电电流在定子绕组中形成磁场，该磁场与转子感应电流相互作用，产生与转向相反的制动力矩，使电动机迅速停转。电容制动控制线路如图 8.26 所示。

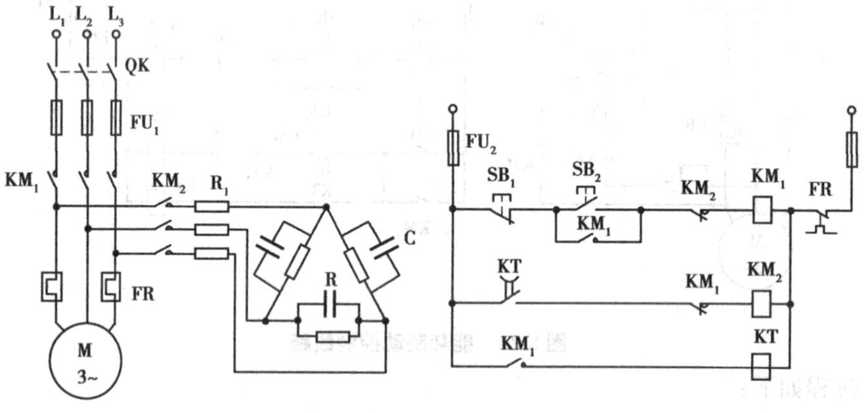

图 8.26　电容制动控制线路

工作过程如下：

合上刀开关 QK→按下启动按钮 SB_2→接触器 KM_1 通电→电动机 M 启动运行→时间继电器 KT 通电→KT 瞬时闭合延时打开常开触点闭合。制动时，按下停止按钮 SB_1→KM_1 断电，电容器接入制动开始，由于 KM_1 断电，接着 KT 断电，当 KT 达到设定值时，延时常开触点打开→KM_2断电→电容器断开，制动结束。

8.6　其他典型控制环节

在实际生产设备的控制中，除上述介绍的几种基本控制线路外，为满足某些特殊要求和工艺需要，还有一些其他的控制环节，如多地点控制、顺序控制和循环控制等。

8.6.1　多地点控制

有些电气设备，如大型机床、起重运输机等，为了操作方便，常要求能在多个地点对同一台电动机实现控制，这种控制方法称为多地点控制。

三地点控制线路如图 8.27 所示。把一个启动按钮和一个停止按钮组成一组，并把三组启动、停止按钮分别设置三地，即能实现三地点控制。

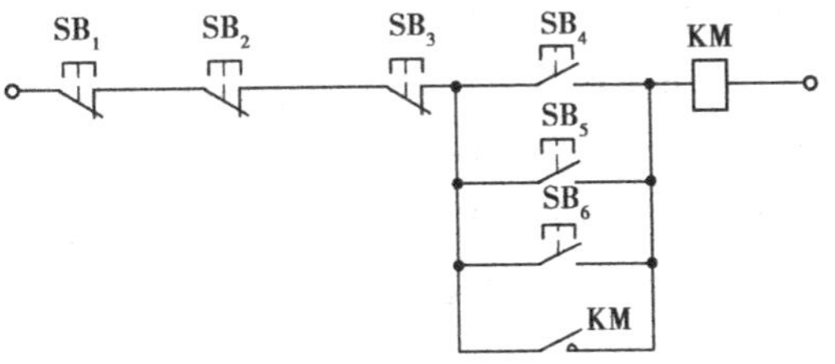

图 8.27　三地点控制线路

多地点控制的原则是启动按钮应并联连接，停止按钮串联连接。

8.6.2　多台电动机先后顺序工作的控制

在生产实际中，有时要求一个拖动系统中多台电动机实现先后顺序工作。例如机床中要求润滑电动机启动后，主轴电动机才能启动。两台电动机顺序启动控制线路如图 8.28 所示。

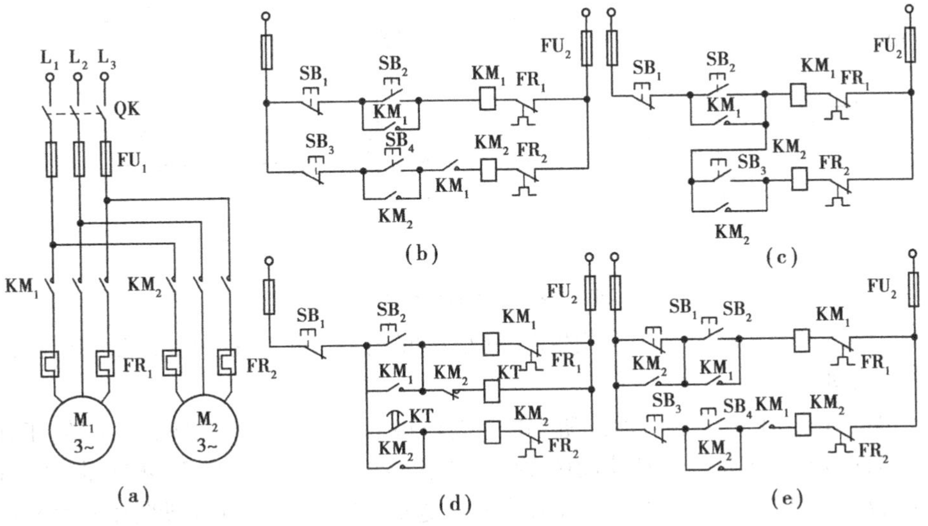

图 8.28　两台电动机顺序启动控制线路

在图 8.28(a)中，接触器 KM_1 控制电动机 M_1 的启动、停止；接触器 KM_2 控制电动机 M_2 的启动、停止。现要求电动机 M_1 启动后，电动机 M_2 才能启动。

图 8.28(b)的工作过程如下：

合上刀开关 QK→按下启动按钮 SB_2→接触器 KM_1 通电→电动机 M_1 起动→KM_1 常开辅助触点闭合→按下启动按钮 SB_4→接触器 KM_2 通电→电动机 M_2 启动。

按下停止按钮 SB_1，两台电动机同时停止。如改用 8.29(c)线路的接法，可以省去接触器 KM_1 的辅助常开触点，使线路得到简化。

图 8.29(d)是采用时间继电器，按时间原则顺序启动的控制线路。该线路能实现电动机 M_1 启动 t(s)后，电动机 M_2 自行启动。

图 8.29(e)可实现电动机 M_1 先启动，电动机 M_2 再启动；停止时，电动机 M_2 先停止，电动机 M_1 再停止的控制。

电动机顺序控制的接线规律：

①要求接触器 KM_1 动作后接触器 KM_2 才能动作，故将接触器 KM_1 的常开触点串接于接触器 KM_2 的线圈电路中。

②要求接触器 KM_2 先断电释放后方能使接触器 KM_1 断电释放，则需将接触器 KM_2 的常开触点并接在接触器 KM_1 线圈电路中的停止按钮上。

8.6.3 自动循环控制

在机床电气设备中，有些是通过工作台自动往复工作的，如龙门刨床的工作台前进、后退。电动机的正反转是实现工作台自动往复循环的基本环节。自动循环控制线路如图 8.29 所示。

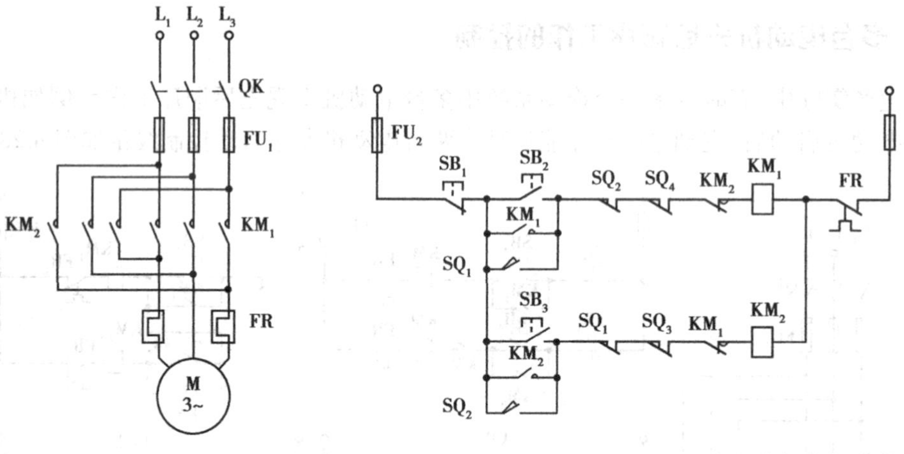

图 8.29 自动循环控制线路

控制线路按照行程控制原则，利用生产机械运动的行程位置实现控制，通常采用位置开关。

工作过程如下：

合上电源开关 QK→按下启动按钮 SB_2→接触器 KM_1 通电→电动机 M 正转，工作台向前→工作台前进到一定位置，撞块压动位置开关 SQ_2→SQ_2 常闭触点断开→KM_1 断电→电动机 M 改变电源相序而反转，工作台向后→工作台向后退到一定位置，撞块压动限位开关 SQ_1→SQ_1 常闭触点断开→KM_2 断电→M 停止反退；SQ_1 常开触点闭合→KM_1 通电→电动机 M 又正转，工作台又向前。如此往复循环工作，直至按下停止按钮 SB_1→KM_1(或 KM_2)断电→电动机停转。

另外，SQ_3，SQ_4 分别为反、正向终端保护位置开关，防止出现位置开关 SQ_1 和 SQ_2 失灵时造成工作台从床身上冲出的事故。

第 9 章 数控加工技术基础

9.1 数控设备简介

9.1.1 数控设备的产生与发展

(1)数控设备的产生

科学技术和社会生产的不断发展,对加工机械产品的生产设备提出了高性能、高精度和高自动化的三高要求。

为了满足上述要求,一种新型的数字程序控制机床应运而生,它极其有效地解决了一系列矛盾,为单件、小批量生产,特别是复杂型面零件提供了自动化加工手段。

(2)数控设备的发展

从第一台数控机床问世至今,数控系统先后经历了电子管(1952 年)、晶体管和印刷电路板(1960 年)、小规模集成电路(1965 年)、小型计算机(1970 年)、微处理器或微型计算机(1974 年)和基于 PC-NC 的智能数控系统(20 世纪 90 年代后)等六代。

前三代数控系统是属于采用专用控制计算机的硬逻辑(硬线)数控系统,简称 NC(Numerical Control),目前已被淘汰。

第四代数控系统采用小型计算机取代专用控制计算机,数控的许多功能由软件来实现,故这种数控系统又称为软线数控,即计算机数控系统,简称 CNC(Computer Numerical Control)。1974 年采用以微处理器为核心的数控系统,形成第五代微型机数控系统,简称

MNC(Micro-computer Numerical Control)。以上 CNC 与 MNC 统称为计算机数控。CNC 和 MNC 的控制原理基本上相同,目前趋向采用成本低、功能强的 MNC。

现在发展了基于 PC-NC 的第六代数控系统,它充分利用现有 PC 机的软硬件资源,规范设计新一代数控。

在数控系统不断更新换代的同时,数控机床的品种得以不断地发展。数控机床是数控设备的典型代表。数控激光与火焰切割机等数控设备也得到了广泛的应用。

9.1.2 数控设备的工作原理、组成与特点

(1)数控设备的工作原理

数控设备的一般工作原理如图 9.1 所示。

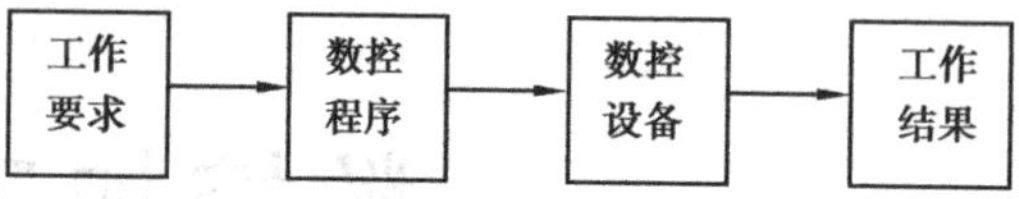

图 9.1 数控设备的工作原理

(2)数控设备的组成与功能

数控设备的基本结构框图如图 9.2 所示。它主要由输入输出装置、计算机数控装置、伺服系统和受控设备等四部分组成。

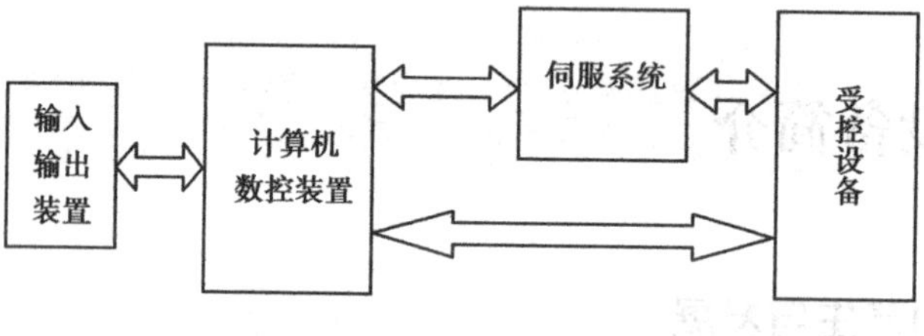

图 9.2 数控设备基本结构框图

(3)数控设备的特点

数控设备是一种高效能自动化加工设备。与普通设备相比,数控设备具有如下特点:

①适应性强;②精度高,质量稳定;③生产率高;④能完成复杂型面的加工;⑤减轻劳动强度,改善劳动条件;⑥有利于生产管理。

9.1.3 数控设备的分类

数控机床通常从以下角度进行分类。

(1)按工艺用途分类

目前,数控机床的品种规格已达 500 多种,按其工艺用途可以划分为以下四大类:

1)金属切削类

①普通数控机床。

②数控加工中心。

2) 金属成形类

它是指采用挤、压、冲、拉等成形工艺的数控机床，常用的有数控弯管机、数控压力机、数控冲剪机、数控折弯机、数控旋压机等。

3) 特种加工类

主要有数控电火花线切割机、数控电火花成形机、数控激光与火焰切割机等。

4) 测量、绘图类

主要有数控绘图机、数控坐标测量机、数控对刀仪等。

(2) 按控制运动的方式分类

1) 点位控制数控机床

2) 点位直线控制数控机床

3) 轮廓控制数控机床

(3) 按伺服系统的控制方式分类

1) 开环控制数控机床

如图 9.3 所示，开环控制的数控机床一般适用于中、小型经济型的数控机床。

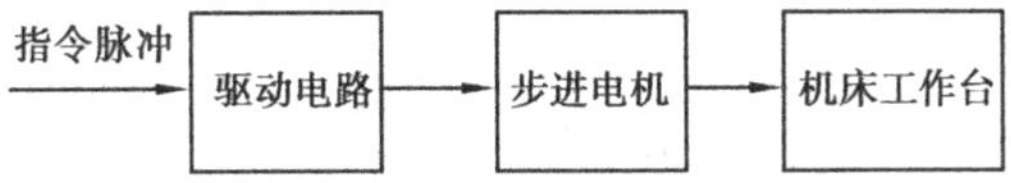

图 9.3　数控机床开环控制框图

2) 半闭环控制数控机床

其控制框图如图 9.4 所示。这类控制可以获得比开环系统更高的精度，调试比较方便，因而得到广泛应用。

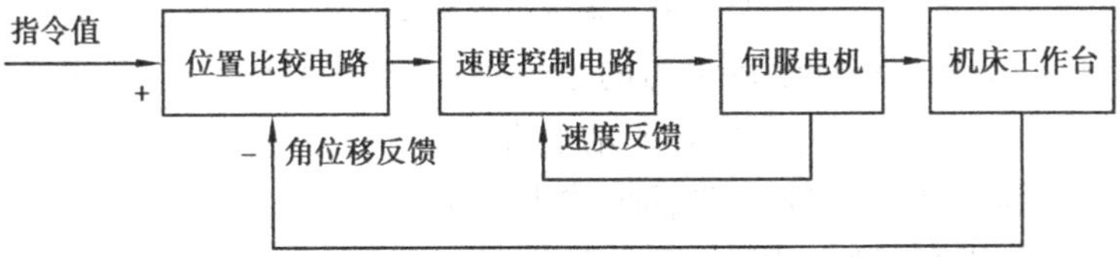

图 9.4　数控机床半闭环控制框图

3) 闭环控制数控机床

闭环控制数控机床一般适用于精度要求高的数控机床，如数控精密镗铣床，其控制框图如图 9.5 所示。

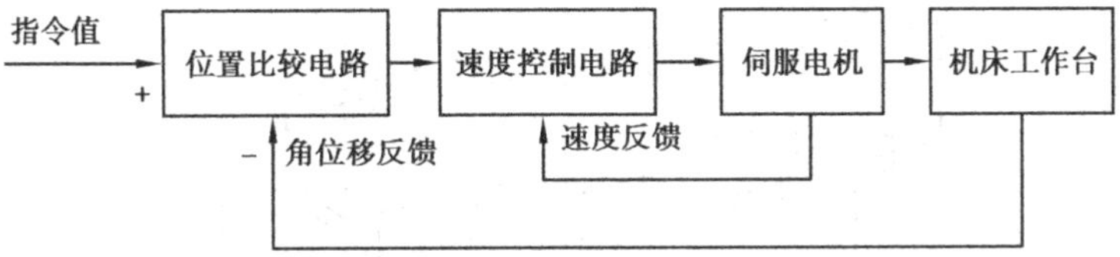

图 9.5　数控机床闭环控制框图

(4) 按所用数控系统的档次分类

按所用数控系统的档次通常把数控机床分为低、中、高档 3 类。中、高档数控机床一般称为全功能数控或标准型数控。

9.2 数控车床编程入门知识

数控车床的程序编制是一项很严格的工作,必须遵守相关的标准,掌握一些基础知识,才能学好编程的方法并编出正确的程序。

9.2.1 数控车床的坐标系与运动方向的规定

(1)建立坐标系的基本原则

①永远假定工件静止,刀具相对于工件移动。

②坐标系采用右手直角笛卡尔坐标系。如图 9.6 所示,大拇指的方向为 *X* 轴的正方向,食指指向为 *Y* 轴的正方向,中指指向为 *Z* 轴的正方向。在确定了 *X*,*Y*,*Z* 坐标的基础上,根据右手螺旋法则,可以很方便地确定出 *A*,*B*,*C* 这 3 个旋转坐标的方向。

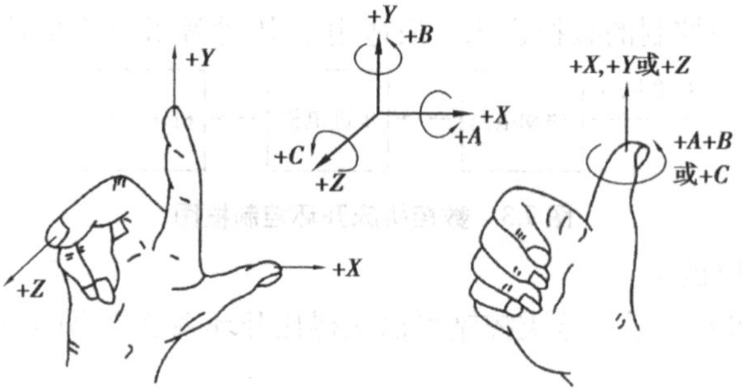

图 9.6　右手笛卡尔直角坐标系

③规定 *Z* 坐标的运动由传递切削动力的主轴决定,与主轴轴线平行的坐标轴即为 *Z* 轴,*X* 轴为水平方向,平行于工件装夹面并与 *Z* 轴垂直。

④规定以刀具远离工件的方向为坐标轴的正方向。

依据以上的原则,当车床为前置刀架时,*X* 轴正向向前,指向操作者,如图 9.7 所示;当机床为后置刀架时,*X* 轴正向向后,背离操作者,如图 9.8 所示。

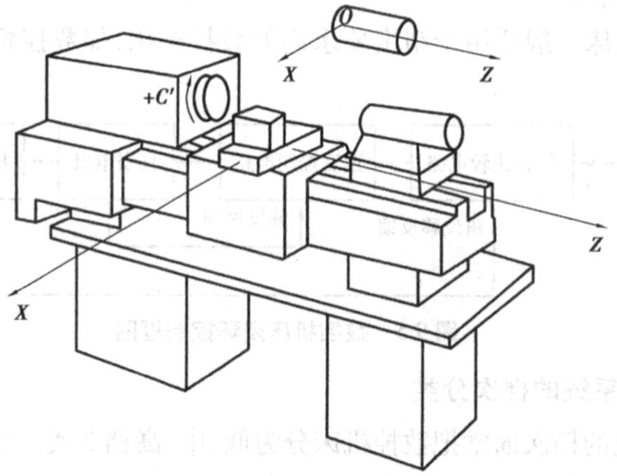

图 9.7　水平床身前置刀架式数控车床的坐标系

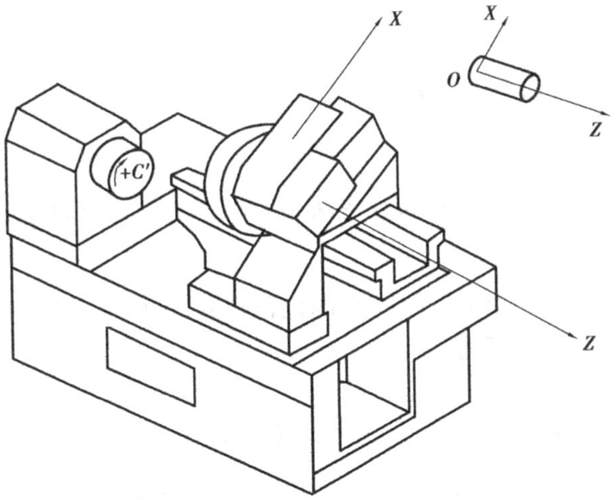

图 9.8 倾斜床身后置刀架式数控车床的坐标系

(2) 机床坐标系

机床坐标系是以机床原点为坐标系原点建立起来的 ZOX 轴直角坐标系。

1) 机床原点

机床原点(又称机械原点)即机床坐标系的原点,是机床上的一个固定点,其位置是由机床设计和制造单位确定的,通常不允许用户改变。数控车床的机床原点一般为主轴回转中心与卡盘后端面的交点,如图 9.9 所示。

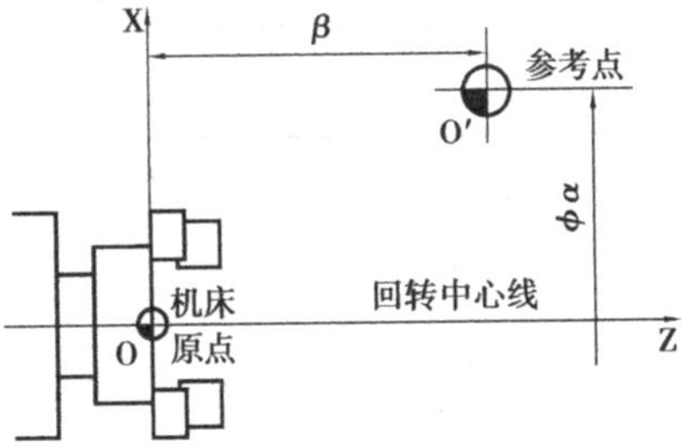

图 9.9 机床原点

2) 机床参考点

机床参考点也是机床上的一个固定点,它是用机械挡块或电气装置来限制刀架移动的极限位置。它的作用主要是用来给机床坐标系一个定位。因为如果每次开机后无论刀架停留在哪个位置,系统都把当前位置设定成(0,0),这就会造成基准的不统一。

数控车床在开机后首先要进行回参考点(也称回零点)操作。机床在通电之后,返回参考点之前,不论刀架处于什么位置,此时 CRT 上显示的 Z 与 X 的坐标值均为 0。只有完成了返回参考点操作后,刀架运动到机床参考点,此时 CRT 上显示出刀架基准点在机床坐标系中的坐标值,即建立了机床坐标系。

(3) 工件坐标系

数控车床加工时,工件可以通过卡盘夹持于机床坐标系下的任意位置。这样一来在机床坐标系下编程就很不方便。所以编程人员在编写零件加工程序时通常要选择一个工件坐标系,也称编程坐标系,程序中的坐标值均以工件坐标系为依据。

工件坐标系的原点可由编程人员根据具体情况确定,一般设在图样的设计基准或工艺基准处。根据数控车床的特点,工件坐标系原点通常设在工件左右端面的中心或卡盘前端面的中心。(注意机床坐标系与工件坐标系的区别,注意机床原点、机床参考点和工件坐标系原点的区别。)

9.2.2 数控车床加工程序结构与格式

(1)程序段结构

一个完整的程序,一般由程序名、程序主体和程序结束指令三部分组成。

1)程序名

FANUC 系统程序名是 O××××。××××是四位正整数,可以从 0000~9999,如 O2255。程序名一般要求单列一段且不需要段号。

2)程序主体

程序主体是由若干个程序段组成的,表示数控机床要完成的全部动作。每个程序段由一个或多个指令构成,每个程序段一般占一行,用";"作为每个程序段的结束代码。

3)程序结束指令

程序结束指令可用 M02 或 M30。一般要求单列一段。

(2)程序段格式

现在最常用的是可变程序段格式。每个程序段由若干个地址字构成,而地址字又由表示地址字的英文字母、特殊文字和数字构成,见表 9.1。

表 9.1 可变程序段格式

1	2	3	4	5	6	7	8	9	10
N	G	X U	Y V	Z W	I_J_K_R	F	S	T	M
程序段号	准备功能	坐标尺寸字				进给功能	主轴功能	刀具功能	辅助功能

例如:N50 G01 X30.0 Z40.0 F100

说明:

①N××为程序段号,由地址符 N 和后面的若干位数字表示。在大部分系统中,程序段号仅作为"跳转"或"程序检索"的目标位置指示。因此,它的大小及次序可以颠倒,也可以省略。程序段在存储器内以输入的先后顺序排列,而程序的执行是严格按信息在存储器内的先后顺序逐段执行,也就是说,执行的先后次序与程序段号无关。但是,当程序段号省略时,该程序段将不能作为"跳转"或"程序检索"的目标程序段。

②程序段的中间部分是程序段的内容,主要包括准备功能字、尺寸功能字、进给功能字、主轴功能字、刀具功能字、辅助功能字等。但并不是所有程序段都必须包含这些功能字,有时一个程序段内可仅含有其中一个或几个功能字,如下列程序段都是正确的程序段。

N10 G01 X100.0　F100;

N80 M05;

③程序段号也可以由数控系统自动生成,程序段号的递增量可以通过"机床参数"进行设置,一般可设定增量值为 10,以便在修改程序时方便进行"插入"操作。

9.2.3　数控车床的编程指令体系

FANUC0i 系统为目前我国数控机床上采用较多的数控系统，其常用的功能指令分为准备功能指令、辅助功能指令及其他功能指令 3 类。

(1) 准备功能指令

常用的准备功能指令见表 9.2。

表 9.2　FANUC 系统常用准备功能一览表

G 指令	组别	功　能	程序格式及说明
▲G00	01	快速点定位	G00 X(U)_Z(W)_;
G01		直线插补	G01 X(U)_Z(W)_F_;
G02		顺时针方向圆弧插补	G02 X(U)_Z(W)_R_F_;
G03		逆时针方向圆弧插补	G02 X(U)_Z(W)_I_K_F_;
G04	00	暂停	G04 X_; 或 G04 U_;或 G04 P_;
G20	06	英制输入	G20;
G21		米制输入	G21;
G27	00	返回参考点检查	G27 X_Z_;
G28		返回参考点	G28 X_Z_;
G30		返回第 2、3、4 参考点	G30 P3 X_Z_; 或 G30 P4 X_Z_;
G32	01	螺纹切削	G32 X_Z_F_;(F 为导程)
G34		变螺距螺纹切削	G34 X_Z_F_K_;
▲G40	07	刀尖半径补偿取消	G40 G00 X(U)_Z(W)_;
G41		刀尖半径左补偿	G41 G01 X(U)_Z(W)_F_;
G42		刀尖半径右补偿	G42 G01 X(U)_Z(W)_F_;
G50	00	坐标系设定或 主轴最大速度设定	G50 X_Z_;或 G50 S_;
G52		局部坐标系设定	G52 X_Z_;
G53		选择机床坐标系	G53 X_Z_;
▲G54	14	选择工件坐标系 1	G54;
G55		选择工件坐标系 2	G55;
G56		选择工件坐标系 3	G56;
G57		选择工件坐标系 4	G57;
G58		选择工件坐标系 5	G58;
G59		选择工件坐标系 6	G59;

续表

G 指令	组别	功　能	程序格式及说明
G65	00	宏程序调用	G65 P_L_<自变量指定>;
G66	12	宏程序模态调用	G66 P_L_<自变量指定>;
▲G67		宏程序模态调用取消	G67;
G70	00	精车循环	G70 P_Q_;
G71		粗车循环	G71 U_R_; G71 P_Q_U_W_F_;
G72		端面粗车复合循环	G72 W_R_; G72 P_Q_U_W_F_;
G73		多重车削循环	G73 U_W_R_; G73 P_Q_U_W_F_;
G74		端面深孔钻削循环	G74 R_; G74 X(U)_Z(W)_P_Q_R_F_;
G75	00	外径/内径钻孔循环	G75 R_; G75 X(U)_Z(W)_P_Q_R_F_;
G76		螺纹切削复合循环	G76 P_Q_R_; G76 X(U)_Z(W)_R_P_Q_F_;
G90	01	外径/内径切削循环	G90 X(U)_Z(W)_F_; G90 X(U)_Z(W)_R_F_;
G92		螺纹切削复合循环	G92 X(U)_Z(W)_F_; G92 X(U)_Z(W)_R_F_;
G94		端面切削循环	G94 X(U)_Z(W)_F_; G94 X(U)_Z(W)_R_F_;
G96	02	恒线速度控制	G96 S_;
▲G97		取消恒线速度控制	G97 S_;
G98	05	每分钟进给	G98 F_;
▲G99		每转进给	G99 F_;

说明：①打▲的为开机默认指令。

②00 组 G 代码都是非模态指令。

③不同组的 G 代码能够在同一程序段中指定。如果同一程序段中指定了同组 G 代码，则最后指定的 G 代码有效。

④G 代码按组号显示，对于表中没有列出的功能指令，请参阅有关厂家的编程说明书。

(2)辅助功能指令

FANUC 系统常用的辅助功能指令见表 9.3。

表 9.3　常用 M 指令一览表

序　号	指　令	功　能	序　号	指　令	功　能
1	M00	程序暂停	7	M30	程序结束并返回程序头
2	M01	程序选择停止	8	M08	冷却液开
3	M02	程序结束	9	M09	冷却液关
4	M03	主轴顺时针方向旋转	10	M98	调用子程序
5	M04	主轴逆时针方向旋转	11	M99	返回主程序
6	M05	主轴停止			

(3)其他功能指令

常用的其他功能指令有刀具功能指令、主轴转速功能指令、进给功能指令,这些功能指令的应用,对简化编程十分有利。

1)刀具功能字 T

刀具功能字的地址符是 T,又称为 T 功能或 T 指令,用于指定加工时所用刀具的编号。对于数控车床,其后的数字还兼作指定刀具长度补偿和刀尖半径补偿用。

2)主轴转速功能字 S

主轴转速功能字的地址符是 S,又称为 S 功能或 S 指令,用于指定主轴转速。单位为 r/min。对于具有恒线速度功能的数控车床,程序中的 S 指令用来指定车削加工的线速度数。

3)进给功能字 F

进给功能字的地址符是 F,又称为 F 功能或 F 指令,用于指定切削的进给速度。对于车床,F 可分为每分钟进给和主轴每转进给两种,对于其他数控机床,一般只用每分钟进给。F 指令在螺纹切削程序段中常用来指令螺纹的导程。

9.2.4　编程实例

如图 9.10 所示的待车削零件,材料为 45 钢,其中 $\Phi85$ 圆柱面不加工。在数控车床上需要进行的工序为:切削 $\Phi80$ mm 和 $\Phi62$ mm 外圆;$R70$ mm 弧面、锥面、退刀槽、螺纹及倒角。要求分析工艺过程与工艺路线,编写加工程序。

(1)零件加工工艺分析

1)设定工件坐标系

按基准重合原则,将工件坐标系的原点设定在零件右端面与回转轴线的交点上,如图中 O_p 点,并通过 G50 指令设定换刀点相对工件坐标系原点 O_p 的坐标位置(200,100)。

2)选择刀具

根据零件图的加工要求,需要加工零件的端面、圆柱面、圆锥面、圆弧面、倒角以及切割螺纹退刀槽和螺纹,共需用三把刀具。

1 号刀,外圆左偏刀,刀具型号为:CL-MTGNR-2020/R/1608 ISO30。安装在 1 号刀位上。

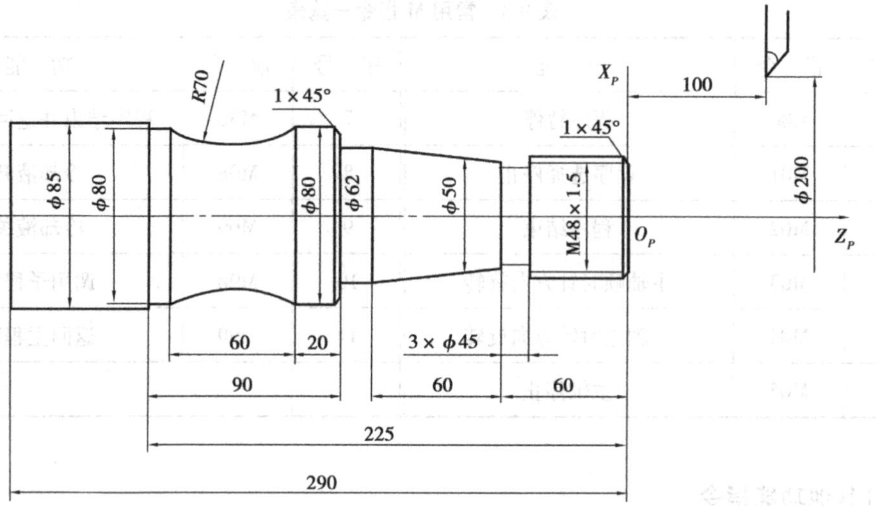

图 9.10 零件图

3 号刀,螺纹车刀,刀具型号为:TL-LHTR-2020/R/60/1.5 ISO30。安装在 3 号刀位上。

5 号刀,割槽刀,刀具型号为:ER-SGTFR-2012/R/3.0-0 ISO30。安装在 5 号刀位上。

3)加工方案

使用 1 号外圆左偏刀,先粗加工后精加工零件的端面和零件各段的外表面,粗加工时留 0.5 mm 的精车余量;使用 5 号割槽刀切割螺纹退刀槽;然后使用 3 号螺纹车刀加工螺纹。

4)确定切削用量

切削深度:粗加工设定切削深度为 3 mm,精加工为 0.5 mm。

主轴转速:根据 45 钢的切削性能,加工端面和各段外表面时设定切削速度为 90 m/min;车螺纹时设定主轴转速为 250 r/min。

进给速度:粗加工时设定进给速度为 200 mm/min,精加工时设定进给速度为 50 mm/min。车削螺纹时设定进给量为 1.5 mm/r。

(2)编程

```
O0001
N005 G50 X200 Z100;
N010 G50 S3000;
N015 G96 S90 M03;
N020 T0101 M06;
N025 M08;
N030 G00 X86 Z0;
N035 G01 X0 F50;
N040 G00 Z1;
N045 G00 X86;
N050 G71 U3 R1;
N055 G71 P60 Q125 U0.5 W0.5 F200;
```

```
N060 G42;
N065 G00 X43.8;
N070 G01 X47.8 Z-1;
N075 Z-60;
N080 X50;
N085 X62 Z-120;
N090 Z-135;
N095 X78;
N100 X80 Z-136;
N105 Z-155;
N110 G02 Z-215 R70;
N115 G01 Z-225;
N120 X86;
N125 G40;
N130 G70 P60 Q125 F50;
N135 G00 X200 Z100;
N140 T0505 M06 S50;
N145 G00 X52 Z-60;
N150 G01 X45;
N155 G04 X2;
N160 G01 X52;
N165 G00 X200 Z100;
N170 T0303 M06;
N175 G95 G97 S250;
N180 G00 X50 Z3;
N185 G76 P011060 Q0.1 R1;
N190 G76 X46.38 Z-58.5 R0 P1.48 Q0.4 F1.5;
N200 G00 X200 Z100 T0300;
N205 M05;
N210 M09;
N215 M30;
```

9.3　加工中心编程基础

加工中心(Machining Center)简称 MC,是一种功能较全的数控机床。它把铣削、镗削、钻削、螺纹加工等功能集中在一台设备上,使其具有多种工艺手段。加工中心设置有刀库,刀库中存放着不同数量的各种刀具或检具,在加工过程中由程序自动选用和更换,这是它与数控铣床、数控镗床的主要区别。

加工中心所配置的数控系统各有不同,各种数控系统程序编制的内容和格式也不尽相同,但是程序编制方法和使用过程是基本相同的。本章所述内容,以配置 FANUC 0i-MC 数控系统加工中心为例展开讨论。

9.3.1 加工中心的自动换刀装置

(1)刀库

在加工中心上使用的刀库主要有两种,即盘式刀库与链式刀库。盘式刀库装刀容量相对较小,一般 1~24 把刀具,主要适用于小型加工中心;链式刀库装刀容量大,一般 1~100 把刀具,主要适用于大中型加工中心。

(2)刀具的选择方式

按数控系统装置的刀具选择指令,从刀库将所需要的刀具转换到取刀位置,称自动选刀。在刀库中选择刀具通常采用两种方法,即顺序选择刀具与任意选择刀具。

1)顺序选择刀具

装刀时所用刀具按加工工序设定的刀具号顺序插入刀库对应的刀座号中,使用时按顺序转到取刀位置,用过的刀具放回原来的刀座内。该方法驱动控制较简单,工作可靠,但刀具号与刀座号一致,增加了换刀时间。

2)任意选择刀具

刀具号在刀库中不一定与刀座号一致,由数控系统记忆刀具号与刀座号对应关系,根据数控指令任意选择所需要的刀具,刀库将刀具送到换刀位置。此方法主轴上刀具采用就近放刀原则,相对会减少换刀时间。

(3)换刀方式

加工中心的换刀方式一般有两种:机械手换刀和主轴换刀。

1)机械手换刀

由刀库选刀,再由机械手完成换刀动作,这是加工中心普遍采用的形式。机床结构不同,机械手的形式及动作也不一样。

2)主轴换刀

通过刀库和主轴箱的配合动作来完成换刀,适用于刀库中刀具位置与主轴上刀具位置一致的情况。一般是采用把盘式刀库设置在主轴箱可以运动到的位置,或整个刀库能移动到主轴箱可以到达的位置。换刀时,主轴运动到刀库上的换刀位置,由主轴直接取走或放回刀具。多用于采用 40 号以下刀柄的中小型加工中心。

9.3.2 加工中心的换刀指令

换刀一般包括选刀指令和换刀动作指令(M06),选刀指令用 T 表示,其后是所选刀具的刀具号。如选用 2 号刀,写为“T02”。T 指令的格式为 T××,表示允许有两位数,即刀具最多允许有 99 把。

M06 是换刀动作指令,数控装置读入 M06 代码后,送出并执行 M05(主轴停转),M19(主轴准停)等信息,接着换刀机构动作,完成刀具的变换。

不同的加工中心,其换刀程序是不同的,通常选刀和换刀分开进行。换刀完毕启动主轴后,方可执行后面的程序段。选刀可与机床加工重合起来,即利用切削时间进行选刀。多数加工中心都规定了换刀点位置。主轴只有运动到这个位置,机械手或刀库才能执行换刀动作。一般立式加工中心规定的换刀点位置在机床 Z 轴零点处,卧式加工中心规定在机床 Y 轴零点处。

编制换刀程序一般有两种方法。

方法一:…

```
N100 G91 G28 Z0;
N110 T02 M06;
…
N800 G91 G28 Z0;
N810 T03 M06;
…
```

即一把刀具加工结束,主轴返回机床原点后准停,然后刀库旋转,将需要更换的刀具停在换刀位置,接着进行换刀,再开始加工。选刀和换刀先后进行,机床有一定的等待时间。

方法二:…

```
N100 G91 G28 Z0;
N110 T02 M06;
N120 T03;
…
N800 G91 G28 Z0;
N810 M06;
N810 T04;
…
```

这种方法的找刀时间和机床的切削时间重合,当主轴返回换刀点后立刻换刀,因此整个换刀过程所用的时间比第一种要短一些。在单机作业时,可以不考虑这两种换刀方法的区别,而在柔性生产线上则有实际的作用。

9.3.3 基础指令

(1)M 功能指令

M 功能指令用地址 M 及其后的数值来表示。CNC 处理时向机床送出代码信号和一个选通信号,用于接通/断开机床的强电功能。一个程序段中,虽然最多可以指定 3 个 M 代码(当 3404 号参数的第七位设为 1 时),但在实际使用时,通常一个程序段中只有一个 M 代码。M 代码与功能之间的对应关系由机床制造商决定。

TH5650 立式镗铣加工中心,主要 M 代码见表 9.4。

表 9.4 辅助功能 M 指令表

代 码	功 能	代 码	功 能
M00	程序停止	M07	2 号冷却液开
M01	计划停止	M08	1 号冷却液开
M02	主程序结束	M09	冷却液关
M03	主轴顺时针方向(正转)	M19	主轴准停
M04	主轴逆时针方向(反转)	M30	主程序结束
M05	主轴停止	M98	调用子程序
M06	换刀	M99	子程序结束

(2)平面选择指令 G17,G18,G19

平面选择 G17,G18,G19 指令分别用来指定程序段中刀具的插补平面和刀具半径补偿平面。G17:选择 *XY* 平面;G18:选择 *ZX* 平面;G19:选择 *YZ* 平面。系统开机后默认 G17 生效。

(3)英制和米制输入指令 G20,G21

G20 表示英制输入,G21 表示米制输入,机床一般设定为 G21 状态。G20 和 G21 是两个可以互相取代的代码,使用时,根据零件图纸尺寸标注的单位,可以在程序开始使用该指令中的一个,来设定后面程序段坐标地址符后数据的单位。当电源开时,CNC 的状态与电源关前一样。

(4)绝对值、增量值编程指令 G90,G91

G90 表示绝对值编程,此时刀具运动的位置坐标是从工件原点算起的。G91 表示增量值编程,此时编程的坐标值表示刀具从所在点出发所移动的数值,正、负号表示从所在点移动的方向。G90 和 G91 都是模态指令,互相取代。

(5)进给速度单位设定指令 G94,G95

G94 表示进给速度,单位是 mm/min(或英寸/min)。G95 表示进给量,单位是 mm/r(或英寸/r)。两者都是模态指令,互相取代,对加工中心机床,开机后默认 G94 生效。

进给速度、进给量用地址符 F +数字表示,当 G94 有效时,程序中出现 F100 表示进给速度为 100 mm/min。当 G95 有效时,程序中出现 F1.5,表示进给量为 1.5 mm/r。

(6)主轴转速

主轴转速用地址符 S +数字表示,如主轴转速为 1 000 r/min,则可写为 S1000。编程时一般可与 M03 或 M04 配对使用。

(7)快速定位指令 G00

G00 指令为快速定位指令,它指令刀具相对于工件从现时的坐标点,以数控系统预先调定的最大进给速度,快速移动到程序段所指令的下一个定位点。在准备功能中 G00 是最基本、最常用的指令之一。正确使用该指令是评定程序编制好坏的标准之一。

指令格式：

G00 X __　Y __　Z __；

其中，X __，Y __，Z __为目标点坐标。

说明：

①不运动的坐标可以省略，省略的坐标轴不作任何运动。

②该指令若给出两个或三个坐标时，控制坐标轴先以 1：1 的位移长度联动运行，然后再运行某坐标轴方向未完成的要求位移值。

③目标点的坐标值可以用绝对值，也可以用增量值。

④G00 功能起作用时，其移动速度为系统设定的最高速度，可通过快速运动倍率按钮调节。

(8)直线插补指令 G01

G01 指令为直线插补指令，它指令刀具相对于工件从现时的坐标点，以程序段所指定的进给速度，移动到程序段所指定的坐标点。

指令格式：

G01 X __　Y __　Z __　F __；

其中，X __，Y __，Z __为目标点坐标；

　　F __为进给速度。

说明：刀具严格地沿起点到终点的连线以编程的 F 值做直线运动。

(9)切削进给速度控制指令 G09，G61，G62，G63，G64

切削进给速度的控制，见表 9.5。

表 9.5　切削进给速度控制

G 代码	功能名	G 代码的有效性	说　明
G09	准确停止	该功能只对指定的程序段有效	刀具在程序段的终点减速，执行到位检查，然后执行下一个程序段
G61	确停止方式	一旦指定，直到指定 G62，G63 或 G64 之前，该功能一直有效	刀具在程序段的终点减速，执行到位检查，然后执行下一个程序段
G64	切削方式	一旦指定，直到指定 G61，G62 或 G63 之前，该功能一直有效	刀具在程序段的终点不减速，而执行下一个程序段
G63	攻丝方式	一旦指定，直到指定 G61，G62 或 G64 之前，该功能一直有效	刀具在程序段的终点不减速，而执行下一个程序段；当指定 G63 时，进给速度倍率和进给暂停都无效
G62	内拐角自动倍率	一旦指定，直到指定 G61，G63 或 G64 之前，该功能一直有效	在刀具半径补偿期间，当刀具沿着内拐角移动时，对切削进给速度实施倍率可以减小单位时间内的切削量，所以可以加工出好的表面精度

(10)**暂停指令 G04**

G04 指令可使刀具暂时停止进给,经过指定的暂停时间,再继续执行下一程序段。另外,在切削方式(G64 方式)中,为了进行准确停止检查,可以指定停刀。当 P 或 X 都不指定时,执行准确停止。

指令格式:

G04 X __或 G04 P __;

字符 X 或 P 表示不同的暂停时间表达方式;其中字符 X 后可以是带小数点的数,单位为 s;字符 P 后不允许用小数点输入,只能用整数,单位为 ms。

(11)**自动返回参考点 G28**

格式:

G28 X __ Y __ Z __;

其中,X __,Y __,Z __为指定的中间点位置。

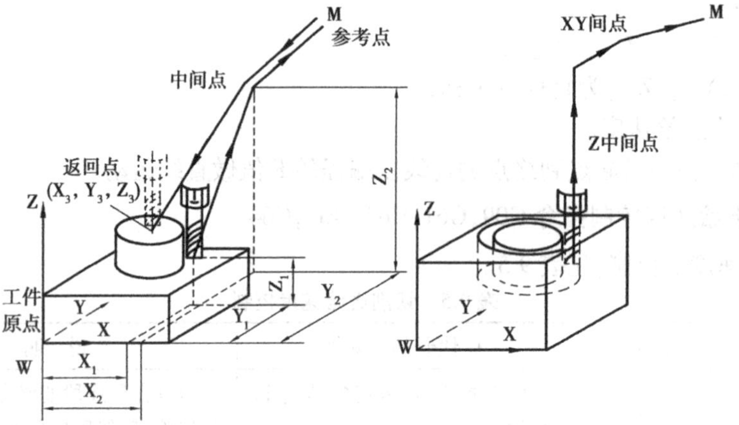

图 9.11 G28 与 G29 指令运动示意图

说明:

①执行 G28 指令时,各轴先以 G00 的速度快移到程序指令的中间点位置,然后自动返回参考点。如图 9.11 所示。

②在使用上经常将 XY 和 Z 分开来用。先用 G28 Z __提刀并回 Z 轴参考点位置,然后再用 G28 X __ Y __回到 XY 方向的参考点。

③在 G90 时为指定点在工件坐标系中的坐标;在 G91 时为指令点相对于起点的位移量。

④G28 指令前要求机床在通电后必须(手动)返回过一次参考点。

⑤为了安全,在执行该指令之前,应该清除刀具半径补偿和刀具长度补偿。

⑥中间点的坐标值存储在 CNC 中。

⑦G28 为非模态指令。

(12)**自动从参考点返回 G29**

格式:

G29 X __ Y __ Z __;

其中,X __,Y __,Z __为指定从参考点返回的目标点位置。

说明:

①在一般情况下，在 G28 指令后，立即指定从参考点返回指令。

②各轴先以 G00 的速度快移到 G28 指令指定的中间点位置，然后运动到 G29 指令指定的目标点位置。

③对增量值编程，指令值指定离开中间点的增量值。

④当由 G28 指令刀具经中间点到达参考点之后，工件坐标系改变时，中间点的坐标值也变为新坐标系中的坐标值。此时若指令了 G29，则刀具经新坐标系的中间点移动到指令位置。

⑤G29 为非模态指令。

9.3.4　子程序 M98，M99

在程序中含有某些固定顺序或重复出现的区域时，这些顺序或区域可以作为“子程序”存入存储器内，反复调用以简化程序。子程序以外的加工程序为“主程序”。

(1) 指令

M98：调用子程序；

M99：子程序结束

(2) 格式

M98　P ×××(重复调用次数)　××××(子程序号)

子程序格式：

O××××(子程序号)

…

M99

(3) 说明

①P 后的子程序被重复调用次数，最多 999 次，当不指定重复次数时，子程序只调用一次。

②M99 为子程序结束，并返回主程序。

③被调用的子程序也可以调用另一个子程序。当主程序调用子程序时，它被认为是一级子程序。子程序调用可以嵌套 4 级。

④M98 程序段中，不得有其他指令出现。

9.3.5　加工实例

如图 9.12 所示，已知毛坯尺寸为 150 mm×120 mm×32 mm，材料为 45 钢，要求编制数控加工程序并完成零件的加工。

(1) 加工方案的确定

根据毛坯尺寸，上表面有 2 mm 余量，粗糙度要求 *Ra*1.6，选择粗铣→精铣加工，精铣余量 0.5 mm。矩形槽宽度 12 mm，加工时选用 *Φ*12 的立铣刀，按刀具中心线编程，由刀具保证槽宽。

(2) 编程零点及装夹方案的确定

编程零点如图 9.12 所示，装夹方案采用平口钳进行装夹，以底面及尺寸 150 对应的一个侧面定位，此时平口钳固定钳口要保证与机床 *X* 坐标平行。

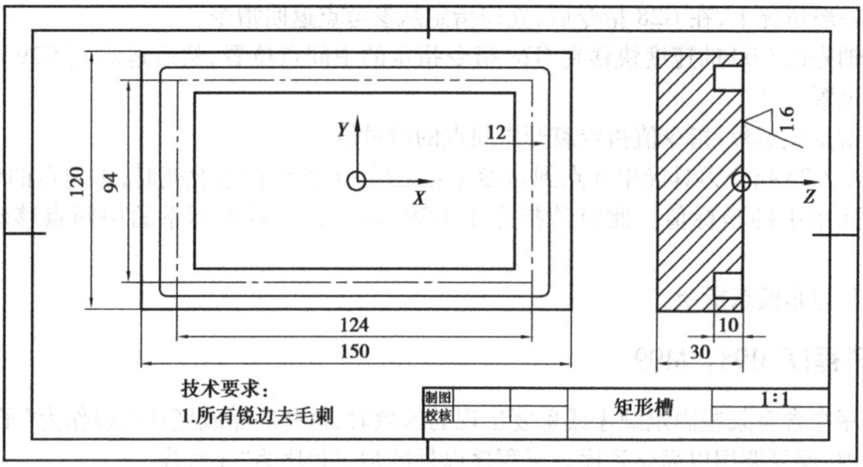

图 9.12　矩形槽实训

(3)加工刀具的选择

上表面铣削选用某公司高速八角面铣刀，规格为 SKM-63，刃数为 5，选配刀片规格为 ODMT040408EN-41，该刀片底材为超硬合金，表面有 TiAIN 镀层，可在干式切削场合使用；矩形槽铣削选用 Φ12 高速钢立铣刀。

(4)进给路线的确定

上表面与矩形槽铣削，在深度上都需分层加工，每层进给路线可取一样，此时可通过子程序编程，来简化程序。铣削上表面进给路线如图 9.13 所示，铣削矩形槽进给路线如图 9.14 所示。由于立铣刀不能直接沿 $-Z$ 方向切削，在铣削矩形槽时选用了斜线下刀切入方式。

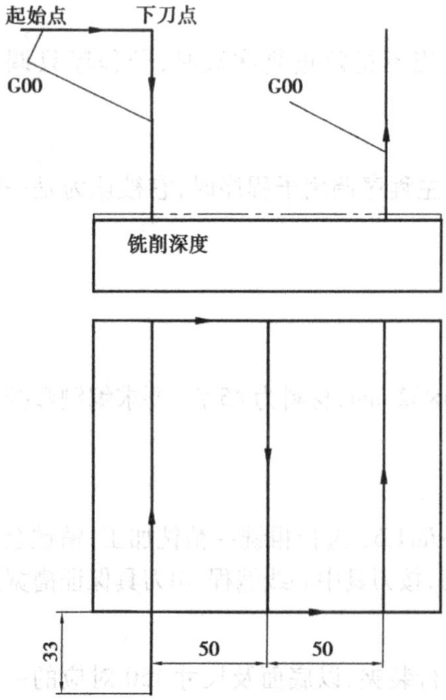

图 9.13　铣削上表面进给路线

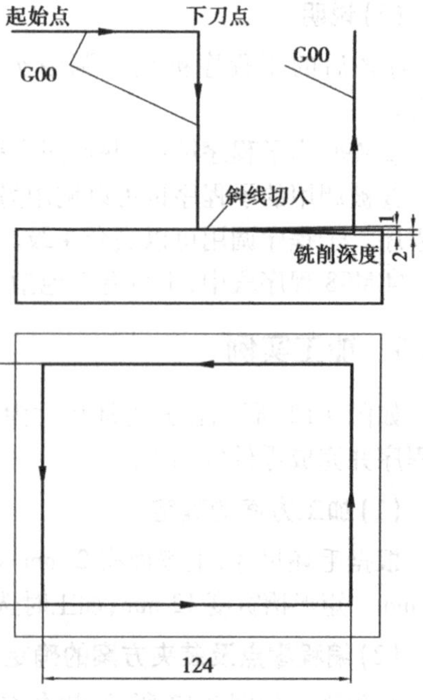

图 9.14　铣削矩形槽进给路线

(5)切削参数的确定

查刀具样本，面铣刀刀片加工合金钢时推荐切削速度 $V_c = 150 \sim 300$ m/min、每刃进给 $f_z = 0.08 \sim 0.35$ mm/r、切深 $A_p = 1 \sim 2$ mm。高速钢立铣刀推荐切削速度 $V_c = 12 \sim 36$ m/min、每刃进给 $f_z = 0.1 \sim 0.15$ mm/r。

对于切削参数的确定，刚使用时可以按照推荐范围的中间值选取，加工时通过数控机床手动操作面板上的主轴和进给倍率开关调整。

选取切削速度和进给量：面铣粗加工切削速度 $V_c = 150$ m/min、每刃进给 $f_z = 0.2$ mm/r、切深 $A_p = 1.5$ mm；精加工切削速度 $V_c = 200$ m/min、每刃进给 $f_z = 0.15$ mm/r、切深 $A_p = 0.5$ mm；立铣刀切削速度 $V_c = 20$ m/min、每刃进给 $f_z = 0.1$ mm/r、切深 $A_p = 2$ mm。然后算出主轴转速和进给速度。

(6)完成加工工序卡片

根据上述分析，完成表 9.6 矩形槽数控加工工序卡。

表 9.6　矩形槽数控加工工序卡

工序号		程序编号		夹具名称		使用设备	车间	
		O0010~0013		平口钳		XH5650		
工步号	工步内容		刀具号	刀具规格	主轴转速/($r \cdot min^{-1}$)	进给速度/($mm \cdot min^{-1}$)	背吃刀量/mm	备注
1	粗铣上表面		T01	Φ63	700	700	1.5	
2	精铣上表面		T01	Φ63	1 000	750	0.5	
3	铣矩形槽		T02	Φ12	500	150	2	

(7)编写数控加工程序

为调试程序方便，将铣削上表面程序与铣削矩形槽程序分开编写。铣削上表面程序使用工件坐标系设定指令 G54，铣削矩形槽程序使用工件坐标系设定指令 G55，G54 与 G55 中的 X、Y 值一样。

1)铣削上表面主程序

O0010	程序号
N05 G94 G21 G17	编程尺寸与进给速度设定，坐标平面选择(系统开机默认)
N10 T1 M6	将 1 号刀交换到主轴
N20 G00 G54 G90 X-50 Y-93 S700 M03	建立工件坐标，绝对坐标快速定位到下刀点，同时启动主轴正转
N30 Z0.5 F700	快速定位到粗铣削高度，粗铣进给速度
N40 M98 P0011	调用子程序

N50 G00 Z5 S1000 M03	快速抬刀,离开工件上表面,精铣转速,主轴正转
N60 X-50 Y-93	快速定位到精铣削下刀点
N70 Z0 F750	快速定位到精铣削高度,精铣进给速度
N80 M98 P0011	调用子程序
N90 G90 G28 Z0	*Z* 坐标返回参考零点
N100 M30	主程序结束,返回程序起始位置

2)铣上表面子程序

O0011	程序号
N40 G01 Y60	直线切削
N50 X0	直线切削
N60 Y-60	直线切削
N70 X50	直线切削
N80 Y60	直线切削
N100 M99	子程序结束

3)铣削矩形槽主程序

O0012	程序号
N10 T2 M6	将 2 号刀交换到主轴
N20 G00 G55 G90 X0 Y-48 S500 M03	建立工件坐标,绝对坐标快速定位到下刀点,同时启动主轴正转
N30 Z15	快速下刀
N80 M98 P50013	调用子程序,调用 5 次
N90 G90 G28 Z0	*Z* 坐标返回参考零点
N100 M30	主程序结束,返回程序起始位置

4)铣削矩形槽子程序

O0013	程序号
N20 G00 G90 X0 Y-48	快速定位到下刀点,保证每层下刀点相同
N30 G91 Z-14	相对坐标,快速下刀到每层切入斜线起点
N40 G01 Y62 Z-3 F50	斜线切入到每层铣削深度
N50 G90 Y48 F150	直线切削
N60 X-62	直线切削
N70 Y-48	直线切削
N80 X62	直线切削
N90 G00 G91 Z13	快速抬刀,为下一层铣削快速定位到下刀点作准备
N100 M99	子程序结束

第10章 大学生科技创新活动的发展空间及平台

10.1 大学生创新活动平台的建设

高等教育作为知识创新与技术创新体系的基础,其责任就是培养具有创新精神的高级专门人才,将实践能力和创新能力的培养融入学校教育的全过程,是时代发展的需要。因此,正确认识创新能力培养在高等教育中的地位,寻求对大学生进行实践能力和创新能力培养的有效途径,这成为当前我国高等教育推进素质教育的核心问题。

“创新是一个民族进步的灵魂,是国家兴旺发达的不竭动力。”培养大学生的创新实践能力,是高等学校教育的重要内涵,是学生自身发展和社会经济发展的要求。在大学生中开展科技创新活动是推进教风、学风建设,培养大学生创新精神和创新意识,提高创新能力的重要手段。构筑大学生科技创新平台是推动科技创新活动的关键,全国各大高校都在探索关于大学生科技创新平台建设,本书主要是根据自身情况从4个方面讨论关于构建大学生创新与实践能力培养平台问题:①多层次实践教学平台;②科技学术活动普及平台;③科研训练平台;④学科竞赛平台。通过创新平台促使更多同学将书本上学到的知识应用到实践中去,培养学生学习兴趣、创造激情、团队意识和实践能力,逐步使学生科技创新工作由无序变为有序,从弱到强。

10.1.1 构建创新实践平台的必要性

“现代大学的使命和职责是培养人才、传承文明,创新知识、探求真理,服务社会、引领未来。培养人才是大学最根本的使命。传授知识、启迪心智、培养能力,增进个体力量和人生幸福,并使人类文明薪火相传,是大学履行使命、服务社会、造福人类的基本途径。"《中共中央关于构建社会主义和谐社会若干重大问题的决定》中强调指出,要"保持高等院校招生合理增长,注重增强学生的实践能力、创造能力和就业能力、创业能力"。高等教育作为知识创新和技术创新体系的基础,其责任就是要培养具有创新精神和实践能力的高级专门人才,或者说:培养具有创新意识、创新精神、创新能力的人才是高等学校人才培养工作的主要目标。在对学生进行专业教育的过程中,要强化创新意识的教育,增强创新思维的训练,注重创新能力的培养,着力创新人格的塑造。培养大学生的自主学习能力和创新意识、能力,积极推动大学生科技创新活动有序开展,对于人才的培养和经济社会的发展至关重要。"一所大学之所以名扬四海,不在于它传授了一种'正确'的思想及一种'正确'的价值观,而在于它提供了交流思想的'自由市场'","现代大学不仅应是知识的殿堂,更是学术交流和科研创新的圣地"。大学校园文化的本质是创新,大学生科技创新活动的蓬勃发展可以改善校园文化的结构,提高校园文化的品位,体现高等学府的气息,推进优良学风形成,进而有利于大学文化建设。通过大学生科技创新活动的开展使学生在实践中学习,在学习中实践,激发学生的学习兴趣和求知欲望,鼓励学生不断开拓进取、勇于发明和创新。通过创新实践平台,要让学生利用学到的知识去研究和发现现实生活中的问题并进一步解决这些问题;在研究和解决问题的过程中激发学生的学习兴趣和成才的动力,锻炼学生的学习能力、实践能力、创新能力、沟通能力以及社会适应能力。通过创新实践项目,使参与项目的学生凝聚成为一个个富有创新意识的团队,并在团队合作中锻炼其组织、管理、合作能力。大学生通过参加科技创新活动提高综合素质和社会竞争力。因此,搭建大学生科技创新实践平台对激发学生创新热情,激活学生创新潜质,激励学生自主学习、主动创造,促进学生协调发展,培养学生获取知识能力,应用知识能力,创新与创造能力,就业和创业能力,具有极其重要的意义。

10.1.2 构建创新实践平台的措施

为了搭建大学生科技创新实践平台,使其充分发挥效用,需要采取以下措施:

(1)转变教育思想

目前我国高等教育仍在潜意识中以培养"知识储备型"而非"知识能力型"人才为核心目标,培养的学生多为知识的储存体而缺乏创新力。为适应社会发展的需要,必须切实转变教育理念,扬弃偏重知识传授为核心的教育观念,树立以创新为核心,"重过程体验、重创新思维"的教学观念;要从教学内容、教学管理、教学模式等多个方面为学生提供更多的选择机会和自由发展空间;为学生禀赋和潜能的充分开发创造宽松的环境。大力提倡以生为本、目标多样的个性化人才培养思想和模式;树立在教学活动中以教师为主导、学生为主体,重视学生独立学习能力和创新能力培养的思想。充分认识到大学生科技创新活动在培养复合型、创新型人才等方面的重要作用。将大学生创新素质培养融入整个教学过程和实践环节中。

(2)明确目的

创新改变世界,构建创新实践平台的主要目的是通过平台的搭建与实施来提高学生对所学专业的自信心,巩固专业思想,激起学生的学习兴趣,促进大学生课外学术、科技活动的蓬勃开展,引领优良学风建设,引导和激励大学生刻苦钻研、勇于创新、挑战自我;在提高学生整体综合素质的同时，也为有潜力的学生更好地成才创造条件；让学生不仅仅局限于书本知识，还要将书本知识用于解决实际问题。

(3) 重视宣传

重视宣传，发动积极力量，奠定科技创新的群众基础，为搭建科技创新平台，需广泛宣传，吸引学生参与其中。通过辅导员、班导师、任课教师等多种渠道动员学生，宣传开展科技创新活动的目的、意义。鼓励学生从事科技创新及科学研究活动，加入科技创新活动中来，锻炼自己运用知识的能力，增长才干、提高素质。鼓励学生勇攀科学高峰，坚持不懈，不要半途而废，从而激发大学生专业学习的主动性，为开展学风建设做贡献。通过宣传板、网站等多种媒介，介绍以往科技创新活动中取得的成绩，破除学生对创新的神秘感和恐惧感。营造良好的科技创新氛围，引导大学生参与科技创新活动，提高大学生科技创新活动的层次和水平。

(4) 组织教师指导团队，加强对学生创新活动的引导

本科生自主研究能力相对不足、缺乏创新，并不是本科生不具备创新的能力，而是许多本科生觉得无从创起，不知道自己喜欢什么，不知道该选择什么方向，这就意味着本科生创新对教师依赖性较强，必须有人“引进门”。教师对科研活动的指导是提高科技创新活动质量的关键因素，是开展大学生科技创新活动的重要推动力。为了给予学生专业的指导，需要建立一支奉献精神强、科研能力强、经验丰富的指导教师队伍，担任学生的科研导师以及各种课外学习兴趣小组、有关学生社团的顾问，为学生的科技创新提供坚实的后盾。

(5) 注重学生个性化培养，积极引导学生自主创新

从某种意义上说，没有个性就没有创造。大学生创新能力的培养必须遵循个性化与群体化相结合的原则，既要培养其自主的意识、独立的人格和批判的精神，又要培养他们团结协作的精神，在个性品质中体现协作。学生是各项创新活动的主体，通过有效地组织和引导，使各项创新实践活动尽可能以学生自主设计、自行组织来完成，实现学生从被动式学习转变为主动式学习。在进行创新实践时，要注重培育学生的主动学习意识和能力，鼓励学生的创造性思维，充分发挥学生在学习过程中的主观能动性，激发和释放学生的创新热情。只有使学生主动地参与学习、发挥主体的积极作用，才能使创新教育生动活泼地开展。通过学生自主的“做”与“悟”，学会创新。强调学生个人的兴趣，营造一个培养兴趣的环境是创新的基础。通过课外活动来挖掘和发展学生的兴趣、潜能，体现学生的个性。

(6) 建立规范的管理制度

建立科学、规范的运行机制和完善的管理制度，是大学生科技创新活动持续发展的保障和重要动力。制订鼓励学生参加科技竞赛管理办法、竞赛指导教师奖励办法、大学生科研训练计划的管理制度等激励机制。鼓励学生申请研究计划基金或参与教师的科研课题。

10.1.3 创新实践平台的构建实践

创新源于实践，创新更多的是在实践中完成的，以群众性科技学术活动为载体，以提高学生创新实践能力为目标，通过组织各级各类科技创新竞赛、课外科技活动、科研训练等，积极促进实践教学模式的改革与发展，为学生自主学习和全面发展逐步构建一个科学、规范、可操作的多元化创新实践平台，为学生创造一个自由、开放的学习环境，以有力保证创新教育的开展与实施。创新实践平台的建设,对于培养大学生的创新意识、提高创新素质、增强实践能力有着重要的作用。目前,我们的创新实践平台主要由四部分构成。

(1)多层次实践教学平台

实践教学分为3个层次:①课内实验与验证型实验,加深对理论教学内容的理解;②综合实验与课程设计及提高型、综合型实验,加强课程知识的整体理解与应用;③课外实践与研究性、创新型实验,建立开放式实验室、多种类型的实习基地,加强知识的综合应用能力,培养学生创新意识和能力,同时加强与企业的合作,通过到企业参观、实习,让学生感受企业文化。

(2)科技活动普及平台

积极开展大学生课外科技活动,搭建起广大同学广泛参与学术活动的平台,营造创新氛围,开展日常创新教育,是培养大学生的科学精神和创新意识的有效途径,是促进学风建设的重要举措。这一平台由课外学术团体、科技实践月、系列学术讲座、社会实践活动等构成。有人戏言"大学,就是大家一起学",而大家一起学的意义就在于交流,科技活动普及平台也是广大同学开展学习交流的平台。

①成立课外学习团体。学生社团作为高校学生课余生活的重要部分,也是校园文化的体现。以学生课外科技创新小组、航模社团的形式,建立大学生创新活动团体,开展科技创新活动。积极引导学生参与课外学术活动,对于丰富学生第二课堂,促进学生素质全面发展具有积极作用。鼓励在某些领域有兴趣的同学组织社团,同时鼓励在学生班级中广泛成立兴趣小组,各个团体和兴趣小组的科技活动以学生自主管理和学习为主,教师指导协调为辅,创造出大学生科技创新氛围,活跃创新气氛,对学生进行积极引导。

②科技创新实践月/周。根据社会及科技发展主题,弘扬学术,将科技创新实践月/周打造成莘莘学子充分展露才华和技术的平台。在科技活动月/周向全校师生展示学生的创新成果,并举行包括各项技能大赛(如焊接技能、钳工、软件设计、3D造型设计、数控技术大赛等)在内的多种竞赛活动。

③系列学术讲座。浓厚的学术氛围对孕育创新思维具有重要作用,积极开展课外学术报告活动,邀请校内外领域专家给学生作学术讲座,介绍学科、技术前沿,开阔学生视野,给学生提供拓展知识面的机会,营造学术科研氛围。学生通过听取学者的报告,借鉴他人学习、思考问题的方式,创新学习、研究的方法,增强创新意识。

(3)科研训练平台

大学的科研对学生培养的作用至关重要,没有科研实践,不可能培养创新人才。科学方法的掌握、学生能力的培养及创新知识的获取必须依靠学生自己的实践才能学到。大学要重视科研,尤其是重视科研的育人作用,通过科研来培养创新人才。大学生从事科研活动是高等教育教学与科研相结合的重要体现,大学生科研能力的培养是高校教育改革的重要目标。无论是从学校教育质量的角度,还是从学生自身综合素质的角度来看,大学生从事科研活动都是十分必要的。对本科生进行科研训练,已成为国内外普遍认同的一种人才培养模式。本科生科研计划在美国大学已得到了普遍认可和广泛实施,在培养本科生创新意识,提高本科生实践能力和研究能力等方面取得了卓越成效;本科学生参加科学研究对培养创新人才具有的重要作用已逐渐引起国内高校的广泛重视。学校可根据自身情况,如通过项目申报大赛的方式组织学生参与科研训练，或者通过申报大学生科技创新项目活动组织学生参与科研训练。实践证明，开展大学生科研训练是提高其创新能力和实践能力、综合素质和社会竞争力的有效途径，科研训练对于激发大学生科研意识和创造的热情，锻炼大学生科研能力，培养大学生从事科研所必备的理论知识、动手能力、思维方式，鼓励优秀学生脱颖而出等方面具有重要作用。

①有利于学生更好地理解理论知识的作用，激励学生学好理论知识。在教学过程中，许多学生觉得大部分理论知识枯燥、乏味，难以将理论知识与实践结合起来。如果能参与到课外科技活动、实际的科研中，就会发现理论知识的广度及深度不够，促使学生加深对理论知识的掌握和理解，拓展专业知识的广度和深度，建立合理的知识结构，将理论和实践有效结合。

②有利于培养大学生严谨、求实的学习态度。科学研究是很严肃的，研究人员必须具备勇于探索、坚持不懈的精神和实事求是的态度。通过科研训练，培养学生严谨的治学态度、求真务实、坚忍不拔、积极探索的科研素养和科学精神。

③有利于培养大学生协作意识与能力。随着社会发展和科技进步，创新不再是个人闯天下的时代，而更多是依赖集体智慧和群体力量。通过科研训练不仅能够培养学生的创新精神、实践能力，还有助于培养学生的团队精神、交流沟通能力和责任感。

④有利于培养大学生的创新意识。没有对科学知识的执着追求和勇于探索的精神，创新就无从谈起。通过让学生参与科研训练，可以使学生将理论运用到实践中，产生强烈的创新动机，树立正确的创新目标，充分发挥创新潜力和聪明才智，释放创新激情。通过科研训练，学生会发现新的问题，在不断发现和解决问题的过程中，学生的思维得到了训练，形成更完善、强大的知识理论系统，培养学生的创新意识，学习创新理论和方法，使学生充分认识创新的力量，提升创新能力。

⑤有利于锻炼大学生的基本科研能力。科研训练是让学生参与科学研究的全过程，使学生从直接参与科研项目立项的前期准备、开题报告、项目检查和项目结题等工作中，认识、了解并进一步掌握科研工作的基本思想和工作方法，在科研氛围中体验和感悟科学研究精神，促进科研素养的养成，培养、锻炼学生的基本科研能力，如文献查阅、整理与分析能力，调查研究、分析论证能力，制订方案、分析综合能力，运用理论知识解决实际问题的能力等。

⑥有利于培养学生的自主学习能力、独立思考能力。在实施科研训练项目过程中，培养学生的自主学习能力、独立思考能力。“学以致用、以研促学、主动探索”，启迪学生运用掌握的基础知识去探索未知的世界，通过科研训练提高学生运用所学知识发现问题、分析问题和解决问题的综合能力。

(4)学科竞赛平台

学科竞赛指的是与学科专业关系密切的各类有组织的大学生课外竞赛活动，国家、省教育主管部门以及各类专业协会每年都定期开展多种大学生科技竞赛活动。多样化学科竞赛是为了加强第二课堂活动，营造和丰富校园科技文化氛围，激发大学生的学习积极性，培养大学生自主创新意识、创新思维、实践动手能力、团队协作精神以及综合应用所学的理论知识和技能解决实际问题能力，造就“知识、能力、素质”三者协调发展的具有创新精神的高素质人才的重要载体。通过举办多层次、多形式的竞赛，深化教学内容和课程体系改革，促进校际交流，不断提高大学生实践创新能力，进一步提升教师的教学科研水平，为优秀人才的脱颖而出提供舞台。通过学科竞赛这一平台提升学生的动手能力、自学能力、科学思维能力,注重提高学生的综合素质、增强实践能力、培养创新精神和团队意识。参与学科竞赛的同学可以充分品尝到科技攻关的艰辛,享受到创造的快乐和成功的喜悦,这些体验将伴随终生,沉淀为永久的精神财富。对各类大学生竞赛活动给予充分的重视与支持,为各类竞赛活动创造条件,并不断挖掘和培养优秀学生参加国家级学术竞赛和区域性大赛。目前,重点组织的竞赛有全国大学生机械创新设计竞赛、全国大学生工程能力训练竞赛、全国大学生智能汽车竞赛、全国大学生机器人大赛、全国大学生电子设计竞赛、"挑战杯"全国大学生课外学术科技作品竞赛、ACM 程序设计大赛等。

科研训练是过程管理,重过程而不重结果;学科竞赛是目标管理,重结果而不重过程。两者具有很好的互补性,处理好两者的关系可以相得益彰。

通过组织学生社团、广泛开展社会实践活动、开设学术讲座、举办科技实践月等形式,引导学生参与科研训练活动,积极组织和指导学生参加各项学术竞赛,营造浓郁的科技文化氛围,鼓励学生进行创新学习,积极推动学生综合素质的拓展。实践表明,通过科技创新平台建设对激发学生探索未知领域的兴趣,提高学生的创新意识、团队协作精神、自主学习能力、实践动手能力、创新能力等有重要作用,因此要进一步稳定、完善创新平台。

10.2 机械产品设计说明书的写法

10.2.1 说明书的撰写内容与要求

(1)标题(题目)

设计课题的名称,要求简洁、确切、鲜明。为区分大题目下的不同设计内容,可增加副标题。

(2)任务书

应说明机械产品设计的教学目的和任务要求;扼要叙述本设计的主要内容、特点、主要结论及创新之处,文字要精练。

(3)目录(目次页)

设计说明书目录中的章节按三级目录排列,章节编号依次为第 1 章;1.1;1.1.1。

(4)概述

作为第一章,对设计题目进行简要说明,并说明本设计的目的、意义、范围及达到的技术要求;简述本课题在国内外发展概况及存在的问题;最后一节应说明本设计的主要任务。

(5)正文

说明书的正文要阐述整个设计内容,包括方案选择、设计计算过程和说明、结构设计、主要零部件的设计选择、必要的机构运动简图、零件结构图等全部内容。正文内容和页码要与目录中的章节目录、页次相对应,三级题目不够时,可继续向下排,如 1.1.1.1,(1),①,a,b,c,…。

(6)结论

作为说明书的最后一章，概括说明本设计的情况和价值，分析其优点、特色，有何创新，性能达到何水平，并应指出其中存在的问题和今后改进的方向。

(7)参考文献

设计中曾经查阅的相关文献。注意按顺序编号并按正确格式一一列出。

(8)附录

与设计有关的各种篇幅较大的图纸、数据表格、计算机程序、运行结果、主要设备、仪器仪表的性能指标和测试结果等，并注意分别按顺序编号。

(9)致谢

简述自己的设计体会，并应对指导教师和协助完成设计的有关人员表示谢意。

10.2.2　说明书的编辑与打印

(1)设计说明书

一律使用 A4 纸打印，难以用计算机处理的插图和曲线，可以手工绘制，但必须绘制在打印的 A4 纸的空白处或单页上，页码必须打印。

(2)目录格式

采用三级目录，使用自动生成目录，目录生成后和文本一样可以编辑。章目录采用四号宋体加黑，节、目采用小四号宋体，页码连接符用 Arial 字体，不要加黑。行距为固定值 22 磅。章、节、目每一级别右缩进一个中文字符(自动生成)，编排要美观，如图 10.1 框所示。

目　录

第 1 章 绪论……1
1.1 机器人技术简介……1
1.2 工业机器人技术发展现状……2
1.2.1 国外工业机器人技术发展现状……2
1.2.2 我国工业机器人技术发展现状……3
1.3 本设计的主要任务……5
……
第 6 章 结论……40
参考文献……42
附录……43
致谢……44

图 10.1

(3)说明书(论文)格式

①文字要求。正文文字内容字体一律采用宋体，标题为黑体，章题目用小三号字，节标题用四号字，目标题用小四号字。内容汉字采用小四号宋体，英文采用四号 Time New Roman 字体。

②每章标题下空一个标准行，节标题和目标题行设置根据具体要求而定。

③段前、段后均为 0.5 行，紧接表格后的文字设置为段前行 0.5 行。

④页面设置：使用单面打印，上 2.5 cm，下 2.5 cm，左 2.5 cm，右 2.0 cm。

⑤页眉设置:居中以小五号宋体字键入"单位名称+机械产品设计说明书",也可以根据具体要求来设定。

⑥页脚设置:插入页码,居中。

⑦正文选择格式段落:最小值,20~22 磅;段前、段后均为 0 行。

(4)说明书中的公式与图表

①公式以章分组编号,如(2.4)表示第 2 章的第 4 个公式。公式应尽可能采用公式编辑器输入,选择默认格式,公式号右对齐,公式调整至基本居中。

②图与表按章号排序编号,图与表均应有相应的名称,图名写在对应的图形下面,如"图 3-5 试验系统流程示意图",表示第 3 章的第 5 幅图。表名写在对应的表格上面,如表 4-3 表示第 4 章的第 3 个表。文中引用时,只写出引用的图号或表格号,不要写"如左图所示、如下表下表"。

(5)参考文献

正文中引用的参考文献名称要统一列在正文后,格式如下:

①期刊文献:[编号]作者.文章题目名.期刊名,年份,卷号(期数):页码。

②图书文献:[编号]作者.书名(版次).出版地:出版单位,年份:页码。

③会议文献:[编号]作者.文章题目名.会议名(论文集).卷号,页码.会议地址,年份。

④学位论文:[编号]作者.文章题目名. 出版单位,年份:页码。

⑤专利文献:[编号]作者.专利名称:专利国别,专利号.公告日期。

(6)说明书的装订顺序

①封面(按照指导教师规定的统一格式编写打印)。

②任务书(按照指导教师规定的统一格式编写打印)。

③目录(顺序为:说明书正文各章节、参考文件、附录、致谢等,目录中最多出现三级目录,目录页码用罗马字单独排序,如Ⅰ、Ⅱ)。

④正文(从第 1 章概述至最后一章结论)。

⑤参考文献(不排章节)。

⑥附录(不排章节)。

⑦致谢(不排章节)。

(7)资料袋

要求将说明书和图纸装入统一的资料袋内。资料袋上各项内容填写齐全、整齐美观。

10.3 创业企划书的撰写

10.3.1 创业计划书概述

(1)创业计划书的意义

创业计划书是创业者就某一项具有市场前景的新产品或服务,向潜在投资者、风险投资公司、合作伙伴等游说以取得合作支持或风险投资的可行性商业报告,又称商业计划书。创业计划书的编写一般按照相对标准的文本格式进行,是全面介绍公司或项目发展前景、阐述产品、市场、竞争、风险及投资收益和融资要求的书面报告。

创业计划书是创业者的创业蓝图与指南,也是企业的行动纲领和执行方案,对创业者获得创业成功具有重要意义。

创业计划书使创业者对创业项目有了更加清晰的认识,对其实施与经营有了更加完善的行动方案。一个创业项目,在创业者脑中纵然经过深思熟虑的谋划,也毕竟是不具体的,不周全的。创业计划书的撰写,可以迫使创业者理清思路,系统地思考项目实施的各个因素;创业者不仅对已有的谋划有了更加深刻清晰的认识,也对项目在实施过程中将要面临的问题与困难有所预见,这些都将给创业项目的实施提供完整周到的规划保障。硅谷著名的创业家和风险投资者盖伊·卡维萨基曾经写道:"一旦他们将商业计划写到纸上,那些希望改变世界的天真想法就会变得实实在在且冲突不断。因此,文件本身的重要性远不如形成这个文件的过程。即使你并不试图去集资,你也应当准备一份计划书。"

(2)创业计划书的要求

1)具有可行性

创业计划书所展示的创业项目实施方案,应当具有操作性,能够在商业运营中以具体的方式和行为表现出来。比如,经营方式可以以具体的实践行为表现出来;对资本运行效果的评估和预防及解决危机的手段具有可操作性等。

2)重点突出

创业计划书涉及的要说明的问题很多,但是每个问题的论证的充分程度有所不同。重点论证的问题有:①项目的独特优势;②市场机会与切入点;③问题与对策;④投入、产出与盈利预测;⑤保持可持续发展的竞争战略;⑥可能的风险与应对策略。

3)简洁精炼

创业计划书应该简洁、精炼、突出重点。风险投资家很难有耐心看完一份冗长的商业计划。简练、确切、有新意的计划往往能引起投资者的关注。

10.3.2 创业计划书的总体结构

创业计划书的撰写一般是按照相对标准的文本格式进行的,从结构上分为3大部分。

(1)形式部分

它包括封面、扉页和目录,是创业计划书的外包装。

①封面。封面通常包括公司名称、公司地址、电子邮件及通信地址、编制日期、创业计划编号等内容。

②扉页。扉页一般为保密承诺(须知)。在保密承诺中,要注明"请收到本创业计划书的贵单位相关负责人签署"。承诺书的内容一般为"本创业计划书内容涉及商业秘密,所有权属于本公司/项目负责人,仅对有投资意向的投资者公开,本公司要求投资公司项目经理在收到本创业计划书时做出以下承诺:妥善保管本创业计划书,未经本公司许可,不得向第三方公开本创业计划书所涉及的商业秘密"。最后是承诺人签字及签字日期。

③目录。创业计划书页码一般多达数十页甚至有时上百页,为了便于阅读和查找,应该在创业计划书正文内容之前设置目录。创业计划书的每个主要部分都应列入目录,并标出主要页码。

(2)本体部分

它是创业计划书的正文,这是一份创业计划书的主要内容,也是整个计划书的核心。

(3)附录

附录有附件、附图、附表3种形式,是创业计划书的补充部分,主要内容包括公司相关的资质材料;生产、技术和服务相关的技术资料;市场营销相关资料;财务相关资料。

10.3.3 创业计划书的内容结构

创业计划书的正文内容一般包含以下各项内容:

(1)计划书概要

概要是创业计划书的第一项内容,是整个商业计划的高度浓缩,能让忙碌的读者迅速对新创企业有个全面的了解。很多投资者先看概要,感觉有兴趣,才愿意看完创业计划书的全部内容。

概要应当富有吸引力,要特别突出下列重要内容:

①公司基本情况;②管理团队分析;③产品或服务描述;④行业及市场分析;⑤销售与市场推广策略;⑥融资与财务说明利润和现金流动预测;⑦风险控制。

通俗地说,概要应该抓住阅读者最关心的问题,要回答下列问题:

①企业所处的行业,企业经营的性质和范围;

②企业主要产品的内容;

③企业的市场在哪里,谁是企业的顾客,他们有哪些需求;

a.企业的合伙人、投资人是谁;

b.企业的竞争对手是谁,竞争对手对企业的发展有何影响。

(2)公司介绍内容

包括公司成立时间、形式、创立者;公司股东结构,包括股东背景资料、股权结构;公司发展简史;公司业务范围。

(3)产品或服务

产品或服务介绍是创业计划的具体承载物,是投资最终能否得到回报的关键。产品或服务介绍的内容包括:产品或服务的特点和竞争优势;产品或服务的市场前景预测;产品或服务的知识产权保护;产品或服务的研发情况;产品或服务的生产计划安排。

(4)市场机会分析

清楚而准确的市场机会分析是对创业风险投资家最具吸引力的方面。市场机会是投资者决定是否进入市场的关键因素。创业者应当尽量采用多种专业的机会分析渠道,力保其准确性、可靠性。市场机会分析可以从3个层次进行:

①宏观环境分析,也称社会环境分析,对创业所涉及的政治环境、经济环境、社会文化环

境、技术环境作出全面分析。

②中观环境分析，也称行业分析，分析内容包括行业概述、行业竞争性分析、行业展望等。

③微观环境分析，也称市场需求分析，通过对企业、供应者、营销中介、顾客、竞争者和公众的分析，预测所处行业的未来发展趋势。

(5) 市场营销计划

营销计划承接市场分析部分，对如何达到销售预期状况进行描述分析，需要详细说明和发掘创业机会与竞争优势的总体营销战略、为扩大产品销售所需的资金数量。同时，应当阐述营销组合方面，包括产品、价格、渠道、促销和对销售人员的激励方式，以及广告或公关策略、媒体评估等内容。

(6) 财务计划

财务计划是战略伙伴和投资者最为敏感的问题，要求创业者花费较多精力来作具体分析，创业者要根据创业计划、市场计划的各项分析和预测，在全面评估公司财务环境的情况下，提供公司今后三年的预计资产负债表、预计损益表以及预计现金流量表，并对财务指标作分析。

(7) 能力管理

能力管理的具体内容包括：介绍核心管理者，增强投资者对企业的认知度；介绍创业团队人员状况及优势，展示团队的凝聚力和战斗力。人力资源管理，计划书应当考虑现在、未来三年内的人员需求，说明企业拟设哪些部门，招聘哪些专业技术人才，配备多少人员，薪酬水平如何，是否考虑员工持股等。公共关系，展示企业公共关系的计划与实施，显示企业的成熟与社会认同度。

(8) 融资计划、投资报酬与退出

①融资计划。融资计划说明创业者对资本的需求与安排，提出最具吸引力的融资方案，并说明具体的资金运用规划，目的是使战略伙伴和投资人放心地交付资本。②投资报酬。创业计划书需要用具体数字来描述投资人可以得到的回报。需要预计未来 3~5 年平均每年净资产回报率，包括投资方以何种方式收回投资、回报的具体方式与时间。③投资退出。该项需要与投资方商定。投资方往往要求在三五年内收回投资。

(9) 投资风险

此项指出在创业过程中，创业者可能遭受的挫折甚至失败。企业必须根据执行的实际情况来描述确实存在的主要风险。此项是为了说明创业团队已经充分认识企业可能面临的关键风险，并提出妥善的预防和解决方案。

10.3.4　编写创业计划书应注意的问题

创业计划书是让阅读者了解企业关于对创业项目战略性部署的一种方法，是积极争取战略支持的说明性工具，所以为保证计划书的效力，撰写要注意以下几个问题。

第一，由于创业项目的性质、创业者特征、创业计划书的阅读对象有所不同，不同创业计划书的内容、重点也不尽相同。创业计划书的撰写要特别注意研究不同阅读对象所关心的问题和期望,动态调整创业计划书内容,突出重点和优势,以利满足各种对象的阅读需求。

第二,创业计划书是写给别人看的——创业者通过计划书向投资人或其他利益相关人解释和说明创业的原因和盈利模式,所以计划书一定要结构完整、简洁明了、条理清晰;语言要流畅、态度乐观,使读者有兴趣读完;同时注意使计划书的语言具有专业性,数据调查充分,内容分析具有逻辑性。

第三,创业计划书的制作,外表上要精美而不奢华,内容上格式规范而不呆板,要有创业的特色,有产品或服务的独特魅力。计划书的各个部分,保持语气和风格一致,以免拼凑感。总之,计划书让人阅后有"在行"的感觉。

第四,最重要的一点,高质量的计划书一定要抓住关键点。打动投资者的关键点一般有以下几个。

①关注产品。产品是创业的关键。无论是对于创业者自己还是对于投资者,能否收回投资并取得盈利,关键就看产品有没有市场。

②敢于竞争。敢想敢干是要宣扬的创业主题,它应该表现在创业的各个阶段,也应该用这样的热情去感染投资者和其他相关者。

③了解市场。创业的激情,计划书对于投资者的感染力,建立在对目标市场的有逻辑的深入分析上。

④表明行动的方针。不要仅仅分析,要有细致可行的行动纲领来实现对市场的预测。

⑤展示管理队伍。卓越的领导集体是保证创业计划和实践具有科学性、可行性的队伍保证。

⑥出色的计划概要。计划书概要是第一个呈现在重要人士面前的文件,是第一个让重要人士对创业项目感兴趣的书面说明。

10.4 答辩

毕业设计或大学生创新项目完成后都要进行一个答辩,以检查学生是否达到了毕业设计或项目技术的基本要求和目的,衡量毕业论文的质量高低或项目是否合格。学生口述总结论文或项目的主要工作及研究成果并对答辩委员会成员所提的问题作出问答。答辩的人员的专业素质和工作能力、口头表达能力及应变能力进行考核;是对学生知识的理解程度作出判断;对该课题的发展前景和学生的努力方向进行最后一次直面教育。本书以毕业论文答辩为例进行阐述,为参加竞赛或者即将毕业答辩的毕业生提供参考。

10.4.1 答辩准备

(1)明确答辩的目的和意义

1)鉴别论文的真伪

答辩是学生毕业前的最后一次考核,其首要目的是要考查学生毕业论文的真实性。

2)评价毕业设计(论文)的质量

在辨别论文真伪的基础上,进一步考查学生研究课题的深度与广度,评价论文的优劣程度。毕业答辩有一套完整、公正、客观的评分标准，包括对基本理论、基本技能、专业知识的综合运用；创造性的研究方法和研究成果；学术水平和实际意义；表达分析的条理性和准确性；毕业设计（论文）中存在的不足与问题；工作能力和态度、工作量等，是否达到基本要求，有无突出表现，答辩小组成员将根据学生的具体情况评分。

3）考察学生的临场发挥能力、语言表达能力、思维活跃能力

学生自述与回答问题时，应该沉着镇静、口齿清楚、论述充分有力、思维清晰、符合逻辑。对答辩教师的提问，仔细倾听、抓住中心、快速思考、正确作答。

（2）了解答辩的有关规定和要求

毕业论文答辩，是取得学位的一项重要工作。院（系）毕业设计领导机构要成立答辩委员会，指导教师可以加入答辩委员会，但不能担任答辩委员会主席的职务，且在自己学生答辩时应回避，不参与意见。答辩委员会在举行答辩前半个月将学生论文分发到答辩委员会成员手中，每位答辩教师应认真负责地对待每篇论文，仔细阅读、准备提问的问题。

答辩教师提出的问题要有一定的方向性，主要分为鉴别论文真实性的问题、识别知识掌握程度的问题、判断论文研究深度的问题。出题也要有一定的原则，把握目的难易程度和范围，难易深浅相结合。

（3）心理准备

答辩是学生获准毕业、取得学位的必由之路，是走出学校、走向社会的最后一次在校学习的机会。只要认真对待，通过并非难事。

自负与自卑都不可取。以轻视的态度面对答辩，放松精神、漫不经心、精力分散，势必在答辩中难以集中精神，自述丢三落四，回答问题张冠李戴，精神状态懒散，这种自负会使自己功亏一篑。自卑的心理会使答辩大失水准，甚至由于胆怯而不能正常表达自己的想法，无法体现真实的能力和水平。

树立自信心，适当放松心情，不要给自己过大的压力，积极热情，泰然处之，以平常心对待。在答辩之前，搞一个小型的试讲会，模拟提问，努力适应答辩环境，克服恐惧、紧张的心理。

（4）材料准备

1）论文底稿、参考资料、答辩提纲

答辩不同于一般的口试，准备工作必须是全方位的。进入答辩会场要携带论文底稿、答辩提纲和参考资料，这 3 种资料的准备工作尤为重要。

论文底稿要保留，答辩之前要熟读其内容。无论是答辩中的自我陈述，还是答辩教师的提问都是以论文内容作为依据，论文中的重点内容必须牢记。

收集与论文相关的参考资料，分类整理，做好索引以便查找。参考资料尽量齐全，仔细阅读并学习研究，开拓视野，储备丰富的知识。

答辩提纲作为答辩中必不可少的资料，直接影响答辩的质量。答辩提纲的撰写有其特殊的要求、要领，它是论文底稿和参考资料的融合与提炼。从表面看，一份提纲的篇幅相对于论文来讲，是相当少的，但它的内容和信息量是论文与参考资料的综合。

2）辅助准备

在 15 min 的自我陈述过程中，单用“说”这种枯燥的方式，不容易达到好的效果。在答辩

过程中应注意吸引答辩教师的注意力，充分调动答辩小组的积极性，使用生动活泼的语言可以收到好的成效。视觉图像往往让人有更加深刻的认知，如果利用视觉反应传达毕业设计论文的内容，再配以语言解释，这二者的巧妙结合将使答辩变得有声有色。因此可以选择图、表、照片、幻灯、投影等作为辅助答辩的物质材料。

10.4.2 答辩提纲的内容

(1)答辩提纲的内容

拟定答辩提纲有助于厘清答辩的思路，帮助学生组织语言，按照正确的顺序将毕业设计(论文)的背景、目的、研究方法、结果等一一阐述。

答辩提纲主要应该有以下四方面的内容：所研究课题的背景和研究该课题的主要意义，研究此课题的关键是什么，独立解决问题的创新方法，研究依据和研究结果。

①熟读自己撰写的论文，从中提取主要内容。

列出自己对这一问题的基本观点、看法，提供的主要论据、结论、理论价值和实际应用的意义。这些是从论文本身出发，整理此篇论文所涉及的核心内容。这些内容是答辩提纲的重要组成部分。

②了解所研究问题的背景和该问题的发展现状，明确研究该问题的原因，充分掌握一个课题的背景、现状和由来，有助于在答辩中回答教师的提问。

③收集与选题有关的诸多方面的材料，掌握有关的知识。

这项工作是对选题的延伸，学生不仅要熟知题目的研究情况，还要扩大范围，延展到相关领域。

④参考资料的来源。对任何课题的研究都不可能凭空捏造，而是在前人研究的基础上继续拓展的结果，因此必定要对前人的研究资料进行总结、归纳和吸收，然后在此基础上创新。研究课题的参考资料要尽可能搜集全面和准确。

⑤论文作者在该课题中的工作。较小的课题可能由一个人来完成，而复杂的研究内容需要多人的合作。每个学生承担的工作重点有所不同，毕业设计要求每位学生必须独立做完相应模块。学生要集中力量陈述自己独立工作完成的部分，这是评价论文难易程度的主要依据。学生对课题的整体要了解清楚，对其他合作者研究的部分也要简单知道，虽然不涉及细节问题，但是总体框架和结构必须明确。

⑥局限性。学生的毕业设计及论文的写作都是在很短的时间内完成，且我们的知识面和知识掌握程度有限，鉴于这些原因，虽有一些研究成果，但毕竟不够深入，存在疏漏和谬误的地方，因此针对论文的不足之处要谦虚地提出来。

⑦新成果的评价与展望。正确认识毕业设计取得了哪些新成果，既不能过分自信、不够谦虚，又不能太过自卑，实事求是才是对待科学的正确态度。一个新成果有两个方面的价值，即理论价值和实践价值。如何将新成果推广到实际生活中，取得较好的经济效益，这是我们要思考和研究的问题之一，最后还要展望新成果的发展之路。

(2)答辩提纲的写作

答辩提纲分为引言、正文和结尾3个部分。下面详细介绍每个组成部分的基本内容。写作时要注意提纲挈领，不一定每一项内容都要写在提纲里，答辩提纲的主要目的是在答辩时起到“提示”的作用。

1)引言

引言是进入正文的一个重要手段，是进入答辩高潮环节的有益铺垫，因此书写引言时要投入一定精力，使引言能够引起答辩教师的注意，创造轻松的答辩氛围。

引言要做到引人入胜，如果能够采取听众感兴趣的话题作为切入点，就能事半功倍、一举多得。其一，可以让答辩教师将精力集中在你的论文之上；其二，可以缓解紧张而又严肃的气氛；其三，就是答辩教师听过很多学生的答辩之后已经十分疲倦，用这种轻松的手法开场，听众的精神状态也会自然地恢复；其四，这还是一种先声夺人的方法，容易让人印象深刻。特别要注意这种方式要适度，话题的范围要严格围绕论文的内容展开，切不可偏离中心，离题万里。时间的长短也要注意，它的作用仅是引人正题，一般控制在1~2 min，然后迅速展开论文核心内容。在这短短的时间里，都要涉及哪些内容呢？首先是礼貌的自我介绍，这是个人素养的基本体现，印象分很重要；其次是紧扣论文的趣味性材料；最后指明毕业设计课题及自述论文的安排和步骤。

2)正文

正文内容分为两部分，一部分是依据论文的主要内容编写，另一部分是专为答辩而准备的某些资料。下面详细介绍这两部分内容：

首先整理论文的主要内容，对下列论文内容浓缩，提取关键信息。

①标题、摘要、关键词

这3个部分在论文中已经十分精炼，特别是摘要字数虽然少，但是能够说明论文的核心内容。

②目录

论文各章节的目录处处体现着论文的层次和结构。它能够帮助我们厘清思路，抓住论文的梗概，便于查找。目录各层次的标题之间也暗示了其内容之间的相互联系。

③前言

论文的前言一般包括写作此论文的目的和主要原因、本课题现阶段的发展情况、课题的有关背景和发展历史、研究范围和工作方法、理论原理、预期结果、工作计划。

④论文正文

论文正文是论文的核心和主体部分，但是它篇幅最长，不适合在答辩提纲中使用，可以摘录正文中的重要观点和内容列入答辩提纲，帮助学生答辩时对选题进行重点讲解。

⑤结尾

首先，结论。通过科学的理论推导和分析，反复的实验论证，实验数据的总结、概括、归纳，得出最终结论。结论应该完整准确、简明扼要、不偏激、不片面。

其次，致谢。在毕业设计和撰写论文的过程中，必然得到很多人的帮助和支持，在论文的最后要对帮助自己的师长、工作伙伴以及协作单位致谢。

最后，要准备专门为答辩而收集的资料，也要将核心内容和索引写在提纲中，其他具体资料可以在答辩中携带。主要包括与该课题联系的背景资料和文献，适当扩大到本领域范围之内，以及该课题的现有研究程度、发展方向、发展前景的有关资料。

10.4.3 答辩提纲的试讲

答辩提纲撰写完成之后,经过反复阅读、修改并最终定稿。试讲由此开始,试讲的时间长度应与实际答辩的自述时间长度相同,应以各学校的规定为准,一般为 20 min。

试讲分为两个阶段。第一阶段,由自己独立完成,即讲给自己听。大概掌握发言时间的长短,对答辩提纲不尽如人意的地方再次进行修改、补充、删减,这一过程的记忆工作量很大。提纲不是全部内容,只是属于提示性的文字,主要体现彼此之间的层次与逻辑关系,由此联想到全部内容。试讲的过程应尽量脱稿演讲,对有些记忆起来确实有困难的内容可适当看稿。第二阶段,多人模拟答辩会场的形式,这一阶段与正式答辩的程序和内容完全相同,应当作一场正式考试。

10.4.4 答辩技巧

学生在答辩前除做好必要的物质和心理上的准备外,还应针对论文选题设计和准备答辩小组可能提出的问题。答辩中的技巧可以帮助学生消除紧张心理,举止大方而有礼貌,突出重点,避开没有足够把握的论题,获得优异的成绩。

(1)答辩程序

1)自我介绍

自我介绍作为答辩的开场白,包括姓名、学号、专业。介绍时要举止大方、态度从容、面带微笑,礼貌得体,争取给答辩小组一个良好的印象。好的开端就意味着成功了一半。

2)答辩人陈述

收到成效的自我介绍只是这场答辩的开始,接下来的自我陈述才进入正轨。自述的主要内容归纳如下:

①论文标题。向答辩小组报告论文的题目,标志着答辩的正式开始。

②简要介绍课题背景、选择此课题的原因及课题现阶段的发展情况。

③详细描述有关课题的具体内容,其中包括答辩人所持的观点看法、研究过程、实验数据、结果。

④重点讲述答辩人在此课题中的研究模块、承担的具体工作、解决方案、研究结果。

⑤侧重创新的部分。这部分要作为重中之重,这是答辩教师比较感兴趣的地方。

⑥结论、价值和展望。对研究结果进行分析,得出结论;新成果的理论价值、实用价值和经济价值;展望本课题的发展前景。

⑦自我评价。答辩人对自己的研究工作进行评价,要求客观,实事求是,态度谦虚。经过毕业设计与论文的撰写,专业水平上有哪些提高、取得了哪些进步,研究的局限性不足之处、心得体会。

3)提问与答辩

答辩教师的提问安排在答辩人自述之后,这是答辩中相对灵活的环节,有问有答,是一个相互交流的过程。一般为 3 个问题,采用由浅入深的顺序提问,采取答辩人当场作答的方式。

答辩教师提问的范围在论文所涉及的领域内,一般不会出现离题的情况。提问的重点放在论文的核心部分,通常会让答辩人对关键问题作详细、展开性论述,深入阐明。答辩教师也会让答辩人解释清楚自述中未讲明白的地方。论文中没有提到的漏洞，也是答辩小组经常会问到的部分。再有就是论文中明显的错误，这可能是由于答辩人比较紧张而导致口误，也可能是答辩人未意识到的错误，如果遇到这种状况，不要紧张，保持镇静，认真考虑后再回答。还有一种判断类的题目，即答辩教师故意以错误的观点提问，这就需要答辩人头脑始终保持清醒，精神高度集中，才能正确作答。仔细聆听答辩教师的问题，然后经过缜密的思考，组织好语言。回答问题时要求条理清晰、符合逻辑、完整全面、重点突出。如果没有听清楚问题，请答辩教师再重复一遍，要态度诚恳，有礼貌。

当有问题确实不会回答时，也不要着急，可以请答辩教师给予提示。答辩教师会对答辩人改变提问策略，采用启发式或引导式的问题，降低问题难度。

出现可能有争议的观点，答辩人可以与答辩教师展开讨论，但要特别注意礼貌。答辩本身是非常严肃的事情，切不可与答辩教师争吵，辩论应以文明的方式进行。

4）总结

上述程序一一完毕，代表答辩也即将结束。答辩人最后纵观答辩全过程，作总结陈述，包括两方面的总结：毕业设计和论文写作的体会；参加答辩的收获。答辩教师也会对答辩人的表现作出点评，指出成绩和不足，提出建议。

5）致谢

感谢在毕业设计论文方面给予帮助的人们并且要礼貌地感谢答辩教师。

（2）答辩注意事项

①克服紧张、不安、焦躁的情绪，自信自己一定可以顺利通过答辩。

②注意自身修养，有礼有节。无论是听答辩教师提出问题，还是回答问题都要做到礼貌应对。

③听明白题意，抓住问题的主旨，弄清答辩教师出题的目的和意图，充分理解问题的根本所在，再作答，以免出现答非所问的现象。

④若对某一个问题确实没有搞清楚，要谦虚向教师请教。尽量争取教师的提示，巧妙应对。用积极的态度面对遇到的困难，努力思考作答，不应自暴自弃。

⑤答辩时语速要快慢适中，不能过快或过慢。过快会让答辩小组成员难以听清楚，过慢会让答辩教师感觉答辩人对这个问题不熟悉。

⑥对没有把握的观点和看法，不要在答辩中提及。

⑦不论是自述，还是回答问题，都要注意掌握分寸。强调重点，略述枝节；研究深入的地方多讲，研究不够深入的地方最好避开不讲或少讲。

⑧通常提问会依据先浅后深、先易后难的顺序。

⑨答辩人的答题时间一般会限制在一定的时间内，除非答辩教师特别强调要求展开论述，否则不必展开过细。直接回答主要内容和中心思想，去掉旁枝细节，简单干脆，切中要害。

10.4.5　答辩常见问题

在答辩时，一般是几位相关专业的老师根据学生的设计实体和论文提出一些问题，同时听取学生个人阐述，以了解学生毕业设计的真实性和对设计的熟悉性；考察学生的应变能力和知识面；听取学生对课题发展前景的认识。常见问题的分类如下：

①辨别论文真伪,检查是否为答辩人独立撰写的问题。

②测试答辩人掌握知识深度和广度的问题。

③论文中没有叙述清楚,但对于本课题来讲尤为重要的问题。

④关于论文中出现的错误观点的问题。

⑤课题有关背景和发展现状的问题。

⑥课题的前景和发展问题。

⑦有关论文中独特的创造性观点的问题。

⑧与课题相关的基本理论和基础知识的问题。

⑨与课题相关的扩展性问题。

第 11 章 机械创新设计案例

机械设计一般要经过总体方案设计和结构设计两个重要的工作阶段。总体方案设计往往是发散—收敛的过程，它从功能分析入手构思探求多种方案，然后进行技术经济评价，经优化筛选求得最佳原理方案。而结构设计是在总体设计的基础上，根据所确定的原理方案，设计满足功能要求的机械结构，确定最好的技术方案。

11.1 总体方案设计

机械的总体方案设计是紧紧围绕功能的分析、求解和组合实施的。

现代机械种类繁多，但从功能分析的角度看，仍主要归纳为由动力、传动、执行、测控四大系统组成。动力系统的功能是为机械提供能量，其功能载体为各种形式的原动机；传动系统则实现动力与执行系统间运动和动力的传递功能，包括运动形式、方向、大小、性质的变化，其功能载体可以是电力、液压或机械装置；执行系统通过不同的执行元件为实现工作目的而完成执行功能，测控系统实现传感和控制功能，它将机器工作过程中的各种参数和状况检调出来，转化成可测定和控制的物理置，传达到信息处理装置进行处理，并及时发出对各种系统装置的工作指令和控制信号。

总体方案设计首先要根据产品的功能要求构思工作原理，功能要求与产品的用途、性能等概念不完全相同，如电动机的用途是作原动机，可以是驱动水泵或车床，但反映其特定工作能力的功能是能量转化——将电能转化为机械能。

机电产品系统的功能体现为能量、物料、信息的变化，并且与周围环境有密切联系，根据能量、物料、信息的变化，分析产品系统的总功能和分功能，分析系统中动力源、传动系统、执行系统、检测和控制系统的具体组成和特点。

功能的描述要准确、简洁,要抓住本质,在功能分析的基础上应对系统的原理方案进行总体分析,然后将功能系统按总功能、分功能……功能元进行分解,分析功能原理方案的工作原理,分析实现各功能元的原理解法,再将各功能元解的有机组合求得技术系统解(可以是多方案),排除明显不可行和不理想方案,对较好的方案通过优化,最后求得最佳方案。

11.2 机械创新设计实例

11.2.1 电脑多头绣花机的改型设计

电脑控制的刺绣机代替传统的手工、机械刺绣,是绣花工艺的一个质的飞跃。电脑刺绣技术早在20世纪70年代就在国外发展起来,80年代成为绣花机的主导设备。其典型产品有德国ZSK系列和日本田岛TMEF系列。1988年上海协昌有限公司引进日本的刺绣机技术,成功研制了GY4-1型电脑多头绣花机。该机目前在国际制衣工业上属先进的缝纫刺绣设备,适用于服装、床上用品、窗帘以及刺绣工艺品等产品的刺绣花样图案。

(1)改型方案的提出

从工作原理上讲,GY4-1型电脑多头绣花机与一般的家用缝纫机是类似的。必须实现以下主要功能:①使机针刺穿绣料形成线环的功能;②使底线与面线交织的功能;③输送和抽紧面线的功能;④使绣料送进的功能;⑤绣线换色的功能。除此以外,它还有编辑图案(如合并、分割、插针和缩放等)、断线报警、自动剪线以及监控等一些辅助功能。从机械运动系统的组成结构的角度看,该机由四大机构组成:刺布机构、排线机构、送布机构和钩线机构在机头部件中,通常统一考虑。

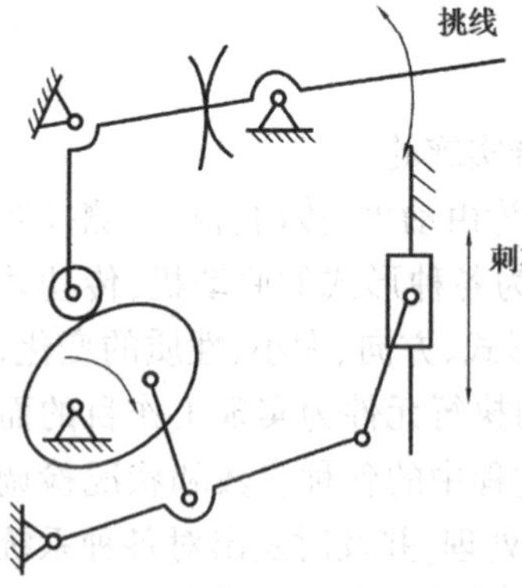

图11.1 田岛刺绣机的挑线刺布机构简图

GY4-1型电脑多头绣花机参考日本东海缝纫机有限公司田岛刺绣机研制而成,但田岛刺绣机的挑线刺布机构在美国、德国、意大利等国已经申请了专利,因而GY4-1型电脑多头绣花机很难进入国际市场。针对这种情况,协昌公司提出了避开田岛刺绣机的专利保护,进行挑线刺布机构方案的适应性设计,以生产新型的电脑多头绣花机系列产品。田岛刺绣机的挑线刺布机构简图如图11.1所示。它的专利申请建立在跳线机构使用凸轮机构的基础上,因而设计时应尽量避免使用凸轮。

(2)挑线刺布机构系统的本体知识表示

本体知识是指在某一应用领域中设计某一机械系统时所遵循的知识的本质和内涵。例如在家用缝纫机设计中,刺布、挑线、钩线和送布4个功能对应的行为是机针的上下运动、挑线杆供线和收线、梭子钩线和推动缝料4组不同的运动行为。这些知识是缝纫机设计的本体知识。

由于绣花机的工作原理与一般家用或工业用缝纫机基本相同,因此我们包括田岛刺绣机机构在内,把家用和工业缝纫机的挑线刺布机构作为形成本体知识的示教例子,利用机器学习方法分别得出两类机构和本体知识。

图 11.2 示出 3 种刺布机构的示教例子。

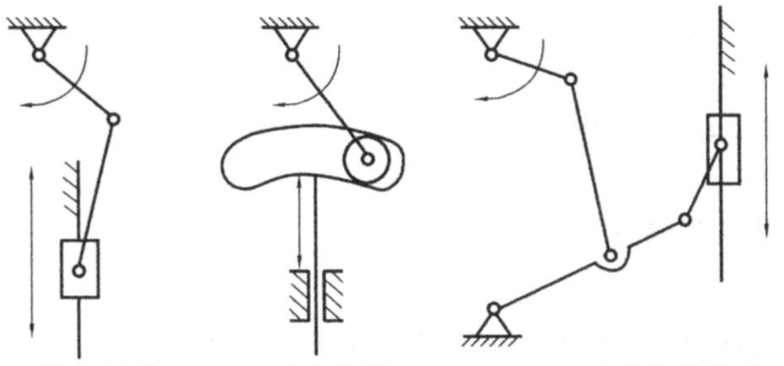

(a) 曲柄滑块机构刺布机构(GB型)　(b) 曲柄滑槽刺布机构(36型)　(c) 六连杆滑块刺布机构(田岛型)

图 11.2　刺布机构的机构实例

3 种刺布机构的运动行为列入表 11.1 中。

表 11.1　刺布机构的行为数据

行为 类型	行为类型	输入运动类型	输出运动类型	输出运动范围	输出速度变化	输出连续性	输出运动方向	…	输出速度要求
GB 型	运动转换	转动	移动	中等	非匀速	连续	往复		不可满足
36 型	运动转换	转动	移动	中等	非匀速	连续	往复		满足
田岛型	运动转换	转动	移动	中等	非匀速	连续	往复		可部分满足

图 11.3 示出 4 种挑线机构的实例。

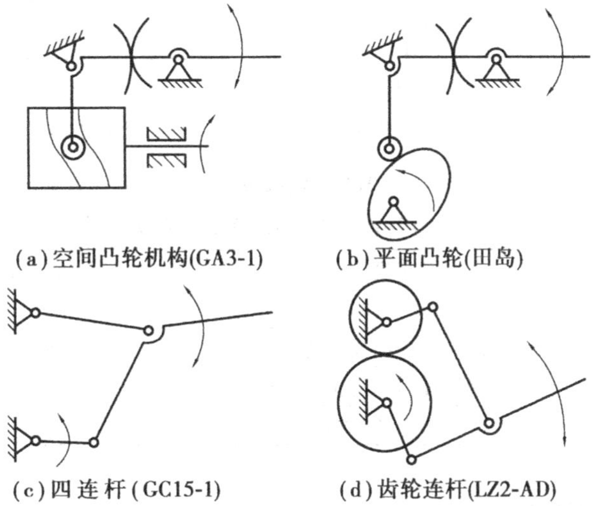

(a) 空间凸轮机构(GA3-1)　(b) 平面凸轮(田岛)

(c) 四连杆(GC15-1)　(d) 齿轮连杆(LZ2-AD)

图 11.3　挑线机构实例

表 11.2 列出 4 种挑线机构运动特性的差异。

表 11.2 挑线机构运动特性的差异

机构名称	输出运动范围可调性	输出速度要求	运动行为评分
GA3-1	不可调	可满足	好
田岛	不可调	可满足	好
GC15-1	不可调	不可满足	较差
LZ2-AD	可调	部分满足	较好

(3)挑线刺布机构系统方案

1)刺布机构方案的拟订

根据机械运动系统智能化概念设计的理论及其计算机实现方法的研究所开发出的一种概念设计平台原型系统 1MCDP 表明,可以根据刺布机构的本体运动行为,得到刺布机构的备选方案,如图 11.4 所示。4 种新生成的机构方案的运动行为评价,按优劣排序列于表 11.3 中。

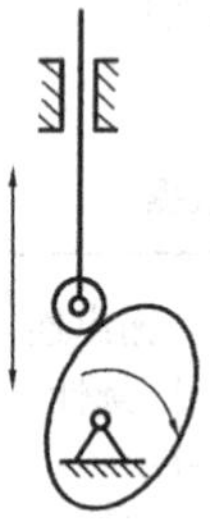

(a)凸轮机构

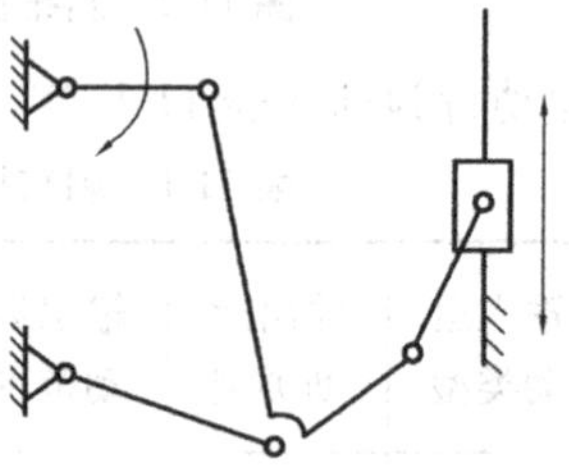

(b)摇杆滑块机构

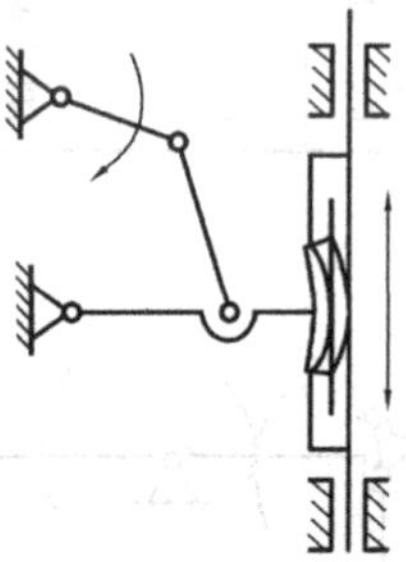

(c)去柄摇杆齿轮齿条机构

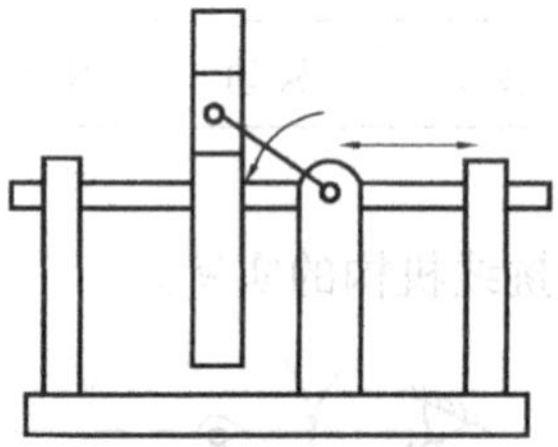

(d)正弦机构

图 11.4 新刺布机构备选方案简图

表 11.3 4 种新刺布机构及其运动行为评价

刺布机构序号	刺布机构名称	运动行为评价
(a)	滚子移动从动件判刑凸轮机构	好
(b)	急回往复运动摇杆滑块机构	较好
(c)	曲柄摇杆驱动齿轮齿条机构	一般
(d)	正弦机构	一般

2)挑线机构的方案生成

根据挑线机构的本体运动行为,得到挑线机构备选方案,如图 11.5 所示,4 种新跳线机构及其运动行为评价列于表 11.3 中。

方案(a)优于方案(b),方案(a)优于方案(c),方案(a)优于方案(d);方案(a)优于田岛方案;方案(b)优于方案(c),方案(d)优于方案(c),田岛方案优于方案(c)。

根据以上优先顺序关系,可以认为方案(a)最好,方案(b)、(d)和田岛方案居中,方案(c)最差。

3)挑线机构的评价

田岛方案>方案(c);

方案(a)>方案(b)>方案(d)。

四杆齿轮组合机构和六杆齿轮组合机构的评价基本相同(六杆机构略好于四杆机构),但它们稍逊于田岛的挑线机构。

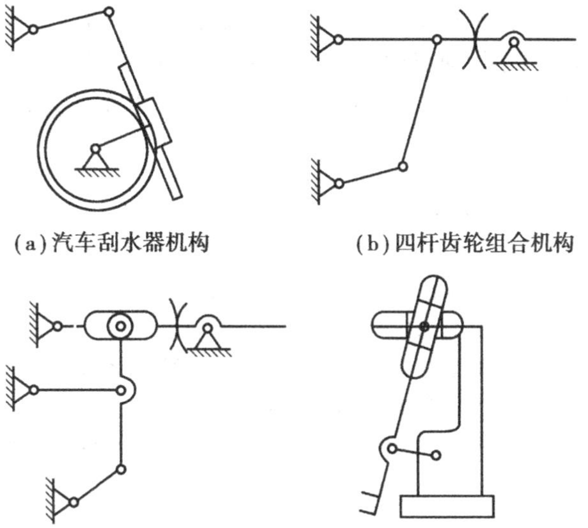

(a)汽车刮水器机构　(b)四杆齿轮组合机构

(c)六杆齿轮组合机构　(d)带调节装置的电影抓片机构

图 11.5　新挑线机构备选方案

在以上结果的基础上,新型挑线刺布机构的构型选定还要依赖设计的具体要求。本设计是改进设计,力求在避免有专利的前提下,尽量少改动量,甚至不改变原机构各安装孔的位置。在此要求下,根据刺布机构的评价:凸轮机构最好,但考虑到其在高速和耐磨性方面的缺陷,最终刺布机构方案只从六杆滑块机构和田岛刺布机构中选择。由于田岛专利不在刺布机构中,为了不改变原机构安装孔的位置,仍选用田岛的刺布机构。在挑线机构的形式选择中,田岛挑线机构最优,但六杆齿轮机构和四杆齿轮机构稍逊于它,也可以选用。六杆机构一方面略优于四杆机构,另一方面在设计时更容易满足安装孔的位置,挑线机构最终选用六杆机构。由此得出新型挑线刺布机构,如图 11.6 所示。经样机试验表明,改进的机构

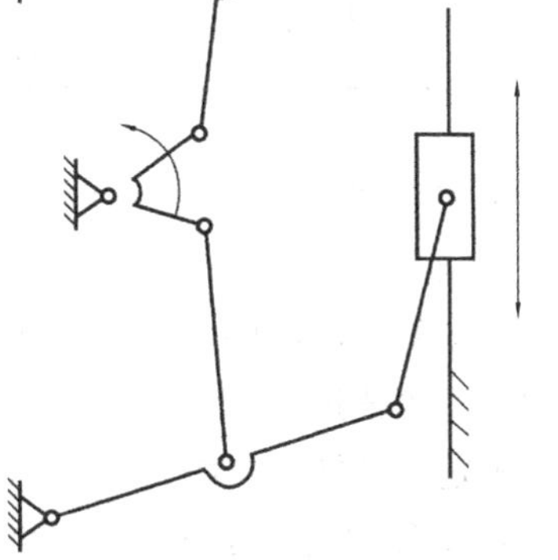

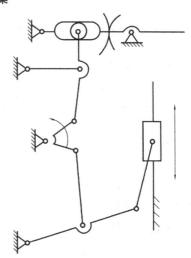

图 11.6　新型挑线刺布机构简图

方案具有较好的运动平稳性。

11.2.2 抓斗创新设计方案实例

抓斗是重型机械的一种取物装置，主要用来就地装卸大量散粒物料，用于河口、港口、车站、矿山、林场等处。目前使用的一些抓斗，还不能完全满足装卸要求，长撑杆双鄂板抓斗虽应用广泛，但由于其具有闭合结束时闭合力呈减小趋势的致命弱点，影响抓取效果。其他类型的抓斗虽有使用，但不很普通，也存在各自的缺点，故市场上希望有一种装卸效率高、作业快、功能全、适用广的散货抓斗。从设计方法学和创造学的角度出发，通过对抓斗的功能分析，确定可变元素，列出形态矩阵表，组合出多种抓斗原理方案，再评价择优，从而得到符合设计要求的原理方案，为设计人员提供抓斗原理方案设计的新思路。

在分析调查的基础上，运用缺点列举法、实现希望法等创造技法，制订抓斗开发设计任务（见表 11.4）。运用反求工程设计方法，对起重机一般取物装置作反求分析，得起重功能树如图 11.7 所示。

表 11.4 抓斗开发任务书

要 求	内 容
功能要求	(1)抓取性能好，有较大的抓取力 (2)装卸效率高 (3)装卸性能好，空中任一位置颚板可闭合、打开 (4)闭合性能好，能防散漏 (5)适用范围广，既可抓小颗粒物料，也可抓大颗粒物料
结构要求	(1)结构新颖 (2)结构简单、紧凑
材料方面	(1)材料耐磨性好 (2)价格便宜
人机工程方面	操作方便，造型美观
经济、使用安全等方面	(1)尽量能在各种起重机、挖掘机上配套使用 (2)维护、安装方便，工作可靠，使用安全 (3)总成本低廉

由现有抓斗可知，抓斗的主要特点是颚板运动，结合设计任务书，得抓斗的功能树如图 11.8 所示。

抓斗的功能结构如图 11.9 所示。所谓功能结构图是一种图形，它包括了对系统的输入及输出的适当描述，为实现其总功能所具有的分功能和功能元以及它们之间的顺序关系。

确定了功能结构图，也就明确了为实现其总功能所具有的分功能和功能元以及它们之间的相互关系，利于寻找实现分功能和功能元的作用效应。

按设计方法学理论，如果一种作用效应能实现两个或两个以上的分功能或功能元，则机构将大大简化，运用反求工程设计方法，确定抓斗可变元素为：

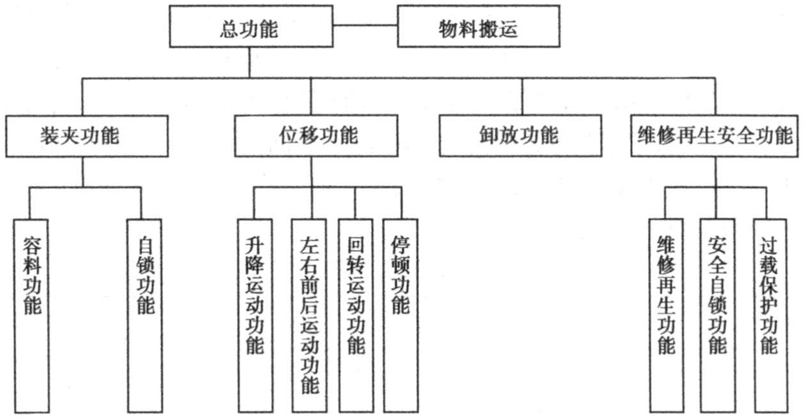

图 11.7　起重机功能树

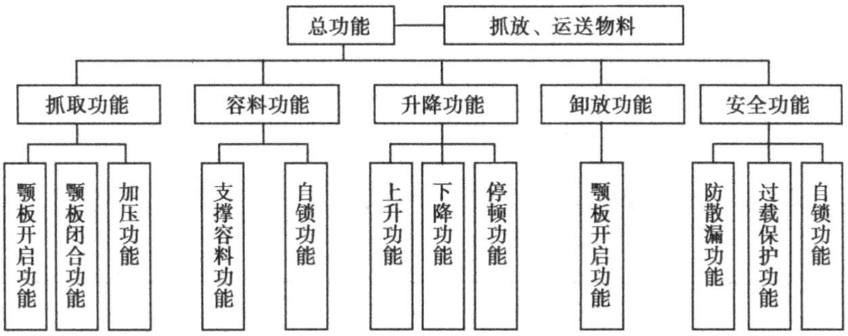

图 11.8　抓斗功能树

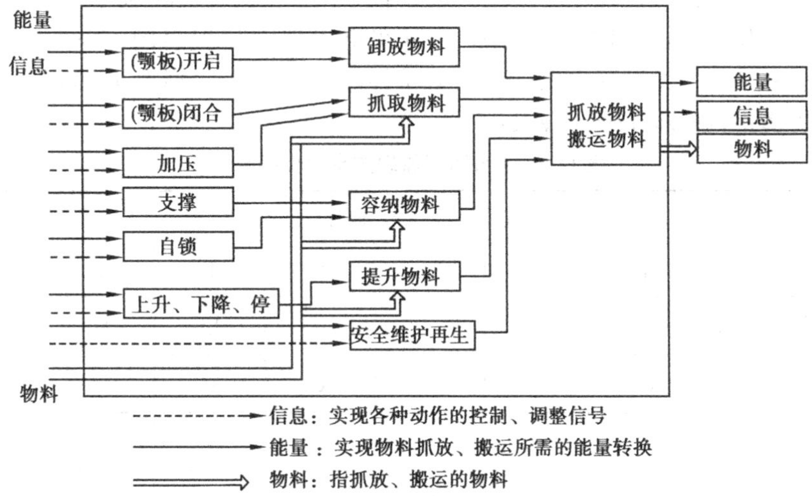

图 11.9　抓斗功能结构

A——能实现支承、容料和启闭运动的原理机构；

B——能完成启闭动作、加压、自锁的动力装置(即动力源形式)。

运用各种创造技法，对可变元素进行变换(即寻找作用效应)，建立形态矩阵表(见表

11.5)。理论上，表 11.5 中任意两个元素的组合就形成了某一种抓斗的工作原理方案。尽管可变元意只有 A，B 两个，但理论上可以组合出 5×5＝25 种原理方案，其中包括明显不能组合在一起的方案。经分析得出明显不能组合在一起的方案有：A_2B_{22}，A_4B_1，A_4B_{22}，A_4B_3，A_4B_4，A_5B_1，A_5B_{21}，A_5B_3，A_5B_4，把这些方案排除，剩 16 种方案，而常见的一些抓斗工作原理方案基本包含在这 16 种内，如 A_1B_1 组合，就是耙集式抓斗的工作原理方案。除此之外，这 16 种方案中包含了一些创新型的抓斗。

表 11.5　抓斗原理方案形态矩阵表

<table>
<tr><td>可变元素</td><td colspan="7">变　体</td></tr>
<tr><td rowspan="2">颚板启闭机构 A(平面图)</td><td>单(多)铰链杆</td><td colspan="2">连杆机构</td><td>杠杆机构</td><td>螺杆机构</td><td>齿轮齿条机构</td><td>其他</td></tr>
<tr><td>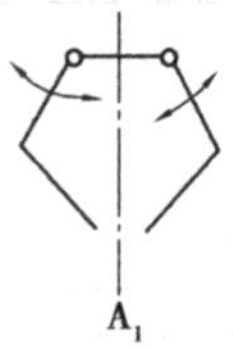
A_1</td><td colspan="2">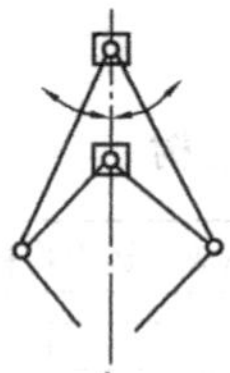
A_2</td><td>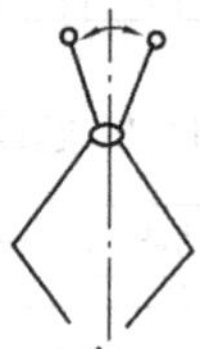
A_3</td><td>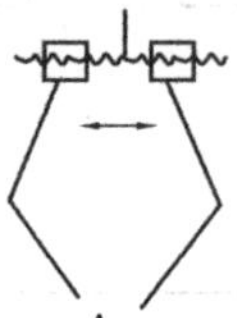
A_4</td><td>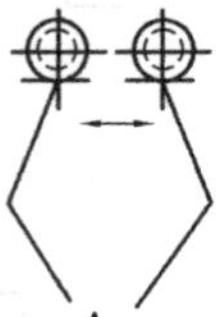
A_5</td><td>…</td></tr>
<tr><td rowspan="2">(启闭)、加压、自锁动力源形式</td><td rowspan="2">绳轮-滑轮 B_1</td><td colspan="2">电力机械 B_2</td><td rowspan="2">液压 B_3</td><td rowspan="2">气压 B_4</td><td rowspan="2">…</td><td rowspan="2"></td></tr>
<tr><td>螺杆传动 B_{21}</td><td>齿轮传动 B_{22}</td></tr>
</table>

方案评价过程是一个方案优化的过程，希望所设计的方案能最好地体现设计任务书要求，并将缺点消除在萌芽状态，为此，从矩阵表中抽象出抓斗的评价准则为：

A——抓取力大，适应难抓物料；B——可在空中任一位置启闭；C——装卸效率高；D——技术先进；E——结构易实现；F——经济性好，安全可靠。根据这六项评价准则，对抓斗可行原理方案进行初步评价，见表 11.6。

表 11.6　抓斗可行原理方案初步评价表

抓斗方案	评价准则						评判意见
	A	B	C	D	E	F	
A_1B_1 耙集式抓斗	×	√	×	√	√	√	
A_1B_4	√	√	√	√	√	√	√
A_2B_1 长撑杆抓斗	×	√	×	√	√	×	
A_1B_{21}	√	√	×	√	√	×	
A_1B_3	√	√	√	√	√	√	√
A_2B_3	√	√	√	√	√	√	√
A_2B_4	√	√	√	√	√	√	√

续表

抓斗方案	评价准则						评判意见
	A	B	C	D	E	F	
A_3B_1	√	√	×	√	√	√	
A_3B_{21}	√	√	×	√	√	×	
A_3B_{22}	√	√	×	?	√	×	
A_3B_3	√	√	√	√	√	√	√
A_3B_4	√	√	√	√	√	√	√
A_4B_{21}	√	√	×	√	√	×	
A_5B_{22}	√	√	√	√	√	×	
A_1B_{21}	√	√	?	?	√	×	

注:表中"√"表示实现或能满足准则要求;"×"表示不满足或不能实现准则要求;"?"表示信息量不足,待查。

从表 11.6 中可知,能满足六项准则的有 6 种方案,即 A_1B_3,A_1B_4,A_2B_3,A_2B_4,A_3B_3、A_3B_4。为进一步缩小搜索区域,在确定最佳原理方案之前,应及时进行全面的技术经济评价和决策。

研究这 6 种初步评价获得的可行方案,发现为了实现装卸效率较高,动力源形式选择液压或气压。为进一步筛选、取优,这里不妨对液压和气压作一比较(见表 11.7)。

表 11.7　动力源采用液压或气压的抓斗性能比较

比较内容	气动	液压	比较内容	气动	液压
输出力	中	大	同功率下结构	较庞大	紧凑
动作速度	快	中	对环境温度适应性	较强	较强
响应性	小	大	对温度适应性	强	强
控制装置构成	简单	较复杂	抗粉尘性	强	强
速度调节	较难	较易	能否进行复杂控制	普通	较优
维修再生	容易	较难			

由表 11.7 可知,液压传动相比气压传动具有明显的优点,液压传动的抓斗功率密度大,结构紧凑,质量小,调速度性能好,运转平稳、可靠,能自行润滑,易实现复杂控制。气压传动明显的优点是结构简单,维护使用方便,成本低,工作寿命长,工作介质(压缩空气)的传输简单,且易获得。对于抓斗设计,要求抓取能力强,质量小,结构紧凑,经济性好,维护方便。通过分析比较,权衡主次,选择液压传动作为控制动力源较优。

经过筛选,剩 3 种方案,即 A_1B_3,A_2B_3,A_3B_3。将这 3 种方案大概构思,画出其简图,分别如图 11.10(a)至 11.10(c)所示。

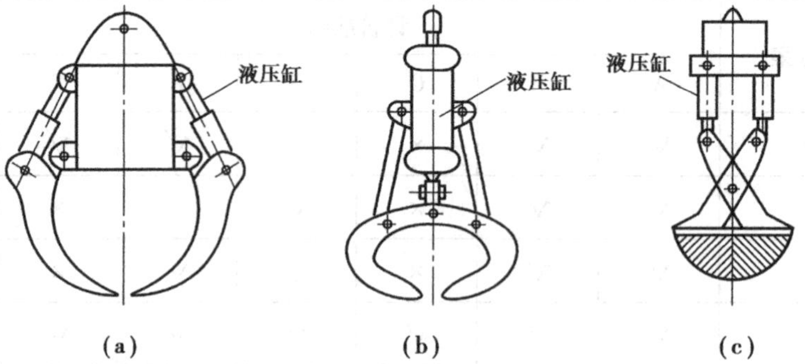

图 11.10 方案简图

A_1B_3组合为液压双颚板或多颚板抓斗,需要两个或两个以上液压缸。

A_2B_3 组合为液压长撑杆双颚板或多颚板抓斗,只需一个液压缸。

A_3B_3 组合为液压剪式抓斗,需要两个液压缸。

通过以上的分析,经过评价、筛选确定了这 3 种抓斗原理方案。对这 3 种方案可以对照设计任务书作进一步定性分析(见表 11.8)。

表 11.8 抓斗原理方案的对比

	抓取性能	闭合性能	适用范围	液压缸行程	结构复杂程度
A_1B_3	好	好	广	较小	较复杂(两个以上液压缸)
A_2B_3	好	差	一般	较小	简单(一个液压缸)
A_3B_3	好	好	一般	大	一般(两个液压缸)

从表 11.8 中得出:A_1B_3 能较好地满足设计要求,其不足是结构稍复杂;A_2B_3 无法防止散漏这至关重要的性能要求;A_3B_3 液压缸行程大,这在技术上很难实现,故最后确定 A_1B_3 为最佳原理设计方案。

以上是利用设计方法学和创造学原理对抓斗开发设计中的原理方案创新设计进行了研究,在设计过程中还应注意以下几点:

①评价过程中应充分利用集体智慧,提高评价准确性,在定性分析方法无法得出结论时,可用加权的方法进行定量分析。

②一次次地比较、筛选,实际上是逐步寻找薄弱环节,是一个优化的过程。

③在最佳原理方案确定之后的设计中,也应当充分运用设计方法学和创造学的基本原理进行创新设计。比如,在抓斗的结构设计中,要充分发挥设计人员的创造性,确定结构设计中的可变元素,对可变元素进行变化、创新得出最佳设计。

11.2.3 仿人步行两足机器人的设计实例

人类用两条腿走、跑、跳、蹲、转甚至空翻、倒立,这与人类有:①发达的骨骼、关节、肌腱和韧带;②发达的大脑及神经系统;③发达的感觉系统等密切相关。

人类的步行是大脑控制肌群的收缩和放松，通过韧带使骨骼相对关节转动而完成的。对于一台步行机器人来说，其执行部分相当于人的脚、小腿、大腿、胯（臀）；传动部分相当于韧带；原动机部分相当于肌腱；传感装置和计算机控制系统相当于感觉系统和大脑及神经系统。

设计者运用计算机科学、电子学、传感技术、机构学及材料学等高新技术，用执行部分、传动部分、原动机部分、传感装置和计算机控制系统等 5 部分来模仿人类的 3 个基本结构和功能，研制出仿人步行二足机器人。

（1）执行部分、传动部分

步行机器人的执行部分、传动部分由脚、小腿、大腿、胯（臀）以及踝、膝、股、腰等关节组成，其中关节是关键部位。图 11.11 示出了各关节结构简图，实质上就是滑块—摆杆机构。

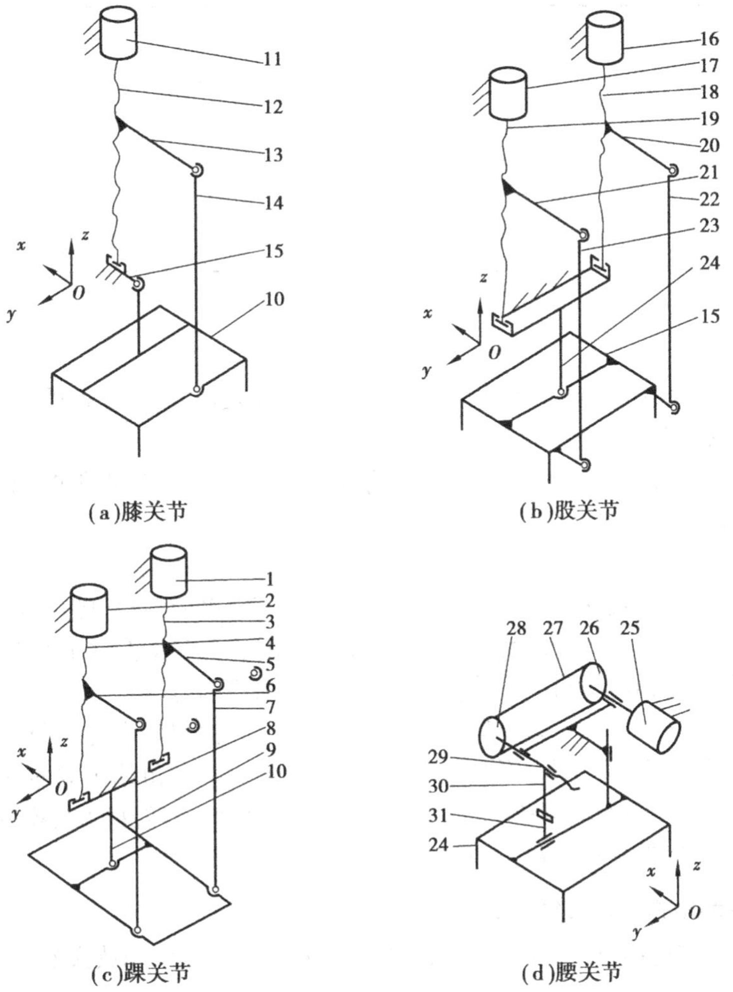

图 11.11　仿人步行二足机器人的关节简图

以踝关节为例，伺服电机 1、2 相当于肌腱，为原动机部分；滚珠螺杆 3 和 4、螺杆螺母 5 和 6 与连杆 7 和 8 相当于韧带，为传动部分；脚 9 为执行部分。脚 9 相对小腿 10 之间的摆动是由伺服电机 1、2 的转动通过滚珠螺杆 3、4 转换为螺杆螺母 5、6 的直线运动，再经连杆 7、8 完成的。踝关节具有两个自由度,当伺服电机1、2同向转动时,脚9相对小腿10绕y轴摆动;当伺服电机1、2反向转动时,脚9相对小腿10绕y轴摆动。图中各铰链均为球铰。

股关节与踝关节结构相似。

膝关节具有一个自由度。伺服电机11的转动通过滚珠螺杆12使螺杆螺母13带动连杆14完成小腿10与大腿15之间绕y轴的相对摆动。

腰关节具有一个自由度。伺服电机25通过同步带轮26,同步带27,便与同步带轮28同轴的滚珠螺杆29转动,并经螺杆螺母30和构件31使胯(臀)24绕z轴摆动。

欲使仿人步行二足机器人再现人腿的全部功能是非常困难的。由于机构的限制和防止伺服电机过度转动,使用了限位开关,各关节实际可动范围见表11.9。

表11.9 关节的可动范围

关 节	x	y	z
踝	−35°~25°	−10°~10°	—
膝	−85°~0°	—	—
股	−25°~35°	−10°~10°	
腰	—	—	−25°~25°

(2)传感装置

人类的感觉系统非常发达。对于步行来说,最基本的包括控制平衡的小脑,脚与地面是否接触的感觉,各关节的弯曲程度和用力大小等。

仿人步行二足机器人采用电子陀螺控制身体平衡,力传感器体现脚的触觉,轴角编码器反应肌腱信息,电机电流表反应控制力矩的大小。

前后、左右4个方向各装有一个陀螺,用于检测机器人身体的倾倒角速度,控制其平衡。脚与地面是否接触的触觉由脚上的力传感器获得。该力传感器是在每只脚上贴4个应变片,可获得脚上4个部位所受的力。

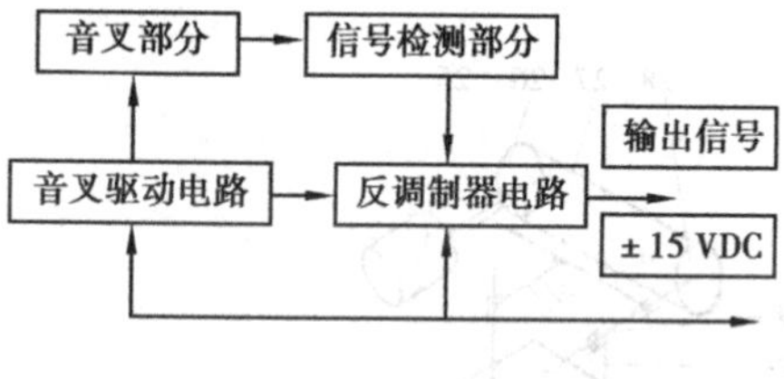

图11.12 电子陀螺的工作原理

各关节的弯曲程度由与伺服电机相连的光学轴角编码器获得。轴角编码器的脉冲信号经可逆计数器,通过频率电压转换器变换成电压信号。

电子陀螺的工作原理如图11.12所示。

(3)原动机部分和计算机控制系统

原动机部分主要由伺服电机(图11.11中1,2,11,16,17,25)和放大器等组成,相当于人的肌腱。

计算机控制系统由计算机系统、带有轴角编码器的伺服电机、传感装置、频率电压转换器、控制放大器、反馈电路等组成(见图11.13)。

应用滑块—摆杆机构研制的仿人步行二足机器人步行试验表明,能够完成稳定的静、动步行,并能在一定程度上适应地面的高度变化。

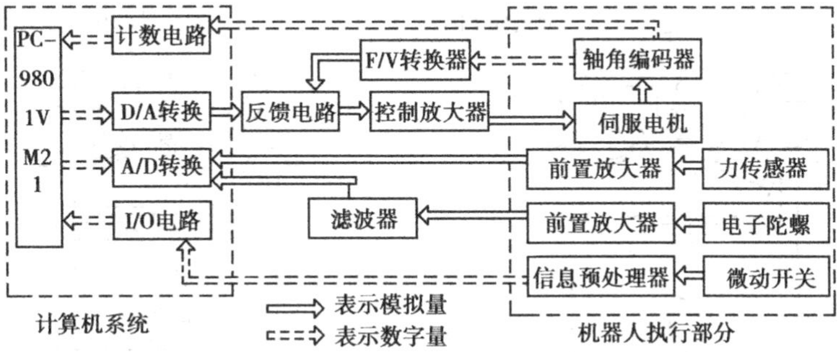

图 11.13　计算机控制系统框图

(4)结论

生物是自然进化中经历亿万年筛选淘汰和改进,才形成了现在的有机体,而人类作为生物界中的一员,在同自然的搏斗中,经历了数百万年的发展变化,才成为自然界中的一员。人体的骨骼、肌肉、组织、器官是任何其他生物所不能比拟的。因此,将人体的结构和功能运用到科学技术领域,必将大有可为。

11.2.4　新型内燃机的开发

动力机械是近代人类社会进行生产活动的基本装备之一。发动机为机械提供原动力。

动力机械中的燃气机按其工作方式分为内燃机和外燃机两大类。自 19 世纪 60 年代第一台实用的内燃机诞生以来,它已发展了多种形式,在国民经济各部门和国防工业中得到广泛的应用。

本案例就新型内燃机开发中的一些创新思路作简单分析。

(1)往复式内燃机的技术矛盾

目前应用最广泛的往复式内燃机由汽缸、活塞、连杆、曲轴等主要机件和其他辅助设备组成。

活塞式发动机的主体是曲柄滑块机构(见图 11.14)。它利用气体燃爆使活塞 1 在汽缸 3 内往复移动,经连杆 2 推动曲轴 4 做旋转运动,输出转矩。进气阀 5 和排气阀 6 的开启由专门的凸轮机构控制。

活塞式发动机工作时具有吸气、压缩、做功(燃爆)、排气 4 个冲程,如图 11.15 所示,其中只有做功冲程输出转矩,对外做功。

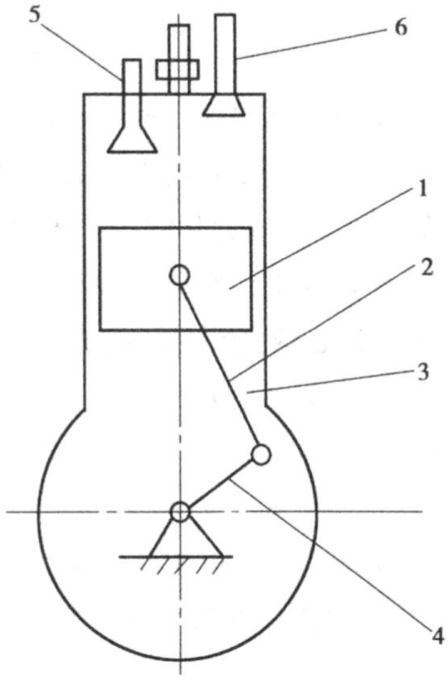

图 11.14　活塞式发动机

这种往复式活塞发动机存在以下明显的缺点:

①工作机构及气阀控制机构组成复杂,零件多。曲轴等零件结构复杂,工艺性差。

②活塞往复运动造成曲柄连杆机构较大的往复惯性力,此惯性力随转速的平方增长,使轴承上惯性载荷增大,系统由于惯性力不平衡而产生强烈振动。往复运动限制了输出轴转速的提高。

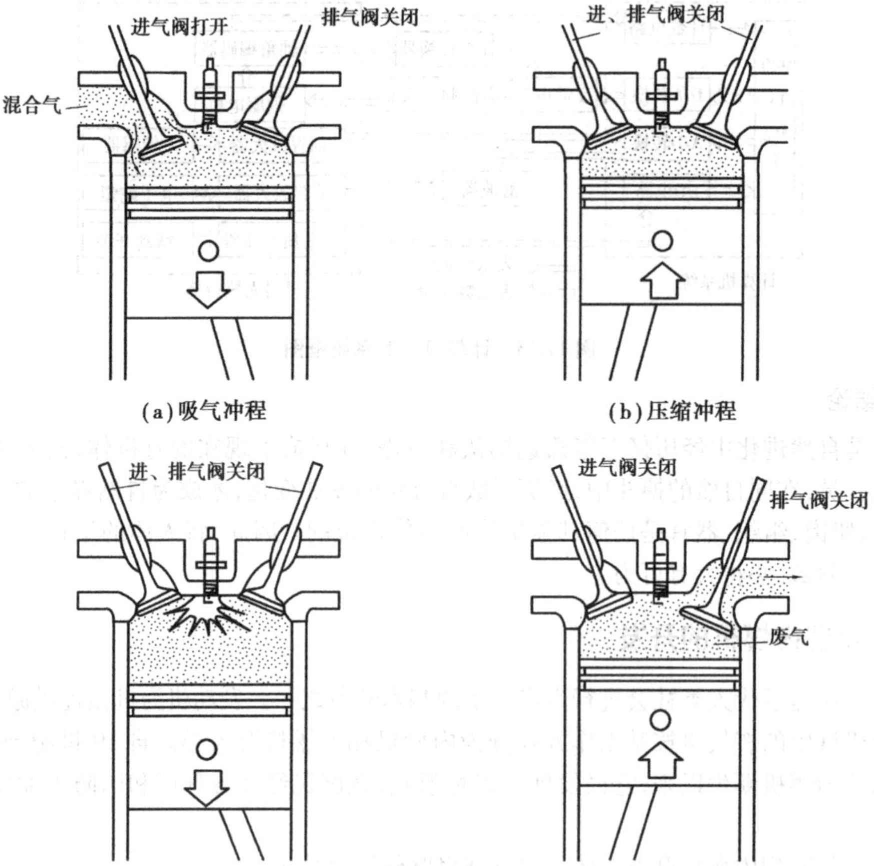

(a)吸气冲程　(b)压缩冲程

(c)做功冲程　(d)排气冲程

图 11.15　活塞式发动机的 4 个冲程

③曲轴回转两圈才有一次动力输出,效率低。

现在的问题,引起人们改变现状的愿望,社会的需要,促进产品的改造和创新。多年来,在原有发动机的基础上不断开发了一些新型的发动机。

(2)无曲轴式活塞发动机

无曲轴式活塞发动机用凸轮机构代替发动机原有的曲柄滑块机构。取消原有的关键件曲轴,使零件数量减少,结构简单,成本降低。

日本名古屋机电工程公司生产的二冲程单缸发动机采用无曲轴式活塞发动机,如图11.16所示,其关键部分是圆柱凸轮动力传输装置。

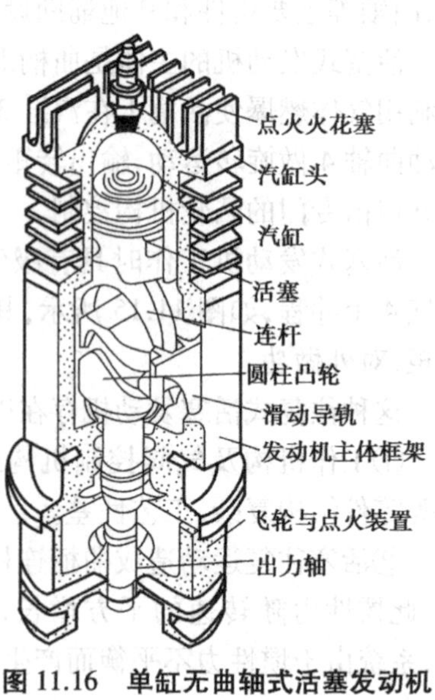

图 11.16　单缸无曲轴式活塞发动机

一般圆柱凸轮机构是将凸轮的回转运动变为从动杆的往复运动,而此处利用反动作,即活塞往复运动时,通过连杆端部的滑块在凸轮槽中滑动而推动凸轮转动,经输出轴输出转矩。活塞往复两次,凸轮旋转 360°。系统中设有飞轮,控制回转运动平稳。

这种无曲轴式活塞发动机若将圆柱凸轮安装在发动机中心部位,可在其周围设置多个汽缸,制成多缸发动机。通过改变圆柱凸轮的凸轮轮廓形状可以改变输出轴转速,达到减速增矩的目的。这种凸轮式无曲轴发动机已用于船舶、重型机械、建筑机械等行业。

(3)旋转式内燃发动机

在改进往复式发动机的过程中,人们发现,如能直接将燃料的动力转化为回转运动将是更合理的途径。类比往复式蒸汽机到蒸汽轮机的发展,许多人都在探索旋转式内燃发动机的建造。

1910 年以前,人们曾提出过 2 000 多个旋转式发动机的方案,但大多因结构复杂或无法解决汽缸密封问题而不能实现。直到 1945 年德国工程师汪克尔经长期研究,突破了汽缸密封这一关键技术,才使旋转式发动机首次运转成功。

1)旋转式发动机的工作原理

汪克尔所设计的旋转式发动机简图如图 11.17 所示,它由椭圆形的缸体 1、三角形转子 2(转子的孔上有内齿轮)、外齿轮 3、吸气口 4、排气口 5 和火花塞 6 等组成。

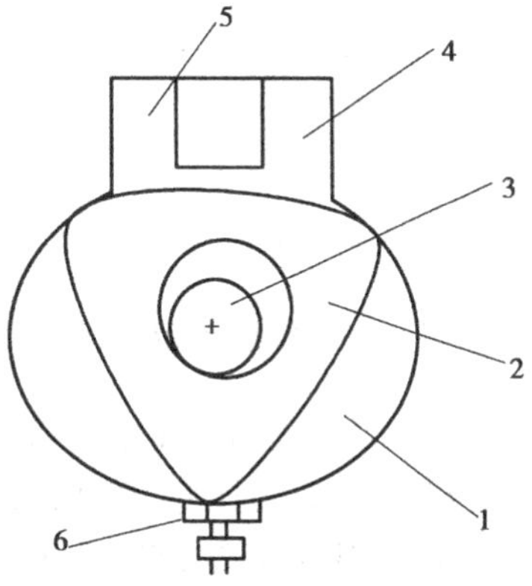

图 11.17 旋转式发动机简图

旋转式发动机运转时同样有吸气、压缩、燃爆(做功)和排气 4 个动作,如图 11.18 所示。当转子转一周时,以三角形转于上 *AB* 弧进行分析:

吸气:转子处于图 11.18(a)位置时,*AB* 弧所对内腔容积由小变大,产生负压效应,由吸气口将燃料与空气的混合气体吸入腔内。

压缩:转子处于图 11.18(b)位置时,内腔由大变小,混合气体被压缩。

燃爆:高压状态下,火花塞点火,使混合气体燃爆并迅速膨胀,产生强大压力驱动转子,并带动曲轴输出运动和转矩,对外做功。

排气:转子由图 11.18(c)位置至图 11.18(d)位置,内腔容积由大变小,挤压废气由排气口排出。

由于三角形转子有 3 个弧面,因此每转一周有 3 个动力冲程。

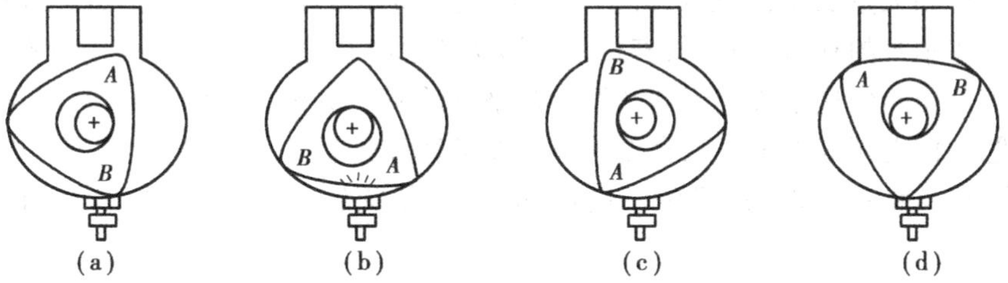

图 11.18 旋转式发动机运行过程

2)旋转发动机的设计特点

①功能设计

内燃机的功能是将燃气的能量转化为回转的输出动力,通过内部容积变化,完成燃气的吸气、压缩、燃爆、排气4个动作达到目的。旋转式发动机抓住容积变化这个主要特征,以三角形转子在椭圆形汽缸中偏心回转的方法达到功能要求,而且三角形转子的每一个表面与缸体的作用相当于往复式的一个活塞和汽缸,依次平稳连续地工作。转子各表面还兼有开闭进排气阀门的功能,设计可谓巧妙。

②运动设计

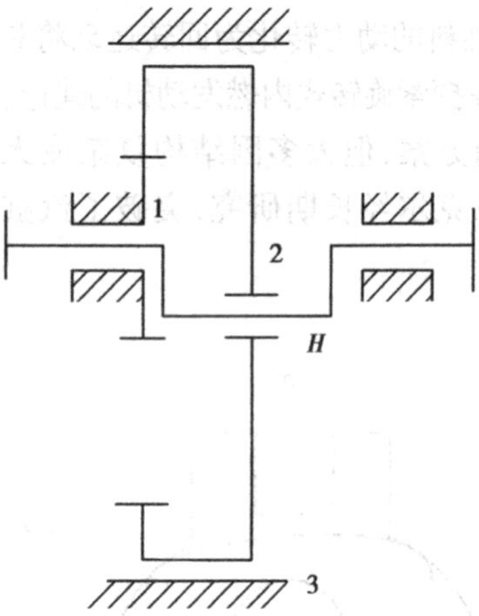

图 11.19 行星齿轮机构

偏心的三角形转子如何将运动和动力输出?在旋转式发动机中采用了内啮合行星齿轮机构,如图11.19所示。三角形转子相当于行星内齿轮2,它一面绕自身轴线自转,一面绕中心外齿轮1在缸体3内公转。系杆H则是发动机的输出曲轴。

转子内齿轮与中心外齿轮的齿数比是1.5∶1,这样转子转一周,使曲轴转3周($z_2/z_1=1.5 \rightarrow n_H/n_2=3$),输出转速较高。

根据三角形转子的结构可知,曲轴每转一周即产生一个动力冲程。相对四冲程往复发动机曲轴每转两周才产生一个动力冲程,推知旋转式发动机功率容量比是四冲程往复发动机的两倍。

③结构设计

旋转式发动机结构简单,只有三角形转子和输出轴两个运动构件。它需要一个化油器和若干火花塞,但无需连杆、活塞以及复杂的阀门控制装置。零件数量比往复发动机少40%,体积减少50%,质量下降1/2~2/3,在大气污染方面也有所改善。该发动机具有体积小、质量轻、噪声小、旋转速度范围大以及结构简单等优点,在大气污染方面也有所改善。

3)旋转式发动机的实用化

旋转式发动机与传统的往复式发动机相比,在输出功率相同时,具有体积小、质量轻、噪声小、旋转范围大以及结构简单等优点,但在实用化生产的过程中还有许多问题需要解决。

日本东泽公司从德国纳苏公司购得汪克尔旋转式发动机的专利后,进行实用化生产。经过样机运行和大量试验,发现汽缸上产生振纹是最主要的问题。而形成振纹的原因,不仅在于摩擦体本身的材料,同时与密封片的形状和材料有关,密封片的振动特性,对振纹影响极大。该公司抓住这个关键问题开发出极坚硬的浸渍炭精材料做密封片,较成功地解决了振纹问题。他们还与多个厂家合作相继开发了特殊密封件310号、火花塞、化油器、O形环、消声器等多种零部件,并采用了高级润滑油,使旋转式发动机在全世界首先达到实用化。

随着生产科学技术的发展,必然会出现更多新型的内燃机和动力机械。人们总是在发现矛盾和解决矛盾的过程中不断取得进步。而在开发设计过程中敢于突破,善于运用类比、组合、代用等创造技法,认真进行科学分析,将使我们得到更多的创新产品。

11.3　创新启示

发明与创新是推动人类文明发展的根本动力,也是决定一个国家综合国力的基础要素。机械的发明与创新是人类创造性活动的重要组成部分之一,从原始人类的木棍、石斧、骨针,到中国古代的指南车、天文钟、木牛流马,再到今天的机器人、太空船、登月车……无不包含着机械创新设计的成果。

长期的设计实践使人们体验到,设计工作往往要求有广博的知识、足够的经验和独到的判断力,即使是经验丰富的设计师也很难做到圆满出色的设计,至于初出茅庐者就更为困难了。导致这种困难的原因之一是缺乏把我们引向好的设计的基本指导原理和准则,数学、力学等基础理论已为解决"量的设计"(如确定形状、尺寸等)提供了许多行之有效的方法,但是对于"质的设计"(如功能构建、方案拟订等)还缺乏系统的研究。

历史上许多伟大的发明家如爱迪生、法拉第、瓦特、莫兹利等,他们设计创新的成果流传至今,但当初他们完成这些发明所用的方法和思路却无从查找。爱迪生一生有 1 000 多件发明,大家称他为"天才"和"发明大王"。人们在想,能否从天才们的创造性思维活动中总结出格式化、实用化的理论条规,以便于常人去掌握、仿效并在设计过程中起到激发创造能动性的作用,从而也可以进行设计创新而不囿于"天才"、经验与直觉。这也是我们在创新实践过程中体验和学习的。

瓦特用 30 多年的时间,孜孜以求不断改进蒸汽机,如果没有坚强的毅力和强烈的事业心,没有理论的指导和实验的研究,没有设计、试验、制作等方面的动手能力,是不可能取得如此重大成就的。另外,充分运用理论研究、模型实验分析以及综合运用移植、模拟创新原理和方法,对瓦特取得重大突破起了重要的作用。

内燃机的发展过程揭示了科学与生产之间的辩证关系。科学的形成和发展是由社会生产所决定的,但往往科学又走在生产前面,对新的生产技术的诞生起着巨大的引导作用。奥托循环、狄塞尔循环理论产生之后才制造出了实现理论的内燃机,充分说明了科学研究要走在生产的前面,探索、发现新的热力学循环,才能引起内燃机技术新的突破。

奥托煤气机、狄塞尔柴油机的发明,充分说明了"缺点分析,反向创新"原理和方法所起的重要作用。科学技术的发展是继承和创新的辩证统一,新的技术是对原有技术成果的突破,没有对前人的理论、结构、工艺、材料等方面成果的深入分析,没有对前人的继承,不分析它的缺点和弊病,不提出克服缺点和弊病的设想和解决方法,不打破固定思路的束缚,是不可能创新的。

内燃机的发明也说明,任何一种技术都不可能孤立地发展,各种技术是相互依存、相互促进的,内燃机的诞生,需要冶炼技术提供优质钢材,需要各种机床对零件进行精密加工,需要石油工业提供汽油、柴油等燃料。因此,当我们发展一种新技术时,必须认真考虑相关技术的配合。另外,对于一个国家的科技水平,先进和落后在一定的社会历史条件下也可以转化。英国是最早的工业化国家,但蒸汽机的大量使用,使得研究新型内燃机的工作受到了阻碍,而法国、德国由于发明制造出了多种内燃机,产生了许多科学家和发明家,使其科技水平超过了英国。

无论如何，发明必须服务于社会需求，才能获得勃勃生机。18 世纪工业革命的技术实质在于用机器代替手工业，然而当时人们用以代替人手操作的机器却仍然是用人工的办法制造出来的。这就形成了一个尖锐的矛盾，不解决这个矛盾，工业革命便无法继续下去。车床之父莫兹利正是敏锐地看到了这一矛盾，并致力于解决这一矛盾，他的发明才会有如此重大价值。此外，创新总是在继承的基础上进行的。要善于综合利用前人的成果，要善于发现创新的主攻方向，当然这都是与经验、技能、知识、视野、洞察力等分不开的，它需要坚毅顽强的探索精神，需要科学理论和实践经验的有机结合。

在技术成为直接生产要素的今天，技术开发具有举足轻重的作用，而技术开发，离不开正确的决策，离不开管理水平和组织能力，离不开集中人力、财力、物力重点攻关，离不开团结协作。如果我们始终努力研制优质产品，取人之长，刻苦攻关就可后来居上。

参考文献

[1] 黄纯颖.机械创新设计[M].北京:高等教育出版社,2000.
[2] 杨家军.机械系统创新设计[M].武汉:华中理工大学出版社,2000.
[3] 赵松年,李恩光,黄耀志.现代机械创新产品分析与设计[M].北京:机械工业出版社,2000.
[4] 傅祥志.机械原理[M].武汉:华中理工大学出版社,1998.
[5] 濮良贵,等.机械设计[M].北京:高等教育出版社,1996.
[6] 吴宗泽.高等机械零件[M].北京:清华大学出版社,1991.
[7] 梁良良.创新思维训练[M].北京:中央编译出版社,2000.
[8] 山田真一.世界发明发现史话[M].王国文,等,译.北京:专利文献出版社,1989.
[9] 刘玉峻.科学创造的艺术[M].北京:中国广播电视出版社,1987.
[10] 中国发明协会.发明与革新[J].发明与革新杂志社,1998、1999、2000 合订本.
[11] 黄友直,肖云龙.创造工程学[M].长沙:湖南师范大学出版社,1995.
[12] 黄纯颖.设计方法学[M].北京:机械工业出版社,1992.
[13] 关士续.技术发明集[M].长沙:湖南科技出版社,1998.
[14] 曹惟庆,徐曾荫.机械设计[M].北京:机械工业出版社,1997.
[15] 汤慧谨.机械设计基础[M].北京:机械工业出版社,1995.
[16] 孙大涌.先进制造技术[M].北京:机械工业出版社,2000.
[17] 史美功,俞学廉.工业机器人[M].上海:上海科学技术出版社,1987.
[18] 周远清,张再兴,等.智能机器人系统[M].北京:清华大学出版社,1989.
[19] 张建民.机电一体化系统设计[M].北京:高等教育出版社,2001.
[20] 申荣华,丁旭.工程材料及其成形技术基础[M]. 北京:北京大学出版社,2008.
[21] 丛晓霞.机械创新设计[M].北京:北京大学出版社,2008.
[22] 黄纯颖,等.机械创新设计[M].北京:高等教育出版社,2000.

[23] 罗绍新.机械创新设计[M].北京:高等教育出版社,2003.
[24] 李立斌.机械创新设计基础[M].长沙:国防科技大学出版社,2002.
[25] 符炜.机械创新设计构思方法[M].长沙:湖南科学技术出版社,2006.
[26] 付水根.探索工程实践教育[M]. 北京:清华大学出版社,2013.
[27] 机械设计手册编委会.机械设计手册[M].新版:第5卷.北京:机械工业出版社,2004.
[28] 高钟毓. 机电控制工程[M].北京:中国铁道出版社,1994.
[29] 周全,程国富,等.大学生科技创新能力培养体系的探索与实践[J].高等农业教育,2013(09):87-91.
[30] 强健国.机械原理创新设计[M].武汉:华中科技大学出版社,2008.